기억의 비밀

기억의 비밀

정신부터 분자까지

에릭 캔델, 래리 스콰이어 지음 | 전대호 옮김

해나무

스콰이어의 자녀 라이언, 루크, 찰리, 캐럴라인과
캔델의 손자와 손녀 앨리슨, 리비, 이자크, 마야에게

차례

"코기토 에르고 숨Cogito ergo sum." "나는 생각한다, 고로 존재한다."는 뜻
이다. 프랑스 철학자 르네 데카르트René Descartes가 1637년에 쓴 이 문장
은 아마 지금도 서양철학을 통틀어 가장 널리 인용되는 문장일 것이다.
이 책은 20세기 생물학이 준 커다란 교훈들 중 하나를 출발점으로 삼는
데, 그 교훈은 위 문장이 틀렸다는 것이다. 이유는 두 가지다. 첫째, 데카
르트는 정신과 신체 사이에 존재한다고 스스로 믿는 분리를 강조하기 위
해 위 문장을 진술했다. 정신 활동은 신체 활동으로부터 완전히 독립적
이라고 그는 보았다. 그러나 오늘날 생물학자들은 어느 모로 보나 충분
한 근거에 기초하여, 정신의 모든 활동이 우리 몸의 특화된 한 부분, 곧
뇌에서 비롯된다고 믿는다. 그러므로 데카르트의 문장을 뒤집어 이렇게
재구성하는 편이 더 옳을 것이다. "나는 존재한다, 고로 생각한다." 신경
학자 안토니오 다마지오Antonio Damasio가 매혹적인 책 『데카르트의 오류』
에서 주장하듯이 말이다. 현대적인 어투로는 이렇게 말할 수 있겠다. "나
는 뇌를 가졌다, 고로 생각한다."

하지만 데카르트의 유명한 문장은 더 중요한 두 번째 이유에서도 틀렸다. 우리가 우리 자신인 것은 단지 우리가 생각하기 때문이 아니다. 우리는 우리가 생각해온 것을 기억할 수 있기 때문에 우리 자신이다. 본문에서 생생히 보여주고자 애쓰겠지만, 우리가 하는 모든 생각, 우리가 내뱉는 모든 단어, 우리가 관여하는 모든 활동―심지어 우리의 자아감과 타인과의 유대감―은 우리의 경험을 기록하고 저장하는 뇌의 능력, 곧 기억 덕분에 가능하다. 기억은 우리의 정신적 삶을 하나로 결합하는 접착제요, 우리의 개인적 역사를 지탱하고 우리가 사는 내내 그 역사가 성장하고 변화할 수 있게 해주는 비계飛階, scaffolding다. 예컨대 알츠하이머병으로 기억을 잃으면, 우리는 우리의 과거를 재생하는 능력을 잃고, 그 결과로 우리 자신과의 연결, 타인과의 연결을 잃는다.

지난 30년 동안, 기억에 대한 우리의 지식과 우리가 학습하고 기억할 때 뇌에서 일어나는 일에 대한 지식은 혁명적으로 발전했다. 우리 저자들이 이 책을 쓰는 목적은 이 혁명의 흥미진진한 기원들을 개관하고 지금 우리가 기억의 작동에 대해서, 또 신경세포들과 뇌 시스템들의 작동에 대해서 아는 바를 서술하는 것이다. 우리는 부상이나 병의 여파로 기억이 어떻게 왜곡될 수 있는지도 이야기할 것이다.

기억에 대한 현대적인 연구는 두 출처에서 유래했다. 첫째 출처는 신경세포들이 어떻게 신호를 주고받는가에 대한 생물학적 연구다. 이 분야에서 핵심 발견은 신경세포들의 신호전달이 고정되어 있지 않고 활동과 경험에 의해 변조될 수 있다는 것이다. 요컨대 경험은 뇌에 기록을 남길 수 있으며, 그럴 때 신경세포들을 기초 기억 저장소로 이용한다. 둘째 출처는 뇌 시스템들과 인지에 대한 연구다. 이 분야의 핵심 발견은 기억이 단일하지 않고 다양한 형태이며 그 형태들 각각이 독특한 논리와 다른 뇌 회로들을 사용한다는 것이다. 이 책에서 저자들은 역사적으로 별개인 이 두 가닥을 엮어서 '인지분자생물학molecular biology of cognition'이라는 새로운 종합을 이뤄내려 애썼다. 이 새 분야는 세포 간 신호전달에 관한 분자생물학과 기억에 관한 인지신경과학의 어울림을 강조한다.

우리가 서술할 발전의 일부는 단순한 무척추동물의 뉴런 회로에 저장된 기억에 대한 연구에서 유래했으며, 다른 일부는 인간의 뇌를 비롯한 더 복잡한 신경 시스템들에 대한 연구에서 유래했다. 여러 기술적 발전이 이 연구를 촉진했는데, 예컨대 사람들이 학습하고 기억하는 동안에 뇌를 영상화하는 기술, 쥐와 같은 온전한 동물의 기억을 연구하기 위한 유전학적 기술의 공이 컸다.

이 책은 이제 기억이라는 주제의 범위 전체를 포괄적으로, 곧 정신부터 분자까지 빠짐없이 다룰 때가 되었다는 우리의 견해를 반영한다. 책을 쓰면서 우리는 기억에 대한 우리 자신의 관점을 지침으로 삼았으며 이 분야를 두루 조망하려 하지 않았다. 오히려 우리 자신이 직접 관여했거나 우리의 생각에 직접 영향을 미친 연구들을 강조했다. 이 책의 모든 장은 우리 두 사람이 현재의 지식을 종합한 결과다. 첫 장과 마지막 장은 함께 썼고, 나머지 장들도 협업의 산물이다. 에릭 R. 캔델Eric R. kandel은 세포와 분자 수준의 기억 저장 메커니즘에 초점을 맞춘 장들(2, 3, 6, 7장)의 초고를, 래리 R. 스콰이어Larry R. Squire는 인지와 뇌 시스템들에 초점을 맞춘 장들(4, 5, 8, 9장)의 초고를 썼다. 그런 다음에 모든 장을 상대 공동 저자가 철저히 논평하고 개정했다. 이렇게 본격적으로 비판을 주고받은 덕분에 우리 각자가 혼자서 성취할 수 있는 것보다 더 나은 최종 원고가 나왔다. 더 큰 맥락에서 보면 이 책은 우리가 지난 30년 동안 즐겁게 이어온 대화와 거기에서 자라난 우정의 결실이다.

우리는 폭넓은 독자층을 위해 이 책을 썼다. 가장 먼저 염두에 둔 것은 과학을 좋아하고 신경계가 어떻게 학습하고 기억하는지에 관한 새로운 주요 발견들에 관심이 있는 일반인 독자다. 이 책의 주제에 관한 전문적인 배경지식이 없는 비과학자들과의 소통에 특별히 관심을 기울였으므로 우리는 필요할 경우 관련 생물학과 인지심리학에 관한 배경지식을 개략적으로 제공했다. 더 나아가, 우리가 비전문가 독자를 염두에 두었다는 바로 그 이유 때문에, 이 책은 대학생과 대학원생에게 유용할 것이다. 우리는 이 책이 인지부터 분자생물학까지 기억의 전 범위를 다루는 최초의 작품이라고 믿으며, 학생들에게 이 책이 기억에 대한 연구를 쉽고 명쾌하게 소개하는 입문서가 되기를 바란다. 마지막으로 심리학과 신경과학 분야의 과학자 동료들, 그리고 대학생과 대학원생을 가르치는 강사들이 이 책을 현재 엄청나게 활발하고 흥미진진하게 연구되는 한 분야를 단 한 권으로 개관하는 유익하고 유용한 책으로 평가해주기를 바란다.

이 새 판본을 준비하면서 우리와 새로 인연을 맺은 출판인 벤 로버츠Ben Roberts에게 큰 도움을 받았다. 그는 책의 개정과 갱신을 권했다. 전문 편집자 존 머드제크John Murdzek의 신중한 편집, 에미코 로즈-폴Emiko Rose-Paul의 새 삽화, 제작 편집자 조너선 페크Jonathan Peck와 조앤 키스Joan Keyes의 매우 효과적인 도움에도 감사한다. 마지막으로 고맙게도 책의 여러 부분을 읽고 논평해준 동료들, 마이클 앤더슨Michael Anderson, 마이클 데이비스Michael Davis, 찰스 길버트Charles Gilbert, 알렉스 마틴Alex Martin, 에드바드 모저Edvard Moser, 켄 팔러Ken Paller, 피터 랩Peter Rapp, 스코트 스몰Scott Small에게 특별한 빚을 졌다.

1

정신부터 분자까지

....

마르크 샤갈 Marc Chagall, 〈생일 The Birthday〉**(1915)**
샤갈(1887~1985)이 남긴 회화 작품들의 주제는 흔히 낭만적이고 몽환적이며 그가 러시아에서 받은
전통적인 유대인 교육을 연상시키는 요소들을 포함한다. 이 작품에서 그는 이른 사랑의 기쁨과 기억을 포착한다.

기억은 우리 실존의 무수한 현상을 모아 단일한 전체로 만든다…
기억의 결합력과 통합력이 없다면, 우리 의식은
우리가 산 시간을 초로 따졌을 때만큼이나 많은 조각들로 부서질 것이다.
─에발트 헤링Ewald Hering

—   E.P.는 어느 실험실에서 28년 동안 성공적인 기술자로 일하다가 가정생활과 취미를 즐길 요량으로 1982년에 은퇴했다. 10년 후, 70세의 E.P.는 갑자기 급성 바이러스성 질환─단순포진뇌염herpes simplex encephalitis─에 걸려 입원했다. 그가 퇴원 후 집에 돌아왔을 때, 친구들과 가족이 본 그는 전과 다름없이 활기차고 친절했다. 그는 쉽사리 미소를 지었으며 웃고 말하기를 좋아했다. 몸은 건강해 보였다. 걸음걸이와 몸짓은 예전 그대로였고, 목소리는 힘 있고 또렷했다. 정신도 또렷하고 집중력이 있었으며, 그가 방문자들과 나누는 대화는 적절했다. 훗날 검사에서 드러났듯이 실제로 그의 사고 과정은 온전했다. 그러나 그의 기억에 무언가 심각한 문제가 있음을 알아채는 데는 그리 오래 걸리지 않았다. 그는 똑같은 말을 반복했다. 똑같은 질문을 거듭 던졌으며 대화를 이어나가지 못했다. 그는 집에 찾아온 새 손님들을 끝내 알아보지 못했다. 심지어 그들이 100번 넘게 그의 집을 방문한 뒤에도 말이다.

단순포진 바이러스가 E.P.의 뇌 일부를 파괴했고, 이 뇌 손상으로 그는 새 기억을 형성하는 능력을 잃은 것이다. 이제 그는 새로운 사건이나 만남을 몇 초 동안만 기억할 수 있었다. 과거를 돌이켜보면, 예전에 그가 20년 동안 산 집이 어느 것인지, 장성한 자식이 이웃에 사는지, 그가 손자를 두 명 두었는지 아리송했다. 단순포진뇌염은 그가 자신의 생각과 인상을 미래로 가져가는 것을 막았고 그와 과거와의 연결, 과거에 그의 삶에서 일어난 일과의 연결을 끊어버렸다. 이제 그는 말하자면 현재에, 지금 이 순간에 갇혔다.

E.P.가 걸린 바이러스성 뇌염의 후유증이 극적으로 명확하게 보여주듯이, 학습과 기억은 인간의 경험에서 근본적으로 중요하다. 우리가 세계에 관한 새 지식을 얻을 수 있는 것은 우리의 경험이 우리의 뇌를 변형하기 때문이다. 또 학습이 이루어지고 나면, 우리는 새 지식을 기억 속에, 흔히 아주 오랫동안 보존할 수 있다. 왜냐하면 우리의 뇌에서 그 변형이 유지되기 때문이다. 나중에 우리는 기억에 저장된 지식에 따라 새로운 방식으로 생각하고 행동할 수 있다. 기억이란 학습된 바가 시간을 가로질러 존속하게 하는 과정이다. 이런 의미에서 학습과 기억은 뗄 수 없게 연결되어 있다.

세계에 관하여 우리가 아는 바의 대부분은 태어날 때부터 뇌에 내장되어 있는 것이 아니라 경험을 통해 획득되고 기억을 통해 보존된다. 친구들과 사랑하는 사람들의 이름과 얼굴, 대수학과 지리학, 정치와 스포츠, 하이든과 모차르트와 베토벤의 음악이 그렇다. 그러므로 우리가 누구냐는 질문의 답은 주로 우리가 무엇을 학습하고 기억하느냐에 달려 있다. 그러나 기억은 개인적 경험의 기록에 불과하지 않다. 기억은 또한 교육을 가능케 하고 사회적 진보를 일으키는 강력한 힘이다. 인간은 배운 바를 타인들과 소통하는 유일무이한 능력을 지녔고 그런 소통을 통해 문화를 창조하여 다음 세대로 전달할 수 있다. 인류의 성취는 영원히 팽창할 듯하다. 그러나 인간 뇌의 크기는 화석 기록에 호모사피엔스가 처음 출현한 수십만 년 전 이래로 유의미한 증가를 겪지 않은 것으로 보인다. 그 오랜 세월 동안 문화적 변화와 진보를 결정해온 것은 뇌 크기의 증가가 아니고 심지어 뇌 구조의 변화도 아니다. 오히려 우리가 학습한 바를 말과 글에 담아두고 타인들에게 가르치는 인간 고유의 능력이 문화의 변화와 진보를 결정해왔다.

기억은 인간 경험의 가장 중요한 긍정적 측면들 다수에서 핵심 구실을 하지만, 많은 심리적·감정적 문제들이 적어도 부분적으로는 기억에 저장된 경험에서 비롯된다는 점도 사실이다. 이 문제들은 학습의 결과이며 흔히 인생의 초기에 일어난 (세계를 대하는 습관적인 방식을 유발한) 경험에 대한 반응이다. 더 나아가 심리치료적 개입이 정신 장애 치료에 효과적인 한에서, 그 개입의 효과는 사람들에게 경험을 제공하여 기존 학습과 다른 새로운 학습을 일으키는 것에서 비롯된다고 추정된다.

기억 상실은 자아 상실, 본인의 인생 역사의 상실, 타인과의 지속적 상호작용의 상실을 가져온다. 학습 장애와 기억 교란은 성인뿐 아니라 발달 중인 유아에서도 나타난다. 정신지체, 다운증후군, 난독증, 평범한 노인성 기억력 감퇴, 파괴적인 알츠하이머병과 헌팅턴병은 기억에 악영향을 끼치는 수많은 병 가운데 비교적 잘 알려진 것들일 뿐이다.

어떻게 학습이 일어나고 기억이 저장되는지 분석하는 일을 세 가지 학문 분야가 중심 과제로 삼아왔다. 처음엔 철학이 주역이었고, 그 다음엔 심리학이, 지금은 생물학이 주역이다. 19세기 말까지만 해도 기억에 대한 연구는 대체로 철학의 영역에 국한되었다. 그러나 20세기를 거치는 동안 연구의 초점이 차츰 더 실험적인 방향으로 이동하여 처음엔 심리학이, 더 최근에는 생물학이 전면에 나섰다. 새로운 천년기로 진입하는 지금, 심리학과 생물학이 던진 질문들은 공통의 장으로 모여들기 시작했다. 심리학의 관점에서 그 질문들은 이러하다. 기억은 어떻게 작동할까? 기억에 다양한 유형이 있을까? 만일 그렇다면, 그 유형들의 논리는 무엇일까? 생물학의 관점에서는 이런 질문들이 제기된다. 학습은 뇌의 어느 부위에서 이루어질까? 학습한 바가 기억으로 저장되는 장소는 어디일까? 기억 저장을 개별 신경세포 수준에서 분석할 수 있을까? 만일 그렇다면, 다양한 기억 저장 과정의 바탕에 깔린 분자들의 본성은 무엇일까? 심리학도 생물학도 혼자서는 이 질문들에 흡족하게 접근할 수 없지만, 이 두 학문이 융합하여 발휘하는 힘은 뇌가 어떻게 학습하고 기억하는가에 대해서 신선하고 흥미진진한 그림을 내놓는 중이다. 심리학자들과 생물학자들은 다음 두 가지 상위 질문을 중심으로 삼은 공동 연구 프로그램을 함께 정의했다. (1) 다양한 형태의 기억이 뇌에서 어떻게 조직되는가? (2) 기억 저장이 어떻게 이루어지는가? 이 책의 목적은 이 질문들에 답하는 것이다.

심리학과 생물학의 수렴은 학습과 기억에 관한 지식의 새로운 종합으로 이어졌다. 이제 우리는 기억에 여러 형태가 있다는 것, 다양한 뇌 구조들이 각각 특정한 일을 한다는 것, 기억이 개별 신경세포들에 기록되며 신경세포 간 연결의 세기가 변화하는 것에 의존한다는 것을 안다. 또한 이 변화가 신경세포 내 유전자들의 활동에 의해 고정된다는 것도 안다. 더 나아가 신경세포 내부의 분자들이 신경세포 간 연결의 세기를 어떻게 변화시키는지에 대해서도 조금 안다. 기억은 분자와 정신을 아우르는, 분자부터 세포와 뇌 시스템들과 행동까지를 아우르는 언어로 이해할 수 있는 최초의 정신 능력이 될 가능성이 있다. 또한 기억에 대한 이해의 발전은 기억 장애의 원인과 치료에 대한 새로운 통찰로 이어질 가능성이 높다.

심리적 과정으로서의 기억

소크라테스가 인간은 선지식preknowledge을 지녔다고— 세계에 관한 일부 지식은 선천적이라고— 처음으로 주장한 이래, 서양철학은 여러 관련 질문을 붙들고 씨름해왔다. 우리는 세계에 관한 새 정보를 어떻게 학습하고, 그 정보는 어떻게 기억에 저장될까? 정신이 보유한 지식의 어떤 측면들이 선천적이고, 경험은 그 선천적인 구조에 어느 정도까지 영향을 미칠 수 있을까? 처음에 철학자들은 기억을 비롯한 정신적 과정들을 연구하기 위해 본질적으로 세 가지 방법을 사용했다. 하나같이 비실험적인 그 방법들은 의식적인 자기성찰, 논리적 분석, 논증이었다. 문제는 이 방법들이 사실에 대한 합의나 관점의 통일을 끌어내지 못한다는 점이었다. 19세기 중반에 이르는 동안, 행동과 정신을 연구하는 사람들은 물리학과 화학의 문제 해결에서 실험과학이 거둔 성공을 주목하기 시작했다. 그 결과로 정신적 과정에 대한 철학적 탐구는 정신에 대한 실험적 연구로 점차

헤르만 애빙하우스(1850~1909)
독일 심리학자. 심리학에 실험적 방법을 도입하고
학습과 기억에 대한 실험실 연구를 개척했다.

· · · · · · · · · · · · · · · · ·

H e r m a n n

E b b i n g h a u s

대체되었고, 심리학이 철학과 구별되는 독자적인 학문으로 등장했다.

처음에 실험심리학자들은 연구의 초점을 감각 지각에 맞췄지만, 차츰 더 복잡한 정신 작용들을 과감하게 다루면서 정신 현상을 실험적·정량적으로 분석하는 작업을 시도했다. 이 노력의 선구자는 독일 심리학자 헤르만 에빙하우스Hermann Ebbinghaus였다. 그는 1880년대에 기억 연구를 실험실에 들여놓는 데 성공했다. 기억을 객관적·정량적으로 연구하기 위해 에빙하우스는 피실험자에게 과제를 내고 기억할 것을 요구할 때 표준화되고 균질한 시험 문항들을 제시하고 싶었다. 그리하여 그는 자음 두 개 사이에 모음 하나가 낀 형태의 음절들을 고안했다. 예컨대 BIK나 REN을 말이다. 그는 이 새로운 유형의 음절을 약 2300개 만들어 각각 카드에 적고 카드들을 섞은 다음에 무작위로 뽑아서 학습 실험에 사용할 문항 목록을 만들었다. 그는 스스로를 피실험자로 삼아 음절 목록을 암기한 다음, 일정한(길이를 다양하게 바꿔가며 정한) 시간이 경과한 후에 자신의 기억을 시험했다. 또 암기에 필요한 반복 횟수와 목록 각각을 재학습하는 데 필요한 시간도 측정했다. 이 방법으로 에빙하우스는 기억 저장의 핵심 원리 두 가지를 발견해냈다. 첫째, 기억의 수명이 다양함을 입증했다. 일부 기억은 수명이 짧아서 몇 분만 보존되고, 다른 기억은 수명이 길어서 며칠에서 몇 달까지 존속한다. 둘째, 반복이 기억의 수명을 늘린다는 것을 입증했다. 역시나 완벽은 연습의 결과였다. 암기 연습을 한 번만 하면, 목록을 이를테면 몇 분 동안만 기억했지만, 연습을 충분히 반복하면, 목록을 며칠이나 몇 주 동안 기억할 수 있었다. 몇 년 후, 독일 심리학자 게오르크 뮐러Georg Müller와 알폰스 필체커Alfons Pilzecker는 이 기억이 시간이 지날수록 굳어진다고consolidated 주장했다. 굳어진 기억은 견고하며 교란에 흔들리지 않는다. 아무 일도 없다면 무사히 존속할 만한 기억도 처음 단계에서는 교란에(예컨대 무언가 다른 것을 학습하려는 시도에) 매우 취약하다.

더 나중에 미국 철학자 윌리엄 제임스William James는 단기기억과 장기기억을 정성적으로 명확히 구분함으로써 이 발견들을 다듬었다. 단기기억은 몇 초에서 몇 분 동안 유지되며, 본질적으로 현재 순간의 확장이라고 그는 주장했다. 예컨대 전화번호를 찾아서 잠깐 동안 머릿속에 담아두는 것이 단기기억이다. 반면에 장기기억은 몇 주, 몇 달, 심지어 평생 유지될 수 있으며 되살리려면 과거를 돌이켜야 한다. 이 구분은 기억에 대한 이해에서 근본적으로 중요함이 밝혀졌다.

에빙하우스와 제임스가 각자의 고전적인 연구를 할 즈음 러시아 정신과의사 세르게이 코르사코프Sergei Korsakoff는 훗날 그의 이름을 따서 '코르사코프 증후군'으로 명명될 기억 장애에 관한 논문을 최초로 발표했다. 지금도 이 기억 장애는 특히 잘 알려지고 폭넓게 연구되는 인간 기억상실증의 예로 남아 있다. 코르사코프의 시대 이전에도 사람들은 기억 손상에 대한 연구에서 정상적인 기억의 구조와 짜임새에 관한 중대한 통찰을 얻을 수 있으리라고 여겼다. 생물학의 다른 분야들에서 병에 대한 분석이 정상 기능을 이해하는 데 도움이 된 것과 마찬가지로, 기억과 관련해서도 기억 손상에 대한 상세한 연구를 통해 유용한 정보를 풍부하게 얻을 수 있다는 것이 밝혀졌다. 예를 들어 기억상실에 대한 연구는 기억의 유형이 다양함을 보여주었다. 이 다양성은 이 책에서 자주 강조될 것이다.

행동주의 혁명

19세기 중반에 찰스 다윈Charles Darwin은 정신적 특징들이 형태학적 특징들과 마찬가지로 여러 종에 걸쳐 연속성을 나타낸다고 주장했다. 예컨대 사지四肢의 구조는 포유동물, 조류, 파충류에서 동일한 일반 패턴을 따른다. 도마뱀의 앞다리, 박쥐의 날개, 인간의 팔은 똑같은 뼈들을 포함하며 부분들의 상대적 배치도 일치한다. 인간이 이렇게 중요한 방식으로 다른 동물들과 유사하다면, 동물을 연구함으로써 우리의 정신적 삶에 대한 지식을 얻는 것도 가능해야 할 것이다. 20세기 초, 인간 기억에 대한 에빙하우스의 성공적인 연구의 뒤를 이어, 인간의 정신적 능력이 더 단순한 동물들의 그것에서 진화했다는 다윈의 생각에 고무된 저명한 러시아 심리학자 이반 파블로프Ivan Pavlov와 미국 심리학자 에드워드 손다이크Edward Thorndike는 학습 연구를 위한 동물 모형을 개발했다. 이들은 각자 독립적으로 연구하여 상이한 행동 수정 방법을 실험적으로 발견했다. 파블로프는 고전적 조건화를, 손다이크는 ('시행착오 학습trial-and-error learning'으로 더 잘 알려진) 도구적(혹은 조작적) 조건화를 발견했다. 이 두 가지 실험적 방법은 동물의 학습과 기억에 대한 과학적 연구의 토대가 되었다. 고전적 조건화에서 동물은 두 사건, 이를테면 종소리와 먹이 제공을 연결하는 법을 학습한다. 그 결과로 동물은 종소리가 날 때마다, 설령 먹이가 제공되지 않더라도, 침을 흘리게 된다. 동물은 종소리가 먹이 제공의 전조임을 학습한 것이다. 도구적 조건화에서 동물은 옳은 반응과 그에 따른 보상을, 혹은 그릇된 반응과 뒤이은 벌을 연결하는 법을 배운다.

그러면서 차츰 자신의 행동을 수정한다.

객관적이며 실험실에 거점을 둔 이 학습 심리학은 행동주의라는 경험주의적 전통으로 발전했다. 행동주의는 기억에 대한 연구를 수행하는 방식을 바꿔놓았다. 미국의 존 B. 왓슨John B. Watson을 필두로 한 행동주의자들은 이제 행동을 다른 자연과학적 대상들과 똑같이 엄밀하게 연구할 수 있다고 주장했다. 심리학자들은 오로지 관찰 가능한 것에만 초점을 맞춰야 했다. 그들은 자극을 식별하고 행동 반응을 측정할 수 있었지만, 행동주의적 관점에서는 개인의 경험의 본성과 정신적 사건들의 본성을 과학적으로 탐구할 수 없었다. 행동주의 전통 안에서 고전적 조건화와 도구적 조건화에 대한 연구는 많은 유용한 정보를 산출했다. 예컨대 동물이 자극들을 어떻게 연결하는가에 관한 법칙들, 학습을 이해하기 위한 열쇠로서 강화reinforcement(또는 보상)라는 개념, 다양한 강화 스케줄이 학습 속도를 어떻게 변화시키는가에 대한 데이터 등을 산출했다.

과학적 엄밀성에도 불구하고 행동주의는 범위가 제한적이고 방법에 한계가 있다는 것이 드러났다. 자연과학들을 따라 잡고 오직 관찰 가능한 자극과 반응만 연구하려 애쓰는 가운데 행동주의자들은 정신적 과정들에 관한 다른 많은 흥미롭고 중요한 질문들을 간과했다. 구체적으로 말하자면, 게슈탈트 심리학, 신경학, 정신분석, 심지어 일상의 상식을 대체로 무시했다. 이들 모두는 자극과 반응 사이에 개입하는 중요한 정신적 메커니즘을 지목했지만 말이다. 행동주의자들은 사실상 정신적 삶 전체를 자신들이 사용하는 제한된 연구 방법들을 통해 새로 정의했다. 그들은 실험심리학의 범위를 한정된 문제들의 집합으로 국한했고 정신적 삶의 가장 매혹적인 측면들 중 일부를—예컨대 우리가 학습하고 기억할 때 일어나는 인지 과정들을—연구에서 제외했다. 뇌에서 일어나 자극과 반응 사이에 개입하는 그 과정들은 학습과 기억뿐 아니라 지각perception, 주의집중attention, 동기부여motivation, 행위action, 계획, 생각의 바탕을 이룬다.

인지주의 혁명

행동주의는 20세기 초에 학습과 기억에 대한 연구에서 심리학의 전통을 주도했다. 특히 미국에서 그러했다. 그러나 주류 행동주의와 결별한 주목할 만한 사례들도 없지 않았다. 그 소수의 연구자들은 정신적 과정들에 초점을 맞췄다. 덜 행동주의적이고 더 인지주의적인 기억 연구의 주요 선구자는 영국 심리학자 프레더릭 C. 바틀렛Frederic C. Bartlett이었다. 20세기 전반기에 바틀렛은 피실험자로 하여금 이야기와 그림 같은 일상적인 자료를 학습하게 하는 자연스러운 방식으로 기억을 연구했다. 이런 자연적인 방법으로 그는 기억이 놀랄 만큼 허술하며 쉽게 왜곡된다는 것을 보여주었다. 회상이 아주 정확한 경우는 드물다고 그는 주장했다. 회상은 과거에 수동적으로 저장되어 재생되기를 기다리는 정보를 있는 그대로 재생하는 작업에 불과하지 않다. 오히려 회상은 본질적으로 창조적인 재구성 과정이다. 바틀렛의 말을 직접 들어보자.

회상은 파편화된 채로 생명 없이 고정된 무수한 흔적들을 재활성화하는 작업이 아니다. 회상은 상상력을 동원한 재구성 혹은 구성이며, 과거의 반응들 혹은 경험들로 이루어진 능동적인 조직체 전체에 대한 우리의 태도, 또한 흔히 이미지나 언어의 형태로 나타나는 일부 두드러진 세부에 대한 우리의 태도를 바탕으로 삼는다.

바틀렛의 연구가 적지 않은 기여를 한 덕에 1960년대에 이르자 많은 심리학자들은 행동주의의 편협성을 명확히 인식했다. 그들은 지각과 기억이 환경에서 유래한 정보뿐 아니라 지각하거나 기억하는 당사자의 정신적 구조에도 의존한다는 견해에 도달했다. 바야흐로 인지심리학이라는 분야가 탄생할 때였다. 자극과 그것이 일으키는 반응을 분석하는 일뿐 아니라 자극과 행동 사이에 끼어드는 과정들—행동주의자들이 무시한 바로 그 중간 단계들—을 분석하는 일도 과학의 중요한 과제로 떠오른 것이었다.

정신의 작용으로 관심을 돌린 인지심리학자들은 눈과 귀를 비롯한 감각기관에서 뇌로 흘러들어 내적 표상이 되고 결국 기억과 행동에 쓰이는 정보의 흐름을 추적하려 애썼다. 이 내적 표상은 상호연결된 뇌세포들로 이루어진 특정 집단의 특징적인 활동 패턴의 형태를 띤다고 여겨졌다. 예컨대 우리가 어떤 광경을 보면 뇌에서 그 광경에 대응하는 뇌세포 활동 패턴이 발생한다고 인지심리학자들은 주장했다.

그러나 내적 표상을 강조하는 이 새로운 입장도 고유한 문제들을 안고 있었다. 행동주의는 비록 편협했지만 내적 표상을 객관적으로 분석하

Frederic Charles Bartlett

프레더릭 바틀렛(1886~1969)

영국 심리학자이며 인지심리학의 창시자들 중 하나다.
에빙하우스의 엄격하게 통제된 기억 연구 방법에 자연스러움을 추가했다.

기가 쉽지 않음을 강조했다는 점에서는 옳았다. 실제로 인지에 관심을 기울인 심리학자들은 정신적 과정의 내적 표상이라는 것이 빈약한 이론적 구성물이며 실험적으로 접근하기 어렵다는 준엄한 현실을 받아들여야 했다. 예컨대 반응 시간을 측정하면 내적 표상에 관여하는 정신 작용들의 순서에 대한 통찰을 얻을 수 있었다. 그러나 이 측정은 정신 작용을 간접적으로 조사하는 기법이었으므로 특정 작용을 어떻게 식별할 것인지, 혹은 그 작용이 정확히 무엇인지에 대해서 알려주는 바가 없었다. 인지심리학이 만개하려면 생물학과 힘을 합쳐 블랙박스를 열고 뇌를 탐구해야 했다. 행동주의자들이 줄곧 무시해온 뇌를 말이다.

생물학 혁명

인지심리학이 한창 태동하던 1960년대에 운 좋게도 생물학에서도 혁명이 일어나 생물학과 인지심리학 사이의 관계가 더 밀접해졌다. 이 혁명은 두 가지 주요 부문, 즉 분자 부문과 시스템 부문으로 구성되었다. 양부문 모두 기억에 대한 이해에서 중요한 구실을 했다.

생물학 혁명의 분자 부문은 19세기 말과 20세기 초에 그레고어 멘델Gregor Mendel, 윌리엄 베이트슨William Bateson, 토머스 헌트 모건Thomas Hunt Morgan의 연구에서 기원했다. 이 세 사람은 유전 정보가 따로따로 떨어진—오늘날 우리가 유전자라고 부르는—생물학적 단위들을 통해 부모에게서 자식에게로 전달된다는 것을 보여주었다. 또 유전자 각각이 세

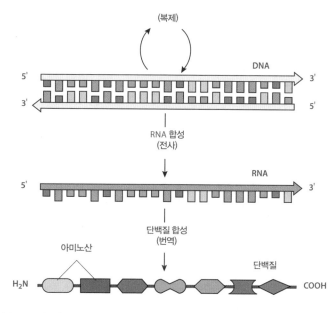

(복제)

DNA

5'　　　　　　　　　　　　　　　　　　　　3'

3'　　　　　　　　　　　　　　　　　　　　5'

RNA 합성
(전사)

RNA

5'　　　　　　　　　　　　　　　　　　　　3'

단백질 합성
(번역)

아미노산

단백질

H₂N　　　　　　　　　　　　　　　　　　COOH

∙∙∙∙∙
DNA에서 RNA로(전사), RNA에서 단백질로의(번역) 유전정보 흐름은 모든 살아 있는 세포에서 일어난다.

포핵 내부에 있는 염색체라는 끈 모양 구조물의 특정 자리에 위치한다는
것도 보여주었다. 1953년, 제임스 왓슨과 프랜시스 크릭은 DNA의 구조
를 밝혀냈다. 염색체는 이중나선 구조의 DNA 분자로 이루어졌고, 모든
생명체의 유전자들은 이 분자에 들어 있다. 이 발견에 고무된 크릭은 다
음과 같은 분자생물학의 '중심 교리central dogma'를 공표하기에 이르렀다.
DNA가 RNA를 만들고, RNA가 단백질을 만든다.

　　DNA는 코드(유전 코드)를 보유하고 있다. 그 코드에 기초하여 단백
질을 생산하는 과정이 진행되려면, 우선 DNA 이중나선을 이루는 두 가
닥이 분리되어야 한다. 그 다음에는 한 가닥이 복제되어(전사되어) 전령

RNA(mRNA)라는 임시 RNA 복제본이 만들어져야 한다. 이 과정을 일컬어 전사transcription(옮겨 적기)라고 하는데, 왜냐하면 유전자가 보유한 언어가 뉴클레오티드라는 분자들의 서열의 형태로 보존되어 전령RNA로 옮겨지기 때문이다. 반면에 전령RNA를 바탕으로 단백질을 만드는 과정은 한 언어—유전자와 유전 코드의 구성 요소인 뉴클레오티드들로 이루어진 언어—를 아미노산들로 이루어진 다른 언어로 번역하는 일을 포함한다. 아미노산은 단백질의 구성요소다.

1970년대 후반에 유전 코드 서열을 쉽게 읽어내고 특정 유전자가 어떤 단백질을 생산하는지 알아내는 일이 가능해졌다. 알고 보니 동일한 DNA의 특정 구간들에 담긴 코드가 특징적으로 눈에 띄는 단백질 부위들에 대응했다. 그런 부위는 다양한 단백질에 공통으로 들어 있지만 동일한 생물학적 기능을 한다는 것이 밝혀졌다. 따라서 유전자의 코드 서열을 들여다봄으로써 그 코드에 대응하는 단백질의 기능을 추론하는 것이 가능해졌다. 이제 생물학자들은 매우 다양한 맥락에서—특정 생물의 다양한 세포들에서, 심지어 전혀 다른 생물들에서—등장하는 단백질들 간의 관계를 단지 코드 서열만 비교함으로써 알아낼 수 있었다. 그 결과, 세포의 기능—특히 세포들이 어떻게 신호를 주고받는지—에 관한 일반적인 청사진이 신속하게 만들어져 생명의 많은 과정들을 이해하기 위한 공통의 개념적 틀로 구실하게 되었다. 이 틀은 이미 바다달팽이 군소Aplysia, 초파리Drosophila, 예쁜꼬마선충C. elegans 등의 단순한 무척추동물에서 일어나는 학습에 대한 분자적 연구에 중요하게 기여했다. 이미 밝혀졌듯이, 이 동물들은 행동 연구에 유용한 정보를 풍부하게 제공한다. 더 나아가 이 틀은 쥐를 비롯한 더 복잡한 척추동물에서 인지 과정의 내적 표상을 분자 수준에서 연구하는 것도 가능하게 하기 시작했다.

생물학 혁명의 둘째 부문, 곧 시스템 부문은 인지 기능의 요소들을 특정 뇌 구역들과 연결하는 작업에 중점을 두어왔다. 이 부문은 인지 과정의 내적 표상을 연구하는 강력한 방법들의 개발에서 힘을 얻었다. 구체적으로 말해서 오늘날 과학자들은 깨어서 행동하는 동물의 신경세포들의 활동을 기록하고 살아 있는 사람이 인지 활동을 하는 동안에 그의 뇌를 양전자방출단층촬영법PET과 기능성 자기공명영상법으로 영상화할 수 있다. 이 새로운 기술들은 사람이 감각 자극을 지각할 때, 신체 운동을 시작할 때, 학습하고 기억할 때 뇌에서 무슨 일이 일어나는지 연구할 수 있게 해주었다.

이 발전들이 잘 보여주듯이, 오늘날 우리는 기억의 생물학을 상이한 두 수준에서 연구할 수 있다. 한 수준의 연구는 신경세포와 그 내부의 분자들에 초점을 맞추는 반면, 다른 수준의 연구는 뇌 구조, 회로, 행동에 초점을 맞춘다. 첫째 수준은 기억 저장의 세포적·분자적 메커니즘에 관심을 기울인다. 둘째 수준은 기억에 관여하는 뇌 속 신경 시스템들에 관심을 기울인다. 두 접근법 모두에서 기억에 관한 중요한 통찰들이 나오고 있으며, 이들의 종합은 새로운 수준의 이해로 이어질 전망이 밝다. 이어질 여러 절에서 우리는 먼저 신경 시스템 수준의 연구에서 어떤 성과들이 나왔는지 살펴볼 것이다.

기억을 위한 신경 시스템들: 기억은 어디에 저장될까?

기억은 어디에 저장되는가 하는 질문은, 정신적 과정을 뇌의 특정 구역이나 구역들에 국한할 수 있는가라는 더 일반적인 문제에 접근하기 위한 오랜 노력의 한 부분이다. 19세기 초 이래로 정신적 기능의 국소화를 놓고 두 입장이 대립해왔다.

하나는 뇌가 식별 가능하고 국소화된 부분들로 이루어졌으며 언어, 시각 등의 기능을 특정 구역에 국소화할 수 있다는 입장이다. 다른 입장은 다양한 정신적 기능이 특정 구역에 국한되지 않고 오히려 뇌 전체의 통합적 활동에서 비롯되는 전반적 속성이라는 것이다. 어떤 의미에서 뇌과학의 역사는 첫째 입장, 즉 뇌는 다양한 부분들로 이루어졌고 그 부분들은 다양한 기능—예컨대 언어, 시각, 신체 운동—을 위해 특화되어 있다는 생각이 점차 세력을 얻는 과정이라고 할 수 있다.

뇌 속에서 기억의 자리를 찾아내려는 초기 노력의 대표 인물은 하버드 대학 심리학 교수 칼 래슐리Karl Lashley였다. 1920년대에 수행한 유명한 연속 실험에서 래슐리는 쥐를 훈련시켜 단순한 미로를 통과하게 했다. 그런 다음에 쥐의 대뇌피질에서 다양한 구역을 제거했다. 대뇌피질은 뇌의 겉껍질에 해당하며 뇌 전체에서 가장 최근에 진화한 부분이다. 래슐리는 20일 후에 쥐의 미로 통과 능력을 재시험하여 녀석이 훈련한 바를 얼마나 유지하고 있는지 점검했다. 이 실험에 기초하여 래슐리는 양量작용의 법칙law of mass action을 정립했다. 이 법칙에 따르면, 미로 통과 습성을 위한 기억이 손상되는 정도는 제거한 대뇌피질의 면적에 비례할 뿐, 세부 위

칼 래슐리(1890~1958)
미국 심리학자이며 쥐를 대상으로 삼아 대뇌피질의
다양한 구역을 제거해보면서 기억의 자리를 탐구했다.

도널드 헵(1904~1985)
캐나다 심리학자. 와일더 펜필드, 브렌다 밀너의 동료인 헵은
행동을 뇌 기능을 통해 이해하는 작업의 유용성을 옹호하고
기억 저장에서 분산 네트워크의 중요성을 강조했다.

치에는 비례하지 않는다. 래슐리는 이렇게 썼다.

　미로 통과 습성은, 형성될 경우, 대뇌의 어떤 단일한 구역에도 국소
　화되지 않으며, 온전한 조직의 양이 모종의 방식으로 그 습성의 성취
　를 제약한다.

　과학자 경력을 마무리해가던 1950년대에 래슐리는 기억 저장 장소에
대한 자신의 연구를 이렇게 요약했다.

　이 연속 실험에서 기억 흔적이 어디에 있지 않고 무엇이 아닌지에 대
　한 정보를 많이 얻었다. 그러나 기억 흔적의 참된 본성에 대해서 직
　접 발견한 바는 없다. 기억 흔적의 자리에 관한 증거를 검토하다 보

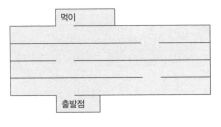

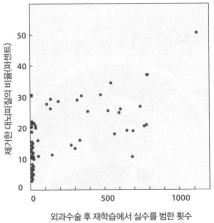

▲ 칼 래슐리가 뇌 속에서 기억의 자리를 찾아내기 위해
광범위하게 활용한 미로의 평면도.
▶ 래슐리는 쥐의 대뇌피질의 손상 범위가 클수록, 미로
통과 재학습에서 쥐가 더 많은 실수를 범함을 발견했다.

면 때때로 학습은 전혀 불가능하다는 결론이 불가피하다는 느낌이 든다. 정해진 조건들을 만족시킬 수 있는 메커니즘을 상상하기 어렵다. 그럼에도, 반대 증거가 그토록 강력한데도, 학습은 때때로 정말로 일어난다.

래슐리의 유명한 실험 결과를 다르게 이해하는 것은 여러 해가 지나고 더 많은 실험이 이루어진 뒤에야 가능했다. 첫째, 래슐리의 미로 학습 과제는 기억 기능의 자리를 연구하는 데 적합하지 않다는 것이 분명해졌다.

왜냐하면 그 과제의 수행에는 다양한 감각 능력과 운동 능력이 관여하기 때문이다. 대뇌피질의 한 부분이 손상되어 쥐가 한 유형의 단서(예컨대 촉감 단서)를 잃게 되더라도, 쥐는 시각이나 후각을 활용하여 미로를 충분히 잘 기억할 수 있다. 게다가 래슐리는 뇌의 겉층인 대뇌피질에만 초점을 맞췄다. 그는 대뇌피질 아래 더 깊이 자리 잡은 뇌 구조물들을 탐구하지 않았다. 후속 연구에서 드러났듯이 다양한 형태의 기억들 중 다수는 그런 피질 아래 구역을 필요로 한다. 그럼에도 래슐리는 몇 가지 단순한 가능성들을 배제하는 성과를 거뒀다. 예컨대 그는 모든 기억이 영구적으로 저장되는 단일한 뇌 중추는 없다는 것을 보여주었다. 오히려 기억이 형성되려면 많은 뇌 부분들이 참여해야 한다.

기억의 자리를 찾으려는 래슐리의 노력에 대한 초기 반응 하나는 맥길대학의 심리학자 도널드 헵Donald Hebb에게서 나왔다. 학습으로 형성된 연결들을 단일한 뇌 구역에 국소화할 수 없는 듯하다는 래슐리의 결론을 설명하기 위해 헵은 대뇌피질의 넓은 범위에 분포하는 세포 집단들이 함께 작동하여 정보를 표상한다고 주장했다. 그런 집단들 내부에서 충분한 상호연결을 맺은 세포들은 거의 어떤 손상에도 아랑곳없이 살아남아 여전히 그 정보를 표상할 수 있을 것이라고 말이다.

기억이 분산 저장된다는 헵의 생각은 시대를 앞선 지혜를 담고 있었다. 추가 증거가 쌓이면서 이 통찰은 뇌 속 정보 저장에 관한 핵심 원리의 하나로 여겨지게 되었다. 단일한 기억 구역은 존재하지 않으며, 단일한 사건의 표상에도 많은 뇌 부분들이 참여한다. 그러나 오늘날 우리는, 기억이 널리 분산 저장된다는 생각은 관련 뇌 구역들 모두가 똑같이 기억 저장에 기여한다는 생각과 다름을 안다. 현재의 시각에 따르면, 기억은 널리 분산 저장되지만, 다양한 구역들이 전체의 다양한 측면들을 저장한다. 그 구역들에서 기능의 잉여나 중복은 거의 발생하지 않는다. 특정 뇌 구역은 특화된 기능을 하며, 5장에서 복잡한 서술기억의 구조를 다루면서 보겠지만, 각 구역이 다른 방식으로 전체 기억의 저장에 기여한다.

기억의 자리를 알려주는 최초 단서들

대뇌피질은 네 개의 주요 구역, 즉 엽으로 나뉜다. 이마엽은 계획과 자발적 운동, 마루엽은 신체 표면의 감각과 공간 지각, 뒤통수엽은 시각, 관자엽은 청각과 시각, 그리고 곧 보겠지만 기억을 담당한다.

기억의 여러 측면이 인간 뇌의 관자엽에 저장됨을 시사하는 최초 단서는 1938년에 혁신적인 신경외과의사 와일더 펜필드Wilder Penfield의 연구

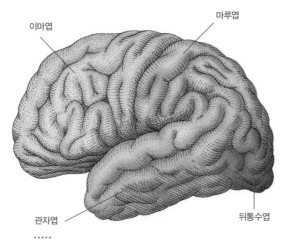

이마엽　　마루엽

관자엽　　뒤통수엽

인간의 뇌를 옆에서 본 모습이다. 좌뇌반구의 엽 네 개가 보인다.

에서 나왔다. 그는 몬트리올 신경학 연구소에서 국소 간질focal epilepsy에 대한 신경외과적 치료를 개척했다. 이 유형의 간질은 일부 대뇌피질 구역들에 국한된 발작을 일으킨다. 펜필드는 환자의 정신적 기능의 손상을 최소화하면서 간질 조직을 제거하는 기술을 개발했고, 그 기술은 지금도 쓰인다. 수술 도중에 그는 환자의 대뇌피질의 다양한 위치에 약한 전기 자극을 가하면서 그 자극이 환자의 말하기 능력과 언어 이해 능력에 어떤 영향을 끼치는지 관찰했다. 뇌에는 통증 수용기가 없으므로, 환자는 국소 마취만 받은 채로 수술 중에 의식을 멀쩡하게 유지하면서 자신이 경험하는 바를 보고할 수 있었다. 이 반응을 통해 펜필드는 개별 환자의 뇌에서 언어에 중요하게 관여하는 특정 부위들을 식별할 수 있었고 이어서 간질 조직을 제거할 때 그 부위들을 보존하려 애썼다.

이런 식으로 펜필드는 1000명 넘는 환자에서 대뇌피질 표면의 많은 부분을 탐사했다. 때때로 환자들은 전기 자극에 대한 반응으로 일관된 지각이나 경험을 보고했다. 예를 들어 한 환자는 "말하는 목소리 같은 것이 들렸는데, 너무 작아서 알아듣지는 못했어요."라고 진술했다. "개와 고양이의 모습이 보여요. 개가 고양이를 쫓아가네요."라고 보고한 환자도 있었다. 이런 반응들은 한결 같이 뇌의 관자엽을 자극할 때만 나타났다. 다른 뇌 구역을 자극할 때는 전혀 나타나지 않았으며, 관자엽을 자극할 때에도 8퍼센트 정도의 비율로 드물게만 나타났다. 그럼에도 이 연구 결과는 뇌 자극으로 유발된 경험이 환자의 과거 삶의 에피소드에서 유래한 의식의 흐름을 재생한다는 것을 시사한다는 점에서 매우 흥미로웠다.

　그러나 이 해석은 심각한 의문에 직면했다. 첫째, 연구에 참여한 환자들은 모두 간질을 앓는 비정상적인 뇌를 가지고 있었고, 전체 사례의 40퍼센트에서는 자극으로 유발한 정신적 경험이 환자의 평소 간질 발작에 동반되는 경험과 똑같았다. 게다가 그 정신적 경험은 환상적인 요소와 개연성이 없거나 불가능한 상황을 포함했으며 기억보다 꿈에 가까웠다. 뿐만 아니라, 자극된 뇌 조직을 제거해도 자극으로 되살아난 기억은 삭제되지 않았다.

기억상실증 환자 H.M.의 사례

　펜필드의 연구에 고무된 또 다른 신경외과의사 윌리엄 스코빌William Scoville은 관자엽이 인간의 기억에서 결정적으로 중요하다는 직접 증거

Brenda

Milner

브렌다 밀너(1918~)
H.M.을 연구하여 인간의 기억에서
안쪽 관자엽medial temporal lobe이
하는 역할을 발견한 캐나다 심리학자.

를 곧 확보했다. 1957년, 스코빌과 맥길 대학의 심리학자이자 펜필드의 동료인 브렌다 밀너Brenda Milner는 H.M.(Henry Gustav Molaison, 1926~2008. 위키피디아 참조-옮긴이)이라는 특이한 환자의 사례를 보고했다. H.M.은 아홉 살쯤에 자전거에 치어 머리에 심한 부상을 당했고 결국 후유증으로 간질을 얻었다. 그의 간질은 세월이 지나면서 더 악화되어 결국 매주 블랙아웃blackout(술에 몹시 취했을 때 경험하는 것과 유사한 기억상실-옮긴이) 10회와 대발작 1회를 겪는 지경에 이르렀다. 이제 27세가 되었지만 그는 심각한 무능력자였다. H.M.의 간질은 뇌의 관자엽에서 기원한다고 판단되었으므로, 스코빌은 간질 치료를 위한 최후의 조치로 양쪽 대뇌 반구 관자엽의 안쪽 표면을 거기에 포함된 해마라는 구조물과 함께 제거하기로 결정했다. 이 실험적인 수술은 H.M.의 간질을 실제로 완화했지만 그를 심각한 기억상실증 환자로 만들었다. 그는 그 기억상실증에서 끝내 벗어나지 못했다. 수술을 받은 1953년부터 그는 새로운 단기기억을 영속적인 장기기억으로 변환하는 능력을 상실한 채로 살았다.

브렌다 밀너는 이런 기억력 결함을 발견하고 그에 관한 논문을 발표했다. 그 논문은 뇌와 행동을 연구하는 분야에서 가장 많이 인용된 논문이 되었다. 밀너와 동료들은 H.M.을 지난 50년 동안 지속적으로 연구했다. 그의 장애에서 처음부터 가장 극적이었던 측면은 그가 발생한 사건들을 거의 곧바로 잊어버리는 듯하다는 점이었다. 브렌다 밀너가 문을 열고 들어가 인사를 건넬 때마다, 그는 그녀를 알아보지 못했다. 심지어 식사 후 채 한 시간이 지나지 않아도 그는 자신이 무엇을 먹었는지, 심지어 식사를 했다는 사실조차 전혀 기억하지 못했다. 오랜 세월이 지나는 동안 그의 모습은 변했지만, 그는 그 변화를 기억하지 못하므로 더는 사진 속의 자신을 알아보지 못했다. 그러나 그가 새 정보에 주의를 집중하는 동안에는, 그는 그 정보를 보유할 수 있었다.

H.M.의 기억장애는 주목할 만하다. '584'라는 숫자를 기억하라는 과제를 받았을 때 그의 반응을 살펴보자. 그를 혼자 놔두자, 그는 나름의 기억 방법을 고안하고 정보를 끊임없이 되새김으로써 그 숫자를 몇 분 동안 기억할 수 있었다. 어떻게 해냈느냐는 질문에 H.M.은 이렇게 대답했다.

> 쉬워요. 8만 기억하면 돼요. 5, 8, 4를 다 더하면 17이잖아요. 8을 기억해두었다가 17에서 빼면 9가 남아요. 9를 반으로 나누면 5와 4가 나오니까, 정답은 584. 쉽잖아요.

그러나 그가 다른 과제로 주의를 돌리고 1분이나 2분만 지나면, 그는 그 숫자나 그것에 대해서 그가 한 생각을 전혀 기억할 수 없었다. '못'과 '샐러드'라는 두 단어를 이것들이 함께 등장하는 시각 이미지를 구성함으로써 기억해보라고 요청하자, H.M.은 자신이 샐러드에 못이 꽂혀 있는 광경을 떠올렸으며 못대가리가 위를 향했는지 아니면 아래를 향했는지 결정하느라 애썼다고 말했다. 또 실수로 못을 먹는 일이 없도록, 못이 충분히 커서 확실히 눈에 띄도록 했다는 말도 했다. 그러나 몇 분이 지나자 그는 못도, 샐러드도, 그가 구성한 이미지도 잊어버렸다.

H.M.에 대한 연구에서 브렌다 밀너는 중요한 원리 네 가지를 끌어냈

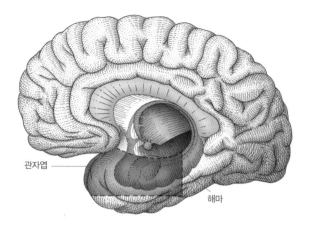

기억상실증 환자 H.M.은 양쪽 대뇌 반구의 안쪽 관자엽에 속한 해마와 인근 구조물들(그림에서 어둡게 칠해진 부분)에 손상을 입었다.

관자엽

해마

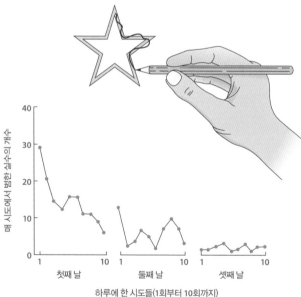

매 시도에서 범한 실수의 개수

40

30

20

10

0

1   10   1   10   1   10

첫째 날   둘째 날   셋째 날

하루에 한 시도들(1회부터 10회까지)

H.M.은 자신의 손을 거울로 보면서 별의 윤곽선 두 개 사이로 선을 긋는 법을 성공적으로 학습했다. 과거에 이 운동 과제를 수행했다는 것을 그는 기억하지 못했지만, 그의 솜씨는 나날이 향상되었다.

다. 첫째, 새 기억을 얻는 능력은 다른 지각 및 인지 능력과 구별되는 별개의 뇌 기능이며, 관자엽의 안쪽(중심) 부위가 그 기능을 담당한다. 요컨대 뇌는 지각 및 인지 기능과, 대개 그 기능을 발휘할 때 산출되는 기록을 기억에 저장하는 능력을 어느 정도 분리해놓았다.

둘째, 즉각기억immediate memory에는 안쪽 관자엽이 필요하지 않다. H.M.의 즉각기억 능력은 완벽하게 정상이다. 그는 숫자나 시각 이미지를 학습한 후 짧은 시간 동안 보유할 수 있다. 또한 대화가 너무 길거나 너무 많은 화제를 오가지 않는다면, 대화도 정상적으로 할 수 있다.

셋째, 안쪽 관자엽과 해마는 과거에 획득한 지식에 대한 장기기억의 최종 저장소일 수 없다. H.M.은 어린시절의 사건들을 기억한다. (오늘날 우리는 과거에 획득한 지식이 안쪽 관자엽을 포함한 대뇌피질에, 더 정확히는 원래 그 정보를 처리한 부위에 저장된다고 믿을 근거를 가지고 있다.)

마지막으로, 밀너는 H.M.이 완벽하게 학습하고 기억할 수 있는 유형의 지식이 존재하는 듯하다는 놀라운 발견에 이르렀다. 즉, 안쪽 관자엽에 의존하지 않는 유형의 기어이 존재하는 듯했다. 1962년, 밀너는 정보를 단기기억에서 장기기억으로 변환하지 못하는 H.M.의 장애가 전면적이지 않다는 증거를 확보했다. 유명한 실험에서 밀너는 H.M.이 거울로 자신의 손과 별을 보면서 별의 윤곽선을 따라 선을 긋는 법을 학습할 수 있고, 그의 솜씨가 정상인과 다름없이 나날이 향상된다는 것을 발견했다. 그럼에도 매일 검사를 시작할 때면, H.M.은 자신이 그 과제를 수행해본 적이 없다고 주장했다.

H.M.에 대한 연구는 기억의 생물학적 본성에 대한 근본적 통찰들을

제공했다. 첫째, 해마를 비롯한 안쪽 관자엽 구조물들이 손상되면, 즉각 기억과 장기기억이 분리된다. 이 분리는 윌리엄 제임스가 제시한 근본적인 구분을 생물학적 수준에서 입증한다. 둘째, 이 연구는 래슐리의 양작용 개념을 반박했다. 안쪽 관자엽에 국한된 손상은 지각 기능과 지적 기능에 아무 영향도 끼치지 않지만 새 기억을 저장하는 능력을 심각하게 저해한다.

두 가지 형태의 기억 저장

H.M.이 '거울 보고 그리기' 솜씨를 학습하고 보유할 수 있다는 밀너의 발견은 처음엔 운동 솜씨 학습이 어떤 독특한 신경학적 지위를 지녔다는 의미로 해석되었다. 여전히 다른 모든 유형의 학습은 H.M.에게 불가능하다고 여겨졌다. 그러나 H.M.을 비롯한 기억상실증 환자들이 온전히 지닌 학습 및 기억 능력의 범위가 넓고 운동 솜씨 학습은 한 예에 불과하다는 것이 뒤이어 밝혀졌다. 더 나아가 기억상실증 환자에서 상실되는 학습 및 기억의 유형과 보존되는 유형 사이의 대비는 단지 뇌 손상에서 비롯되는 것이 아니라 오히려 모든 인간이 세계에 관한 정보를 처리하고 저장하는 방식과 관련한 근본적인 구분을 반영한다는 점이 분명해졌다. 기억상실증에 아랑곳없이 보존되는 유형의 학습은 흔히 자동성을 띤다. 예컨대 테니스 라켓을 휘두르는 솜씨를 학습해두었다가 실행할 때 우리는 정보를 상기하지만, 그 정보는 의식적인 기억으로 자각되지 않는다. 이런 학습은

흔히 반복을 통해 천천히 축적되며, 나중에는 과거 경험을 불러내거나 의식함 없이, 심지어 과거의 기억을 사용한다는 것조차 의식함 없이 실행을 통해 표출된다. 기억상실증 환자에서 상실되는 또 다른 유형의 학습 능력은 과거 사건을 의식적으로 회상하는 능력과 짝을 이룬다.

철학자들과 심리학자들은 본질적으로 이와 동일한 구분을 100년도 더 전에 직관과 자기성찰에 기초하여 도입했다. 윌리엄 제임스는 1890년에 출판된 고전적인 저서 『심리학의 원리*Principles of Psychology*』를 쓰면서 습관(기계적, 반사적 행동)과 기억(과거를 의식적으로 알아챔)을 각각 별도의 장에서 다뤘다. 1910년에 프랑스 철학자 앙리 베르그손Henri Bergson은 과거가 몸의 습관으로 또는 독립적인 회상으로 살아남을 수 있다고 썼다. 1924년, 심리학자 윌리엄 맥두걸William McDougall은 암묵 재인지implicit recognition와 외현explicit 재인지를 구분했다. 전자는 더 자동적이고 반사적이며, 후자는 의식적인 과거 회상을 포함한다. 더 나중인 1949년, 영국 철학자 길버트 라일Gilbert Ryle은 두 유형의 지식이 존재한다고 주장했다. 한 유형은 **어떻게를 앎**, 곧 솜씨에 관한 지식이고, 다른 유형은 **이러저러함을 앎**, 곧 사실과 사건에 관한 지식이라고 말이다. 몇 년 뒤 인지주의 혁명의 아버지들 중 하나인 심리학자 제롬 브루너Jerome Bruner는 '어떻게를 앎knowing how'을 **기록 없는 기억**으로 칭했다. 기록 없는 기억은, 거듭된 마주침이 (개별 마주침들에 의식적으로 접근하기는 사실상 불가능한데도) 하나의 과정으로 변환되어 유기체의 본성, 솜씨, 혹은 행동 규칙을 변화시키는 방식을 반영한다. 다른 한편 브루너는 '이러저러함을 앎knowing that'을 **기록 있는 기억**으로 칭했다. 기록 있는 기억이란 사람, 장소, 일상의 사건에 관한 저장된 정보다.

따지고 보면, 19세기 후반에 창시된 프로이트 심리분석이론의 핵심 특징 하나는 경험의 흔적이 평범한 의식적 기억으로뿐 아니라 본질적으로 무의식적인 기억으로도 남을 수 있다는 점을 주목한 것이었다. 이 무의식적 기억은 의식적으로는 접근 불가능한데도 행동에 강력한 영향을 미친다. 이런 생각들은 흥미로웠지만 그 자체로는 많은 과학자들의 신뢰를 끌어내지 못했다. 결국 필요한 것은 철학적 논쟁이 아니라 실제로 뇌가 어떻게 정보를 저장하는가에 대한 실험적 탐구였다. H.M.의 거울 보고 별 그리기 실험을 필두로 수많은 실험들이 이루어진 끝에, 결국 기억의 두 가지 주요 형태가 생물학적으로 실재한다는 사실이 밝혀졌다.

1968년, 엘리자베스 워링턴Elizabeth Warrington과 로렌스 바이스크란츠Lawrence Weiskrantz는, 기억상실증 환자도 흔히 정상인 못지않게 잘 해내는 과제 하나를 소개했다. 피실험자에게 과거에 공부한 단어를 기억해내라고 요구하는 대신에, 그들은 단어의 첫 철자 몇 개를(이를테면 'MOTEL'에서 'MOT'를) 단서로 제공했다. 그러자 흔히 피실험자는 과거에 공부한 단어를 맞혔다. 비록 피실험자들은 이 과제를 기억 과제라기보다 추측 놀이로 여기는 듯했지만 말이다. 이 현상은 오늘날 '점화 효과priming effect'로 불린다. 점화 효과란, 최근에 처리해본 자극을 다시 받았을 때 그것을 처리하거나 감지하거나 식별하는 능력이 향상되는 것을 의미한다.

점화 효과는 그림 보고 이름 대기 검사에서 잘 나타난다. 연구자는 피실험자에게 예컨대 비행기의 그림을 보여주면서 그것의 이름을 대라고 요구한다. 첫 시도에서 피실험자는 약 900밀리초(거의 1초) 만에 '비행기'

라는 단어를 발설한다. 나중에 그 그림을 다시 제시하면, 피실험자는 약 800밀리초 만에 이름을 댄다. 요컨대 비행기 그림을 한 번 본 적이 있는 피실험자는 그 특정한 대상을 더 잘 처리할 수 있게 되는 것이다.

이 같은 처리 능력 향상은 그 대상을 최근에 본 적 있음을 기억하지 못하는 기억상실증 환자에서도 일어난다. 기억상실증에 아랑곳없이 보존되는 학습 및 기억 능력의 예들은 금세 늘어났다. 운동 솜씨 학습과 점화 효과 말고도, 습관 학습, 고전적 조건화, 운동 요소를 포함하지 않은 솜씨(예컨대 거울에 비친 글 읽기) 학습, 기타 많은 학습들이 그런 예로 밝혀졌다.

서로 구분되는 기억 시스템들이 정확히 얼마나 많고 그것들을 어떻게 명명해야 할지에 대해서는 여전히 불확실성이 남아 있다. 그러나 정신의 주요 기억 시스템들과 각 시스템을 위해 가장 중요한 뇌 구역들에 대해서는 합의가 이루어졌다. 위에 언급한 여러 분류법은 동일한 기초 구분을 다양한 용어로 표현한 것일 뿐이다. 예컨대 사실 기억과 솜씨 기억은 기록 있는 기억과 기록 없는 기억, 외현기억과 암묵기억, 서술기억과 비서술기억으로도 불린다. 불필요한 혼란을 없애기 위해 우리는 한 쌍의 용어만 사용할 것이다. H.M.의 사례에서처럼 해마와 안쪽 관자엽이 손상되면 저해되는 기억을 우리는 서술기억declarative memory으로 칭한다. 반면에 온전하게 유지되는 또 다른 형태의 기억은 비서술기억nondeclarative memory으로 칭한다. 서술기억은 사실, 관념, 사건에 대한 기억, 요컨대 언어적 진술이나 시각적 이미지의 형태로 의식적으로 불러낼 수 있는 정보에 대한 기억이다. 이 유형의 기억은 '기억'이라는 단어의 일반적인 의미에 부합한다. 친구의 이름, 지난 여름 휴가, 오늘 아침에 나눈 대화를 의식적으로 기억하는 것이 서술기억이다. 서술기억은 사람에서도 연구할 수 있고 다른 동물들에서도 연구할 수 있다.

비서술기억은 서술기억과 마찬가지로 경험에서 비롯되지만 회상으로 표출되는 것이 아니라 행동의 변화로 표출된다. 서술기억과 달리 비서술기억은 무의식적이다. 물론 비서술 학습에도 흔히 회상 능력이 동반될 수 있다. 예컨대 우리는 운동 솜씨를 학습한 다음에 그 솜씨에 관해서 무언가 기억해낼 수도 있다. 이를테면 우리 자신이 그 운동을 수행하는 모습을 그릴 수 있다. 그러나 그 솜씨를 수행하는 능력 자체는 어떤 의식적 회상에도 의존하지 않는 듯하다. 그 능력은 비서술적이다. 비서술기억은 형태가 다양하며, 편도체, 소뇌, 선조체 등의 다양한 뇌 구역뿐 아니라 반사적 과제 수행에 동원되는 특수한 감각 및 운동 시스템들에도 의존한다고 여겨진다. 비서술기억은 무척추 동물에게 가용한 단 하나의 기억 유형일 가능성이 있다. 왜냐하면 무척추동물은 서술기억을 담당할 수 있을 만한 뇌 구조물들과 뇌의 전반적 구조를 갖고 있지 않기 때문이다. 예컨대 무척추동물은 해마가 없다.

기억 저장의 메커니즘: 기억은 어떻게 저장될까?

우리가 학습하고 이어서 기억하면, 뇌에서는 정확히 어떤 변화가 일어날까? 뇌에서 최종적으로 일어나는 일은 개별 뉴런들 간 신호전달의 변화에 의존하고, 이 변화는 다시금 뉴런들 내부 분자들의 활동에 의존한다. 서술기억과 비서술기억은 상이한 뇌 시스템들을 동원하고 상이한 기억 저장 전략을 활용한다. 이 두 가지 형태의 기억은 저장을 위해 상이한 분자적 단계들을 이용할까, 아니면 저장 메커니즘 만큼은 근본적으로 유사할까? 단기 저장과 장기 저장은 어떻게 다를까? 두 저장이 서로 다른 곳에서 이루어질까, 아니면 동일한 뉴런이 단기기억과 장기기억을 둘 다 저장할 수 있을까?

기억 저장의 분자적 메커니즘을 연구한다는 것은 어마어마하고 거의 불가능한 일로 보인다. 포유동물의 뇌는 신경세포 1000억(10^{11}) 개로 이루어졌다고 추정되며, 그 신경세포들 간 연결의 개수는 이보다 훨씬 더 많다. 이토록 막대한 신경세포들 사이에서 기억 저장에 결정적으로 관여하는 신경세포들을 어떻게 찾아낼 수 있을까? 다행히 세포 내부의 분자적 메커니즘을 알아내는 과제는 실험적으로 단순화할 수 있다. 과학자들은 척추동물 신경계의 제한된 일부—예컨대 고립된 척수, 소뇌, 편도체, 혹은 해마—만 관여하는 기억 저장의 형태들을 연구할 수 있다. 더 급진적으로 단순화를 원한다면, 무척추동물의 신경계를 연구할 수도 있다. 무척추동물 연구에서는 특정 유형의 학습에 직접 관여하는 개별 신경세포들을 식별하는 것이 때때로 가능하다. 그런 경우에는 그 신경세포들의 내부에서 일어나는 어떤 분자적 변화가 학습과 기억 저장의 원인인지 알아내는 시도를 할 수 있다.

생물학자들은 뇌의 거의 모든 구역에서 성숙한 신경세포는 분열 능력을 이미 상실했음을 알아냈다. 따라서 우리가 성인이 된 이후 우리 뇌의 신경세포는 사실상 늘어나지 않는다. 이 사실에 고무된 위대한 스페인 신경해부학자 산티아고 라몬 이 카할Santiago Ramón y Cajal은 학습이 새로운 신경세포의 성장을 유발할 수는 없다고 보았다. 오히려 학습은 기존 신경세포들 간 연결을 강화하여 신경세포들이 더 효과적으로 소통할 수 있게 만들 가능성을 제기했다. 장기기억을 저장하기 위해 신경세포들은 더 많은 가지들을 뻗어 새롭거나 더 강한 연결을 형성할 가능성이 있다고 제안한 것이다. 또 기억이 퇴색할 때는, 신경세포들이 가지들을 잃어서 신경세포들 간 연결이 약화된다는 것이 카할의 추측이었다. 가장 간단한 예를 들어보자. 어떤 약한 소음을 처음 들으면, 당신은 조금 놀랄 수도 있다. 그 소음은 당신의 근육을 통제하는 운동신경세포들과 연결된 뇌 속 경로들을 활성화한다. 그러나 그 소음이 어느 정도의 시간에 걸쳐 여러 번 반복되면, 그 연결들이 약화되어 당신은 그 소음을 들어도 더는 놀라지 않게 되기도 한다.

라몬 이 카할의 기억 메커니즘에 관한 제안들은 흥미롭고 영향력이 컸지만, 기억 시스템의 다양성에 관한 초기 제안들과 마찬가지로 가능한 메커니즘에 관한 제안에 불과했으므로 만족스럽지 않았다. 필요한 것은 연구 대상으로 삼을 단순한 신경계였다. 그런 대상이 있어야 동물이 학습하는 동안 신경 연결들을 탐구할 수 있었고, 그런 식의 탐구에서만 신경 연결의 세기 변화가 기억 저장의 바탕에 있는지 여부를 판정할 수 있었다. 지난 50년 동안 과학자들은 기억 저장에 기여할 법한 메커니즘들을 연구할 목적으로 여러 모형 시스템을 개발했다. 최종 목표는 기억 저장의 세포적·분자적 토대를 밝혀내는 것이었다. 이런 접근법을 채택한 기억 저장 연구의 시초는 단순한 무척추동물인 바다달팽이 군소에 대한 세포생물학적 연구였다. 그리고 곧이어 초파리에 대한 유전학적 연구가 뒤를 이었다. 기본 발상은 단순한 동물들은 단순한 뇌를 지녔으므로 행동과 더불어 학습 및 기억 능력을 세포적·분자적 수준에서 분석할 수 있으리라는 것이었다. 이 접근법의 효과를 확신하게 된 과학자들은 연구 대상을 쥐로 확장했고 쥐의 뇌에서 개별 유전자를 변화시키는 신기술을 이용하여 그 변화가 기억 저장에 미치는 영향을 탐구했다.

세포와 분자 수준의 연구를 위한 단순 시스템들

신경세포 1000억 개를 포함한 포유동물의 뇌와 대조적으로 군소처럼 단순한 무척추동물의 중추신경계는 약 2만 개의 신경세포로 이루어졌다. 군소에서 그 세포들은 '신경절ganglion'이라는 집단 여러 개로 뭉쳐있는데, 각 신경절은 신경세포 약 2000개를 아우른다. 단일 신경절, 예컨대 배 신경절은 한 행동이 아니라 다양한 행동들에 관여한다. 구체적으로 아가미와 수관siphon의 운동, 심장박동 및 호흡 조절, 색소 방출(방어 반응), 생식 호르몬 방출에 관여한다. 따라서 가장 단순한—그러면서도 학습을 통해 변경 가능한—행동에 관여하는 신경세포의 개수는 고작 100개 정도일 수도 있다. 군소를 비롯한 무척추동물을 세포 수준의 연구에 적합하게 만드는 큰 장점 하나는 어느 개체에서나 식별해낼 수 있는 독특한 신경세포가 많다는 점이다.

실제로 몇몇 신경세포는 지름이 1밀리미터에 가까울 정도로 커서 현미경의 도움 없이 맨눈으로도 알아볼 수 있다. 따라서 과학자는 단순한 행동 하나에 관여하는 세포들 중 다수를 식별할 수 있고 그것들이 어떻게 연결되어 있는지 보여주는 '배선도wiring diagram'를 그릴 수 있다. 그런 다음에 동물이 학습을 하면 그 행동 회로에 속한 특정 뉴런들에서 무슨 일이 일어나는지 탐구할 수 있다.

군소처럼 단순한 동물들도 다양한 유형의 학습을 하고, 각 유형의 학습은 몇 분 지속하는 단기기억과 몇 주 지속하는 장기기억을 둘 다 유발한다. 어떤 기억이 유발되느냐는 학습 시도를 어떤 간격으로 얼마나 많이 하느냐에 달려 있다. 예컨대 군소는 습관화(사소하고 무의미하고 무해한 자극을 무시하는 법을 배우는 학습)와 민감화(자극이 위협적이거나 잠재적으로

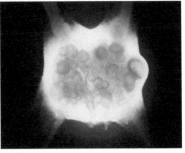

◀ 군소(일명 바다토끼)*Aplysia californica.* 이 동물은 신경계가 비교적 단순해서 학습 및 기억에 대한 세포적·분자적 연구에 적합하다.
▲ 군소의 신경절. 군소가 지닌 신경절 10개 각각은 약 2000개의 신경세포로 이루어졌다. 일부 신경세포는 충분히 커서(지름이 1밀리미터 정도) 맨눈으로도 보인다.

해로울 때 동물이 행동을 수정하는 법을 학습하는 것으로, 공포 학습의 한 형태)의 능력을 지녔다.

마지막으로 군소는 고전적 조건화와 조작적 조건화를 학습할 수 있다. 즉, 두 자극을 연결하거나 자극과 반응을 연결하는 법을 학습할 수 있다. 그러므로 이 동물에서 다양한 형태의 학습 및 기억 저장에 관여하는 세포적 메커니즘을 탐구하고 단기기억과 장기기억에 결정적으로 중요한 분자들을 식별하는 작업이 가능해졌다.

유전학적 연구를 위한 단순 시스템들

방금 서술한 세포생물학적 연구는 곧 유전학적 연구에 의해 보충되었다. 가축 사육자들은 몸의 모양, 눈동자의 색, 심지어 기질과 신체적인 힘을 비롯한 많은 신체 특징들의 대물림을 오래전부터 잘 알고 있었다. 심지어 기질도 유전자의 작용으로 대물림될 수 있다면, 이런 질문이 자연스럽게 제기된다. 더 적합한 행동 요소들이 어떤 식으로든 유전자에 의해 결정될까? 만일 그렇다면, 유전자는 행동 수정에서도 역할을 할까? 학습과 기억 저장에서도 유전자가 역할을 할까? 일부 과학자들은 학습과 기억 저장에서 중요한 구실을 하는 유전자들을 찾아내는 것이 가능할 수도 있다는 생각을 품었다. 그런 유전자들을 식별해낸다면, 그것들이 만들어내는 산물들(세포 기능에서 중요한 구실을 하는 단백질들)을 발견할 수 있을 테고, 결국 기억 형성 및 저장에 관여하는 분자적 단계들을 밝혀낼 수 있을 것이었다.

유전학의 아버지 그레고어 멘델은 식물—완두와 완두 꼬투리—을 연구했다. 유전학 연구를 실험용 동물로 전환한 것은 컬럼비아 대학의 미국 생물학자 토머스 헌트 모건이었다. 20세기 초에 모건은 초파리가 유전학 연구를 위한 모형 유기체로서 지닌 잠재력을 간파했다.

모건은 초파리의 생식세포에 염색체가 4개만 있다는 점을 주목했다. 참고로 멘델이 연구한 완두는 염색체가 7쌍, 군소는 17쌍, 인간은 23쌍이다. 또 초파리는 실험실에서 수천 마리를 기를 수 있고, 화학적 수단으로 단일 유전자에 돌연변이를 일으킬 수 있으며, 세대기간generation time이 2주로 비교적 짧기 때문에, 돌연변이 유전자를 지닌 개체들을 신속하게 많이 번식시킬 수 있다.

초파리를 대상으로 행동, 학습, 기억을 유전학적으로 연구하는 작업에서, 1967년 캘리포니아 공과대학의 시모어 벤저Seymour Benzer가 결정적인 한 걸음을 내디뎠다. 단일 유전자들에 돌연변이를 일으키는 화학적 기법들을 이용하여 벤저는 한 번에 유전자 하나를 변화시키면서 그 변화가 행동에 미치는 영향을 탐구하기 시작했다. 구애 행동, 시지각visual perception, 24시간 주기 리듬들에 영향을 미치는 흥미로운 돌연변이를 다수 발견한 것에 이어 벤저는 이 유전학적 접근법을 학습 및 기억 저장의 문제에 적용했다. 기억 장애를 지닌 돌연변이체들을 연구함으로써 벤저는 비서술기억의 저장에서 중요한 구실을 하는 여러 단백질을 찾아냈다. 대번에 명백히 드러났듯이, 그 단백질들 중 일부는 군소의 비서술기억에 대한 (벤저의 연구와 무관하게 진행된) 분자생물학적 연구에서 발견된 단백

시모어 벤저(1921~2007)
초파리를 대상으로 행동과
학습의 유전학적 분석을 개척한 미국 생물학자.

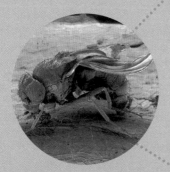

초파리*Drosophila melanogaster*는
학습 및 기억에 대한 유전학적 연구에
유용하게 쓰여왔다.

질들과 동일했다.

유전학적 연구를 위한 복잡 시스템들

그럼 서술기억의 저장은 어떨까? 이 유형의 기억에는 어떤 분자들이 쓰일까? 쥐나 원숭이 같은 실험동물은 비록 어떤 진술도 할 수 없지만, 서술기억의 결정적 특징들을 다수 지닌 방식으로 학습하고 기억할 수 있다. 그러나 군소와 초파리에 대한 연구에서 이미 일상화된 세포생물학 및 분자생물학적 분석을 서술기억에 적용하는 일은 오랫동안 실행 불가능했다.

그러나 1990년에 유타 대학의 마리오 카페키Mario Capecchi와 토론토 대학의 올리버 스미시스Oliver Smythies가 생쥐에서 유전자 녹아웃knockout, 무력화을 일으키는 방법을 개발하면서 상황은 극적으로 바뀌었다. 이 기법을 사용하면 생쥐의 게놈(유전체)에서 특정 유전자들을 제거하고 그 효과를 연구할 수 있다. 이보다 몇 년 전에 펜실베이니아 대학의 랠프 브린스터 Ralph Brinster 등은 정상적인 생쥐에는 없거나 강하게 발현하지 않는 유전자를 집어넣고 활성화하는 방법을 개발했다. 이 두 가지 발전 덕분에 오늘날 생물학자들은 생쥐에서 임의의 유전자를 바꾸고 그 효과가 해마나 기타 기억에 중요한 뇌 구역의 신경세포들의 기능에서 어떻게 나타나는지 탐구할 수 있다. 또한 그런 유전자 변화가 온전한 상태로 행동하는 동물에서 서술기억에 어떤 영향을 미치는지도 탐구할 수 있다.

이 발전들은 포유동물의 서술기억에 대한 현대 분자생물학적 연구의

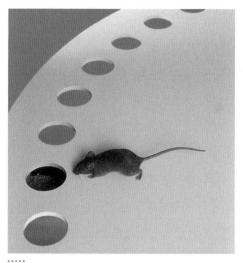

신호탄이었다. 실제로 생쥐는 포유동물의 습성을 지녔고 신경해부학, 심리학, 유전학의 측면에서 인간과 유사하다는 등의 이유로 기억 연구에 적합했다. 게다가 생쥐 게놈은 인간 게놈 프로젝트의 일부로 인간 게놈과 동시에 해독되었다. 이제는 생쥐를 대상으로 한 유전학적 연구도 가능하므로, 학습 및 기억에 대한 분자생물학적 연구(또한 학습 및 기억 장애에 대한 연구)는 전망이 밝다.

·····
반즈 미로Barnes maze는 유전자 변형 생쥐의 학습 및 기억을 연구하는 데 쓰는 도구다. 생쥐와 쥐는 환하고 개방된 곳보다 어둡고 폐쇄된 곳을 선호한다. 반즈 미로 위에 놓인 동물은 환한 원반에서 벗어나는 것을 허용하는 유일한 구멍의 위치를 학습한다.

분자부터 정신까지: 새로운 종합

다음 장들에서 보겠지만, 분자생물학적 접근은 시스템 신경과학systems neuroscience 및 인지심리학과 결합하여 공통의 통합 과학을 형성했고, 그 과학은 분자 수준에서나 행동 수준에서나 한결같이 매혹적임이 판명되었다. 과거 독립적이었던 이 분야들 사이에서 협력이 증가하는 추세는 기억과 뇌에 관한 지식의 새로운 종합으로 이어지는 중이다.

한편에서는 학습 연구에서 신경세포들(특히 신경세포들 간 연결)의 새롭고 흥미로운 분자적 속성들이 속속 밝혀지고 있다. 이 분자 수준의 발견들은 학습 과정에서 신경 연결들이 어떻게 변화하고 그 변화가 어떻게 유지되어 기억으로 남는지를 설명할 길을 열어주는 중이다. 다른 한편에서는 시스템 신경과학과 인지과학이 신경 회로 내에서 신경세포들이 어떻게 함께 작용하는지, 학습 과정들과 기억 시스템들이 어떻게 조직화되는지, 기억 시스템들이 어떻게 작동하는지 설명하고 있다. 뿐만 아니라 뇌 시스템들과 행동에 대한 연구는 분자 수준의 연구를 위한 로드맵을 내놓는 중이다. 기억의 요소들과 그것들을 상세히 연구하기 위해 들여다보아야 할 뇌 구역들을 상세히 나타낸 지도를 말이다. 실제로 많은 분자생물학적 통찰들은 오로지 특정 신경 회로에 위치한 신경세포들을 특정 형태의 기억과 관련지어 탐구할 수 있었기 때문에 얻어졌다. 요컨대 기억 연구는 세포생물학과 분자생물학에 새로운 매력을 불어넣는다. 중요한 정신적 과정들을 다루는 생물학의 가능성에서 나오는 매력을 말이다.

인지심리학의 관점에서 보면, 세포 및 분자 수준의 접근법은 기억의 심리학에 관한 몇몇 핵심 미해결 문제들에 답할 길을 열어주었다. 비서술기억 저장과 서술기억 저장은 분자 수준에서 어떤 관계가 있을까? 단기기억과 장기기억은 어떤 관계일까? 가장 중요한 것은, 분자생물학적 접근이 온전한 동물의 행동과 개별 세포들의 분자적 메커니즘을 연결하는 최초의 다리를 제공했다는 점이다. 덕분에 과거에는 단지 심리학의 개념이었을 뿐인 연상, 학습, 저장, 기억, 망각 등을 이제는 세포 및 분자 메커니즘을 통해, 그리고 뇌 회로와 뇌 시스템을 통해 연구할 수 있다. 이런 식으로, 학습과 기억에 관한 근본 질문들에 관해서 심오한 통찰을 얻을 수 있게 되었다. 이어질 장들에서 우리는 학습과 기억에 관한 현재의 인지심리학적 지식과 그 바탕에 깔린 생물학을 서술할 것이다.

우리는 뉴런 내부에서 일어나는 세포적·분자적 사건들을 상세히 다룰 텐데, 특히 군소나 초파리 같은 동물에서 연구할 수 있는 단순한 비서술기억과 생쥐에서 연구할 수 있는 더 복잡한 서술기억과 관련해서 그렇게 할 것이다. 이 연구들에서 서술기억과 비서술기억이 공유한 분자적 스위치 하나가 드러났다. 그 스위치는 장기기억의 형성에 필요한 유전자들을 켬으로써 단기기억을 장기기억으로 변환한다. 기억의 세포생물학에 관한 통찰들은 서술기억에 중요하게 관여하는 척추동물 뇌 구역들에서 채취한 조직을 직접 연구하는 과정에서도 나왔다. 그 뇌 구역들에서 뉴런 간 연결의 세기는 '장기 증강long-term potentiation, LTP'이라는 현상을 통해 변화할 수 있다. 또한 장기 증강은 유전자 발현이 필요하지 않은 단기적 형태를 띨 수도 있고, 스위치(오래 지속하는 LTP를 촉발하는 데 필요한 유전자들을 켬)의 활성화를 필요로 하는 장기적 형태를 띨 수도 있다. 이 장들이 제시하는 주요 논제 하나는 장기기억이 신경세포의 구조 변화를 동반한다는 것이다. 학습의 유형에 따라서 신경세포들 간 연결은 더 많아지고 강해질 수도 있고 더 적어지고 약해질 수도 있다.

다른 장들에서는 동물과 인간에 대한 실험적 연구들이 기억의 본성과 기억을 담당하는 뇌 시스템들의 구조에 대해서 알려주는 바를 살펴볼 것이다. 이 연구들은 기억의 힘과 불완전성, 기억의 세기와 지속성에 영향을 미치는 요인들, 정상적인 기억 기능을 위해 망각이 하는 중요한 역할에 관한 지식을 제공했다. 또한 서술기억을 담당하는 뇌 시스템들을 식별하고 그것들이 어떻게 작동하는지 밝혀냈다. 마지막으로, 무의식적·비서술적 기억의 유형들이 예상외로 다양하다는 점이 드러나고 각 유형에 중요한 뇌 시스템들이 파악된 것도 이 연구들의 성과다. 이런 유형의 기억은 과거 경험의 흔적을 간직하며 행동과 정신적 삶에 강한 영향력을 행사하지만 의식의 바깥에서 작동하며 어떤 의식적 기억 내용도 필요로 하지 않는다.

우리는 세포생물학 및 분자생물학의 관점과 신경 시스템 연구 및 인지심리학의 관점을 통합하여 채택했다. 이를 통해 독자에게 이미 일어난 중요한 진보들을, 또한 기억의 작동 방식에 대한 이해에서 성취되기 시작한 새로운 종합을 효과적으로 알릴 수 있기를 바란다.

2

비서술기억에 관여하는
변경 가능한 시냅스

....

로버트 라우션버그 Robert Rauschenberg, 〈**저장소**Reservoir〉**(1961)**

라우션버그(1925~2008)는 주변 세계에서 이미지와 소재를 골라 모음으로써 예술과 일상 경험 사이의 구분을
모호하게 만들었다. 현대적인 프레스코화 기법을 채택한 이 작품에서 그는 시계들을 등장시킴으로써
시간이 과거 기억과 현재 기억을 연결한다는 것을 암시하려는 듯하다.

　　　　　　　　1957년, 브렌다 밀너가 환자 H.M.의 괴멸적인 기억상실을 처음 보고했을 때, 그녀를 비롯한 과학자들은 이 기억상실이 앎의 모든 영역에 적용된다고 여겼다. 1장에서 언급했듯이, 1962년에 밀너는 H.M.이 새로운 것들을 배울 수 있다는 것을 발견했다. 1957년의 발견에 못지않게 놀라운 발견이었다. 구체적으로, H.M.은 새로운 운동 솜씨를 학습할 수 있었다. 움직이는 목표물을 뒤쫓거나 거울로 별을 보면서 그 윤곽을 그리는 과제에서 그의 성취도는 정상인 피실험자들과 다를 바 없이 점차 향상되었다. 그러나 H.M.의 과제 수행과 정상인의 과제 수행 사이에는 중요한 차이가 하나 있었다. 매번 과제를 수행할 때마다 H.M.은 자신이 그 과제를 이미 수행해보았다는 것을 전혀 알지 못했다.

　　여러 해 동안 밀너를 비롯한 기억 연구자들은 H.M.과 비슷하게 뇌가 손상된 사람은 한 가지 특수하고 제한된 유형의 장기기억 능력만 보유한다고 생각했다. 즉, 운동 솜씨만 학습하고 기억할 수 있다고 말이다. 그러나 이어진 20년 동안, 운동 솜씨는 빙산의 일각임이 분명해졌다. 샌디에

이고 소재 캘리포니아 대학의 래리 스콰이어를 비롯한 여러 과학자들은 H.M.처럼 대뇌 양반구의 안쪽 관자엽이 손상된 환자들을 추가로 연구하여 그들이 다양한 기억 능력들을 보유한다는 것을 발견했다. 그 능력들은 오늘날 비서술기억 능력으로 불린다. 모든 비서술기억들은 의식적인 정신으로는 일반적으로 접근 불가능하다는 주목할 만한 특징을 공유했다. 이 유형의 기억을 불러내는 일은 철저히 무의식적으로 이루어진다.

오늘날 우리는 아주 다양한 기억들을 뭉뚱그려 비서술기억이라고 부르는데, 그 기억들은 한 가지 특징을 공유한다. 어느 경우에나 비서술기억은 우리가 무언가를 어떻게 하느냐 하는 실행performance에 반영된다. 이 유형의 기억은 다양한 운동 및 지각 솜씨, 습관, 감정 학습, 더 나아가 습관화, 민감화, 고전적 조건화, 조작적 조건화와 같은 기초 반사 형식의 학습을 아우른다. 요컨대 전형적으로 비서술기억은 본성상 반성적이라기보다 반사적인 지식과 관련이 있다. 예컨대 당신이 처음 자전거 타기를 배울 때, 당신은 아마도 핸들 조작에 의식적인 주의를 많이 기울였을 것이고 페달을 밟는 동작에도 집중했을 것이다. 우선 왼발을 밟고 이어서 오른발을 밟는 식으로 말이다. 그러나 자전거 타기를 배우고 나면, 자전거 타는 법에 대한 지식은 비서술기억으로 저장된다. 당신은 여전히 주의 깊게 도로를 살피지만, 이제 핸들 조작과 페달 밟기는 자동으로 한다. 즉, 반성적으로가 아니라 반사적으로 한다. 당신은 지금 오른발을 밟고 이어서 왼발을 밟아야 한다는 것을 의식적으로 되새기려 애쓰지 않는다. 그 모든 동작에 주의를 기울이다가는 오히려 넘어지기 십상일 것이다. 마찬가지로 테니스를 칠 때, 당신은 높은 포앤드 발리를 할 때는 자연스럽게 라켓의 머리를 세우고 낮은 포핸드 그라운드 스트로크를 할 때는 라켓의 머리를 자연스럽게 눕힌다. 이 동작들에 익숙해지면, 당신은 실행에 앞서 머릿속으로 동작을 떠올리지 않는다.

과학자들은 서술적 형태의 지식과 나란히 작동하는 이 광범위한 지식을 발견하고 흥분했다. 그러나 비서술기억이 별도의 기억 유형으로 발견된 것은 더 큰 두 가지 이유에서도 흥미롭다. 첫째, 그 발견은 무의식적 정신 과정이 정말로 존재한다는 생물학적 증거다. 일부 기억 과정이 무의식적이라는 주장은 정신분석의 창시자이자 역동적 무의식의 발견자인 지그문트 프로이트Sigmund Freud에 의해 처음 제기되었다. 그러나 아주 흥미롭게도 비서술기억은 프로이트의 역동적 무의식과 피상적으로만 유사하다. 비서술 지식은 무의식적이지만 갈등이나 성적인 추구와 무관하다. 더 나아가 당신이 비서술기억에 기록된 과제들을 성공적으로 수행할 수 있다 하더라도, 그 기록된 정보는 당신의 의식에 진입하지 않을 것이다. 일단 비서술기억에 저장된 무의식적 정보는 결코 의식적 정보로 바뀌지 않는다.

둘째, 알고 보니 벌써 여러 해 전에 행동주의 심리학자들이 비서술적 형태의 기억들을 다수 파악한 바 있었다. 더구나 이 형태의 기억들은 실험적 조작에 쉽사리 순응하기 때문에, 일찍이 행동주의자들은 그것들을 산출하는 학습에 대한 연구를 주요 관심사로 삼기까지 했다.

20세기 초에 러시아 심리학자 이반 파블로프, 미국 심리학자 에드워드 손다이크 등은 주요 비서술적 학습 과정 두 가지—비연결 학습과 연결 학습—를 기술했다. **비연결** 학습의 예로 습관화와 민감화가 있다. 이 유

이반 파블로프(1849~1936)
고전적 조건화를 발견한 러시아 심리학자.
고전적 조건화에 대한 연구는 습관화와 민감화의
발견으로 이어졌다.

에드워드 손다이크(1874~1949)
도구적 조건화(혹은 시행착오 학습)를
발견한 컬럼비아 대학 소속의 미국 심리학자.
도구적 조건화는 오늘날 흔히 조작적 조건화로 불린다.

형의 학습에서 피실험자는 단일한 자극의 속성들에 대해서 배운다. 이를테면 요란한 소음에 반복해서 노출됨으로써 그 소음의 속성들을 학습한다. 연결 학습의 예로는 고전적 조건화와 조작적 조건화가 있다. 이 학습에서 피실험자는 두 자극 사이의 관계(고전적 조건화)나 자극과 자신의 행동 사이의 관계(도구적 혹은 조작적 조건화)에 대해서 배운다. 예컨대 고전적 조건화에서 종소리와 먹이의 맛을 연결하는 법을 학습한 동물은 종소리가 들리면 침을 흘린다.

조작적 조건화에서 동물은 이를테면 조종간이나 열쇠를 누르는 행동과 먹이 제공을 연결하는 법을 배운다. 동물은 조종간을 누르면서 먹이를 받으리라고 예상한다.

행동주의 심리학자들은 20세기 전반기 내내 이 학습 형태들에 초점을 맞췄다. 왜냐하면 그들은 솜씨와 지식의 습득을 객관적으로 연구해야 한다는 입장을 고수했기 때문이다. 그러나 지식의 습득에 초점을 맞추고 지식의 보유는 등한시하는 바람에 그들은 비서술 지식의 보유가 무의식적이라는 점을 파악하거나 관심사로 삼지 못했다. 또한 마치 비서술 지식에 대한 연구로 모든 지식의 습득을 설명할 수 있다는 듯한 태도를 취함으로써 행동주의자들은 오늘날 서술기억으로 불리는 것을 대체로 간과했다.

밀너가 기억상실증 환자 H.M.이 간단한 운동 과제를 학습할 수 있다는 것을 발견한 지 몇 년 후, 다른 연구자들은 기억상실증 환자들이 단순한 연결 학습을 위한 기억력도 완벽하게 정상으로 지녔다는 것을 발견했다. 요컨대 녹색 등이 켜지면 먹을거리가 나오리라고 예상하는 법을 배우는 것과 같은 기초적인 형태의 학습은 모든 학습을 대표하는 것이 아니라 학습의 특수한 유형 하나—의식 없는 실행을 산출하는 학습—를 대표했다.

이런 한계에도 불구하고 행동주의자들의 연구는 아주 큰 가치를 지닌 것으로 밝혀졌다. 연구 과정에서 행동주의자들은 단순한 형태의 비서술기억을 지배하는 규칙들이 매우 일반적이어서 인간뿐 아니라 실험동물에도, 심지어 아주 단순한 실험동물들에도 적용된다는 것을 보여주었다.

이 장에서 우리는 가장 단순한 비서술기억의 사례인 습관화에 초점을 맞출 것이다. 비서술기억에 대한 가장 효과적인 연구는 무척추동물과 척추동물의 단순 반사 시스템들을 대상으로 삼아서 이루어졌다. 그러나 이 단순한 시스템들에서 얻은 세포생물학적 통찰은 더 복잡한 동물과 더 복잡한 형태의 기억에도 타당함이 입증되었다.

비서술기억의 가장 단순한 사례: 습관화

우리의 등 뒤에서 장난감 총이 발사되는 소리와 같은 소음이 갑자기 나면, 우리 몸 안에서는 여러 가지 자동적인 변화가 일어난다. 심장박동이 빨라지고, 호흡이 가빠지며, 동공이 확대되고, 경우에 따라 입안이 마르기도 한다. 그러나 그 소음이 반복되면, 이런 반응들은 잦아든다. 바로 이것이 우리 모두뿐 아니라 가장 단순한 동물들도 이런저런 형태로 늘 경험하는 학습 유형인 습관화다. 예컨대 우리는 처음엔 귀에 거슬리던 소리에 익숙해지고 온갖 소음으로 가득 찬 환경에서 효과적으로 일하는 법을 배울 수 있다. 우리는 서재의 시계 소리, 자신의 심장박동과 위胃의 운동, 자신이 입은 옷에 습관화된다. 이것들은 드물게 특별한 상황에서만 우리의 의식에 진입한다. 이런 의미에서 습관화란 단조롭게 반복되는 하찮은 자극을 알아채고 익숙한 자극으로 간주하여 무시하는 법을 배우는 것이다. 예컨대 도시 거주자는 집에서 자동차 소음을 의식하는 경우는 드물겠지만 시골에서 귀뚜라미 울음을 들으면 귀를 쫑긋 세울 것이다.

습관화는 또한 부적절하고 과도한 방어 반응을 제거하는 구실을 한다. 아래의 이솝 우화는 이를 멋지게 보여준다.

> 거북을 한 번도 본 적 없는 여우가 숲에서 처음으로 거북과 마주쳤을 때, 여우는 너무 놀라고 겁에 질려 거의 죽을 지경이었다. 두 번째로 거북과 만났을 때, 여우는 여전히 크게 놀랐지만 처음처럼 심하지는 않았다. 세 번째로 거북을 보았을 때, 여우는 한결 대담해져서 거북에게 다가가 친근한 대화의 물꼬를 텄다.

흔하고 무해한 자극들에 대한 습관화를 통해 동물은 생존에 결정적으로 중요하지 않은 수많은 자극들을 무시하는 법을 배운다. 동물은 그런 자극들 대신에 새로운 자극, 또는 만족스럽거나 위협적인 귀결을 예고하는 자극에 관심을 집중할 수 있다. 습관화는 동물 훈련의 필수 요소다. 개가 총을 무서워하거나 말이 자동차 소리에 놀라는 것과 같은 바람직하지 않은 반응을 습관화를 통해 제거할 수 있다. 예컨대 경찰견이 총을 보고 요란한 총소리를 연상하며 겁을 먹을 수도 있을 것이다. 그러나 경찰관의 총집에 꽂힌 총에 반복 노출되면, 경찰견은 총은 무해하며 경찰관이 뽑지 않는 한 그대로 총집에 머문다는 것을 스스로 학습한다.

총에 반복 노출된 개가 총집에 꽂힌 총과 경찰관이 손에 쥔 총 앞에서 보이는 반응이 서로 다르다는 사실은 그 동물이 서로 다른 두 맥락에 속한 총의 모습을 학습하고 어떤 식으로든 기억한다는 것을 시사한다. 개가 총집에 꽂힌 총의 내면적 표상을 자신의 뇌 속에 (나중에 그 상황을 재인지할 수 있을 만큼 충분히 상세하게) 구성해놓는다고 생각할 수 있는데, 이것은 유용한 생각이다. 요컨대 습관화는 지각의 조직화에 대해서 무언가 알려주는 바가 있다.

습관화는 도피 반응escape response(위험을 알리는 자극에 대한 반응—옮긴이)에 국한되지 않는다. 성적 반응이 표출되는 빈도도 습관화로 인해 감소할 수 있다. 교미를 거부하지 않는 암컷에게 자유롭게 접근할 수 있는 수컷 쥐는 한두 시간 동안에 교미를 예닐곱 번 한다. 마지막 교미 후 녀석은 지친 듯한 모습으로 30여 분 동안 활동을 줄인다. 그러나 이는 피로가 아니라 습관화 때문이다. 새 암컷에게 접근할 수 있게 되면, 지친 듯했던 수컷은 곧바로 교미를 재개한다. 이와 유사하게 붉은털원숭이 암수 한 쌍을 처음으로 함께 우리에 넣어두면, 녀석들은 자주 신속하게 교미를 한다. 전희는 거의 하지 않는다. 여러 날이 지나면 교미 횟수는 줄어들고, 암수는 더 길어진 전희 중에 서로를 탐색하고 자극한다. 그러나 수컷이 새로운 암컷에 노출되면, 수컷은 즉각 흥분하고 발기력이 왕성해져서 전희를 생략한다.

실제로 우리는 습관화 연구를 통해 뇌에서 내면적 표상이 어떻게 발달

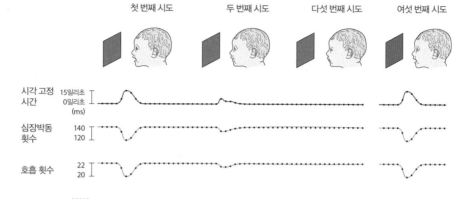

첫 번째 시도　　　두 번째 시도　　　다섯 번째 시도　　　여섯 번째 시도

시각 고정 시간

심장박동 횟수

호흡 횟수

·····
갓 태어난 아기의 지각을 연구할 때 습관화를 이용할 수 있다. 아기에게 이제껏 못 본 파란 사각형을 처음 보여주면, 아기의 시각적 주의는 그 자극에 꽂히고, 심장박동과 호흡 횟수는 줄어든다. 그 파란 사각형을 반복해서 보여주면, 아기는 그 익숙한 자극을 무시하는 법을 배우고 아기의 반응들은 습관화를 겪는다. 그러나 아기에게 이제껏 못 본 빨간 사각형을 보여주면, 그 새로운 자극은 곧바로 아기의 시각적 주의를 다시 사로잡고, 아기의 심장박동과 호흡 횟수는 다시 줄어든다. 이런 식으로 과학자들은 아기가 색을 구별할 수 있다는 것을 알아냈다.

하는가에 대해 많은 것을 알게 되었다. 예를 들어 발달심리학자들은 인간 신생아에서 지각과 인지를 연구하기 위해 습관화를 이용한다.

　간단히 설명하자면, 이 연구 절차는 신생아가 한 자극(이를테면 파란 사각형)에 습관화되도록 만든 다음에 새로운 자극(빨간 사각형)에 어떻게 반응하는지 살펴보는 일을 포함한다. 전형적인 한 실험에서 연구진은 생후 6개월 아기에게 파란 사각형을 잠시 보여준다. 그 자극을 처음 접하는 아기의 눈은 골똘히 그 자극에 초점을 맞추고, 아기의 심장박동 및 호흡 횟수는 줄어든다. 파란 사각형을 반복해서 보여주면, 이 반응들은 습관화를 겪는다. 이제 아기에게 파란 사각형 대신에 빨간 사각형을 보여주면, 아기의 시각적 주의는 즉각 그 자극에 집중되고 심장박동 및 호흡 횟수는 다시 줄어든다. 이는 아기가 새로운 빨간 사각형과 익숙한 파란 사각형을 구별할 수 있다는 증거다. 아기는 자신이 파란색과 빨간색을 구별하는 지각 능력을 지녔음을 드러낸 것이다. 이 절차를 이용하여 우리는 아기가 성인과 마찬가지로 색과 말투speech를 분류할 수 있다는 것을 알게 되었다.

뇌에서 학습과 기억 저장이 어떻게 일어나는가에 대한 최초 증거도 단순한 실험동물의 습관화에 대한 여러 연구에서 나왔다. 이 연구들은 학습이 신경세포(뉴런)들의 신호전달 능력을 변화시킴을 보여주었다. 이 변화가 유지되면, 기억이 형성된다. 더 나아가 기억 저장에는 두 가지 주요 양상이 있다. 하나는 몇 분 동안 지속하는 단기기억이고, 또 하나는 며칠이나 몇 주, 극단적인 경우에는 평생 동안 지속하는 장기기억이다. 단기기억은 뉴런들의 신호전달 능력에 기능적 변화가 일어나는 것에서 비롯된다. 장기기억은 신호전달 부위의 개수가 실제로 바뀌는 구조적-해부학적-변화를 동반한다. 하지만 기억 형성을 본격적으로 논하기에 앞서, 먼저 개별 신경세포들과 뇌 전체의 관계를 고찰해야 한다. 출발점은 산티아고 라몬 이 카할의 뉴런주의neuron doctrine다.

뉴런: 뇌 속의 신호전달자

뇌를 이루는 신경세포들은 상당히 독특한 신호전달 장치다. 이들의 신호전달 능력은 감각 지각부터 운동 통제까지, 생각 산출부터 감정 표현까지, 우리의 정신적 삶 전체의 바탕에 놓여 있다. 그러므로 행동의 어떤 측면이든 그것의 생물학적 토대를 이해하려면, 반드시 뉴런의 신호전달 속성들을 이해해야 한다.

뇌 속에서 신호전달이 어떻게 일어나느냐에 대한 우리의 최초 통찰은 20세기 초로, 특히 위대한 스페인 해부학자 산티아고 라몬 이 카할의 비범한 업적들로 거슬러 올라간다. 라몬 이 카할은 자신의 연구에 기초하여 '뉴런주의'를 제시했다. 이 주장에 따르면, 뇌는 신경세포 또는 뉴런으로 불리는 개별 세포들로 이루어졌고, 그 세포들은 각각 막에 싸여 있다. 라몬 이 카할은 이 뉴런들이 뇌 속 신호전달의 기본 단위라고 주장했다. 이를 연구한 공로로 그는 1906년에 노벨생리의학상을 받았다.

라몬 이 카할은 모든 동물에 세 가지 주요 유형의 신경세포가 있다고 지적했다. 감각뉴런은 외부 세계로부터 촉각, 시각, 청각, 후각 정보를 수용한다. 운동뉴런은 운동을 일으킨다. 마지막으로 다양한 종류의 중간뉴런은 감각뉴런과 운동뉴런 사이에 끼어서 신경 회로 내 정보 흐름의 조율과 통합에 기여한다. 이 세 유형의 신경세포들이 가진 해부학적 특징은 모든 동물에서 놀랄 만큼 유사하다. 이 발견에 기초하여 오늘날 우리는 다양한 동물들의 학습 능력이 다양한 것은 동물의 뇌에 있는 신경세포들의 유형 때문이라기보다 신경세포들의 개수와 상호연결 방식 때문임을 안다. 몇몇 예외가 있긴 하지만, 신경세포들의 개수가 더 많고 상호연결 패턴이 더 복잡하면, 동물은 다양한 유형의 학습을 더 잘한다. 달팽이를 비롯한 일부 무척추동물은 뇌에 2만(2×10^4) 개의 뉴런을 지녔다. 초파리는 약 30만(3×10^5) 개를 지녔다. 반면에 생쥐나 사람 같은 포유동물은 100

억에서 1000억(10^{10}에서 10^{11}) 개의 신경세포를 지녔다. 또 그 신경세포들 각각은 시냅스라는 특수한 연결용 접합부를 통해 대략 1000개의 다른 뉴런과 연결되어 있다. 따라서 인간의 뇌에는 총 100조(10^{14}) 개의 시냅스 연결이 있는 셈이다. 기억을 다루는 현대 생물학의 통찰 하나는, 두 뉴런 사이에 형성된 개별 연결이 기억 저장의 기본 단위라는 것이다. 따라서 인간 뇌에 존재하는 연결이 10^{14}개라는 사실에서 우리의 최대 기억 저장 용량이 어느 수준인지를 대략 알 수 있다.

신경세포들 간 신호전달은 흔히 환경에서 일어나 우리의 몸에 도달하는 물리적 사건—역학적 접촉, 냄새 물질, 빛, 압력 파동 따위—에 의해 촉발된다. 뉴런 신호와 관련해서 놀라운 사실은 모든 신호가 놀랄 만큼 천편일률적이라는 점이다. 시각 정보를 운반하는 신경 신호는 소리나 냄새에 관한 정보를 담은 신경 신호와 동일하다. 더 나아가 감각 정보를 담고 신경계로 들어오는 신호는 운동 명령을 담고 나가는 신호와 유사하다. 요컨대 뇌 기능의 핵심 원리 하나는, 신경 신호에 담긴 정보의 본성은 신호의 본성에 의해서가 아니라 신호가 뇌 속에서 거치는 특정 경로에 의해 결정된다는 것이다. 뇌는 특정 전용 경로들로 들어오는 전기 신호의 패턴을 분석하고 해석한다. 이런 식으로 한 경로망에서는 시각을 처리하고, 다른 경로망에서는 소리를 처리한다. 우리의 시선이 누군가를 향할 때, 우리가 그 사람의 목소리를 듣지 않고 얼굴을 보게 되는 것은, 우리 눈의 망막에 있는 신경세포들이 시각 정보를 처리하고 해석하는 뇌 부위들(시각 시스템)과 연결되어 있기 때문이다.

라몬 이 카할과 그의 동시대인들은 뉴런 각각이 네 부분, 곧 세포 본

Santiago Ramón y Cajal

산티아고 라몬 이 카할(1852~1934)
정신적 과정을 엄밀하게 이해하려면
뇌에 대한 정확한 지식이 필수적임을
간파한 스페인 신경해부학자.
뉴런주의, 곧 신경세포가 뇌 속의 신호전달 단위라는 생각을 제기했다.
또한 한 신경세포가 오늘날 시냅스로 불리는 특수한 접합부를 통해
다른 신경세포와 소통한다는 결정적인 해부학적 증거를 제시했다.

체, 수상돌기 여러 개, 축삭돌기 하나, 축삭돌기 말단(이른바 시냅스전 말단) 여러 개로 이루어졌다는 것을 발견했다. 세포 본체는 뉴런의 큼직하고 둥그스름한 중심부로, 세포핵을 포함하고 있으며, 세포핵에는 뉴런의 유전자들을 보유한 DNA가 들어 있다. 세포핵은 세포질(세포 본체를 채운 액상 물질)로 둘러싸여 있는데, 세포질에는 세포 기능에 필수적인 단백질들을 합성하고 포장하는 다양한 분자적 장치들이 들어 있다. 세포 본체에서 두 가지 유형의 길고 가는 실 모양의 돌기들(뭉뚱그려 신경세포 돌출부 또는 부속지로 불림)이 뻗어 나간다. 수상돌기들과 축삭돌기다. 전형적인 수상돌기는 세포 본체에서 튀어 나와 정교하게 가지를 뻗은 돌출부로, 흔히 나무 모양이며, 들어오는 신호를 받는 입력 부위 혹은 수용 부위를

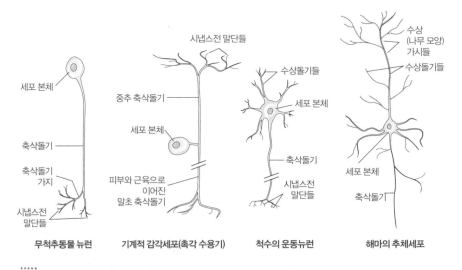

뇌에는 다양한 유형의 뉴런들이 있지만, 드문 예외를 빼면, 모든 뉴런은 세포 본체, 수상돌기들, 축삭돌기, 시냅스전 말단들을 지녔다. 84쪽 그림에서 보겠지만, 축삭돌기의 끄트머리에는 여러 개의 시냅스전 말단이 있다.

이룬다. 뉴런의 출력 부위인 **축삭돌기**는 세포 본체에서 뻗어나온 관 모양의 돌출부다. 세포의 전담 기능이 무엇이냐에 따라서, 축삭돌기는 겨우 0.1밀리미터일 수도 있고 척수에서부터 발가락 근육까지 무려 1미터 넘게 뻗을 수도 있다. 앞에서도 언급했듯이, 축삭돌기는 끄트머리에서 많은 미세 가지들로 갈라지는데, 그 가지 각각에는 **시냅스전 말단**이라는 특수한 말단 부위가 있다. 시냅스전 말단은 다른 세포의 특수한 정보 수용성 표면에 닿는데, 대개는 수상돌기에 닿지만 세포 본체에 닿기도 한다. 이 같은 시냅스에서의 접촉을 통해 신경세포는 자신의 활동에 관한 정보를 다른 뉴런들로, 혹은 근육이나 샘 같은 기관으로 전달한다.

라몬 이 카할은 해부학적 기술에 머물지 않고 더 나아갈 수 있었다는 점에서 동시대인들보다 뛰어났다. 그는 정적인 구조—뉴런 집단을 포함한 조직을 얇게 저며서 현미경으로 본 모습—에서 기능에 관한 통찰을 얻는 불가사의한 능력의 소유자였다. 예컨대 그는 방금 언급한 뉴런의 해부학적 부분 네 개가 신호전달에서 각각 고유한 역할을 한다는 놀라운 통찰에 이르렀다. 이 통찰에 기초하여 그는 뉴런들이 역동적으로 **분극화되어**dynamically polarized 있어서 뉴런 각각의 내부에서 정보가 예측 가능한 한 방향으로 일관되게 흐른다는 주장을 내놓았다.

정보는 수상돌기들과 세포 본체에서 수용되어 이 수용 부위들로부터 축삭돌기로 운반되고 더 나아가 시냅스전 말단들로 운반된다. 후속 연구는 라몬 이 카할의 주장이 옳았음을 입증했다. 1920년에서 1950년 사이의 몇 십 년 동안 뉴런이 사용하는 신호의 유형이 단순히 한 가지가 아니라 두 가지라는 것이 밝혀졌다. (1) 뉴런은 자기 내부에서의 신호전달을 위해, 즉 뉴런의 한 구역 또는 부위에서 다른 구역으로(이를테면 수상 돌기들에서 세포 본체로, 세포 본체에서 축삭돌기와 시냅스전 말단으로) 정보를 전달하기 위해, 전부—아니면—전무이며 천편일률적인 **활동전위**action potential를 사용한다. (2) 뉴런은 시냅스 전달synaptic transmission이라는 과정을 통해 다른 세포로 정보를 전달할 때는 세기가 다양한 시냅스전위synaptic potential를 사용한다. 곧 보겠지만, 이 두 유형 모두가 기억 저장에서 중요한 구실을 한다.

신경 신호

활동전위와 시냅스전위를 살펴보기에 앞서, **안정전위**resting potential를 알 필요가 있다. 안정전위란 이를테면 기본 상태로, 다른 모든 세포 신호들은 안정전위를 바탕에 깔고 그 위에서 표출된다. 세포막은 안정 상태에서 세포 내부와 외부 사이에 약 65밀리볼트의 전위차가 유지되게 만든다. 이것이 안정전위다. 안정전위는 세포막 양편의 나트륨, 칼륨, 기타 이온들의 분포가 동일하지 않아서 세포 내부가 외부에 대해 상대적으로 음전하를 띠기 때문에 발생한다. 우리는 세포 외부의 전위를 임의로 0으로 정의한다. 따라서 안정막전위(안정전위)는 마이너스 65밀리볼트(−65mV)다.

활동전위와 시냅스전위는 세포막에서 변화가 일어나 막전위가 안정막전위보다 증가하거나 감소할 때 발생한다. 막전위가 예컨대 −65밀리볼트에서 −75밀리볼트로 증가하는 것을 일컬어 **과분극**hyperpolarization이라 하고, −65밀리볼트에서 −50밀리볼트로 감소하는 것은 **탈분극**depolarization 이라고 한다. 나중에 보겠지만, 탈분극은 세포의 활동전위 산출 능력을 높인다. 즉, 탈분극은 흥분 작용을 한다. 거꾸로 과분극은 세포가 활동전위를 산출할 가능성을 낮추는, 억제 작용을 한다. 활동전위란 탈분극을 일으키는 전기 신호로, 수상돌기들에서 세포 본체로 이동하고, 이어서 축삭돌기를 따라 시냅스전 말단들까지 이동한다. 시냅스전 말단들은 신경세포가 다른 신경세포와 접촉하는 지점이다. 활동전위라는 명칭은 이 신호가 축삭돌기를 따라 **능동적**으로 퍼져 나가기 때문에 붙었다. 활동전위의 정확한 메커니즘은 이해하기가 약간 어려울 수 있다. 그러나 그 메커니즘을 상세히 이해하지 못하더라도, 이 책을 읽는 데는 지장이 없다.

활동전위는 세포막 안팎에 걸린 전위차의 변화이며 나트륨이온(Na^+)이 세포로 유입되고 이어서 칼륨이온(K^+)이 세포에서 유출됨에 따라 산출된다. 이때 이온들은 세포막에 뚫린 **이온 통로**ion channel라는 구멍들을 통해 이동한다. 이온 통로들은 신호 전파 경로에 맞게 정확한 순서로 열리고 닫혀서 세포의 한쪽 끝에서 다른 쪽 끝까지 이동하는 전위 변화를 산출한다. 활동전위는 축삭돌기의 막을 따라 오류나 왜곡 없이 초속 1미터에서 100미터의 전파 속도로 이동한다. 활동전위는 신속하고 일시적이며 전부−아니면−전무의 성격을 띤 전기 신호로, 진폭은 100에서 120밀리볼트이며 한 지점에 머무는 시간은 1에서 10밀리초다. 활동전위의 진폭은 축삭돌기의 모든 지점에서 일정하게 유지된다. 왜냐하면 활동전위가 축삭돌기를 따라 이동하는 동안, 그 전부−아니면−전무의 임펄스impulse가 막에 의해 계속 재생산되기 때문이다.

라몬 이 카할은 뉴런들이 시냅스라는 아주 특수한 접촉점에서 서로 소통한다는 것을 알아챘다. 가장 주목할 만한 뇌 활동의 일부, 예컨대 학습과 기억은 시냅스의 신호전달 속성들에서 비롯된다. 그러므로 그 속성들을 상세히 논할 필요가 있다. 축삭돌기에서 전파되는 신호—활동전위—는 크고 불변적이며 전부-아니면-전무인 신호인 반면, 시냅스에서의 신호—시냅스전위—는 크기가 다양하고 가변적이다.

전형적인 시냅스는 세 요소로 이루어진다. 그것들은 시냅스전 말단, 시냅스후 표적세포, 이 두 돌출부 사이에 놓여 두 뉴런을 갈라놓는 좁은 공간이다. **시냅스 틈새**synaptic cleft로 불리는 이 공간의 폭은 약 20나노미터(2×10^{-8})다. 한 세포의 시냅스전 말단은 시냅스 틈새 너머 시냅스후 표적세포의 세포 본체나 수상돌기들과 소통한다.

시냅스전 세포에서 활동전위에 의해 산출된 전류는 직접 시냅스 틈새를 건너뛰어 시냅스후 표적세포를 활성화할 수 없다. 대신에 그 전류 신호는 시냅스에서 대대적인 변환을 겪는다. 활동전위가 시냅스전 말단에 도달하면, 그 전기 신호로 인해 **화학적 시냅스 전달자**chemical synaptic transmitter 또는 **신경전달물질**neurotransmitter로 불리는 간단한 화학물질이 분비된다. 이 물질은 시냅스 틈새로 유출되고 거기에서 표적세포에 작용하는 신호의 구실을 한다. 곧 보겠지만, 시냅스 틈새에 퍼진 신경전달물질은 시냅스후 세포 표면의 수용체 분자들에 의해 인지되고 그것들과 결합한다. 신경세포가 흔히 사용하는 신경전달물질은 아미노산이거나 글루타메이트glutamate, 감마 아미노부티르산(가바GABA), 아세틸콜린, 에피네프린, 노르에피네프린, 세로토닌, 도파민 등의 아미노산 유도체다.

화학적 신호전달은 신경전달물질이나 뇌의 신경세포에 국한되지 않는다. 오히려, 모든 다세포생물의 모든 세포가 사용하는 보편적인 소통 메커니즘이다. 수억 년 전에 처음 등장한 다세포생물은 다양한 조직 유형들을 진화시켰고, 그것들은 다양한 기능적 시스템들로 특화되었다. 예컨대 심장, 순환계, 위, 소화계 따위로 말이다. 또한 다양한 조직들의 활동을 조율하기 위해 한 가지가 아니라 두 가지 화학적 신호가 진화했다. 그것들은 호르몬과 신경전달물질이다.

이 두 가지 형태의 화학적 소통은 몇 가지 공통점을 가진다. 호르몬 작용에서는 샘 세포가 화학적 전달자(호르몬)를 혈류에 방출하여 멀리 떨어진 조직에 신호를 보낸다. 예를 들어 음식을 섭취하고 나면 혈당 수치가 상승한다. 이 상승은 췌장에 있는 특정 세포들에게 일종의 신호로 작용하여 그것들이 인슐린이라는 호르몬을 방출하게 한다. 인슐린은 근육에 있는 인슐린 수용체에 작용하여 근육세포들이 포도당을 수용하고 글리코겐glycogen으로 변환하여 저장하게 한다. 글리코겐은 말하자면 저장용으로 변형된 포도당이다.

그러나 호르몬과 신경전달물질 사이에는 두 가지 결정적인 차이가 있다. 첫째, 신경전달물질은 대개 호르몬보다 훨씬 더 짧은 거리 안에서 작용한다. 시냅스 전달은 신호를 수용하는 세포의 막이 신호를 방출하는 세포에 아주 바투 근접해 있다는 점에서 특수하다. 그래서 시냅스 전달은 호르몬 신호전달보다 훨씬 더 빠르고 표적 선택 능력이 훨씬 더 크다. 나중에 보겠지만, 두 세포의 근접성은 기억에 필요한 아주 특별한 유형의 정보를 저장하는 뉴런의 능력에 핵심적으로 기여한다. 둘째, 나중에 더 자세히 설명하겠지만, 단일한 신경전달물질이 표적세포에서 다양한 반응을 일으킬 수 있다는 점에서 신경전달물질은 호르몬과 다르다. 대조적으로 호르몬은 정해진 표적세포들에서 동일한 방식으로 작용하는 경향이 있다.

생물학자들은 1930년대까지 시냅스 전달의 이 같은 특징들을 알아냈다. 그러나 그들의 지식이 새로운 과학적 기반 위에 놓인 것은 1950년대와 1960년대에 런던 유니버시티칼리지 소속 신경생리학자 버나드 카츠 경 Sir Bernard Katz의 연구에 의해서였다. 그는 시냅스 전달 과정에 관한 많은 세부 사항들을 발견했다. 예컨대 카츠와 동료들은 활동전위가 시냅스전 말단에 도달하면, 막에 뚫린 칼슘이온(Ca^{2+}) 전용 통로가 열려서 다량의 칼슘이온이 시냅스전 말단으로 신속하게 유입된다는 것을 발견했다. 이 같은 칼슘이온의 신속한

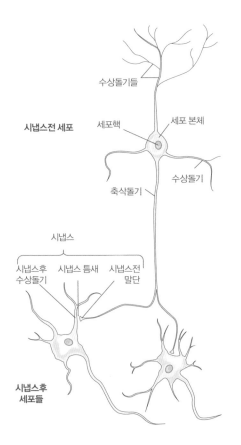

수상돌기들

시냅스전 세포
세포핵
세포 본체
수상돌기
축삭돌기

시냅스
시냅스후 수상돌기 시냅스 틈새 시냅스전 말단

시냅스후 세포들

·····
뉴런의 길고 가는 축삭돌기는 끄트머리에서 여러 개의 시냅스전 말단으로 갈라지고, 이 말단들은 시냅스후 세포 하나나 여럿의 수상돌기들과 시냅스를 형성한다. 단일 축삭돌기의 말단들이 무려 1000개의 뉴런과 시냅스를 형성할 수도 있다. 많은 척추동물 뉴런의 축삭돌기는 미엘린 myelin이라는 지질 막에 싸여 있다. 미엘린은 신호의 전파 속도를 높이는 구실을 한다. 이 그림을 비롯한 모든 그림에서는 단순화를 위해 미엘린 막을 생략했다.

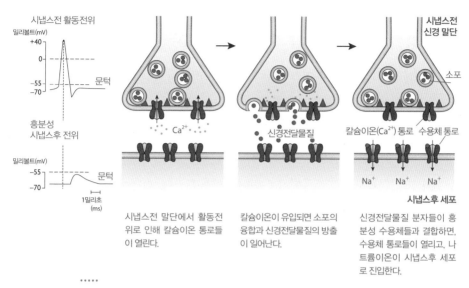

시냅스전 활동전위

밀리볼트(mV)

+40
0
−55 ----- 문턱
−70

흥분성
시냅스후 전위

밀리볼트(mV)

−55 ----- 문턱
−70

1밀리초
(ms)

시냅스전
신경 말단

소포

칼슘이온(Ca²⁺) 통로 수용체 통로

Na^+ Na^+ Na^+

시냅스후 세포

| 시냅스전 말단에서 활동전 위로 인해 칼슘이온 통로들 이 열린다. | 칼슘이온이 유입되면 소포의 융합과 신경전달물질의 방출 이 일어난다. | 신경전달물질 분자들이 흥 분성 수용체들과 결합하면, 수용체 통로들이 열리고, 나 트륨이온이 시냅스후 세포 로 진입한다. |

∗∗∗∗∗

화학적 신호가 시냅스전 세포에서 시냅스후 세포로 전달된다. 시냅스전 활동전위는 신경전달물질 양자 quantum를 담은 시냅스 소포가 시냅스 틈새로 방출되도록 만든다. 신경전달물질 분자들이 시냅스후 수용 체들과 결합하면, 여러 단계들을 거쳐 결국 흥분성(또는 억제성) 시냅스후 전위가 산출된다.

증가는 신경전달물질의 방출로 이어진다. 방출된 신경전달물질은 시냅스 틈새 너머 시냅스후 세포로 퍼져 간다. 마지막으로 신경전달물질과 시냅스후 세포에 있는 수용체들의 상호작용으로 시냅스후 세포에서 탈분극을 일으키는 흥분성 시냅스전위가 발생한다. 이 시냅스전위가 충분히 크면, 시냅스후 세포에서 활동전위가 발생할 가능성이 있다.

시냅스전위는 활동전위와 마찬가지로 전기 신호다. 그럼에도 이 두 신호는 사뭇 다르다. 전형적인 활동전위는 약 110밀리볼트 수준의 큰 신호인 반면, 시냅스전위는 훨씬 더 작아서 1밀리볼트 미만에서 수십 밀리볼트 수준이며 정확한 크기는 여러 요인에 의해 결정된다. 예컨대 동일한 시냅스후 세포에 도달한 신경전달물질이 얼마나 많은 시냅스전 말단에서 방출되었는가도 한 요인이다. 뿐만 아니라 활동전위는 전부–아니면–전무다. 반면에 시냅스전위는 세기가 다양하다. 왜냐하면 시냅스전위의 진폭은 시냅스전 뉴런이 방출한 신경전달물질 분자의 개수와 시냅스후 세포들에서 그 분자들과 결합하는 수용체의 개수에 따라 달라지기 때문이다. 마지막으로 활동전위는 능동적으로 전파된다. 일단 발생한 활동전위는 뉴런의 한쪽 끝에서 반대쪽 끝까지 온전하게 퍼져 나간다. 반면에 시냅스전위는 수동적으로 전파되며 거리가 멀어지면 잦아든다. 물론 시냅스전위가 활동전위를 유발한다면, 그 활동전위는 멀리까지 온전히 전파되겠지만 말이다.

카츠가 이룬 극적인 발견들 중 하나는 신경전달물질이 개별 분자들로 방출되지 않고 정해진 크기의 꾸러미들로 방출된다는 것을 알아낸 것이다. 그 꾸러미 각각에는 약 5000개의 분자가 들어 있다. 각각의 꾸러미는 전부–아니면–전무의 방식으로 방출된다. 카츠는 이 꾸러미를 양자 quantum로 명명했으며, 양자가 신경전달물질 방출의 기본 단위임을 간파했다.

전자현미경이 가져다준 새로운 통찰들

카츠가 신경전달물질이 꾸러미로 방출된다는 것을 발견한 1950년대는 과학자들이 전자현미경으로 신경세포를 관찰하기 시작한 때였고, 그 결과

Sir
Bernard
Katz

버나드 카츠 경(1911~2003)

시냅스 전달에 대한 현대적 분석을 개척한 영국 신경생리학자다.
그는 신경전달물질이 개별 분자들로 방출되지 않고
약 5000개의 분자들로 이루어진 꾸러미로 방출됨을 발견했다. 꾸러미 각각을 양자라고 부르며,
양자는 시냅스 소포라는 세포소기관에 들어 있다.

로 뉴런의 내부 구조를 보여주는 고
해상도 사진들이 처음으로 등장한
때이기도 했다. 그 사진들은 다른 세
포들과 마찬가지로 신경세포도 경계
가 분명한 세포 내 구조물들을 지
녔다는 것을 보여주었다. 그 구조물
들을 일컬어 세포소기관이라고 한다.
세포소기관의 예로는, 세포의 유전
자들을 보유한 세포핵, 단백질을 생
산하는 소포체endoplasmic reticulum
등이 있다. 세포소기관 각각은 세포
막과 유사한 막에 싸여 있다.

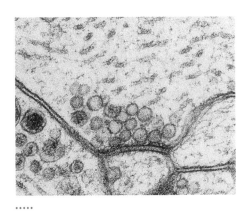

‥‥‥
시냅스를 촬영한 전자현미경 사진. 각각 신경전달물질 양자 하
나를 보유한 소포 여러 개가 사진의 중앙 근처에 몰려 있다. 소포
들이 활성역active zone에서 방출되기 직전이다. 활성역은 시냅스
틈새의 시냅스전 세포 쪽 경계면을 따라 펼쳐진 어두운 구역이며
소포들이 달라붙고 융합하고 방출되는 장소 구실을 한다.

또한 모든 세포가 공유한 세포소기관들 말고 신경세포만 지닌 구조물
들도 포착되었다. 가장 눈에 띄는 것은 작고 둥근 구조물인 소포가 무리
지은 모습이었다. 소포의 지름은 약 50나노미터였다. 소포들은 시냅스전
말단에 무리지어 있었으므로, 카츠는 그것들 각각이 **시냅스 소포**이고 신
경전달물질 양자 하나를 이루는 분자 5000개를 보유하고 있으며 따라서
양자 방출의 **구조적 단위**로 기능한다고 추론했다.

카츠가 이 관찰을 할 당시에는, 모든 세포의 세포막이 엑소시토시스
exocytosis라는 메커니즘으로 다양한 물질 덩어리를 세포 밖으로 방출한
다는 사실이 이미 잘 알려져 있었다. 카츠는 시냅스전 신경 말단이 시냅
스 소포에 담긴 신경전달물질 꾸러미를 엑소시토시스를 통해 방출한다

는 주장을 제기했다. 곧이어 프랑스 해부학자 르네 쿠토René Couteaux는 이 주장이 옳음을 입증했다. 그는 시냅스 소포가 시냅스전 말단의 세포막과 융합하여, 품고 있던 내용물—분자 5000개—을 엑소시토시스를 통해 전부-아니면-전무의 방식으로 시냅스 틈새로 방출한다는 것을 발견했다. 더 나아가 쿠토는 시냅스 소포가 시냅스전 말단의 아무 지점에서나 세포막과 융합하여 엑소시토시스를 겪는 것이 아니라 오직 특별히 한정된 **활성역**active zone이라는 부위에서만 그렇게 한다는 것을 발견했다. 이 활성역은 칼슘이온이 시냅스전 말단에 유입되는 것을 허용하는 칼슘이온 통로들이 위치한 장소이기도 하다. 시냅스 소포들은 평소에 활성역에서 아주 느린 속도로 자발적으로 방출된다. 이 방출은 활동전위가 없을 때에도 일어난다. 그러나 시냅스전 말단에 활동전위 하나가 도착할 때마다 칼슘이온이 유입되고, 그러면 소포 방출 속도는 대폭 증가한다.

시냅스 틈새로 방출된 신경전달물질 분자 5000개는 시냅스후 표적세포를 향해 확산되고, 그 세포 표면에 위치한 단백질 분자들(이른바 **수용체**들)과 결합한다. 한 유형의 신경전달물질 분자를 다양한 수용체들이 인지할 수 있으며, 수용체는 크게 두 가지, 즉 흥분성 수용체와 억제성 수용체로 나뉜다. 만일 표적세포가 특정 신경전달물질에 대한 흥분성 수용체들을 지녔다면, 그 물질과 그 수용체들의 결합은 표적세포에서 활동전위가 발생할 확률을 높일 것이다. 거꾸로 표적세포가 억제성 수용체들을 지녔다면, 이 수용체들은 활동전위의 발생을 적극적으로 막을 것이다. 대개 표적세포 하나는 특정 신경전달물질들에 대한 흥분성 수용체들과 다른 신경전달물질들에 대한 억제성 수용체들을 지녔다.

시냅스를 변화시킬 수 있다는 라몬 이 카할의 제안

일찍이 라몬 이 카할은 신경세포들이 놀랄 만큼 엄밀한 패턴으로 연결되어 있다는 것을 발견했다. 한 뉴런은 항상 특정 뉴런들과만 연결된다. 오늘날 우리는 이 엄밀성이 유기체의 발생 과정에서 다양한 유전자의 정확한 발현에 의해 뇌에 내장된다는 것을 안다. 뉴런 연결의 이 같은 엄밀성은 흥미로운 역설을 일으킨다. 우리가 학습하거나 기억할 때 신경세포들은 모종의 변화를 겪는 듯한데, 만일 뉴런들 간 연결이 그토록 엄밀하게 정해져 있다면, 대체 어떤 변화가 일어날 수 있을까? 엄밀하게 배선된 연결망이 신경 활동에 의해 어떻게 수정될까? 학습과 기억은 뉴런 배선도에 무언가가 추가되는 변화를 요구할까?

라몬 이 카할은 놀라운 통찰력으로 이 딜레마의 해결책을 제안했다. 그는 오늘날 시냅스 가소성 가설synaptic plasticity hypothesis로 불리는 견해를 내놓았다. 이 가설에 따르면, 시냅스 연결의 세기―한 세포에서 발생한 활동전위가 표적세포를 얼마나 쉽게 흥분시키는가(혹은 억제하는가) 하는 정도―는 고정적이지 않고 가변적이다. 구체적으로 시냅스 연결의 세기는 신경 활동에 의해 수정될 수 있다고 그는 가정했다. 더 나아가 학습은 시냅스의 가변성, 즉 강화 가능성 덕분에 가능한 현상일 수 있다고 제안했다. 학습은 새로운 시냅스 돌기들의 성장을 일으킴으로써 시냅스 연결의 강도에서 장기적 변화를 만들고, 이런 해부학적 변화의 존속이 기억의 메커니즘일 수 있다고 말이다.

라몬 이 카할은 이 생각을 1894년 왕립학회에서 행한 크룬 강의

에서 다음과 같이 표현했다.

정신적 훈련은 사용되는 뇌 부분에서 신경 부속지들이 더 많이 발달하게 만든다. 이런 식으로 세포 집단들 사이의 기존 연결이 말단 가지들의 증가를 통해 강화될 수 있다.

라몬 이 카할은 학습 과정이 뇌 활동의 구성요소인 전기 신호들의 패턴과 강도를 변화시킬 가능성이 있다고 예측했다. 이 변화의 결과로, 뉴런들의 상호소통 능력이 수정될 수 있어야 한다는 것이었다. 기초 시냅스 소통에서의 이 같은 변화의 존속—이른바 **시냅스 가소성**이라는 기능적 속성—은 기억 저장의 기본 메커니즘일 가능성이 있었다. 이 생각이 온전한 동물에서 타당한지에 대한 최초 검증은 라몬 이 카할이 이 생각을 내놓은 지 무려 75년 뒤에야 이루어졌다. 돌파구는 습관화 연구에서 열렸다.

시냅스 가소성의 단순한 예

습관화에 대한 신경학적 분석의 최초 시도는 일찍이 1908년에 고양이의 척수를 따로 떼어놓고 진행한 연구에서 이루어졌다. 척수는 몸의 자세와 운동의 바탕에 깔린 다양한 반사 반응을 제어한다. 예컨대 고양이의 다리를 건드리면, 고양이는 다리를 움츠린다. 영국 생리학자 찰스 셰링턴경Sir Charles Sherrington은 건드림 자극이 반복되면 이 반사가 감소하고 한동안 휴식을 취한 다음에야 회복된다는 것을 발견했다. 라몬 이 카할의 연구에서 큰 영향을 받은 셰링턴은 반사 행동에 대한 자신의 생각과 라몬 이 카할의 해부학적 발견들을 연결하려 애썼다. 실제로 그는 '시냅스'('걸쇠' 또는 '끌어안기'를 뜻하는 그리스어에서 유래함)라는 용어의 창안자이기도 하다. 셰링턴은 자신이 다리-움츠림 반사에서 관찰한 습관화가 라몬 이 카할의 제안대로 시냅스의 변화에서 비롯된 것일 수 있음을 대단한 통찰력으로 알아챘다. 그러나 그는 이 흥미로운 가설을 검증할 수 없었다. 당대의 신경생리학 기법들은 그 검증을 허용하지 않았다.

우리의 지식이 크게 한걸음 더 전진한 것은 1966년, 오리건 대학의 앨든 스펜서Alden Spencer와 리처드 톰슨Richard Thompson에 의해서였다. 행동에 관한 일련의 아름다운 실험들을 통해 그들은, 분리된 고양이 척수에서의 다리-움츠림 반사의 습관화와 온전한 동물에서의 더 복잡한 반사 행동들의 습관화 사이에 밀접한 연관성이 있

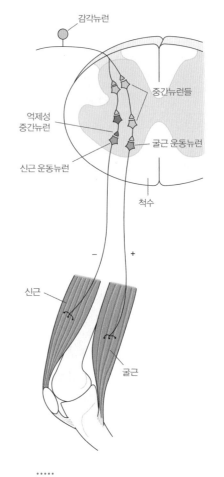

고양이의 다리-움츠림 반사를 제어하는 신경 회로

다는 것을 발견했다.

그리하여 그들은 척수 반사의 습관화가 습관화 일반의 연구를 위한 좋은 모형이라는 자신감을 가졌다. 다리-움츠림 반사는 고양이 뒷다리 피부에서 정보를 수용하는 촉각 감각뉴런들이 활성화되는 것에서 시작된다. 이 감각뉴런들은 모두 축삭돌기를 척수로 뻗어 그곳에서 일련의 흥분성 뉴런들과 억제성 뉴런들을 활성화한다. 이 뉴런들에서 나온 신호는 운동뉴런들로 모여들고, 운동뉴런들의 활동은 고양이의 다리 움츠림 행동을 일으킨다. 고양이 척수에 있는 개별 운동뉴런들의 활동을 측정함으로써 스펜서와 톰슨은 습관화가 중간뉴런이라는 뉴런 집단 어딘가에서 시냅스 활동의 감소를 유발한다는 것을 발견했다. 중간뉴런이란 접촉을 감지하는 감각신경들과 근육에 수축하라는 신호를 보내는 운동뉴런들 사이에 위치한 뉴런이다. 그러나 알고 보니 척수 속 중간뉴런들의 배치는 상당히 복잡하고 조사하기 어려웠다. 그래서 습관화에 결정적으로 관여하는 시냅스들을 분리해내는 것은 불가능했다. 이 연구와 기타 관련 연구들은 습관화나 그밖에 학습 형태들을 분석하려면 더 단순한 시스템을 대상으로 삼을 필요가 있다는 것을 분명하게 깨우쳐주었다.

여러 연구자들은 달팽이와 파리 같은 무척추동물로 눈을 돌렸다. 왜냐하면 이 동물들의 신경계는 비교적 적은 개수의 세포들로 이루어져서 세포 수준에서 분석하기가 용이하기 때문이다. 1장에서 언급했듯이, 바다 달팽이 군소의 신경계는 고작 2만 개의 세포로 이루어졌고, 그 세포들 중 다수는 이례적으로 크다(일부 세포는 지름이 1밀리미터에 가깝다). 게다가 많은 세포들은 어느 개체에서나 식별 가능하고 이름까지 붙일 수 있

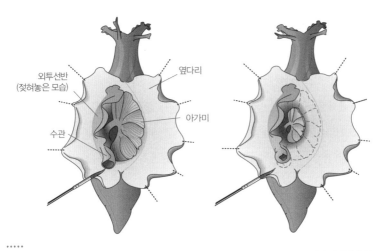

외투선반
(젖혀놓은 모습)

옆다리

아가미

수관

• • • • •
군소의 아가미 움츠림 반사와 수관 움츠림 반사. 가는 붓으로 수관을 살짝 건드리면(왼쪽) 수관이 수축하고 아가미가 움츠러들어 외투선반 아래로 숨는다. 그림에서는 외투선반을 젖혀놓은 모습으로 표현했다.

다. 즉, 아무 훈련도 하지 않은 개체에 있는 한 세포와 특정 과제를 훈련한 개체에 있는 동일한 세포를 비교 연구할 수 있다.

에릭 캔델과 어빙 커퍼만Irving Kupfermann은 군소가 방어적인 움츠림 반사를 하며, 그 반사가 몇 가지 점에서 고양이의 다리-움츠림 반사와 유사함을 깨달았다. 군소는 외부 호흡기관으로 아가미를 가지고 있는데, 평소에 그 아가미는 부분적으로만 외투선반으로 덮여 있다. 외투선반은 얇은 내부 껍데기internal shell를 보유한 덮개이며 수관이라는 부드러운 돌출부와 연결되어 있다. 외투선반이나 수관을 살짝 건드리면, 수관은 수축하고 아가미는 신속하게 외투선반 아래의 공간으로 움츠러든다. 이 방어적 반사의 목적은 명확하다. 연약한 아가미를 잠재적 손상 요인으로부터 보호하는 것이다. 그런데 약하고 무해한 자극을 수관에 반복해서 가하

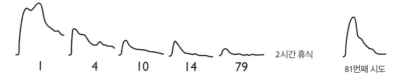

2시간 휴식

81번째 시도

ㅣ 4 10 14 79

......
아가미-움츠림 반사의 단기 습관화와 자발적 회복. 수관 자극에 반응하여 움츠러드는 아가미의 운동을 광전지로 측정하여 곡선으로 표현했다. 3분 동안 자극을 79회 반복하는 훈련에서 얻은 위의 결과는 아가미 움츠림 반사가 습관화된다는 것을 보여준다. 반응 감소의 대부분은 자극이 처음 10회 반복되는 동안에 일어난다. 두 시간 동안 휴식한 다음에는 반응이 상당 부분 회복되었다.

면, 아가미-움츠림 반사는 습관화를 겪는다. 이는 다른 방어적 반사들도 마찬가지다. 대개 실험자는 가는 붓으로 수관을 건드려 수관과 아가미가 둘 다 신속하게 움츠러들게 만든다. 수관에 자극을 10회 반복해서 가하는 훈련을 하면, 군소는 열 번째 자극에는 거의 또는 전혀 반응하지 않는다. 이제부터는 수관을 건드려도 수관이나 아가미의 움츠림이 거의 또는 전혀 일어나지 않을 것이다. 습관화로 형성된 기억의 지속시간은 반복횟수의 함수다. 수관 자극 10회로 형성된 기억은 수명이 짧아서 10에서 15분만 유지된다. 반면에 10회 자극 훈련을 나흘 동안 네 번 반복하면, 습관화 기억은 수명이 길어져 3주 동안 유지된다. 전자는 단기기억인 반면, 후자는 장기기억이다.

생물학자들은 군소에서의 습관화와 인간을 포함한 포유동물에서의 습관화 사이에 유사성이 있음을 주목했다. 그 유사성 때문에 군소는 다음 세 질문에 답하려는 연구자들에게 매력적인 실험동물로 부상했다. 습관화 기억이 저장되는 장소는 신경계 중에서도 어디일까? 기초 시냅스 연결들의 변화가 기억 저장에 기여할까? 만일 그렇다면, 기억 저장의 세포적 메커니즘은 무엇일까?

이 질문들에 대한 답은 동물계에 존재하는 단순한 기억 형태들에 대한 주요 통찰로 이어지리라고 기대되었다. 그러나 그 답들을 발견하려면, 우선 아가미 움츠림 반사의 배선도를 밝혀낼 필요가 있었다.

무척추동물에서 중추신경계는 신경절이라는 신경세포 집단들로 이루어진다. 군소는 중추신경계에 그런 신경절을 10개 지녔다. 아가미 움츠림 반사는 그 신경절들 중 하나인 배 신경절에 의해 통제된다. 이 신경절은 고작 2000개 정도의 세포를 보유했지만 한 가지 행동이 아니라 다양한 행동을 산출한다. 구체적으로 수관 움츠림, 호흡을 위한 펌프 작용, 색소 방출, 점액 분비, 산란, 심장박동수 증가, 혈류 증가를 일으킨다. 아가미 움츠림 반사의 통제에 결정적으로 관여하는 신경세포의 개수는 약 100개로 비교적 적다. 이처럼 개별 세포들은 유기체 전체의 행동에 중요하게 기여한다.

아가미 움츠림 반사 행동의 신경 회로는 1970년대 초에 컬럼비아 대학의 캔델과 그의 동료 커퍼만, 빈센트 카스텔루치Vincent Castellucci, 잭 번Jack Byrne, 톰 커루Tom Carew, 로버트 호킨스Robert Hawkins에 의해 상당 부분 밝혀졌다.

이들은 연구 과정에서 아가미 움츠림 회로에 속한 세포들을 다수 찾아냈다. 아가미와 직접 연결된 운동뉴런 여섯 개와 수관과 연결된 운동뉴런 일곱 개를 발견했다. 이 운동뉴런들은 정보를, 서로 연결된 감각뉴런 집단 두 개로부터 직접(단 하나의 시냅스만 거쳐서) 받는데, 이 집단들은 수관의 피부에 감각을 부여하는 감각뉴런 약 40개로 이루어졌다. 신경전달물질로 글루타메이트를 사용하는 이 감각뉴런들은 또한 흥분성 및 억

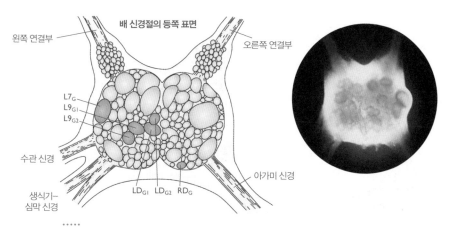

배 신경절의 등쪽 표면

왼쪽 연결부

오른쪽 연결부

L7G
L9G1
L9G2

수관 신경

생식기-
심막 신경

LDG1 LDG2 RDG

아가미 신경

·····
왼쪽 군소의 배 신경절 등쪽 표면을 나타낸 이 지도는 아가미 움츠림 반사에 관여하는 아가미 운동뉴런 여섯 개(적갈색으로 칠함)의 위치를 보여준다. 이 뉴런들은 각각 고유한 이름을 부여받았는데, 그 이름은 해당 뉴런이 신경절의 좌반구에 속하느냐 우반구에 속하느냐에 따라 L이나 R, 등쪽을 의미하는 D, 그리고 숫자로 이루어진다. 또한 이들이 아가미 운동뉴런임을 나타내기 위해 아래첨자로 G를 붙였다.
오른쪽 군소 배 신경절의 현미경 사진.

제성 중간뉴런 집단들과 연결되어 있고, 이 집단들은 운동뉴런들과 연결되어 있다. 그러므로 수관의 피부를 자극하면 감각뉴런들이 활성화되고, 감각뉴런들은 아가미 운동뉴런들과 수관 운동뉴런들을 직접 활성화한다. 감각뉴런들은 또한, 운동뉴런들과 연결된 다양한 중간뉴런들을 활성화한다.

이 신경 회로를 이루는 세포들과 연결들은 항상 동일하다. 이는 개체에서나 특정 세포는 어김없이 특정 세포들과만 연결되어 있다. 이 신경 회로를 알아낸 연구자들은 우리가 앞서 거론한 다음과 같은 역설의 해결을 시도할 수 있었다. 고정 배선된 신경 회로에서 어떻게 학습과 기억 저장이 일어날 수 있을까? 캔델과 동료들은 이제 이 역설을 해결할 준비가

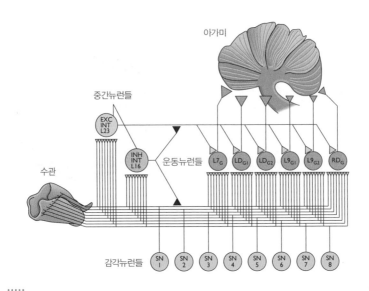

·····

이 단순화된 회로는 아가미 움츠림 회로에 속한 핵심 요소들을 보여준다. 배신경절에 속한 감각뉴런 약 40개는 신경전달물질로 글루타메이트를 사용하며 수관의 피부가 감각을 느끼게 만드는데, 이때 뉴런들이 담당하는 구역들은 마치 지붕의 기와들처럼 조금씩 겹친다. 감각뉴런 각각은 수관의 작은 일부에만 감각을 부여한다. 여기에서는 그런 감각뉴런을 8개만 나타냈다. 왜냐하면 실제 실험에서 수관의 작은 (대개 감각뉴런 6~8개가 담당하는) 일부만 자극했기 때문이다. 이 감각뉴런들은 한편으로 아가미를 움직이는 운동뉴런 6개의 집단에 닿아 있고, 다른 한편으로 흥분성 중간뉴런 집단 및 억제성 중간뉴런 집단 여러 개에 닿아 있다. 또 이 중간뉴런 집단들은 아가미 운동뉴런들에 닿아 있다(이 단순화된 그림에는 흥분성 중간뉴런과 억제성 중간뉴런이 각각 한 개씩만 등장한다).

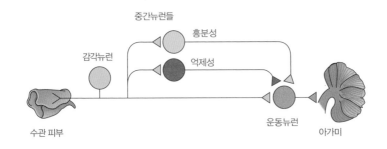

·····

아가미 움츠림 반사 회로를 과감하게 도식화한 이 그림은 각 유형의 뉴런을 하나씩만 보여준다.

되어 있었다. 그들은 그 해결이 상당히 간단하다는 것을 발견했다. 아가미 움츠림 반사 회로의 연결 패턴은 발생 과정의 초기에 영구적으로 확정되는 것이 사실이지만, 연결들의 정확한 세기는 그렇지 않다. 이제부터 우리는 수관 자극으로 촉발되는 반사의 아가미 움츠림 부분에만 관심을 집중할 것이다. 하지만 우리가 이야기할 규칙들은 수관 움츠림 부분에도 유사한 방식으로 적용된다. 수관이 낯선 자극을 받으면, 수관으로부터 정보를 받는 감각뉴런들은 큰 흥분성 활동전위들을 산출하고, 이 활동전위들은 중간뉴런들과 아가미 운동뉴런들을 상당히 강하게 흥분시킨다. 이 이중의 흥분성 입력은 운동뉴런들로 수렴하여 운동뉴런들이 반복해서 점화하게 만들고, 그 결과로 아가미가 신속하게 움츠러드는 반사 행동이 일어난다. 그런데 자극이 반복되면, 아가미 움츠림 반사는 습관화를 겪는다. 왜냐하면 자극이 반복되면 감각뉴런들이 중간뉴런들 및 운동뉴런들과 덜 효율적으로 소통하게 되기 때문이다. 감각뉴런에서 발생한 활동전위는 여전히 두 종류의 표적세포—중간뉴런과 운동뉴런—에서 흥분성 시냅스전위를 일으킨다. 그러나 이 시냅스전위는 최초 자극 때보다 더 약하다. 따라서 표적세포에서는 활동전위가 극소수만 발생하고 결국엔 전혀 발생하지 않는다. 요컨대 수관에 대한 건드림 자극의 반복으로 감각뉴런들과 표적세포들 간 연결이 약해지면, 시냅스전위(감각뉴런에서 발생한 활동전위가 중간뉴런이나 운동뉴런에서 일으키는 시냅스전위)가 쉽사리 활동전위를 산출하지 못한다. 게다가 일부 흥분성 중간뉴런과 운동뉴런 사이에 형성된 흥분성 시냅스 연결도 약화된다. 이 모든 시냅스 연결 약화의 최종 결과는 아가미 움츠림 반사의 규모가 줄어드는 것이다.

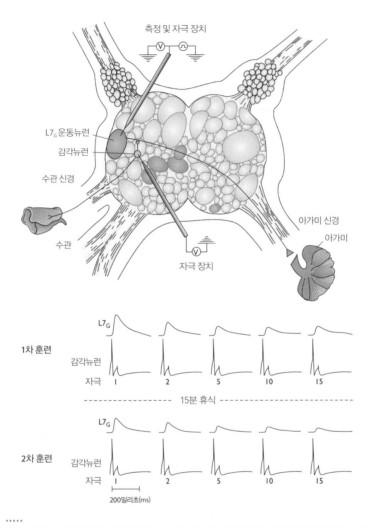

.....
단기 습관화의 시간적 진행을 개별 감각세포와 아가미 운동뉴런의 활동을 측정함으로써 연구할 수 있다.

위 아가미 운동뉴런 L7G와 시냅스 연결을 형성한 감각뉴런 하나에 10초마다 한 번씩 전기 자극을 가한다. 운동뉴런 L7G에서 발생하는 시냅스후 전위를 미세전극으로 측정한다.

아래 15회 자극으로 이루어진 훈련을 15분 간격으로 2회 실시하여 얻은 측정 결과. L7G에서 일어나는 반응이 첫 훈련 중에 감소하고, 휴식 뒤에 일부 회복되고, 둘째 훈련에서는 더욱 극적으로 감소하여 거의 사라짐을 알 수 있다.

이처럼 단기 습관화로 시냅스 연결이 약화되는 것이 기능성 시냅스 저하 functional synaptic depression이며 해부학적 변화를 동반하지 않는다.

바로 이 최초 중계 지점—감각뉴런과 표적세포 간 연결—이 습관화를 통해 변화를 겪기 때문에, 전체 반사 메커니즘에 속한 이 부분을 검사 시스템으로 삼아 습관화 과정에서 정확히 어떤 일이 일어나는지 탐구할 수 있었다. 카스텔루치, 캔델 등은 감각뉴런 하나와 운동뉴런 하나 간 연결에서 일어나는 시냅스 저하를 탐구했다. 그들은 감각뉴런에 자극을 10회 가하는 훈련을 한 번 하는 동안에 시냅스 연결이 극적으로 약화되고 그 상태가 몇 분 동안 유지되는 것을 발견했다. 두 번째 훈련에서는 더 심하고 더 지속적인 약화가 일어났다. 훈련 횟수에 따라서, 시냅스 저하는 몇 분에서 몇 시간까지(또한 나중에 보겠지만, 더 오랫동안) 지속할 수 있다. 하지만 그 지속 시간은 행동의 습관화가 지속하는 시간과 정확히 일치한다. 시냅스들이 원래의 세기를 회복하면, 곧바로 동물은 건드림 자극에 신속한 아가미(그리고 수관) 움츠림으로 반응한다. 이 연구들은 학습의 결과로 기초 시냅스 연결들이 변화를 겪는다는 것, 이 변화가 유지된다는 것, 이 변화가 단기기억 저장의 세포적 토대라는 것을 입증했다.

이제 카스텔루치와 동료들은 다음 질문에 접근할 수 있었다. 이 변화의 원인은 무엇일까? 시냅스 연결의 약화는 어떻게 일어나는 것일까? 운동뉴런에 있는 수용체들이 글루타메이트(감각뉴런이 방출하는 신경전달물질) 양자 각각에 반응하는 정도가 줄어드는 것일까? 혹은 시냅스전 활동전위 하나에 의해 방출되는 신경전달물질 꾸러미의 개수가 줄어드는 것일까? 컬럼비아 대학의 카스텔루치, 리즈 엘리엇Lise Eliot, 캔델은 (뒤이어

독자적으로 베스 아미티지Beth Armitage, 스티븐 시겔봄Steven Siegelbaum도)
시냅스전위의 감소가 전적으로 활동전위 하나에 의해 방출되는 신경전달
물질 꾸러미 개수의 기능적 감소에 기인한다는 것을 발견했다. 시냅스후
운동뉴런에 있는 글루타메이트 수용체들의 민감도에는 변화가 없었고 눈
에 띄는 해부학적 변화도 없었다.

　습관화의 바탕에 깔린 시냅스 저하의 특징 하나는 유별나게 흥미롭다.
그것은 신경전달물질 방출의 감소가 이미 두 번째 자극에서부터 확실히
나타난다는 점이다. 이로부터 이 감소를 일으키는 분자적 사건들이 무엇
이든 간에, 그 사건들은 단 한 차례 자극의 결과로 시작되고 두 번째 자
극이 가해지기 전에 완료된다는 것을 알 수 있다. 게다가 단 한 번의 자극
에 의한 신경전달물질 방출의 감소는 놀랄 만큼 긴 시간인 5분에서 10분
이나 지속한다. 곧이어 8회에서 9회의 자극이 추가되면, 시냅스 저하는
더욱 확실하고 지속적이게 되어 10분에서 15분 동안 유지된다.

　신경전달물질 방출의 감소는 어떻게 일어나는 것일까? 휴스턴 소재 텍
사스 대학의 케빈 깅리치Kevin Gingrich와 잭 번이 수행한 모형화 연구는
습관화의 결과로 방출 가능한 시냅스 소포 자원이 고갈될 가능성을 시
사했다. 이 가설을 직접 검증하기 위해 컬럼비아 대학의 크레이그 베일리
Craig Bailey와 매리 첸Mary Chen은 단기 습관화로 변화를 겪은 군소 감각
뉴런의 시냅스들을 전자현미경으로 관찰했다. 이들은 단기 습관화가 눈
에 띄는 해부학적 변화를 일으키지 않는다는 것을 발견했다. 시냅스전 말
단의 개수, 시냅스전 말단 내 활성역의 개수, 활성역의 크기는 바뀌지 않
았다. 또 시냅스전 말단 하나에 있는 소포의 총수도 바뀌지 않았다. 대신

에 시냅스전 말단 내부에서 미묘한 기능적 변화를 현미경 사진으로 포착할 수 있었다. 즉, 활성역 내 방출 부위에 달라붙은 시냅스 소포의 개수가 감소했다. 방출될 준비가 된 신경전달물질 꾸러미의 개수가 감소한 것이다. 아미티지와 시겔봄이 수행한 실험들은 습관화가 방출 부위에 달라붙은 시냅스 소포의 개수를 감소시킴과 더불어 나머지 소포들이 시냅스전 말단의 막과 융합하는 과정을 방해할 가능성을 시사했다.

이 연구들은 기억 저장에 관한 일반 원리를 여러 개 알려준다. 첫째, 이 연구들은 뉴런 간 시냅스 연결이 고정적이지 않고 학습에 의해 수정될 수 있으며 이 같은 시냅스 세기의 변화가 존속하여 기억 저장의 기초 요소로 구실한다는 라몬 이 카할의 선구적인 주장을 뒷받침하는 직접 증거를 최초로 제공했다.

둘째, 이제 우리는 아가미 움츠림 반사에 결정적으로 관여하는 두 뉴런 집단(감각뉴런들과 운동뉴런들) 간 시냅스 세기의 변화가 무엇에서 비롯되는지 안다. 이 반사에서 가장 철저하게 연구된 요소인 그 시냅스의 세기 변화는 시냅스전 말단에서의 변화, 구체적으로 시냅스전 말단에서 방출되는 신경전달물질 소포의 개수 변화에 기인한다. 물론 다른 다양한 변화 메커니즘도 기억 저장에 기여한다는 것이 밝혀졌지만, 방출되는 신경전달물질의 양이 달라지는 것은 이 시스템을 비롯한 여러 시스템에서 아주 흔하게 작동하는 기억 형성 메커니즘으로 판명되었다. 이 메커니즘은 홀로 작동하기도 하고 다른 메커니즘들과 함께 작동하기도 한다.

셋째, 아가미 움츠림 반사에서 시냅스 세기의 감소는 감각뉴런과 그 표적세포 간 연결에서만 일어나지 않고 중간뉴런과 그 표적세포 간 연결에

A 군소의 감각뉴런과 운동뉴런 간 시냅스에서의 단기 습관화의 바탕에 깔린 시냅스 저하는 시냅스전 감각뉴런의 활성역에 달라붙은 시냅스 소포의 개수가 대조 시냅스전 말단에 비해 50퍼센트 감소하는 결과를 가져온다.

B 대조 감각뉴런의 시냅스전 말단에서 그런 방출 가능한 소포 자원은 전체의 30퍼센트인 반면, 습관화된 시냅스전 말단에서는 12퍼센트에 불과하다. 이 형태학적 데이터를 보면 습관화된 말단에서는 잠재적으로 가용한 시냅스 소포들 중에서 더 작은 비율만 동원되어 활성역에 장전된다는 것을 알 수 있다.

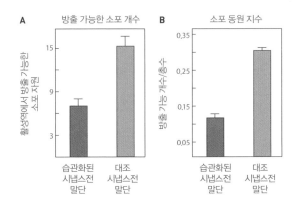

A 방출 가능한 소포 개수

B 소포 동원 지수

C와 D 감각뉴런 시냅스전 말단의 활성역(화살표 머리로 표시함)에서 소포들의 분포. 겨자무과산화효소horseradish peroxidase를 표지자로 이용하여 관찰함.

C 자극하지 않은 (대조) 말단에서는 시냅스전 활성역(두 화살표 머리 사이)에 소포들이 달라붙어 있다.

D 시냅스 저하를 겪은 감각뉴런의 말단에서는 사정이 사뭇 다르다. 습관화된 말단에서는 더 적은 개수의 소포가 활성역에 장전되고, 대다수의 소포는 활성역(두 화살표 머리 사이)의 시냅스전 막에서 어느 정도 떨어진 곳에 머문다.

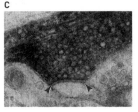

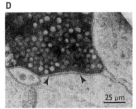

E 군소에서 단기 습관화의 구조적 요소들을 나타낸 모형. 단기 습관화의 결과로 활성역(오렌지색 삼각형들 사이)에 장전된 시냅스 소포 자원이 줄어들고 감각뉴런(SN)의 시냅스전 말단에서 소포를 동원하는 기능이 저하된다. MN= 운동뉴런

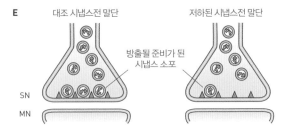

E 대조 시냅스전 말단 　　　　 저하된 시냅스전 말단

방출될 준비가 된 시냅스 소포

SN

MN

서도 일어난다. 요컨대 단순한 비서술기억도 여러 지점에 분산 저장된다.

마지막으로 이 연구들의 결과는 비서술기억이 정보 저장만을 유일한 기능으로 가진 특화된 기억 뉴런에 의존하지 않음을 보여준다. 오히려 단순한 비서술기억을 저장하는 능력은 학습을 통해 수정되는 행동을 담당하는 신경 회로에 속한 뉴런들 간 시냅스 자체에 내장되어 있다. 기억 저장은 반사 경로에 속한 뉴런들의 변화에서 비롯된다. 요컨대 습관화를 기억하는 능력은 해당 행동을 산출하는 신경 회로에 내장되어 있다. 나중에 보겠지만, 이런 면에서 비서술기억은 서술기억과 다르다. 서술기억을 위해서는 안쪽 관자엽에 위치한 신경 시스템 하나가 통째로 나서야 한다.

적응력을 지닌 뉴런

지금까지 우리는 몇 분 동안 지속하는 단기기억을 다뤘다. 그럼 며칠, 몇 주, 또는 더 오래 지속하는 장기기억은 어떨까? 아가미 움츠림 반사가 겪는 습관화의 흥미로운 특징 하나는 연습이 완벽함을 만들어낸다는 점이다. 다른 형태의 학습에서와 마찬가지로 습관화는 몇 분이나 몇 시간 지속하는 단기기억뿐 아니라, 훈련을 반복하면, 며칠이나 몇 주 지속하는 장기기억도 산출한다. 앞서 언급했듯이, 군소의 수관을 붓으로 10회 건드리는 훈련을 한 번 하면, 몇 분 지속하는 습관화가 일어난다. 반면에 10회 자극 훈련을 하루에 한 번씩 나흘에 걸쳐 네 번 하면, 최소한 3주 지속하는 습관화가 일어난다.

기억 연구에서 핵심 질문 하나는 이것이다. 단기기억과 장기기억은 어떤 관계일까? 이 두 형태의 기억은 서로 다른 자리에서 형성될까, 아니면 공통의 자리에서 형성될까? 이 질문을 탐구하기 위해 커루, 카스텔루치, 캔델은 동물들을 훈련하여 장기 습관화를 일으킨 다음, 단기 습관화에 관여한다는 것이 밝혀진 감각뉴런과 운동뉴런 간 연결을 훈련 후 하루, 한 주, 또는 3주가 지나서 검사했다. 이들은 훈련받지 않은 동물들에서는 감각뉴런의 약 90퍼센트가 특정 운동뉴런 하나와 생리학적으로 확인 가능한 연결을 형성했다는 것을 발견했다. 반면에 장기 습관화를 겪은 동물들에서는 겨우 30퍼센트의 감각뉴런만 확인 가능한 연결을 형성했다. 나머지 연결들은 워낙 약화되어 훈련 후 하루와 한 주에는 전기 측정 기법으로 명확하게 감지할 수 없었다. 훈련 후 3주가 지나자 그 연결들은 (습관화로 저하된 행동과 더불어) 부분적으로 회복되었다.

요컨대 이 경우에는 제구실을 하던 연결들이 한 주 넘게 저하되고 3주가 지나야 부분적으로 회복되는 것인데, 이 놀라운 변화는 10회 자극으로 구성된 훈련을 네 번 반복하는 단순한 학습의 결과다. 이처럼 단기 습관화는 일시적인 시냅스 효율 감소를 가져오는 반면, 장기 습관화는 더 장기적인 변화를 일으킨다. 구체적으로, 많은 기존 연결들을 먹통으로 만든다.

이 심대한 기능적 변화는 어떻게 유지될까? 베일리와 첸은 군소에서 아가미 움츠림 반사의 습관화에 따른 장기기억 형성이 심대한 구조 변화를 동반한다는 것을 발견했다. 이 발견은 장기기억 연구에서 가장 놀랍고 극적인 성취로 꼽을 만했다. 습관화된 동물의 감각뉴런은 대조 동물의 감각뉴런보다 35퍼센트 적은 시냅스전 말단들을 지녔다. 대조 동물에서 감각뉴런 하나는 표적세포들(중간뉴런과 운동뉴런)에 닿은 시냅스전 말단을 평균 1300개 가진다. 반면에 장기 습관화를 겪은 동물의 감각뉴런은 표적세포들에 닿은 시냅스전 말단을 약 840개만 가진다. 이는 대조 조건에서 평균적인 감각뉴런 하나는 표적뉴런 각각에 약 30개의 시냅스전 말단을 보냄을 의미한다. 그러나 장기 습관화를 겪고 나면 이 숫자가 20개로 줄어든다.

이 실험들은 비서술기억의 여러 특징을 추가로 보여준다. 첫째, 이 실험들은 단기기억이 시냅스 세기의 단기 변화와 관련이 있듯이, 장기기억은 시냅스 세기의 장기적 변화를 필요로 한다는 직접 증거를 제공한다. 둘째 동일한 기본 시냅스 연결들이 단기기억 저장과 장기기억 저장에 모두 관여할 수 있다. 셋째, 시냅스 기능과 구조를 심대하게 변화시키는 데 필요한 훈련의 양은 놀랄 만큼 적다.

군소가 가진 모든 시냅스가 가소적이고 적응적인 것은 아니다. 군소 신경계의 일부 시냅스 연결은 반복해서 활성화되어도 세기가 변하지 않는다. 그러나 기억 저장에 관여하도록 진화한 시냅스들에서는 비교적 소량의 훈련—적당한 간격으로 가한 자극 40회—으로도 시냅스 세기의 변화를 지속적이고도 크게 일으킬 수 있으며, 이 변화는 실제 해부학적 변화에서 비롯된다. 이 장기적인 시냅스 세기 변화는 시냅스 연결들이 물리적으로 조정되는 것을 필요로 하며 여러 주 동안 지속할 수 있다.

마지막으로 이 실험들의 결과는 시냅스가 신경전달물질 방출량에서만 융통성이 있는 것이 아니라 모양과 구조에서도 융통성이 있다는 것을 보

운동

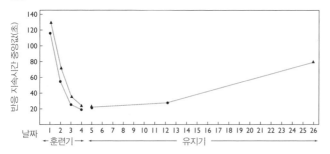

생리학

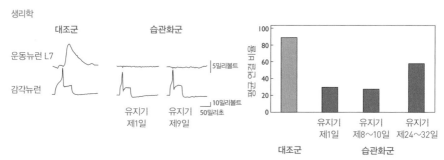

구조

* * * * *
10회의 자극으로 이루어진 훈련을 군소를 대상으로 매일 한 번씩 나흘 동안 실시하여 1주 넘게 지속하는 장기 습관화를 일으켰다. 이 습관화를 움츠림 반응의 지속시간이 감소한 것(위)과 운동뉴런에서 시냅스후 전위를 측정하면 드러나는(가운데 왼쪽) 극적인 시냅스 효율 저하에서 확인할 수 있다. 이 시냅스 저하의 시간적 변화 양상을 가운데 오른쪽 막대그래프에서 볼 수 있는데, 이 양상은 행동 습관화의 시간적 변화 양상과 같은 패턴이다. 이 장기 시냅스 저하는 해부학적 변화를 동반한다. 습관화된 동물에서 감각뉴런은 돌출부를 거둬들여 습관화되지 않은 대조군 동물의 감각뉴런보다 더 적은 개수의 시냅스전 말단들로 운동뉴런과 접촉한다(아래).

여준다. 활성역과 시냅스전 말단은 시냅스의 불변적 요소가 아니라 변화 가능한 요소다. 활성역과 신경전달물질 소포는 행동을 위한 해부학적 발판 구실을 한다. 그런데 습관화처럼 기초적인 학습 경험으로도 그 발판에 변화가 일어나 뉴런 연결의 기능이 조절될 수 있다. 나중에 보겠지만, 뉴런의 물리적 구조에서 일어나는 이 같은 변화는 일반적으로 장기기억 저장을 위한 해부학적 토대다.

지금까지 우리는 가장 단순한 형태의 비서술기억만을 고찰했다. 즉, 단일 자극의 속성들을 학습할 때 뇌에 생기는 흔적을 다뤘다. 동물이 자극을 무시하는 법을 배움에 따라 생겨나는 흔적과 그것의 쇠퇴만을 말이다. 이런 단순한 기억은 기존 시냅스 연결의 세기가 약화되는 방식으로 저장된다. 다음으로 우리는 약간 더 복잡한 학습으로 눈을 돌려 이런 질문들을 던질 것이다. 더 복잡한 학습 형태들도 시냅스 연결의 세기를 바꾸는 방식으로 기억 흔적을 남길까? 만일 그렇다면, 시냅스 연결은 약화될 뿐 아니라 강화될 수도 있을까? 마지막으로 우리는 이런 저장 메커니즘들의 역학적mechanistic 토대를 살펴볼 것이다. 그 메커니즘들을 건강한 동물과 병든 동물 모두에서 심층적으로 이해하려면, 이 질문에 답할 수 있어야 한다. 시냅스 세기의 변화는 어떤 분자적 과정들을 거쳐 일어날까?

3

단기기억에 관여하는
분자들

....

재스퍼 존스 Jasper Johns, **〈0에서 9까지**Zero Through Nine**〉(1961)**
존스(1930〜)는 0에서 9까지의 숫자들을 포개놓아 어느 숫자도 명확하게 식별할 수 없는 추상적 이미지를 창조한다. 그는 표적이나 깃발 같은 일상의 형상을 흔히 사용한다. 이 작품에서 숫자들이 겹쳐 구분이 희미해지는 것은, 저장된 기억의 층들이 겹치면 경우에 따라 특정 사건에 대한 회상이 흐릿해지는 것과 유사하다.

바다달팽이 군소의 놀라운 반응을 연구한 생물학자들은 단순한 형태의 학습—습관화—이 시냅스 세기의 감소를 일으키고, 이 감소가 (유지될 경우) 기억 저장의 메커니즘으로 구실한다는 것을 알게 되었다. 이 경우에 시냅스 약화는 단 하나의 원인에서 비롯된다. 즉, 감각 뉴런에서 활동전위로 인한 신경전달물질 방출량이 습관화가 진행됨에 따라 점점 더 감소하는 것이 그 원인이다. 이 감소의 결과로 표적세포에서 시냅스전위의 크기가 줄어든다. 표적세포 시냅스전위의 크기는 시냅스의 세기를 알려주는 지표다.

1970년대 초에 이루어진 이 발견들은, 시냅스 세기의 변화가 기억 저장에 기여할 수 있다는 산티아고 라몬 이 카할의 주장을 뒷받침하는 최초 증거였다. 하지만 다른 한편으로 새로운 질문들이 제기되었고, 그것들은 다음 10년 동안 연구의 초점이 되었다. 습관화가 시냅스 세기의 약화를 가져온다면, 시냅스 세기의 강화를 가져오는 학습 형태들도 있을까? 습관화에 대한 분석은 시냅스가 변화할 수 있음을 드러냄으로써 더 복잡한 형태의 기억 저장을 이해하기 위한 연구의 출발점을 제공했지만 그 변화의 바탕에 깔린 분자적 메커니즘에 대해서는 아무것도 알려주지 않았다. 어떤 분자들이 기억 저장에 중요하게 관여할까? 학습은 기억 저장을 위해 특화된 색다른 종류의 분자들을 동원할까, 아니면 다른 목적에도 쓰이는 분자들을 동원할까?

기초적인 기억이 형성되는 자리가 시냅스 연결이라는 사실이 이미 밝혀졌으므로, 기억 저장의 바탕에 깔린 분자적 사건들을 분석할 때가 무르익은 셈이었다. 분자 수준의 분석은 신경세포를 비롯한 모든 세포가 작동하는 메커니즘에 대해서 가장 심층적이고 풍부한 통찰을 제공한다. 더 나아가 분자적 관점을 채택하면 기억 저장을 저해하는 병을 진단하고 치료하는 법을 발견하게 될 가망도 있다. 그런 병의 예로 신생아 750명당 1명이 지닌 다운증후군, 어쩌면 65세 이상 인구의 25퍼센트나 그 이상을 괴롭히는 노인성 기억력 감퇴 등이 있다. 서로 전혀 다른 분자적 메커니즘 여러 개가 유사한 시냅스 세기 변화를 산출할 수 있으므로, 기억 장애를 치료하려면 정상적인 저장에 어떤 메커니즘들이 관여하는지, 특정한 병이 정상적인 기능을 어떻게 방해하는지에 대한 앎이 결정적으로 중요할 것이다.

민감화 연구에서 나온 단서들

기억 과정의 분자적 메커니즘에 대한 최초 단서들은 민감화 연구에서 나왔다. 민감화란 비연결 학습nonassociative learning의 한 형태로, 시냅스 세기의 강화에서 비롯된다. 습관화에서 동물은 유리하거나 사소한 자극의 속성들을 배운다. 반면에 일종의 공포 학습인 민감화에서는 해롭거나 위협적인 자극의 속성들을 배운다. 위협적인 자극에 직면한 동물은 다른 (심지어 무해한) 자극들에도 더 격렬하게 반응하는 법을 신속하게 배운다. 총소리에 놀란 사람은 몇 분 뒤에 어떤 소음이라도 들리면 펄쩍 뛸 가능성이 높다. 마찬가지로 방금 물리적 충격으로 아픔을 느끼고 난 사람은 누군가가 어깨를 부드럽게 쓰다듬으면 평소보다 더 격렬하게 반응할 것이다. 민감화에서 사람과 동물은 방어 반사 기능을 향상시켜 움츠림이나 달아남을 준비하는 법을 배운다.

습관화에서는 동물이 한 자극에 반복해서 노출된 결과로 그 자극에 대한 반응이 달라진다. 반면에 민감화에서는 동물이 한 (대개 해로운) 자극에 노출된 결과로 다른 자극에 대한 반응이 달라진다. 요컨대 민감화는 습관화보다 더 복잡하며 습관화를 압도할 수 있다. 예컨대 생쥐는 특정 소음에 처음 노출되면 깜짝 놀라겠지만 그 소음이 반복되면 습관화를 겪어 더는 반응하지 않을 것이다. 하지만 생쥐의 발에 단 한 번 충격을 가하여 민감화를 일으키면, 그 소음에 대한 놀람 반응을 신속하게 복구할 수 있다. 이렇게 습관화가 민감화에 의해 압도되는 현상을 일컬어 탈습관화라고 한다.

군소의 아가미 움츠림 반사는 습관화를 겪으면 극적으로 약화되지만 민감화에서는 대폭 강화된다. 한 예로 컬럼비아 대학의 해럴드 핀스커 Harold Pinsker, 어빙 커퍼만, 윌리엄 프로스트William Frost, 로버트 호킨스,

그리고 캔델은, 군소가 꼬리에 충격을 받고 나면 수관 자극에 대한 반응이 대폭 강화된다는 것을 발견했다. 꼬리에 충격을 받고 난 군소는 아가미를 더 많이 움츠려 외투선반으로 보호된 공간인 외투강 속으로 완전히 집어넣는다. 해로운 꼬리 자극에 대한 군소의 기억이 얼마나 오래 유지되는지는 수관 건드림에 대한 아가미 움츠림 반사의 강화가 얼마나 지속하는지를 보면 알 수 있는데, 그 기억은 그 해로운 자극이 많이 반복될수록 더 오래 유지된다. 꼬리에 충격을 한 번 가하면, 몇 분 지속하는 단기기억이 형성된다. 네다섯 번의 충격은 이틀 이상 지속하는 장기기억을 산출한다. 여기에서 우리는 민감화로 산출되는 단기기억에 초점을 맞출 것이다. 민감화로 산출되는 장기기억은 7장에서 다시 다루겠다.

습관화가 시냅스 세기의 감소를 가져온다면, 민감화는 시냅스 세기의 증가를 가져오지 않을까라는 질문이 자연스럽게 떠오른다. 실제로 마르첼로 브루넬리Marcello Brunelli, 빈센트 카스텔루치, 캔델은 군소의 꼬리에 해로운 자극을 가하면 아가미 움츠림 반사를 담당하는 신경 회로 속의 여러 시냅스 연결들이 향상된다는 것을 발견했다. 그런 연결들 중에는 수관 피부를 관할하는 감각뉴런이 운동뉴런 및 중간뉴런(감각뉴런과 운동뉴런 사이에 낀 뉴런)과 형성한 연결도 있었고 중간뉴런이 운동뉴런과 형성한 연결도 있었다. 이 연결들은 습관화에 의해 저하되는 시냅스들과 동일했다. 요컨대 이들의 연구는 동일한 시냅스 연결들이 두 가지 형태의 학습에 의해 상반된 두 방향으로 조정될 수 있다는 것을 보여주었다. 결론적으로 동일한 연결들이 다양한 기억의 저장에 관여할 수 있다. 세기가 증가한 시냅스들은 특정 유형의 학습(예컨대 민감화)을 위한 기억 저장소로 구실하고, 세기가 감소한 시냅스들은 다른 유형의 학습(예컨대 습관화)을 위한 기억 저장소로 구실한다. 전자의 경우를 일컬어 시냅스가 '강화되었다facilitated'고 하고 후자의 경우를 '저하되었다depressed'고 한다.

반사의 습관화가 일어날 때는 수관에 대한 가벼운 건드림이 수관 감각뉴런에서 아가미 운동뉴런으로 이어진 경로를 직접 활성화한다는 점을 주목하라. 요컨대 습관화로 발생하는 시냅스 저하는 같은-시냅스적이다homosynaptic. 즉, 자극에 의해 활성화되는 경로와 저하되는 경로가 동일하다. 반면에 민감화로 발생하는 시냅스 세기 증가는 다른-시냅스적이다heterosynaptic. 꼬리에 가한 충격이 활성화하는 경로는 꼬리에서부터 이어진 경로인데, 연결의 세기 변화는 수관 담당 감각뉴런과 그 표적세포 사이에서 일어난다. 즉, 꼬리에서부터 이어진 경로를 활성화한 결과로, 수관 피부에서부터 이어져 아가미 움츠림 반사를 일으키는 별개의 경로에서 시냅스 세기 증가가 일어나는 것이다.

꼬리에 가한 충격은 꼬리에 위치한 감각뉴런을 활성화한다. 그 충격은 수관 피부를 담당하는 감각뉴런이 활동전위를 점화하게 만들지 않는다. 그런데도 그 충격은 모종의 방식으로 수관 담당 감각뉴런의 시냅스 세기를 변화시킨다. 어떻게 이런 일이 일어날까? 민감화는 다음과 같은 단계들을 거쳐 그 시냅스의 세기를 변화시킨다. 꼬리에 가한 충격은 꼬리에 있는 감각뉴런을 활성화하고, 이 감각뉴런은 다시 조절 중간뉴런modulatory interneuron이라는 특수한 유형의 중간뉴런을 활성화한다. 이 중간뉴런은 꼬리에서 온 정보를 보유하며, 수관 감각뉴런과 시냅스를 형성하여 그 뉴런의 세포 본체와 시냅스전 말단들 양쪽 모두와 접촉한다. 카스텔루치,

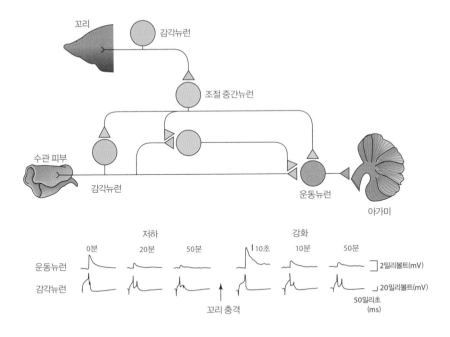

위 군소에서 아가미 움츠림 반사의 민감화를 담당하는 신경 회로(단순화를 위해 각 유형의 뉴런을 하나씩만 표현함). 꼬리에 해로운 자극을 가하면 꼬리 감각뉴런이 활성화되고 이어서 조절 중간뉴런이 활성화된다. 조절 중간뉴런은 수관 감각뉴런에 신호를 보내 신경전달물질 방출을 촉진한다.

아래 단일한 시냅스 연결이 두 가지 형태의 기억 저장, 곧 습관화와 민감화에 관여할 수 있다. 단일한 수관 감각뉴런에 의해 아가미 운동뉴런에서 산출되는 시냅스전위가 습관화 과정에서 저하되다가 꼬리 충격에 의해 동물이 민감화되자 다시 회복되는 것을 볼 수 있다.

호킨스, 캔델은 이 조절 중간뉴런이 아가미 움츠림 회로 내 신경전달물질 방출을 조절한다는 것을 발견했다. 이 조절 중간뉴런은, 수관 피부 감각 뉴런에서 활동전위가 발생할 때마다 글루타메이트를 품고 방출되는 시냅스 소포의 개수를 늘린다. 이 중간뉴런은 아가미 움츠림 회로의 감각뉴런 과 그 다음 요소들(중간뉴런과 운동뉴런) 간 시냅스 세기를 조절 혹은 조정하는 작용을 하기 때문에 '조절' 중간뉴런으로 불리는 것이다. 이 작용의 결과로, 수관을 살짝 건드리는 자극이 과거에는 소수의 소포 방출만 유도하여 작은 시냅스 신호를 산출했지만 이제는 다수의 소포 방출을 유도하여 운동뉴런에서 큰 시냅스 신호를 산출하고 결국 더 강력한 아가미 움츠림을 일으킨다.

민감화에 관여하는 조절 뉴런은 여러 유형이지만, 어느 유형이나 유사하게 수관 감각뉴런에서 글루타메이트를 품은 시냅스 소포의 방출을 촉진하는 작용을 한다. 또한 어느 유형이나 감각세포 내에서 작동하는 동일한 생화학적 신호전달 메커니즘에 관여함으로써 작용력을 발휘한다.

가장 중요한 조절 중간뉴런은 세로토닌(또 다른 명칭은 5-히드록시트립타민5-hydroxy-tryptamine, 줄여서 5-HT)을 신경전달물질로 사용한다.

표적세포의 생화학적 신호전달 메커니즘을 활성화하는 세로토닌 등의 조절 신경전달물질들은 나중에 보겠지만 민감화처럼 비교적 단순한 형태의 학습에서뿐 아니라 더 복잡한 학습에서도 기억 저장에 결정적으로 관여한다. 이런 조절 신경전달물질(세로토닌 말고도 아세틸콜린, 도파민, 노르아드레날린 등이 있음)은 표적세포 표면의 수용체들에 작용한다. 학습은 이 물질이 어떤 유형의 수용체에 결합하여 작용력을 발휘하는지에 결정적으로 좌우된다.

2차 전달자 시스템들

앞서 보았듯이, 활동전위가 신경전달물질 방출을 촉발하면, 신경전달
물질을 품은 시냅스 소포들이 엑소시토시스라는 과정을 통해 시냅스전
세포막과 융합한다. 곧이어 신경전달물질 분자들이 시냅스 틈새 너머로
퍼져 나가 시냅스후 세포에 있는 수용체들과 상호작용한다. 이 시냅스후
수용체들은 작용 절차에서 근본적인 차이가 나는 두 가지 주요 유형으로
나뉜다. 그리고 이 차이는 수용체가 시냅스후 세포에 있는 이온통로를 어
떻게 통제하느냐에 관한 것이다.

첫째 유형의 수용체가 작용하는 메커니즘은 1950년대 초에 런던 유니
버시티 칼리지의 버나드 카츠Bernard Katz와 폴 패트Paul Fatt에 의해 발견
되었다. 이들은 한 유형의 수용체들을 발견했는데, 이것들은 자신의 구조
내부에 이온 통로를 지녔다는 점이 특징이다. 이 유형의 수용체를 일컬어
이온성 수용체ionotropic receptor라 하고, 이온성 수용체가 통제하는 이온
통로를 신경전달물질 감응성 이온 통로transmitter-gated ion channel라 한다.

이온성 수용체는 통상적인 (흥분성이거나 억제성인) 시냅스 작용을 일
으킨다. 아가미 움츠림 반사를 매개하는 기본 신경 회로 내 시냅스들에서
일어나는 것이 바로 이런 유형의 작용이다. 이 유형의 작용은 행동을 매
개하는 다른 신경 회로에서도 일어난다.

이 유형의 작용은 매우 단기적이다. 대개 지속 시간이 1밀리초에서 몇
밀리초에 불과하다. 일반적으로 이온성 수용체의 이온 통로는 안정 상태
에서 닫혀 있어서 이온의 통과를 막는다. 그러나 시냅스전 뉴런이 글루타

메이트 같은 신경전달물질을 방출하면, 이온성 수용체는 신경전달물질 분자를 인지하고 그것과 결합한다. 이 결합의 결과로 수용체는 모양의 변화를 겪어 이온 통로가 열리고, 이온이 시냅스후 세포로 흘러들 수 있게 된다. 이 이온 흐름은 시냅스전위를 산출하는데, 관련 수용체의 유형과 이온에 따라 시냅스전위는 세포를 흥분시킬 수도 있고 억제할 수도 있다. 거의 모든 신경세포는 세포막에 흥분성 수용체와 억제성 수용체를 모두 지녔다.

1959년, 얼 서덜랜드Earl Sutherland, 시어도어 랄Theodore Rall, 그리고 이들이 클리블랜드 소재 웨스턴 리저브 대학에서 가르치는 학생들은 (뒤이어 예일 대학의 폴 그린가드Paul Greengard도) 둘째 유형의 수용체가 존재한다는 것을 발견하여 흥분을 자아냈다. 그들은 신경전달물질이 이온통로를 보유하지 않은 수용체에도 작용할 수 있음을 발견했다. 그런 수용체들은 시냅스후 세포에서 몇 밀리초보다 훨씬 더 오래 지속하는 활동을 일으킨다. 그것들은 대사성 수용체metabotropic receptor로 명명되었다. 왜냐하면 이 유형의 수용체는 시냅스후 세포의 대사 작용을(내적인 생화학 메커니즘을) 끌어들이기 때문이다. 이온성 수용체와 마찬가지로 대사성 수용체는 흥분 작용을 일으킬 수도 있고 억제 작용을 일으킬 수도 있다.

신경전달물질이 대사성 수용체와 결합하면, 세포 내부에서 어떤 효소가 활성화되고, 그 효소는 2차 전달자 또는 세포내 전달자로 불리는 작은 세포 내 신호전달 분자의 농도를 변화시킨다. 2차 전달자의 기능은 신경전달물질(1차 전달자 또는 세포외 전달자)이 세포막에서 촉발한 작용에 관한 정보를 세포 본체나 수상놀기 내부로 운반하는 것이다. 2차 전달지는 세

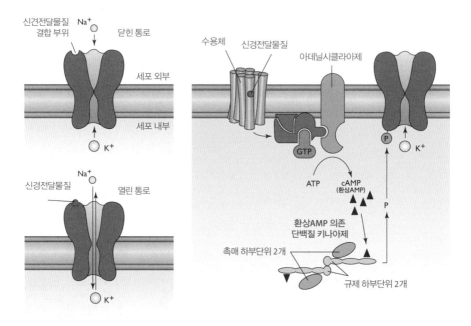

이온성 수용체

대사성 수용체

이온성 수용체 신건전달물질 결합 부위 / Na+ / 닫힌 통로 / 세포 외부 / 세포 내부 / K+ / 신경전달물질 / Na+ / 열린 통로 / K+

대사성 수용체 수용체 / 신경전달물질 / 아데닐시클라아제 / GTP / P / K+ / ATP / cAMP (환상AMP) / P / 환상AMP 의존 단백질 키나아제 / 촉매 하부단위 2개 / 규제 하부단위 2개

• • • • •

이온성 수용체는 이온 통로를 직접 통제하는 반면, 대사성 수용체는 2차 전달자 시스템을 끌어들인다.

왼쪽　이온성 수용체는 나트륨이온Na+이 세포 안으로 들어오고 칼륨이온K+이 세포 밖으로 나가는 것을 허용하는 이온 통로를 직접 통제한다. 이를 통해 이온성 수용체는 통상적이고 빠른 시냅스 작용을 매개한다.

오른쪽　대사성 수용체는 세포 내부의 분자적 신호전달 메커니즘을 끌어들인다. 이 메커니즘은 정보를 세포 표면에서 내부로 운반한다. 그림에서는 수용체가 아데닐시클라아제라는 효소를 활성화함으로써 2차 전달자인 환상AMP를 활성화하고, 환상AMP는 다시 단백질 키나아제의 일종인 단백질 키나아제 A(약자로 PKA, 환상AMP 의존 단백질 키나아제) 분자를 활성화한다. 그러면 이 키나아제가 여러 표적 단백질을 인산화하는데, 그 단백질들 중 하나인 이온 통로는 인산화의 결과로 닫힌다. 이렇게 되면 활동전위가 증폭되고, 나중에 보겠지만, 칼슘 유입량과 시냅스전 말단에서의 신경전달질 방출량이 증가한다.

포 곳곳의 다양한 기능에 영향을 미칠 수 있기 때문에 대단히 광범위하고 지속적인 작용을 일으킨다. 그러나 한 세포 안에는 2차 전달자가 여럿 있고, 그 각각은 고유한 수용체들의 집합에 의해서 활성화된다. 이 다양한 수용체들은 동일한 신경전달물질과 결합하기도 하지만 더 많은 경우에는 다양한 신경전달물질과 결합한다.

서덜랜드와 랄은 최초로 알려진 2차 전달자인 환상AMP(고리 모양 아데노신일인산cyclic adenosine monophosphate, cAMP)를 발견했다. 환상AMP는 아데노신삼인산(ATP)과 관련이 있다. ATP는 모든 살아 있는 세포에 필수적이며 어디에나 있는 분자다. 왜냐하면 거의 모든 생물학적 에너지 변환에서 핵심 역할을 하기 때문이다. 환상AMP는 아데닐시클라아제라는 효소에 의해 ATP에서 합성된다. 대사성 수용체는 이 효소를 활성화하여 ATP를 환상AMP로 변환하게 만듦으로써 환상AMP의 농도를 높인다. 그린가드는 환상AMP에 관한 놀라운 사실 하나를 발견했는데, 그것은 환상AMP가 다양한 세포 내 생화학적 과정들에 영향을 미칠 수 있으며 대부분의 경우에 단 하나의 단백질—환상AMP 의존 단백질 키나아제(최초로 발견된 단백질 키나아제들 가운데 하나여서 단백질 키나아제 A(줄여서 PKA)로도 부름—을 활성화함으로써 그렇게 한다는 점이다. 단백질 키나아제는 단백질에 인산기phosphate group를 덧붙이는 효소다. 인산기란 인과 산소를 보유하고 음전하를 띤 화학기다. 단백질에 인산기가 덧붙으면—인산화라는 생화학 반응이 일어나면—단백질의 전하량과 모양이 변화하고, 따라서 활성이 달라진다. 대부분의 단백질은 인산화에 의해 활성화되지만, 일부는 불활성화된다.

환상AMP는 환상AMP 의존 단백질 키나아제를 어떻게 활성화할까? 많은 단백질들과 마찬가지로 PKA는 다합체multimer다. 즉, 하부단위subunit로 불리는 작은 단백질 여러 개로 구성되어 있다. PKA의 경우에는, 하부단위 4개가 결합하여 다분자 단백질 복합체 하나를 이룬다. 그 하부단위들 중 2개는 촉매 하부단위로, PKA의 잠재적 활성 부위다. 나머지 하부단위 2개는 규제regulatory 하부단위로, 촉매 하부단위와 결합하여 그것의 활성을 억제한다. 따라서 세포의 안정 상태(혹은 바닥상태basal state)에서 PKA는 불활성이다. 환상AMP는 오직 규제 하부단위에 의해서만 인지된다. 환상AMP의 농도가 상승하면, 규제 하부단위들은 환상AMP와 결합하면서 모양의 변화를 겪고, 그러면 촉매 하부단위들이 규제 하부단위들과의 결합에서 풀려난다. 이제 촉매 하부단위들은 활성 키나아제로 작용하여 표적 단백질들을 인산화할 수 있다.

2차 전달자는 적어도 세 가지 기능을 한다. 첫째, 세포 외부의 신호를 세포 내로 들여온다. 둘째, 그 신호를 증폭한다. 예컨대, 최초의 환상AMP 연구에서 대상으로 쓰인 간세포에서는, 신경전달물질 에피네프린 분자 하나가 세포막 바깥 면에 작용하면, 세포 내부에서 포도당 분자 1억 개가 방출된다. 셋째, 2차 전달자는 신호에 반응하여 한 가지가 아니라 여러 가지 세포 기능을 조절한다. 그리하여 세포에서 상태 변화라고 할 만한 것을 일으킨다. 소수의 신경전달물질 분자들은 2차 전달자를 수단으로 삼아서 시냅스후 세포 내부에서 연쇄적인 생화학 반응들을 일으킬 수 있다. 뿐만 아니라 칼슘이온(Ca^{2+})을 비롯한 다른 2차 전달자들은 환상AMP의 활성을 조절하여 일부 세포에서는 환상AMP의 작용을 향상하고 다른 세포에서는 억제한다.

환상AMP 2차 전달자 시스템은 아가미 움츠림 반사의 민감화에서 결정적인 구실을 하는 것으로 밝혀졌다. 제임스 슈워츠James Schwartz, 하워드 시더Howard Cedar, 리즈 버니어Lise Bernier, 캔델은 (또한 잭 번, 톰 커루와 동료들도) 꼬리 충격이 중간뉴런을 자극하여 세로토닌 방출을 유도한다는 것을 발견했다. 방출된 세로토닌은 감각뉴런의 대사성 수용체에 작용하여 그 내부의 환상AMP 농도를 높인다. 심지어 조절 신경전달물질 세로토닌을 감각뉴런에 직접 투여하는 조작만으로도 환상AMP 농도의 상승이 일어났다. 더구나 환상AMP 증가량의 시간적 변화는 민감화로 형성된 단기기억의 시간적 변화와 패턴이 같았다.

다음으로 마르첼로 브루넬리, 카스텔루치, 캔델은 환상AMP가 신경전달물질 방출 촉진의 필요조건인지 아니면 충분조건인지 검사했다. 그들은 환상AMP를 감각뉴런에 직접 주입했고, 이 조작만으로도 감각뉴런과 그 표적세포 간 연결의 효율이 높아짐을 발견했다. 즉, 꼬리에 충격을 가할 때나 세로토닌을 투여할 때와 마찬가지로 환상AMP를 주입할 때에도 동일하게 신경전달물질 방출이 촉진되었다.

카스텔루치, 슈워츠, 캔델은 당시에 예일 대학 소속이던 폴 그린가드와 협력하여 실험을 더 단순화했다. 이들은 감각뉴런에 PKA의 촉매 하부단위를 주입했다. 그러자 이 단백질이 혼자 힘으로 신경전달물질 방출을 촉진했다. 거꾸로 감각뉴런에 PKA를 억제하는 물질을 주입하자 신경전달물질 방출의 촉진이 봉쇄되었다. 이 연구들은 대사성 세로토닌 수용체와 이것이 활성화하는 2차 전달자 시스템이 감각뉴런과 운동뉴런

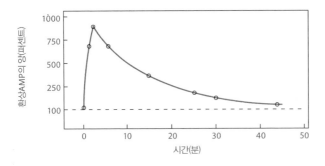

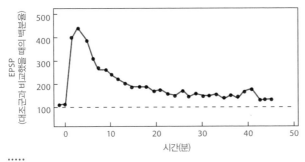

......
민감화로 형성된 단기기억의 시간적 변화는 군소의 배 신경절에서 환상AMP 증가량의 시간적 변화와 패턴이 같다.
위 환상AMP 증가량의 시간적 변화. 군소에서 떼어낸 배 신경절을 5분 동안 세로토닌에 노출시켜 환상AMP의 증가를 일으킨 후의 변화.
아래 감각뉴런을 10초에 한 번 씩 자극하면서 그에 대한 반응으로 운동뉴런에서 발생하는 흥분성 시냅스후 전위ESPS를 측정하여 얻은 그래프.
민감화를 일으키는 일련의 자극을 꼬리 신경에 가하고 나면, 시냅스전위가 상승했다가 차츰 하강하는데, 이 시간적 변화는 환상AMP 양의 시간적 변화와 패턴이 같다. 이로부터 환상AMP가 민감화에 기여함을 추론할 수 있다.

간 연결의 단기 강화를 위한 필요충분조건임을 보여주었다. 그 수용체와 2차 전달자가 관여하는 연쇄 반응은 민감화로 형성되는 단기기억의 바탕에 깔린 시냅스 변화에 결정적인 역할을 한다.

PKA의 촉매 하부단위는 어떻게 신경전달물질 방출을 촉진하는 것일까? 이 질문에 답하기 위해 스티븐 시겔봄과 캔델은 환상AMP와 PKA가 작용 대상으로 삼는 표적 단백질 몇 개를 탐구했다. 이들은 세로토닌, 환상AMP, PKA 모두가 새로 발견된 칼륨이온(K^+) 통로에 작용한다는 것을 발견하고, 이 통로를 (세로토닌에 의해 조절되기 때문에) S통로로 명명했다. 이 통로는 안정 상태에서 열려 있으며 환상AMP의 작용에 의해 닫힌다. 곧이어 번과 동료들은 세로토닌과 환상AMP가 또 다른 유형의 칼륨이온 통로를 통과하는 흐름도 감소시킴을 발견했다. 이 두 가지 통로를 통과하는 칼륨이온 흐름은 활동전위의 지속 시간을 결정하기 때문에, 이 칼륨이온 통로들이 닫히면 활동전위가 시간상에서 넓게 퍼진다. 즉, 지속시간이 길어진다. 그렇게 펑퍼짐한 활동전위는 더 많은 칼슘이온(Ca^{2+})이 시냅스전 세포로 들어오게 하고, 이 칼슘이온 유입은 신경전달물질 방출을 촉진한다. 뿐만 아니라 환상AMP와 PKA는 칼슘이온과 무관한 두 번째 방식으로 신경전달물질 방출을 직접 촉진하기도 한다. 이 방식에서 환상AMP와 PKA는 소포 동원, 융합, 방출 메커니즘에 직접 관여하는 표적 단백질들에 작용한다.

이 같은 민감화 연구들은 뉴런이 단기적인 시냅스 가소성을 성취하기 위해 사용할 수 있는 분자적 메커니즘들의 집합 하나를 개략적으로 보여주었다. 학습 도중에 방출되는 조절 신경전달물질은 핵심적인 뉴런들의 내부에서 2차 전달자 신호전달 경로를 활성화하고, 이 경로는 몇 분 동안 활성을 유지할 수 있다. 2차 전달자 경로는 환상AMP를 동원하여 신경전달물질의 작용을 증폭한다. 환상AMP는 PKA를 통해 작용력을 발휘하여 이온 통로들과 신경전달물질 방출 장치를 둘 다 조절한다. 이런 식으로 시냅스 연결이 단기기억의 존속 기간 내내 강화된다. 나중에 보겠지만, 다양한 학습 과정들은 다양한 2차 전달자 시스템들을 동원할 수 있다. 그러나 단기기억과 관련한 주요 분자적 원리들은 어느 시스템에서나 유사하다.

결론적으로 이 연구들은 왜 시냅스가 대단히 효과적이고 융통성 있는 기억 저장소인지 설명해주는 새로운 통찰들을 제공했다. 시냅스는 여러 얼굴을 지녔다. 시냅스는 다양한 분자적 경로들을 활용할 수 있으며 다양한 기간 동안 그 활용을 유지할 수 있다. 그리고 그 활용의 결과로 활동전위 하나에 의해 방출되

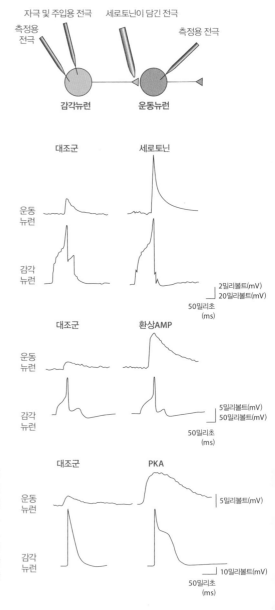

....
일련의 실험에서 연구자들은 아가미 운동뉴런과 시냅스를 형성한 감각뉴런에 세 가지 물질 중 하나를 투여했다. 즉, 감각뉴런의 세포막 외부에 세로토닌을 투여하거나 환상AMP나 PKA를 감각뉴런에 직접 주입했다. 어느 경우에나, 감각뉴런을 자극용 전극으로 자극하자, 감각뉴런에서의 활동전위가 운동뉴런에서 더 큰 반응을 일으켰다. PKA 주입 실험에서 이 물질의 또 다른 작용이 드러났다. 즉, 칼륨이온 통로가 닫힘으로 인해 감각뉴런에서의 활동전위가 펑퍼짐해졌다.

는 신경전달물질의 양이 증가할 수도 있고 감소할 수도 있다. 따라서 단일한 유형의 시냅스가 다양한 유형의 기억을 저장하는 장소로 적합하다.

이 발견들은 흥미로운 철학적 함의를 지녔다. 환상AMP 경로는 기억 저장만을 위한 경로가 아니다. 심지어 뉴런만을 위한 경로도 아니다. 환상AMP 경로는 유기체의 다른 많은 세포들―소화관, 신장, 간―에서도 지속적인 활동을 산출하기 위해 사용된다. 더구나 알려진 모든 2차 전달자 시스템 중에서 환상AMP 시스템은 아마도 가장 원시적이다. 진화의 역사 속에서 보존된 시스템인 것이다. 이 시스템은 박테리아 같은 원시적인 단세포 유기체에서 유일하게 발견된 주요 2차 전달자 시스템이다. 그런 유기체에서 환상AMP 시스템은 배고픔을 알리는 시스템으로 기능한다. 요컨대 뇌에서 작동하는 기억 저장 메커니즘은 특화된 분자들의 출현을 통해 진화하지 않았다. 기억은 특화된 기억 관련 2차 전달자 시스템을 사용하지 않는다. 오히려 기억은 다른 세포들에서 다른 목적들에 쓰이는 효과적인 신호전달 시스템을 채택했다.

실제로 기억의 생화학은 상당히 일반적인 생물학 원리 하나를 예증한다. 진화는 새롭고 특수한 기능이 진화할 때마다 새롭고 특수한 분자들을 창조하는 방식으로 작동하지 않는다. 오히려 분자생물학자 프랑수아 자코브Francois Jacob가 지적했듯이, 진화는 땜장이다. 진화는 동일한 유전자 집단을 약간씩 다른 방식으로 써먹고 또 써먹는다. 컴퓨터나 자동차를 다시 설계하는 사람은 새로운 기능들을 맨 처음부터 창조하겠지만, 진화는 그렇게 바닥부터 시작하지 않는다. 진화는 변양태를 창조하는 방식으로, 유전자 구조에 무작위한 변화(돌연변이)를 일으켜 약간 다른 단백질을 만들어내는 방식으로 작동한다. 대부분의 돌연변이는 중립적이거나 심지어 해로워서 존속하지 못한다. 개체의 생존과 번식력에 도움이 되는 돌연변이는 드물게만 일어나지만 존속할 가능성이 매우 높다. 그러므로 새로운 기능은 기존 분자들을 약간 다르게 변형하여 사용하거나 다른 기존 단백질들과 새롭게 조합하여 사용함으로써 성취된다. 자코브는 자신의 저서 『가능과 현실The Possible and the Actual』에서 진화의 이 같은 특징을 다음과 같이 서술한다.

자연선택의 작용은 흔히 기술자의 작업에 비유되어왔다. 그러나 이 비유는 적절하지 않은 듯하다. 첫째, 진화에서 일어나는 일과 달리, 기술자는 미리 구상한 계획에 따라 작업한다. 둘째, 새로운 구조물을 제작하려는 기술자는 반드시 과거의 구조물들을 기초로 삼을 필요가 없다. 전구는 초에서 나오지 않고, 제트엔진은 내연기관에서 유래하지 않는다. 새로운 무언가를 생산할 때, 기술자는 그 과제를 위해 특별히 마련한 기회, 재료, 기계에 맞게 작성한 독창적인 청사진을 손에 쥐고 있다. 마지막으로 기술자가 그렇게 맨 처음부터 생산한 물건은, 적어도 훌륭한 기술자의 생산품이라면, 당대의 기술이 허용하는 수준의 완벽성을 갖추고 있다. 반면에 진화는 완벽성과는 거리가 한참 멀다….

진화는 혁신적인 산물을 맨 처음부터 생산하지 않는다. 진화는 기존의 것을 바탕으로 삼아 작업한다. 한 시스템을 변형하여 새로운 기능을 부여하거나, 여러 시스템을 조합하여 더 복잡한 기능을 산출한다. 자연선택은 인간의 행동과 유사한 면이 하나도 없다. 그럼에도 비유를 들고 싶다면, 자연선택 과정은 기술자의 작업이 아니라 땜질(프랑스어로 '브리콜라주bricolage')과 닮았다고 해야 할 것이다. 기술자의 작업은 프로젝트에 정확하게 맞는 도구들과 원재료에 의존하는 반면, 땜장이는 잡동사니를 가지고 그럭저럭 작업해나간다. 흔히 자신이 무엇을 생산하려 하는지조차 모르는 채로, 땜장이는 주변에서 발견하는 모든 것, 낡은 판지, 끈토막, 나무 조각이나 금속 조각을 가지고 쓸모 있는 무언가를 만들어낸다….

진화가 생명체를 파생시키는 방식은 어떤 의미에서 이런 작업 방식을 닮았다. 많은 경우에, 또한 어떤 잘 정의된 장기 계획도 없이, 땜장이는 우연히 그의 창고에 있는 물건을 집어 들고 그것에 예상 밖의 기능을 부여한다. 낡은 자동차 휠로 선풍기를 만들고, 부서진 테이블로 파라솔을 만든다. 이런 작업은 진화가 다리를 날개로 변신시키거나 턱뼈의 일부를 귀의 한 부분으로 변신시킬 때 하는 일과 그리 다르지 않다. 일찍이 다윈도 이를 주목했다. 그는 어떻게 기존 부품들에서 새로운 구조물이 만들어지는지 보여주었다. 그 부품들은 원래 특정한 과제를 맡았으나 점차 다른 기능에 적응했다. 예컨대 원래 꽃가루를 암술머리에 붙이는 기능을 하던 접착제는 약간 변형되어 꽃가루를 곤충의 몸에 붙이는 기능을 하게 되었다. 그리하여 그 접착제는 곤충에 의한 타가수정을 가능하게 했다. 마찬가지로, 어떤 목적에 쓰이는 부분으로 보면 말이 안 되고 다윈의 말마따나 "쓸모없는 해부학적 파편"처럼 보이는 많은 구조물들도 어떤 과거 기능의 잔재로 보면 쉽게 설명된다….

진화는 수백만 년 동안 자신의 생산물을 천천히 수정해온 땜장이처럼 작업한다. 다시 다듬고, 잘라내고, 길이를 늘이고, 변형과 창조의 기회를 모조리 이용한다.

뇌는 정신적 과정을 담당하는 기관이기 때문에, 초기의 분자생물학자 일부는 뇌에서 새로운 유형의 단백질 분자들이 발견되리라고 기대했다. 하지만 진정으로 뇌에 고유한 단백질은 놀랄 만큼 적으며, 진정으로 뇌에만 있는 신호전달 경로는 더욱더 적다. 뇌에 있는 거의 모든 단백질은 몸의 다른 세포들에서 유사한(상동의homologous) 기능을 하는 친척들을 가지고 있다. 뇌에 고유한 과정들에 관여하는 것으로 밝혀진 단백질들, 예컨대 시냅스 소포의 방출에 동원되는 단백질이나 이온성 혹은 대사성 수용체로 기능하는 단백질도 마찬가지다.

뇌에서 작동하는 환상AMP 시스템은 적어도 세 가지 방식으로 독특함을 얻는다. 첫째, PKA의 단백질 하부단위 네 개를 이용한다는 점에서 독특하다. 앞서 언급했듯이 PKA는 촉매 하부단위 두 개 외에 이것들을 억제하는 규제 하부단위 2개를 지녔다. 이 규제 하부단위는 다양한 형태(이른바 '동형isoform')로 존재하는데, 다양한 동형들이 제각각 차별적으로 지닌 기능 하나는 PKA의 촉매 하부단위를 세포의 특정 구역에 위치시키는 것이다. 구체적으로, 감각뉴런에서 PKA의 규제 하부단위의 특정 동형들은 시냅스전 말단에 국한해서 자리 잡는 것으로 여겨진다. 따라서 촉매 하부단위도 시냅스전 말단에 위치할 것이다. 그러면 둘째, 이 같은 위치 선정의 결과로, 촉매 하부단위는 그 구역에 있는 표적 단백질들(예컨대 칼륨이온 통로, 소포 동원 및 융합에 관여하는 단백질들)과만 접촉할 수 있

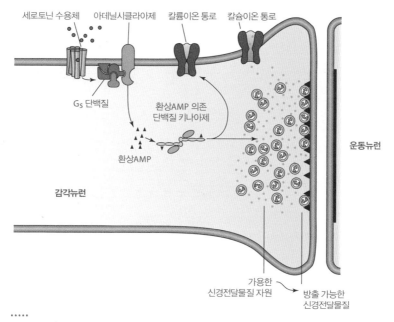

세로토닌 수용체   아데닐시클라아제   칼륨이온 통로   칼슘이온 통로

Gₛ 단백질

환상AMP 의존
단백질 키나아제

환상AMP

감각뉴런

운동뉴런

가용한
신경전달물질 자원

방출 가능한
신경전달물질

・・・・・
감각뉴런의 시냅스전 강화의 생화학적 단계들. 세로토닌이 대사성 수용체와 결합하면, 결합 단백질
coupling protein Gₛ가 관여하는 일련의 단계들을 거쳐 효소 아데닐시클라아제가 활성화되고 환상AMP의
농도가 높아지며 결국 환상AMP 의존 단백질 키나아제PKA가 활성화된다. PKA는 적어도 두 가지 작용을
한다. 첫째, 칼륨이온 통로를 닫아 활동전위가 펑퍼짐해지게 만듦으로써 칼슘이온 통로를 통한 칼슘이온
유입을 증가시킨다. 그 결과로 신경전달물질 방출량이 증가한다. 둘째, PKA는 신경전달물질 방출 메커니
즘에 직접 작용하는데, 정확히 어떤 단계들에 작용하는지는 아직 밝혀지지 않았다.

고 다른 구역에는 접근할 수 없다. 마지막으로, 이렇게 시냅스전 말단에
위치했기 때문에 PKA는 그곳에서 작동하는 다른 단백질들 및 2차 전달
자 시스템들과 상호작용할 기회도 얻을 것이다. 실제로 환상AMP 시스템
이 홀로 작동하는 경우는 드물다. 대개 이 시스템은 다른 2차 전달자 시
스템들, 이를테면 칼슘이온(Ca²⁺) 시스템이나 우리가 7장에서 다룰 미토
겐 활성화 단백질 키나아제mitogen-activated protein kinase(줄여서 MAP 키나

아제) 시스템과 함께 작동하며, 이 협동은 기억 저장의 다양한 측면과 관련해서 중요하다. 다른 세포들에도 공통으로 있는 환상AMP 2차 전달자 시스템이 다양한 기억 과정에서 독특한 구실을 할 수 있는 것은 이런 다양한 사정들 때문이다.

고전적 조건화

지금까지 우리는 학습의 가장 단순한 예 두 가지, 곧 습관화와 민감화를 살펴보았다. 이 학습 형태들은 비연결 학습으로 간주된다. 왜냐하면 개체가 단일한 자극의 속성들만 학습하기 때문이다. 두 가지 자극을 연결하려면 고전적 조건화라는 더 복잡한 형태의 학습이 필요하다. 일반적으로 고전적 조건화는 반사의 민감성을 민감화보다 더 효과적으로 향상할 수 있으며 학습 효과도 더 오래 간다. 어째서 그런 것일까?

고전적 조건화는 20세기로 넘어오는 전환기에 이반 파블로프에 의해 처음 서술되었다. 개의 소화 반사들을 연구하는 과정에서 파블로프는 개가 과거에 먹이를 가져다준 조수가 다가오는 모습을 보면 침을 흘리기 시작하는 것을 주목했다. 외견상 중립적인 자극, 곧 조수가 개의 침 분비를 촉발한 것이었다. 이에 파블로프는 원래 중립적이거나 약하거나 다른 방식으로 비효과적인 자극도 다른 강한 자극과 연결되면 효과적으로 반응을 산출할 수 있다는 것을 깨달았다. 이 경우에 조수는 원래 비효과적인 자극(조건자극conditioned stimulus, CS)이었지만 먹이, 곧 효과적인 자극(무조건자극unconditioned stimulus, US)과 연결되었다(혹은 짝지어졌다). 파블로프가 발견했듯이, 이 연결이 반복되고 나자, 조건자극—조수—이 독자적으로 침 분비를 일으킬 수 있었다. 따라서 파블로프는 침 분비를 조건 반응conditioned response, CR으로 명명했다. 무조건자극—먹이—을 보류하더라도, 조건자극—조수—은 조건 반응을 일으켰다. 그러나 조수가 먹이 없이 나타나는 일이 한동안 반복되자, 조수의 모습이 침 분비를 촉발하는 능력이 점차 감소했다. 즉, 소거extinction가 일어났다.

파블로프의 주목할 만한 발견은 즉시 대단히 근본적인 의미를 지닌 것으로 평가받았다. 일찍이 기원전 350년에 그리스 철학자 아리스토텔레스Aristotle는 학습이 관념들의 연결을 포함한다고 주장했다. 우리가 연결을 통해 학습한다는 이 주장은 18세기에 존 로크John Locke를 비롯한 영국 경험론 철학자들에 의해 더욱 발전되었다. 그들은 현대 심리학의 선구자였다. 파블로프의 눈부신 통찰은 단순한 반사 행동에 초점을 맞추고 (두 관념 대신에) 두 사건—자극—의 연결을 탐구함으로써 관념들의 연결을 경험적으로 연구하는 방법을 개발한 것에 있었다.

파블로프의 독창적인 연구 이후, 고전적 조건화는 학습 연구에서 특별한 지위를 차지해왔다. 고전적 조건화는 우리가 두 사건을 연결하는 법을 학습할 때 따르는 규칙들 가운데 가장 단순하고 명확한 예들을 제공한다. 어떤 사람이 조건화되었다면, 그 사람은 자신이 학습을 통해 연결한 사건들에 관해서 두 가지 규칙을 배운 것이다. 근본적인 규칙은 시간적 인접성temporal contiguity이다. 그 사람은 한 사건, 곧 조건자극(CS)이 둘째 사건, 곧 무조건자극보다 시간상에서 일정한 간격 만큼 앞선다는 것을 배운다. 둘째 규칙은 조건성contingency이다. 그 사람은 조건자극이 무조건자극의 전조임을 배운다. 이 둘째 규칙(예측 규칙)은 특히 중요하다. 인간뿐 아니라 더 단순한 동물도 환경에서 일어나는 사건들 간의 전조 관계를 인지할 필요가 있다. 먹어도 되는 먹이와 독성이 있는 먹이를 구별해야 하고, 먹잇감과 포식자를 구별해야 한다. 인간과 동물은 적절한 지식을 두 가지 방법으로 얻을 수 있다. 바꿔 말해서 지식은 천성적이거나(동물의 신경계에 고정배선되어 있거나) 경험을 통해 학습된다. 학습을 통해 지식을 얻을 수 있기 때문에 동물은 엄청나게 다양한 자극에 직면하여 자신에게 유리하게 반응할 수 있다. 만약에 동물의 지식이 선천적인 프로그램에 국한되어 있다면, 그럴 수 없을 것이다.

고전적 조건화를 특징짓는 예측 규칙은 외부 세계(물리적 세계)를 지배하는 인과 규칙을 반영한다. 따라서 동물의 뇌가 예측 가능하게 함께 일어나는 사건들을 인지하고 그것들을 서로 무관한 사건들과 구별하기 위한 뉴런 메커니즘들을 진화시켰다는 생각은 설득력이 있는 듯하다. 뇌에서 이런 메커니즘들이 작동한다는 사실은 왜 동물들이 그토록 쉽게 조건화되느냐는 질문에 대한 답일 수 있을 것이다.

이 생각은 동물에게 조건자극이 무조건자극의 전조임을 가르치는 데 가장 적합한 두 자극 간 간격이 존재한다는 발견과도 조화를 이룬다. 이 최적의 간격은 유사한 유형의 연결 학습에서는 어느 동물 종을 대상으로 삼든지 간에 놀랄 만큼 유사하다.

이런 공통의 제약조건은 두 사건의 시간적 인접성을 감지하는 뉴런들이 사용하는 메커니즘이 진화 역사 내내, 달팽이에서부터 파리, 생쥐, 인

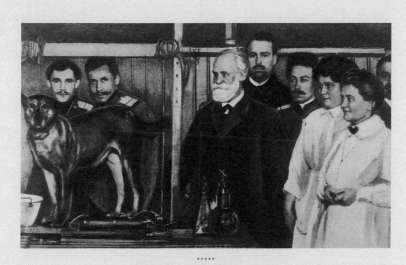

.....

이반 파블로프(가운데 흰 수염을 기른 남자)가
러시아 군사 의학 아카데미 학생들 앞에서 개의 조건반사를 보여주는 모습.

간까지 보존되었다는 것을 시사한다. 예컨대 해로운 무조건자극을 포함한 많은 학습 상황에서 조건자극과 무조건자극을 동시에 제공하는 것은 조건화를 일으키는 최적의 방식이 아니다. 최선의 학습은 조건자극이 무조건자극보다 약간 먼저 시작되고 두 자극이 동시에 종결될 때 일어난다. 이 유형의 조건화에서 조건자극 개시와 무조건자극 개시 사이의 간격은 일반적으로 200밀리초에서 1초 사이가 최적이다. 특수한 경우에는 최적의 간격이 더 길 수도 있다.

어떤 신경 메커니즘들이 동물에게 학습 능력을 선사하고 고전적 조건화의 예측 규칙을 기억에 저장하는 것일까? 고전적 조건화에서 시간적 인접성이 중요하다는 점을 어떻게 설명할 수 있을까? 연결 학습을 탐구할 때, 우리는 우선 이 질문을 던질 필요가 있다. 인접성 감지는 복잡한 연결망의 속성, 바꿔 말해 상호작용하는 많은 세포들의 특징일까? 아니면 특화된 개별 세포들의 특징일까? 만일 개별 세포들의 특징이라면, 인접성 감지를 더 나아가 분자 수준까지 환원할 수 있을까? 기억 저장에 중요한 분자들이 연결 학습과 직결된 속성들을 가질 수 있을까?

초기의 학습 연구들은 대체로 연결적인 변화가 복잡한 회로의 속성이라는 전제를 채택했다. 이 전제에 반발한 최초의 인물들 중 하나는 도널드 헵이었다. 과감하게도 그는 연결 형성을 위한 메커니즘이 단일한 세포의 내부에서 일어난다고 주장했다. 1949년에 헵은 시냅스가 학습된 연결에 의해 강화된다고 제안했다. 이 강화는 서로 연결된 세포 두 개가 동시에 흥분할 때 일어난다고 했다. 시냅스전 세포에서의 활동이 시냅스후 세포에서의 활동(점화firing)을 일으킬 때, 이 동시적인 활동이 시냅스의 강화를 가져온다고 헵은 제안했다. 1965년에 캔델과 파리 마리 연구소 Institut Marey의 라디슬라프 타우크Ladislav Tauc는 또 다른 세포 메커니즘을 제안했다. 조건자극 경로에 속한 뉴런의 활동이, 조건자극 경로에 속한 뉴런들과 시냅스 연결을 형성한 조절 뉴런의 활동과 동시에 일어나면, 시냅스가 강화된다는 것이었다. 나중에 밝혀졌지만, 아가미 움츠림 반사의 고전적 조건화에서는 이 두 가지 메커니즘이 모두 사용된다.

때맞춤의 중요성

1983년, 토머스 커루Thomas Carew, 에드거 월터스Edgar Walters, 로버트 호킨스, 캔델은 군소의 아가미 움츠림 반사를 고전적으로 조건화할 수 있다는 것을 발견했다. 이 발견은 비교적 단순한 동물의 단순한 반사 행동도 연결 학습에 의해 바뀔 수 있음을 예증했기 때문에 그 자체만으로도 상당한 관심을 불러일으켰다. 이 고전적 조건화에서는 수관을 살짝 건드리거나 수관에 약한 전기충격을 가하는 것이 조건자극으로, 꼬리에 강한 전류를 가하는 것이 무조건자극으로 쓰인다. 이 두 자극을 짝지어 10회 정도 가하고 나면, 수관에 대한 온화한 자극이 아가미와 수관 모두의 두드러진 움츠림을 일으킨다. 이 움츠림은 훈련에서 두 자극을 짝짓지 않거나 무작위하게 가했을 때 일어나는 움츠림보다 훨씬 더 격렬하다. 이 효과는 훈련이 거듭될수록 강화되며 여러 날 동안 유지된다. 대조를 위해 커루와 그의 동료들은 또 다른 조건자극 경로를 자극했다. 즉, 일종의 피부

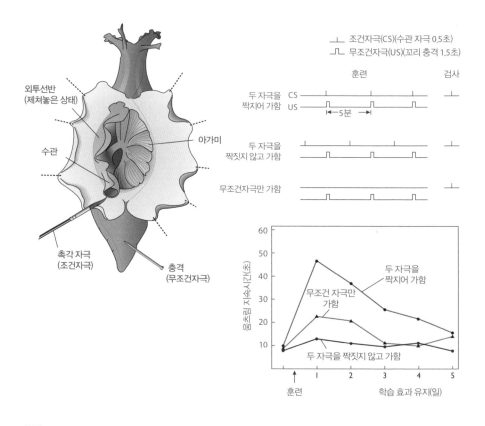

조건자극(CS)(수관 자극 0.5초)
무조건자극(US)(꼬리 충격 1.5초)

외투선반
(제쳐놓은 상태)

수관

아가미

촉각 자극
(조건자극)

충격
(무조건자극)

훈련   검사

두 자극을   CS
짝지어 가함   US   ├─5분─┤

두 자극을
짝짓지 않고 가함

무조건자극만 가함

두 자극을
짝지어 가함

무조건 자극만
가함

두 자극을 짝짓지 않고 가함

훈련   학습 효과 유지(일)

움직임 지속시간(초)

·····
왼쪽 군소의 고전적 조건화에서 온화한 촉각 자극(조건자극)은 수관에 가해지고 전기충격(무조건자극)
은 꼬리에 가해진다.
오른쪽 위 동물 집단 셋을 각각 다르게 훈련시켜 효과를 비교하는 실험이다. 한 집단은 조건자극과 무조
건자극을 짝지어 받고, 둘째 집단은 조건자극과 무조건자극을 2.5분 간격으로 번갈아 받으며, 셋째 집단은
무조건자극만 받는다.
오른쪽 아래 훈련 후, 조건자극만을 24시간마다 한 번씩 가하면서 반응을 관찰한다. 실험 결과, 훈련에
서 조건자극과 무조건자극을 짝지어 받은 집단이 가장 강한 반응을 보였다.

부속물인 외투선반을 자극했다. 이 자극은 꼬리 충격과 짝짓지 않고 가해 졌다. 그러자 예상대로 조건화가 일어나지 않았다.

고전적 조건화는 조건자극이 무조건자극보다 약 0.5초 앞설 때, 그리고 오직 그럴 때만 일어난다. 두 자극 사이의 간격이 2초나 5초, 또는 10 초면, 고전적 조건화는 일어나지 않는다. 무조건자극이 조건자극보다 앞 설 때도 마찬가지다. 이런 때맞춤 요건은 척추동물이 나타내는 방어 반사 의 조건화에서도 많은 경우에 엄격하게 적용된다. 예컨대 토끼의 눈 깜빡 임 반응의 조건화에서도 이런 때맞춤이 필요하다. 이 조건화는 많은 연구 가 이루어진 또 다른 사례인데, 우리는 나중에 9장에서 이 사례를 다룰 것이다.

신경계 내부에서 무슨 일이 일어나기에 시간적으로 짝을 이룬 자극들 이 큰 학습 효과를 발휘하는 것일까? 현재까지 생물학자들이 알아낸 것 은 반사 회로의 한 부분에서 일어나는 변화뿐이다. 즉, 감각뉴런과 운동 뉴런 사이의 직접 연결이 어떻게 변화하는지만 알려져 있다. 호킨스, 리 즈 엘리엇, 톰 에이브럼스Tom Abrams, 커루, 캔델은 (독자적으로 번과 월터 스도) 그 연결에서 감각뉴런이 민감화되었을 때보다 조건화되었을 때 더 많은 신경전달물질을 방출한다는 것을 발견했다. 이들은 이 같은 신경전 달물질 방출의 향상을 **활동 의존성 향상**activity-dependent enhancement으로 명명했다. 요컨대 적어도 반사 회로의 이 부분에서만큼은 고전적 조건화 는 민감화에서 사용되는 것과 동일한 메커니즘에 의존한다.

행동의 조건화가 일어나려면, 조건자극과 무조건자극이 동일한 감각 뉴런을 차례로, 임계값 이내의 시간 간격을 두고 흥분시켜야 한다. 고전적

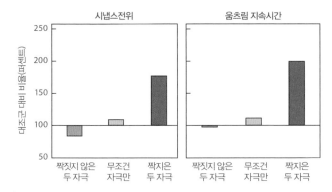

조건자극과 무조건자극을 짝 지어 가하는 훈련을 받은 동물 집단은 훈련 후에 조건자극만 가했을 때 강한 반응을 나타낸 유일한 집단이었다. 짝짓지 않은 두 자극에 노출된 집단은 오히려 무조건자극에 대한 습관화를 겪어 대조군보다 더 약한 반응을 나타냈다.

조건화는 어느 정도까지는 민감화와 마찬가지로 진행한다. 꼬리에 가한 충격은 수관 감각뉴런과 연결된 조절 중간뉴런을 활성화한다. 그 중간뉴런에서 유래한 신호(즉, 세로토닌)는 감각뉴런의 글루타메이트 방출을 향상한다. 여기까지는 민감화와 고전적 조건화가 다를 것이 없다. 그러나 고전적 조건화가 일어나려면, 조절 중간뉴런이 감각뉴런을 단지 흥분시키는 것만으로는 부족하고 딱 알맞은 때에 흥분시켜야 한다. 즉, 감각뉴런이 조건자극(피부 건드림)에 의해 흥분된 직후에, 흥분시켜야 한다. 고전적 조건화에 고유한 이 새로운 속성을 일컬어 **활동 의존성**이라고 한다. 먼저 수관에 대한 온화한 건드림이 수관 감각뉴런을 흥분시키고, 그 다음에 꼬리에 가한 충격이 조절 중간뉴런을 흥분시켜서 수관 감각뉴런에 영향을 미치게 할 때, 그리고 오직 그럴 때만, 수관 감각뉴런의 신경전달물질 방출이 민감화가 일어났을 때보다 더 크게 향상된다. 만일 꼬리에 충격이 가해진 다음에 수관 건드림에 의해 감각뉴런이 활성화되면, 꼬리 충격은 민감화만 일으킨다. 요컨대 정확한 때맞춤이 조건화의 요건인 것은 활동 의존성

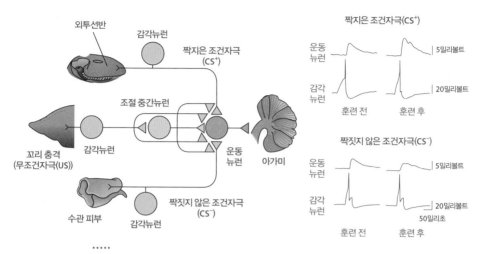

·····
군소에서 아가미 움츠림 반사의 고전적 조건화.

왼쪽 고전적 조건화의 바탕에 깔린 신경 회로. 꼬리에 가한 충격은 꼬리 감각뉴런을 흥분시키고, 이 감각뉴런은 아가미 운동뉴런을 직접 흥분시킬 뿐 아니라 중간뉴런도 흥분시키는데, 이 중간뉴런은 외투선반과 수관을 담당하는 감각뉴런들의 시냅스전 말단들과 시냅스로 연결되어 있다. 여기까지는 민감화를 위한 메커니즘과 같다. 무조건자극 직전에 외투선반에 조건자극이 가해지면, 조건자극이 외투선반 감각뉴런에서 일으킨 활동 때문에 이 감각뉴런은 곧이어 중간뉴런이 꼬리 충격에 반응하여 보내오는 자극에 더 강하게 반응한다. 이 메커니즘은 고전적 조건화의 시냅스전 단계에 중요하게 기여한다.

오른쪽 훈련 전과 후에 흥분성 시냅스후 전위를 측정해보면, 조건자극과 무조건자극이 적절히 짝지어졌을 때, 운동뉴런이 감각뉴런에서 오는 신호에 더 강하게 반응한다는 것을 알 수 있다.

이라는 속성 때문이다.

어째서 군소의 꼬리에 정확히 때를 맞춰 자극을 가하면 감각뉴런에서 방출되는 신경전달물질이 대폭 증가하는 것일까? 대답은 감각뉴런의 점화와 신경전달물질 방출 사이에 일어나는 일련의 분자적 사건들에서 얻을 수 있다. 이 과정은 두 성분으로 이루어지는데, 하나는 시냅스전 성분이고 다른 하나는 시냅스후 성분이다. 우선 시냅스전 성분을 살펴보자.

2장에서 보았듯이, 활동전위 각각은 시냅스전 말단으로 칼슘이온이 유입되게 만든다. 그런데 에이브럼스와 호킨스가 발견했듯이, 이때 시냅스전 감각뉴런으로 유입되는 칼슘이온은 신경전달물질 방출에 직접 영향을 미칠 뿐 아니라 칼모듈린calmodulin이라는 단백질과 결합하기도 한다. 이 칼슘-칼모듈린 복합체는 다시 환상AMP를 생산하는 효소인 아데닐시클라아제와 결합한다. 칼슘-칼모듈린 복합체와 결합한 아데닐시클라아제는 꼬리 충격에 대한 반응으로 방출되는 세로토닌에 의해 더 쉽게 활성화된다. 결과적으로 더 많은 환상AMP가 합성되고, 더 많은 PKA(환상AMP 의존 단백질 키나아제)가 활성화되고, 더 많은 신경전달물질이 방출된다. 관련 실험들은 단백질 분자 아데닐시클라아제가 캔델과 타우크가 예측한 유형의 연결성들associative properties을 가짐을 보여주었다. 이 분자는 신호들이 짧은 시간 간격으로 도착할 때만 활성화된다. 우선 칼슘-칼모듈린 복합체가 아데닐시클라아제를 쉽게 활성화되는 상태로 준비시켜야 한다. 이 단계는 감각뉴런의 활동에 의한 결과다. 그런 다음에 아데닐시클라아제가 중간뉴런에서 방출된 세로토닌에 의해 활성화되어야 한다. 앞에서 보았듯이, 세로토닌은 대사성 수용체에 작용하고, 이 수용체는 별개의 메커니즘을 통해 독자적으로 아데닐시클라아제를 동원한다.

로스앤젤레스 소재 캘리포니아 대학(UCLA)의 데이비드 글랜즈먼David Glanzman과 동료들은 (뒤이어 컬럼비아 대학의 바오 젠-신Jian-Xin Bao, 호킨스, 캔델도) 고전적 조건화의 둘째 성분을 서술했다. 이 성분은 시냅스후 세포에서 시작되는 변화다. 우리는 6장에서 서술기억과 관련해서 이 문제를 다시 다룰 텐데, 한 가지 가능성은 시냅스후 세포에서 일어나는 이 변화가 감각뉴런의 시냅스전 말단으로 역행하는 신호를 산출하여 감각뉴런에게 더 많은 신경전달물질을 보내라고 요구하는 것이다.

시냅스후 세포가 어떻게 변화하고, 어떻게 그 변화가 시냅스전 뉴런에 알려지는 것일까? 이미 언급했듯이, 감각뉴런이 사용하는 신경전달물질은 글루타메이트다. 감각뉴런이 방출한 글루타메이트는 두 가지 이온성 수용체를 활성화한다. 하나는 AMPA 수용체alpha-amino-3-hydroxy-5-methyl-4 isoxazole proprionic acid receptor라는 통상적인 수용체고, 다른 하나는 칼슘이온의 세포 내 유입을 허용할 수 있는 특수한 수용체인 NMDA 수용체N-methyl-D-aspartate receptor다. 평범한 시냅스 전달 도중에는 (또한 습관화와 민감화 도중에도) 오로지 통상적인 AMPA 수용체만 글루타메이트에 의해 활성화된다. 왜냐하면 NMDA 수용체는 평소에 마그네슘이온(Mg^{2+})에 의해 봉쇄되어 있기 때문이다. 그러나 조건자극과 무조건자극이 적절히 짝지어지면, 운동뉴런(시냅스후 뉴런)은 다수의 활동전위를 연달아 산출한다. 이 활동전위들은 운동뉴런 세포막의 전위를 낮춤으로써 NMDA 수용체 통로에서 마그네슘이온이 떨어져 나가게 만든다. 그 결과, 칼슘이온이 NMDA 수용체 통로를 거쳐 시냅스후 운동뉴런 내부로 급격히 유입된다. 이 같은 칼슘이온 유입은 마치 2차 전달자처럼 기능하여 운동뉴런 내부에서 일련의 분자적 단계들을 활성화한다. 이 유입으로 인한 한 가지 귀결은 시냅스전 세포로 되돌아가 신경전달물질 방출을 더욱더 늘리라고 알리는 역행 신호의 발생이라고 추정된다.

이 대목에서, 구체적으로 NMDA 수용체에서 우리는 두 번째 분자적 연결 메커니즘molecular associative mechanism을 본다. 이것은 50년 전에 헵이 예측한 유형의 메커니즘이다. NMDA 수용체는 오직 두 가지 조건이

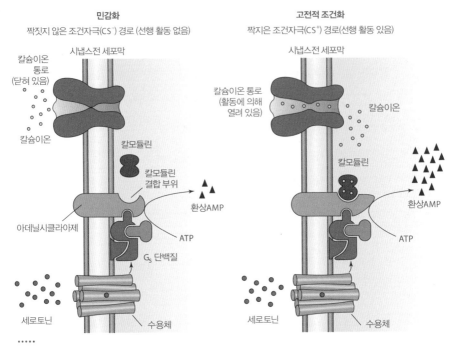

민감화

짝짓지 않은 조건자극(CS⁻) 경로 (선행 활동 없음)

시냅스전 세포막

칼슘이온 통로 (닫혀 있음)

칼슘이온

칼모듈린

칼모듈린 결합 부위

환상AMP

아데닐시클라아제

ATP

Gs 단백질

세로토닌

수용체

고전적 조건화

짝지은 조건자극(CS⁺) 경로(선행 활동 있음)

시냅스전 세포막

칼슘이온 통로 (활동에 의해 열려 있음)

칼슘이온

칼모듈린

환상AMP

ATP

세로토닌

수용체

⋯⋯

고전적 조건화에 기여하는 분자적 메커니즘의 시냅스전 성분. 오른쪽 그림이 보여주듯이, 고전적 조건화가 일어날 때는, 시냅스전 감각뉴런이 조건자극에 의해 활성화되어 무조건자극 직전에 활동전위들을 점화한다. 이 경우에는 그 활동전위들이 칼슘이온의 감각뉴런 내 유입을 일으키고, 그 칼슘이온은 칼모듈린과 결합하여 복합체를 이룬다. 이 칼슘−칼모듈린 복합체는 아데닐시클라아제 효소를 쉽게 활성화되는 상태로 준비시킨다. 그 결과로 이 효소는 무조건자극으로 인해 방출된 세로토닌에 의해 더 쉽게 활성화된다. 따라서 고전적 조건화 도중에는 선행 활동이 없는 민감화 도중보다 더 많은 환상AMP가 생산된다. 왼쪽 그림에서처럼 조건자극 경로의 감각뉴런에서 선행 활동이 없는 채로 무조건자극이 주어지면, 아데닐시클라아제가 덜 활성화되고, 환상AMP가 덜 생산되고, 단지 민감화만 일어난다.

충족되어야만 활성화되어 칼슘이온의 유입을 허용한다. 즉, 이 수용체가 글루타메이트와 결합해야 하고, 바로 그때 막전위가 충분히 낮아서 수용체 통로의 입구에서 마그네슘이온이 제거된 상태여야 한다. 이 두 조건이 충족되면, 그러니까 조건자극과 무조건자극이 짝지어 발생하면, NMDA

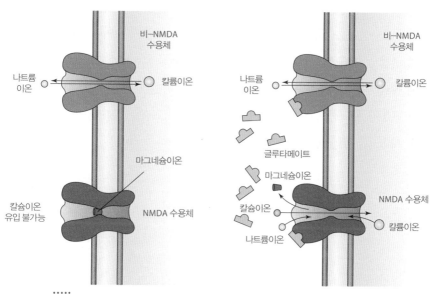

비–NMDA
수용체

나트륨
이온

칼륨이온

마그네슘이온

칼슘이온
유입 불가능

NMDA 수용체

비–NMDA
수용체

나트륨
이온

칼륨이온

글루타메이트

마그네슘이온

칼슘이온

나트륨이온

NMDA 수용체

칼륨이온

•••••
고전적 조건화에 기여하는 분자적 메커니즘의 시냅스후 성분. 왼쪽 그림은 안정 상태를 보여준다. 오른쪽 그림에서 보듯이, 짝지은 조건자극과 무조건자극에 의해 산출된 활동전위의 연쇄는 운동뉴런을 대폭 탈분 극화하고 NMDA 수용체 통로의 마개를 제거한다. 그 결과로 칼슘이온이 유입되면서 일련의 분자적 단계 들이 활성화되는데, 그중 한 단계는 다시 감각뉴런으로 신호를 보내 더욱더 많은 신경전달물질을 방출하 라고 말하는 것이라고 여겨진다.

수용체를 통해 칼슘이온이 유입되어 시냅스후 세포에서 변화가 일어나 고, 이 변화가 시냅스전 뉴런으로 되돌아가는 신호를 산출한다고 여겨진 다. 이런 헵 메커니즘Hebbian mechanism의 다양한 형태들은 포유동물의 뇌에서 처음 발견되었으며 서술기억의 저장에서도 중요하게 쓰인다. 우리 는 이 주제를 6장에서 더 자세히 다룰 것이다.

고전적 조건화에 대한 이 연구들은 두 가지 중요한 점을 가르쳐준다.

첫째, 단일한 시냅스가 다양한 면모를 지녔다는 것을 보여준다. 보다시피, 동일한 시냅스 연결이 습관화와 민감화뿐 아니라 고전적 조건화에도 관여한다. 또 다른 세 번째 기억 저장 과정에도 기여하는 것이다. 둘째, 이 연구들은 학습 및 기억 저장의 꽤 복잡한 형태들도 시냅스 가소성의 기본 메커니즘들을 조합하여 활용한다는 것을 예증한다. 시냅스전 세포에서 작동하기도 하고 시냅스후 세포에서 작동하기도 하는 그 메커니즘들은 세포적인 알파벳cellular alphabet이라고 할 만하다.

기억 돌연변이체에서 얻은 통찰들

환상AMP에 기초한 시냅스 세기 변화 메커니즘들이 복잡해 보인다면, 이는 그것들이 다양한 방식으로 사용되기 위해 융통성을 갖춰야 하기 때문이다. 그 메커니즘들은 한 형태의 기억 저장이 아니라 다양한 형태의 기억 저장에 기여해야 한다. 이 확신은 군소를 대상으로 한 학습 및 기억 연구와 초파리를 대상으로 한 사뭇 다른 접근법의 유사 연구 사이에서 확인된 놀라운 수렴에 기초를 둔다. 군소 연구는 세포생물학을 통해 군소의 행동을 탐구한 반면, 초파리 연구는 유전자 연구를 통해 초파리의 행동에 접근했다.

1장에서 언급했듯이 초파리는 유전학 연구의 대상으로 삼기에 여러모로 적합하다. 한 가지 이유만 들자면, 우리가 다른 어떤 동물보다 초파리의 행동 유전학을 더 잘 알고 있다는 점을 꼽을 수 있다. 90년에 걸친 연구의 결과로, 우리는 초파리의 게놈을 아주 다양한 방식으로 조작할 수 있다. 유전자에 돌연변이를 일으킬 수 있고, 돌연변이된 유전자를 복제할 수 있고, 외래 유전자를 삽입할 수도 있다. 이런 다양한 조작을 통해 과학자들은 기억 저장의 필수 성분인 유전자들을 분리해냈다. 그 유전자들은 기억 저장이 어떻게 이루어지는지를 이해하는 데 결정적으로 중요함이 밝혀졌다.

초파리를 대상으로 한 행동 유전학 연구를 창시한 과학자 시모어 벤저는 1968년에 학습과 기억으로 관심을 돌렸다. 그해에 그와 그의 학생들인 윌리엄 퀸William Quinn, 야딘 두다이Yadin Dudai는 초파리가 연결 학습인 고전적 조건화의 능력을 지녔다는 것을 보여주었다. 초파리들을 특정 냄새에 노출시키면서 충격을 가하자, 녀석들은 그 냄새를 피하는 법을 학습했다. 구체적인 실험에서 초파리들은 통 안에서 먼저 한 냄새(냄새1)에 노출되고 이어서 다른 냄새(냄새2)에 노출되었다. 그런 다음에 냄새1에 노출된 상태에서 전기충격을 받았다. 얼마 후에 초파리들은 길쭉한 통 안에 들어갔는데, 그 통의 양끝 각각에는 두 냄새 중 하나를 풍기는 물질이 놓여 있었다. 정상적인 초파리들은 앞서 전기충격과 짝지어졌던 냄새1이 나는 곳을 기피하고 앞서 전기충격과 짝지어지지 않았던 냄새2가 나는 곳으로 몰려갔다. 벤저의 학생들은 초파리 수천 마리를 실험하여 냄새1과 충격이 짝지어졌음을 기억하지 못하는 개체들을 선별했다. 이런 식으로 기억에 관여하는 유전자들에 돌연변이를 지닌 개체들을 찾아낸 것이다. 이 기억 돌연변이체들은 냄새1이 나는 구역을 피하지 않고 전체 공간에 골고루 퍼졌다. 로널드 데이비스Ronald Davis와 벤저의 대학원생 던컨

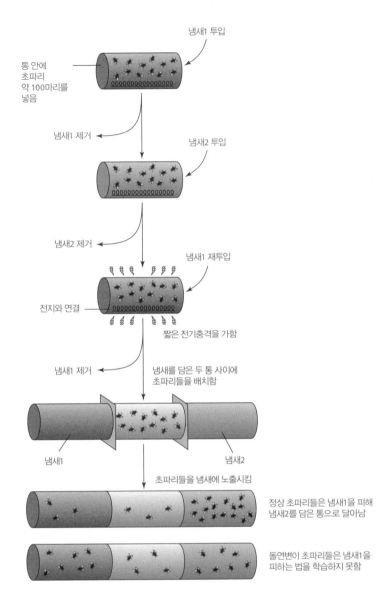

냄새1 투입

통 안에
초파리
약 100마리를
넣음

냄새1 제거

냄새2 투입

냄새2 제거

냄새1 재투입

전지와 연결

짧은 전기충격을 가함

냄새1 제거

냄새를 담은 두 통 사이에
초파리들을 배치함

냄새1

냄새2

초파리들을 냄새에 노출시킴

정상 초파리들은 냄새1을 피해
냄새2를 담은 통으로 달아남

돌연변이 초파리들은 냄새1을
피하는 법을 학습하지 못함

•••••
초파리의 학습 및 기억 검사. 정상 초파리는 어떤 냄새가 충격과 짝지어졌는지 기억하고 그 냄새를 피한다.
학습 돌연변이를 가진 초파리들은 그 냄새를 피하지 않고 전체 공간에 골고루 퍼진다.

바이어스Duncan Byers는 그 돌연변이체들 중에서 단기기억 저장에 결함이 있는 돌연변이 초파리 던스*dunce*를 최초로 찾아냈다. 그 초파리를 조사해보니, 놀랍게도 녀석은 환상AMP를 파괴하는 효소의 코드를 보유한 유전자에 돌연변이를 가지고 있었다. 따라서 그 초파리는 환상AMP를 너무 많이 보유하고 있고 시냅스는 늘 포화상태다. 이 때문에 시냅스가 최적으로 기능하지 못하는 것이다.

퀸, 마거릿 리빙스턴Margaret Livingstone, 데이비스는 학습 결함을 가진 다른 돌연변이 초파리들을 계속 탐구했고 다른 돌연변이 기억 유전자들도 환상AMP 경로에 관여한다는 것을 발견했다. 이 경로는 이미 군소 연구에서 드러난 바 있었다. 예컨대 그들이 루타바가rutabaga로 명명한 기억 돌연변이체들은 ATP를 재료로 삼아 환상AMP를 합성하는 효소 아데닐시클라아제에 결함이 있는 것으로 밝혀졌다. 암네시악amnesiac으로 명명된 기억 돌연변이체는 아데닐시클라아제를 자극하는 어느 펩티드 신경전달물질과 관련된 유전자에 결함이 있고, 'DCO'로 명명된 돌연변이체는 PKA의 촉매 하부단위에 문제가 있다.

이런 여러 발견들은 비서술기억을 위한 생화학 메커니즘이 상당히 보편적임을 분명하게 보여주었다. 그 메커니즘은 다양한 형태의 학습에 적용될 뿐더러 군소와 초파리에 공히 적용된다. 이 발견에 고무된 퀸은 PKA를 다양한 형태의 비서술기억에 결정적으로 관여하는 요소—핵심 신호전달 경로—로 보고 PKA에 관심을 집중했다. 이미 언급했듯이 이 효소는 이온 통로들과 신경전달물질 방출 장치들을 비롯한 다양한 세포 내 단백질의 활동을 변화시킨다. 퀸은 초파리에서 PKA의 기능을 봉쇄하는 유전자를 발현시키는 데 성공했고, PKA의 기능이 봉쇄되면 냄새 식별 과제에서 기억 저장에 문제가 생김을 발견했다.

학습과 기억에 대한 초기 연구에서 퀸은 부정적으로 강화된 후각 식별 과제에 집중했다. 이 유형의 과제에서 학습은 혐오스러운 자극에 의해 주도된다. 다른 유형의 학습에서도 환상AMP 경로가 중요한지 알아보기 위해 퀸은 초파리가 다른 감각들에 의지해서 해결해야 하는 여러 학습 과제를 개발했다. 예컨대 그는 초파리들로 하여금 냄새가 아니라 자기 몸의 자세에 대해서 학습하게 만들기도 하고, 강화 수단으로 전기충격 대신에 달콤한 설탕을 사용하기도 하고, 초파리들이 한 방향으로 날아가는 대신에 몸자세를 바꾸는 방식으로 반응하게 만들기도 했다. 그리고 이 새로운 과제들로 정상 초파리들과 돌연변이 초파리들을 검사했다. 그 결과, 퀸은 돌연변이 초파리들의 결함이 대개 일반적이라는 것을 발견했다. 한 과제에서 결함을 보인 초파리는 대개 모든 과제에서 결함을 보였다. 이 발견에 대한 가장 단순한 해석은 퀸이 조작한 환상AMP 경로의 성분들이 많은 학습 유형의 바탕에 깔린 생화학적 메커니즘의 필수 요소라는 것이다. 데이비스, 퀸, 독일의 마르틴 하이젠베르크Martin Heisenberg가 수행한 연구의 결과로 지금까지 초파리에서 10여 가지 형태의 학습이 환상AMP 경로를 필요로 하는 듯하다는 점이 밝혀졌다.

군소에 대한 세포생물학 연구와 초파리에 대한 유전학 연구는 둘 다 환상AMP 경로가 몇몇 기초적인 형태의 단기 비서술기억 저장에 중요하다는 것을 알려준다. 그러나 6장에서 보겠지만, 그 회로는 시냅스 가소성을 위해 중요한 유일의 2차 전달자 시스템이 아니다. 다른 학습 사례들에서는

(심지어 민감화와 고전적 조건화의 변형들에서도) 다른 2차 전달자 시스템들이 역할을 한다.

무척추동물 연구에서 이루어진 놀랍고도 고무적인 진보 덕분에 이제 우리는 한 유형의 세포적 분자적 메커니즘을 콕 집어서 관찰할 수 있다. 그 메커니즘은 다양한 유형의 학습 및 단기기억 저장에 쓰인다. 관련 연구들은 다양한 비서술기억 과정의 기본적인 측면들을 개별 시냅스의 다양한 면모에서―개별 시냅스 연결의 속성들에서―발견할 수 있다는 것을 보여준다. 그러므로 다음으로 서술기억, 곧 사실과 사건에 대한 우리의 기억을 탐구하면서 더 복잡한 형태의 기억인 서술기억을 단순한 시냅스 메커니즘들을 통해 어느 정도까지 설명할 수 있는지 알아보는 일은 개념적인 차원과 전문지식의 차원 모두에서 흥미로울 것이다. 그런 환원주의적 설명이 가능한 한에서, 사람과 장소와 대상에 대한 서술기억에 관여하는 더 복잡한 저장 과정들이 시냅스 가소성의 기본 알파벳으로부터 조합될 가능성을 살피는 것은 흥미로운 일일 것이다.

4

서술기억

....

밀턴 에이버리(Milton Avery, 〈**글을 쓰는 소녀**(Girl Writing)〉**(1941)**
독학한 화가 에이버리(1885~1965)는 추상과 구상을 혼합한 양식을 개발했다. 이 작품에서
책상 앞에 앉은 소녀는 사실상 모든 의식적인 정신 활동에 필수적인 서술기억 능력을 사용한다.

— 　　　　　잠깐 독서를 멈추고, 친한 친구의 이름을 떠올려보라. 이를테면 고등학교 같은 반 친구나 대학 시절에 기숙사를 같이 쓴 친구도 좋다. 그 친구의 얼굴을 떠올리고, 가능하면 목소리와 말투도 떠올려라. 다음으로 그 친구가 포함된 일화 하나를 회상하라. 중요한 대화나 큰 의미가 있는 사건, 어쩌면 특별한 여행을 말이다. 당신의 상상 속에서 그때 그 장소로 이동하여 그 일화를 재현하라. 일단 맥락을 재구성하고 나면, 장면과 사건들은 놀랄 만큼 쉽게 기억날 수도 있다. 이런 식으로 우리는 꽤 오랫동안 회상에 빠져들 수 있고 때로는 강렬한 감정과 기억하는 내용에 대한 개인적 친밀감까지 느낄 수 있다. 흥미롭게도, 이런 식으로 회상을 실행할 때 우리는 어떤 잘 발달된 회상 능력에 의지하지 않는다. 회상을 위해 지도나 교습을 받을 필요도 없다. 과거를 생생하게 기억해내는 일은 우리 모두가 매일 별다른 노력 없이 하는 활동이다.

　　과거 사건을 떠올린다고 (구체적으로 친구를 회상하든, 오늘 있었던 사소한 사건을 잠깐 생각하든 간에) 말할 때 우리는 가장 평범하고 친숙한 의미의 기억을 언급하는 것이다. 즉, 그럴 때 우리가 이야기하는 것은 의식적인 회상으로서의 기억, 곧 서술기억이다. 1장에서 우리는 기억에 두 가지 주요 형태, 즉 서술기억과 비서술기억이 존재하고 이것들이 별개의 뇌 시스템들에 의존한다는 근본적인 생각을 제시했다. 2장과 3장에서는 몇 가지 단순한 유형의 비서술기억, 곧 습관화, 민감화, 고전적 조건화를 살펴보았다. 이 장에서 우리는 서술기억과 그것의 개별 작용들인 코드화 encoding, 저장, 인출retrieval, 망각에 초점을 맞출 것이다.

서술기억을 탐구하기 위해 우리는 일단 세포와 분자를 제쳐놓고 우리 자신의 행동에서 직접 관찰할 수 있는 서술기억의 면모들을 살펴볼 것이다. 우리가 정보를 코드화하고 저장하고 인출하고 망각하는 방식은 서술기억이 무엇이고 어떻게 작동하는가에 대한 단서를 제공한다. 또한 서술기억이 뇌에서 어떻게 조직화되는지를 이해하기 위한 발판 구실을 한다.

한 가지 명심해야 할 것은 서술기억이 다른 형태의 기억들로부터 격리된 채로 홀로 작동하지 않는다는 점이다. 바꿔 말해, 동일한 경험이 다양한 기억들을 산출할 수 있다. 길거리에서 개와 마주치는 단 한 번의 경험을 생각해보자. 나중에 당신은 그 장면을 직접적인 서술기억에서 회상할 수도 있지만, 이 마주침의 다른 여파들을 경험할 수도 있다. 그 여파들은 다양한 비서술기억으로 나타난다. 예컨대 그 개와 다시 마주치면, 당신은 눈앞의 동물이 개임을 처음보다 더 신속하게 파악할 것이다. 뿐만 아니라 첫 만남에서 무슨 일을 겪느냐에 따라서 당신은 개에 대한 공포나 애정을 갖게 될 수도 있다. 이런 감정은 당신이 그 일을 얼마나 잘 기억하느냐와 대체로 무관하다.

서술기억이란 사건, 사실, 언어, 얼굴, 음악 등에 대한 기억, 우리가 살면서 경험과 학습을 통해 얻었으며 잠재적으로 **서술될** 수 있는 온갖 지식에 대한 기억이다. 서술될 수 있다 함은 언어적 명제나 정신적 이미지로 상기할 수 있다는 뜻이다. 서술기억은 외현기억, 또는 의식적 기억으로도 불린다. 1890년에 철학자 겸 심리학자 윌리엄 제임스는 이 유형의 기억을 이렇게 설명했다.

이미 의식에서 떨어져 나간 과거의 정신 상태에 대한 앎, 혹은 우리가 계속 생각해오지 않은 사건 혹은 사실에 대한, 과거에 우리가 그것을 생각했거나 경험했다는 의식을 추가로 동반한 앎이다.

단 한 번의 만남에서 우리는 새로운 이름과 새로운 얼굴을 연결할 수 있다. 친구가 하는 이야기를 학습할 수도 있고, 뒤뜰에 앉은 새를 보고 그 모습을 정신적으로 기록할 수도 있다. 때로는 힘들이지 않아도 학습이 일어나고 기억이 오랫동안 유지되는 듯하다. 그러나 이런 학습과 기억은 수동적이지 않으며 자동적이지도 않다. 지각된 것이 나중에도 기억될지 여부는 여러 요인에 의해 결정되는데, 가장 중요한 요인들은 학습 시점을 둘러싸고 작동한다. 그 요인들은 사건 혹은 사실의 반복 횟수, 그것의 중요성, 우리가 그것을 어느 정도로 조직화하고 기존 지식과 연결할 수 있느냐 하는 점, 첫 경험 후에 우리가 그것을 얼마나 많이 되새기느냐 하는 점 등이다. 이 모든 요인들이 최초 학습 시에 일어나는 **코드화**의 본성과 양에 영향을 미친다. 또한 새로운 사건 혹은 사실이 뇌에서 뉴런의 변화를 얼마나 효과적으로 일으킬지에 영향을 미친다.

서술기억의 코드화

코드화란 말 그대로 정보를 코드로 바꾸는 과정을 의미한다. 심리학에서 말하는 '코드화'도 마찬가지다. 이 전문용어는 우리가 마주친 재료가 주목받고 처리되고 기억에 저장될 준비를 갖추는 과정을 가리킨다. 코드화가 제한적이고 피상적일 때보다 정교하고 심층적일 때, 기억은 훨씬 더 좋아진다.

이 사실을 쉽게 입증하기 위해 피실험자들을 두 집단으로 나눠서 간단한 단어 여덟 개에서 열두 개를 종이에 인쇄해서 제공하는 실험을 할 수 있다. 한 집단에게는 각 단어를 이루는 철자들 중에서 오로지 직선만으로 이루어진 철자(예컨대 곡선을 포함한 C, R, S는 제외하고 직선만 포함한 A, E, H)의 개수를 세라고 요구한다. 둘째 집단에게는 각 단어의 의미를 생각하면서 자신이 그 단어를 얼마나 좋아하는지를 1에서 5까지의 점수로 표현하라고 요구한다. 몇 분이 지난 후, 두 집단 모두에게 기억하는 단어들을 최대한 많이 써내라는 과제를 낸다. 이 실험을 실제로 해보면, 단어의 의미를 처리한 집단이 철자의 모양에 집중한 집단보다 단어를 두세 배 많이 기억한다. 그림이나 음악과 같은 다른 유형의 자료를 가지고 실험을 해도 비슷한 결과가 나온다.

이런 결과는 어떤 의미에서 사소하다. 개별 철자가 아니라 단어의 의미

．．．．．
그리스의 산토리니 섬에 있는 이 특이한 이름의 호텔은 향수와 추억을 부르는 듯하다. 이곳에서 묵으면 영원한 기억을 만들거나 옛 기억을 되살리게 될 법하다. 우리의 기억은 개인적이고 연상을 유발하며 감정과 얽혀 있고 우리가 누구인지 느끼게 해준다.

에 주의를 집중하는 것이 기억 시험을 준비하는 더 효과적인 방법이라는 것은 당연하지 않은가? 그럼에도 이 실험은 학습에 관한 보편적이고 근본적인 원리 하나를 예증한다. 우리는 새로운 재료를 더 완전하게 처리할수록 더 잘 기억한다. 우리가 무언가를 공부할 이유가 더 많을수록, 우리가 그것을 더 많이 좋아할수록, 우리가 학습 순간에 더 온전하게 몰입할수 있을수록, 기억은 향상된다. 심지어 학습이 노력 없이 일어나는 것처럼 보이는(예컨대 졸업 날짜나 좋아하는 영화를 쉽게 기억해내는) 경우에도, 알고 보면 학습은 그리 자동적이지 않다. 특정한 모습과 광경과 순간이 기억되는 것은 그것들이 우리의 관심을 끌기 때문이다. 실제로 우리는 관심이 끌리는 것들을 잘 기억한다. 왜냐하면 그런 것들을 마주할 때 우리는 심층적이고 정교한 코드화와 되새김rehearsal을 자발적으로 수행하기 때문이다. 여기에서 되새김이란 기억된 사건을 정신적으로 거듭 재현하는 활동을 말한다.

이 같은 처리 원리의 한 예를 블라디미르 나보코프Vladimir Nabokov의 자서전 『말하라, 기억이여Speak, Memory』에서 볼 수 있다. 나보코프는 소설가이자 시인으로 가장 유명했지만 열정적이고 성공적인 나비 연구자이기도 했다. 그는 새로운 나비 종을 여럿 기술했다. 나비에 대한 열정은 몇몇 사건이 그의 기억에 지울 수 없게 기록되도록 만들었다.

> 마지막으로, 춥고 심지어 서리가 내리는 가을밤에도 나무줄기에 당밀과 맥주와 럼주를 섞은 단물을 발라 나방을 유인할 수 있었다. 칠흑 같은 어둠을 뚫고, 손전등 불빛은 끈적하게 번들거리는 나무껍질의 주름과 거기에 달라붙어 예민한 날개를 나비처럼 반쯤 펼치고 단물을 빠는 커다란 나방 두세 마리를 비추곤 했다… "작은분홍뒷날개나방Catocala adultera이다!" 나는 아버지에게 내가 잡은 나방을 보여주려 허둥지둥 달리면서 불 켜진 창을 향해 당당하게 외치곤 했다.

반면에 나비에 대한 관심이 나보코프보다 덜 한 사람들은 이런 순간을 기억하지 못할 뿐더러 애당초 나비를 코드화하지 않는다. 나보코프의 말을 더 들어보자.

평범한 사람이 나비에 얼마나 신경을 쓰지 않는지는 놀라울 정도다. 나비가 떼 지어 날아다니는 길을 나와 함께 걸어 내려온 의심 많은 길동무에게 호의를 베풀고자, 방금 나비를 좀 보았느냐고 내가 일부러 물었을 때, 그 다부진 스위스 등산객은 차분하게 대답했다. "전혀요."

나중을 위해 경험을 기록하는 일에 특별히 노력을 기울이고 있지 않을 때, 우리의 주의를 지휘하고 코드화의 질과 양을 결정하는 것은 우리의 관심과 선호다. 이런 식으로 관심과 선호는 산출되는 기억의 본성과 강도에 영향을 미친다.

반면에 우리가 특별히 기억하기를 원할 때, 즉 학습이 부수적이지 않고 의도적일 때, 우리는 학습 과제에 정교한 코드화 처리를 적용함으로써 강하고 오래 지속하는 기억을 보유할 가능성을 높일 수 있다. 우리는 단 한 번의 학습 에피소드 대신에 여러 번의 학습 에피소드를 마련할 수 있고 학습 내용을 혼자서 되새길 수도 있다.

정교한 코드화를 수행하고 기억을 위해 의식적인 노력을 기울이는 것은 중요하다. 또한 코드화 방식이 나중의 기억 시험 방식과 유관할 때에만, 그런 정교한 코드화가 효과를 발휘한다는 것도 참이다. 글쓰기 시험을 준비하는 최선의 방법은 개념들에 초점을 맞추는 것이다. 객관식 시험에는 세부사항에 집중하는 방법이 최선이다. 워싱턴 대학의 마크 맥다니엘Mark McDaniel과 콜비 칼리지의 에이나 토머스Aynna Thomas는 대학생들에게 각각 300단어 정도로 이루어진 설명문 여섯 편을 제시한 다음, 그

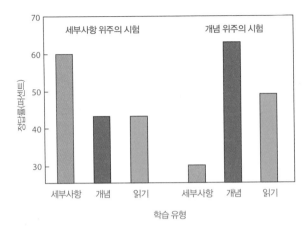

일부 학생들('읽기')은 주어진 텍스트를 그냥 읽는 방식으로 공부했고, 다른 학생들은 개별 문장 안에 들어 있는 특수한 정보에 집중하는 연습을 하거나('세부사항') 여러 문장에 걸쳐 드러나는 전반적인 정보에 집중하는 연습을 하는('개념') 방식으로 공부했다. 이 연습들은 기억 성적을 향상시켜서 단순한 읽기를 통해 얻은 성적을 능가하게 만들었지만, 이 성적 향상은 기억 시험이 요구하는 정보의 유형과 학습 중에 주의가 집중된 정보의 유형이 일치할 때만 일어났다.

내용에 관해서 개념적이거나 세부적인 질문들을 던졌다. 설명문 두 편은 학생들이 그냥 읽기만 했다. 다른 두 편은 전체 철자의 15퍼센트가 지워져 있어서 학생들은 해독 가능한 텍스트를 구성하기 위해 그 철자들을 채워 넣어야 했다. 마지막 두 편은 곳곳에 문장들이 뒤죽박죽으로 배열된 대목을 포함하고 있어서 학생들은 그 문장들을 재배열하여 해독 가능하게 만들어야 했다.

　실험 결과, 온전한 텍스트를 그냥 읽었을 때보다 철자들이 지워졌거나 문장들이 뒤죽박죽인 텍스트를 읽었을 때 기억 시험에서 더 좋은 성적이 나왔다. 그러나 이런 성적 향상은 선행한 읽기 과제에서 학생들에게 집중하도록 요구한 정보와 이어진 기억 시험에서 요구한 정보가 일치할 때만 나타났다. 빠진 철자들을 채워 넣는 과제는 개별 문장에서 드러나는 세부사항에 주의를 집중시켰고, 따라서 세부사항에 관한 질문들에서 성적 향상을 유발했다. 문장들을 재배열하여 일관된 문맥을 만드는 과제는 여러 문장들에 걸쳐 드러나는 주제와 개념에 관한 정보에 주의를 집중시켰고, 따라서 개념에 중점을 둔 질문들에서 성적 향상을 일으켰다. 이 실험 결과는 교사의 교육 방법과 학생의 시험 준비 방법 등에 관해서 중요한 시사점을 던져준다.

교육 환경과 유관한 기억의 또 다른 특징은 시험이 단지 기억을 평가하는 방법일 뿐 아니라 학습 과정을 향상하는 방법이기도 하다는 점이다. 최근에 학습한 내용에 대한 기억 시험을 치르고 나면 같은 내용에 대한 추가 학습을 했을 때보다 나중의 기억이 더 향상된다. 워싱턴 대학의 헨리 뢰디거Henry Roediger와 제프리 카피크Jeffrey Karpicke는 대학생들에게 250에서 300단어 분량의 글을 외우게 한 다음, 일부 학생들에게는 그 글을 7분 동안 다시 외우라고 요구하고(재학습), 다른 학생들에게는 그 글을 기억할 수 있는 한도까지 써내라고 요구했다(시험). 실험 결과는 극적이었다. 시험이 재학습보다 장기기억 향상에 더 도움이 되었다. 반면에 학생들의 주관적인 생각은 정반대였다. 재학습을 한 학생들은 시험을 치른 학생들보다 자신의 기억 능력에 대해서 더 큰 자신감을 보였다.

서술기억의 저장

장기기억은 용량에 제한이 없는 듯하며 수천 개의 사실, 개념, 패턴을 때로는 평생 동안 보유할 수 있다. 코드화된 정보는 어떻게 기억으로서 존속하는 것일까? 지각에서 출발하여 기억에 이르는 과정은 시각과 관련해서 가장 잘 연구되어 있다. 시각은 인간을 비롯한 영장류에서 가장 주도적인 감각이다. 실제로 영장류 대뇌피질의 거의 절반이 시각 정보 처리에 종사한다. 30여 개의 뇌 구역이 그 작업에 참여하는데, 각 구역이 예컨대 색깔, 모양, 운동, 방향, 공간적 위치 등을 분석하고 저장하는 따위의 특정한 업무를 맡는 것으로 보인다.

한 대상이 지각될 때마다, 다양한 구역들에서 동시에 신경 활동이 일어난다. 이 같은 동시 분산 활동이 시각 지각의 바탕을 이룬다고 믿어진다. 그렇다면 이런 질문이 떠오른다. 한 대상에 대한 지각이 분산되어 있다면, 즉 널리 퍼진 피질 구역들의 협응 활동에 의존한다면, 그 대상에 대한 기억은 최종적으로 어디에 저장될까? 대답은 놀랄 만큼 간단명료하다.

기억들이 영구히 저장되는 별도의 기억 중추는 존재하지 않는다. 오히려 수많은 증거들이 시사하는 바로는, 처음에 정보는 분산된 뇌 구조물들에 의해 지각되고 처리되는데 그 정보가 기억으로서 저장되는 장소도 바로 그 분산된 구조물들인 듯하다. 포유동물의 뇌에서 기억을 직접 포착할 수 있는 기술은 아직 존재하지 않는다. 다시 말해 우리는 특정 대상에 대한 기억이 저장된 장소를 아직 짚어낼 수 없다. 그럼에도 뇌 손상 환자들과 건강한 지원자들의 활동하는 뇌를 기능성 영상화 기술로 관찰해 보면 한 가지 중요한 결과를 일관되게 얻을 수 있다. 색깔, 크기, 모양을 비롯한 대상의 속성들을 지각하고 처리하는 피질 구역들은 그 대상의 기억에 중요하게 관여하는 구역들과 동일하기까지는 않더라도 가까이 있다.

단일한 기억 저장소는 존재하지 않더라도, 기억이 신경계 전체에 골고루 퍼져 있는 것은 아니다. 단 하나의 사건을 표상하는 데 여러 뇌 구역이 관여하는 것은 맞지만, 그 구역들은 각각 다른 방식으로 전체 표상에 기여한다. 한 경험을 처음 코드화할 때 뇌에서 일어나는 변화의 총합이 있을 것이며, 그 변화의 총합이 곧 그 경험의 기록일 텐데, 그 변화의 총합을 일컬어 **기억흔적**engram이라고 한다.

원리는 이것이다. 서술기억의 기억흔적은 다양한 뇌 구역들에 분산되어 있으며, 그 구역들은 특정 유형의 지각과 정보 처리를 담당한다. 이 원리는 특정 분야의 전문가로서 어마어마한 능력을 발휘하는 사람들을 이해하는 데 도움이 된다. 최고 수준의 체스 선수들은 오래전에 둔 판의 국면들을 기억할 수 있다. 전문 운동선수들은 긴 시합 도중에 취한 특정 동작의 세부사항에 대해서 토론할 수 있다. 대회에 나갈 수준의 스크래블 scrabble 게임 애호가들은 경기가 끝난 후에 각 단어가 완성된 순서까지 포함해서 판 전체를 쉽게 복기할 수 있다. 그러나 이런 전문적 지식은 어떤 일반적 기억력의 탁월함에서 비롯되는 것이 아니라 고도로 특화된 능력에 의존한다. 경험을 통해 습득된 그 능력은 특정 유형의 정보를 코드화하고 조직하는 데 쓰인다. 이런 능력 덕분에 전문가들은 수많은 패턴을 신속하게 알아챌 수 있다.

카네기 멜론 대학의 윌리엄 체이스William Chase와 허버트 사이먼 Herbert Simon은 유명한 연속 실험에서 다양한 수준의 체스 선수들에게 실제 게임에서 발생한, 26개에서 32개의 말이 배치된 국면들을 보여주었다. 선수들은 주어진 국면을 5초 동안 주시한 다음에 그것을 빈 체스 판에 재현했다. 뛰어난 선수들은 약 16개의 말을 옳게 배치할 수 있었던 반면, 초심자들은 겨우 네 개 정도만 옳게 배치했다. 실험의 결정적 단계는 그 다음이었다. 연구진은 말들을 무작위로 배치하여 어떤 게임 상황에도 부합하지 않는 국면들을 만들어냈다. 그리고 그런 국면들을 보여주자, 전문가와 초심자의 국면 재현 능력의 차이가 대체로 사라져, 모든 선수가 겨우 서너 개의 말만 옳게 배치할 수 있었다. 전문가는 자신의 전문 분야에서 중요하지 않은 세부사항까지 기억하는 특별한 재능의 소유자가 아니다. 또한 초심자가 일반적인 기억 훈련을 받는다고 해서 체스 국면을 잘 기억할 수 있게 되는 것도 아니다. 유일하게 유효한 훈련은 해당 전문 분야에서의 실행뿐이다. 체스 전문가는 말들이 배치된 국면을 수천 가지나 기억하고 있으며 그것들이 다시 나타날 때 더 쉽게 처리할 수 있다. 모든 전문가는 특수한 뇌의 변화를 축적함으로써 자기 분야에서 중요한 상황들을 지각하고 분석하는 능력을 향상시킨 것이 분명하다. 체스 전문가들이 그런 상황을 기억하는 능력을 탁월하게 갖췄다는 점은 그들이 국면을 지각하고 분석하는 데에서 뛰어난 능력을 발휘한다는 사실에서 자연스럽게 나오는 결론이다. 여러 해에 걸친 실행이 그들의 뇌를 변화시킨 것이다. 그래서 이제 그들의 뇌는 중요한 자료를 비전문가의 뇌보다 더 완전하고 더 상세하게 코드화하고 처리할 수 있다.

서술기억의 인출

최근에 마주친 대상, 예컨대 어떤 스포츠카를 기억해내는 과제를 생각해보자. 그 대상을 기억에서 꺼내려면(인출하려면) 다양한 피질 구역들에

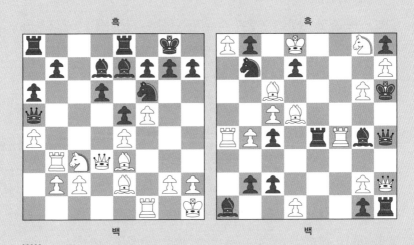

흑   흑

백   백

∙ ∙ ∙ ∙ ∙

체스 전문가들은 체스 말들의 배치, 곧 국면을 기억하는 능력이 탁월하다.

왼쪽   1985년 모스크바 세계 체스 대회World Chess Championship에서 A. 카르포프A. Karpov(백)와 G. 카스파로프G. Kasparov(흑)가 벌인 10번 대국 중 백의 21번째 행마 후 국면.

오른쪽   동일한 말 28개를 아무렇게나 배치하여 만들어낸 국면. 실제 게임에서 발생한 국면을 잠깐 보고 나면, 뛰어난 체스 선수들은 그 국면을 실력이 낮은 선수들보다 훨씬 더 잘 재현할 수 있다. 반면에 아무렇게나 꾸며낸 국면을 보여주면, 전문가와 초심자의 재현 능력이 대등해진다.

분산된 다양한 유형의 정보를 모아서 일관된 전체로 재조립할 필요가 있다. 그러나 기억 인출을 곳곳에 분산된 다양한 기억흔적의 조각들을 되살리는 일로 간단히 정의할 수는 없다. 큐cue, 곧 기억의 단서가 무엇이냐에 따라서, 기억흔적의 일부 조각들만 되살아날 수도 있다. 큐가 약하거나 모호하면, 심지어 저장된 바와 다른 것이 되살아날 수도 있다. 예컨대 되살아난 부분들 중 일부는 동종의 스포츠카나 전혀 다른 자동차가 연루된 다른 에피소드에서 유래한 것일 수 있다. 큐가 직접 유발한 생각들과 연상들이, 저장되어 있다가 큐에 의해 환기된 다른 기억 내용과 혼동될 수도 있다. 따라서 기억 인출은 재구성 작업이지, 말 그대로의 과거 재생이 아니다. 회상된 경험이 과거의 정확한 재현이 아니라 유사물일 뿐이라 하더라도 우리는 때때로 그것을 정확하고 주관적으로 수긍할 수밖에 없는 회상으로 받아들인다.

토론토 대학의 심리학자 엔델 털빙Endel Tulving과 하버드 대학의 심리학자 대니얼 샥터Daniel Schacter는 인출 큐의 중요성을 강조했다. 기억을 저장하는 능력이 강하다고 해서 나중에 기억을 인출하는 작업이 반드시 성공적으로 이루어지는 것은 아니다. 효과적인 기억 인출을 위해서는 인출 지침 혹은 큐가 기억을 되살릴 수 있어야 하고, 가장 효과적인 인출 큐는 당신이 기억해내려는 사건의 측면들 가운데 가장 잘 코드화된 측면을 되살리는 큐다.

회상 활동은 일반적으로 이후의 기억을 향상시킨다. 왜냐하면 정보를 회상하는 활동은 정보를 되새길rehearse 기회를 제공하기 때문이다. 그러나 회상 활동이 나중의 기억에 악영향을 미치는 경우들도 있다. 인간의 기억이 가진 놀라운 특징 하나는 특정한 큐와 연결된 한 정보를 떠올리는 활동이 그 큐와 연결된 다른 정보의 회상을 억제한다는 점이다. 오리건 대학의 마이클 앤더슨Michael Anderson과 로스앤젤레스 소재 캘리포니아 대학의 로버트 비요크Robert Bjork와 엘리자베스 비요크Elizabeth Bjork가 수행한 실험에서 대학생들은 우선 8개 범주에 속한 항목들을 외웠는데, 각 범주에서 6개의 항목을 외웠다. 이를테면 과일-오렌지, 직업-재단사, 나무-야자나무, 가죽-지갑, 과일-바나나, 직업-식료품장수, 나무-버드나무, 가죽-안장처럼 범주와 항목을 묶어서 총 48개의 항목을 외웠다. 그런 다음에 학생들은 4개의 범주에서 3개의 항목을 인출할 기회를 받았다. 예컨대 '과일-오__'와 '직업-재__'를 보고 오렌지와 재단사를 회상하는 활동을 했다. 그후 20분이 지났을 때 연구진은 학생들에게 범주들을 제시하고 각 범주의 항목들을 되도록 많이 기억해내서 적으라고 요구했다.

누구나 짐작하겠지만, 학생들은 이미 되새겨본 항목들—예컨대 오렌지, 재단사—을 가장 잘 기억해냈다(전체 학생의 73퍼센트가 정답을 적어냈다). 전혀 되새기지 않은 범주에 속한 항목들—예컨대 안장, 지갑, 야자나무, 버드나무—은 덜 잘 기억해냈다(정답률 50퍼센트). 그런데 놀랍게도 학생들은 되새김된 범주에 속한 다른 항목들—예컨대 바나나, 식료품장수—을 가장 낮은 확률로 기억해냈다(정답률 38퍼센트). 다시 말해 되새김된 범주에 속한 되새김되지 않은 항목이 전혀 되새김되지 않은 범주에 속한 항목보다 덜 잘 기억되었다. 이 결과에 입각해서 추측건대, 특정한 큐와 관련된 항목을 인출하는 활동은 그 큐와 관련된 다른 항목을 기억하는 능력을 저하한다. 바꿔 말해, 무언가를 회상하는 활동은 그것과 관련이 있는 다른 기억들을 망각하게 만든다. 이른바 인출 유발성 망각 retrieval-induced forgetting이라는 이 현상은 일상적인 회상에 도움이 되는 적응적 장점일 수 있다. 왜냐하면 이 현상은 정답의 인출을 방해할 가능성이 있는 반응들을 억제해주기 때문이다. 예컨대 이름이 철자 'P'로 시작하는 강을 재빨리 생각해내는 능력을 향상하는 방편의 하나는 다른 철자로 시작하는 강들에 대한 생각을 억제하는 것일 수 있다. 그러나 이런 메커니즘의 단점을 하나 지적하자면, 이름이 'P'로 시작하는 강을 인출하고 나면 'R'로 시작하는 강을 인출하는 데 걸리는 시간이 조금 더 길어진다는 것이다. 인출 유발성 망각이 더 중요하게 작용할 수 있는 상황들도 상상해볼 수 있다. 예컨대 의사가 진단을 위해 환자와 면담하는 상황을 생각해보라. 의사가 환자의 과거에 대해 물을 때 한 측면에 대해서만 집중적으로 질문을 던지면, 환자는 자신의 과거 중에서 질문되지 않은 측면을 회상하는 데 어려움을 겪을 수 있다. 적어도 일부 사례에서 인출 유발성 망각은 일시적인 것으로 보인다. 기억의 일부를 인출하는 활동에 의해 기억이 영구적으로 상실될 가능성은 희박하다.

기분과 심리 상태도 우리가 무엇을 어떻게 회상하는가에 영향을 미칠수 있다. 스탠퍼드 대학의 심리학자 고든 바우어Gordon Bower는 자발적으로 실험에 참가한 대학생들에게 언어적인 암시를 주어 슬픈 기분을 유발했다. 그러자 그들은 부정적인 경험을 회상하는 경향을 보였다. 반대로 행복한 기분을 유발하자, 학생들은 주로 긍정적인 경험을 회상했다. 요컨대 인출은 어느 정도 심리 상태에 의존한다. 당사자의 심리 상태, 더 나아가 인출 시점에서의 맥락 전체가 과거 유사한 심리 상태와 맥락에서 코드화된 사건의 인출을 부추긴다. 대마초를 피우거나 아산화질소(웃음 기체)를 흡입한 다음에 학습을 한 사람들은 나중에 학습 내용을 그리 잘 기억하지 못한다. 그러나 인출 시험에 앞서 동일한 약물을 다시 제공하면, 기억 성적이 향상된다(물론 약물 없이 학습하고 시험을 치를 때 만큼 좋은 성적이 나오는 경우는 드물지만).

기억의 맥락 의존성을 보여주는 흥미로운 사례로 영국 케임브리지의 앨런 배들리Alan Baddeley와 던컨 고든Duncan Godden이 심해 잠수부들을 대상으로 수행한 실험이 있다. 잠수부들은 서로 무관한 단어 40개를 해변에 서서, 또는 3미터 깊이의 물속에 서서 경청했다. 이어서 그들은 최대한 많은 단어를 기억해내는 시험을 해변에서, 또는 물속에서 치렀다. 실험 결과, 물속에서 학습한 단어는 물속에서 가장 잘 회상되었고, 해변에서 학습한 단어는 해변에서 가장 잘 회상되었다. 코드화 맥락과 인출 맥락이 일치할 때, 잠수부들이 기억해내는 단어의 개수가 평균 15퍼센트 증가했다.

이런 상황 의존적 효과들은 흥미롭지만 과장되어서는 안 된다. 왜냐하면 실험에서 확인된 효과들은 코드화와 인출이 이루어질 때의 기분(행복 대 슬픔), 심리 상태(약물 사용 대 약물 비사용), 맥락(해변 대 물속)에 상당히 극적인 차이가 있었기 때문에 나타난 것으로 보이기 때문이다. 쉽게 말해서, 우리가 어떤 방에서 남북전쟁에 관한 책을 읽었다고 해보자. 그 책의 내용을 회상하기 위해 우리가 그 방에 다시 들어갈 필요는 없다. 그러나 이 실험 결과들이 인출 큐의 잠재적 영향력을 보여준다는 것은 분명한 사실이다. 일반적으로 학습 내용이 처음 학습될 때의 맥락 및 큐들과 나중에 회상을 시도할 때의 맥락 및 큐들이 일치할 때, 인출이 가장 성공적으로 이루어진다. 이 원리는 일상생활에 유용하게 적용될 수 있다. 예컨대 구술시험을 준비할 때는 학습 내용을 혼자서 읽기만 하는 것보다는 다른 사람 앞에서 말로 설명하는 것이 더 효과적이다.

서술기억의 망각

일생일대의 소식을 듣거나 사고를 목격할 때 형성되는 것과 같은 강렬하고 고립된 기억을 드문 예외로 제쳐놓으면, 처음에는 선명하고 상세했던 기억도 단지 시간이 지나는 것만으로도 불가피하게 희미해진다. 시간이 지나면 세부사항들이 떨어져 나가고, 우리 곁에는 과거의 핵심만 남는다. 한때 우리 앞에 복잡하게 얽혀 있던 인상들은 사라지고 중심적인 의미만 남는다. 어떤 영화를 본 다음날, 우리는 그 영화의 줄거리와 배우의 연기를 꽤 상세하게 기억해낼 수 있다. 그러나 1년이 지나면, 엉성한 줄거리와 분위기, 또 어쩌면 몇 개의 장면만 기억날 뿐, 그 이상은 기억해내기 어렵다.

이렇게 시간에 따라 기억의 강도가 약해지는 것은 익숙하고 평범한 망각 현상이다. 얼핏 생각하면, 망각은 불편하고 심지어 해로운 것 같다. 우리가 과거에 그토록 열심히 공부한 내용을 모조리 기억해낼 수 있다면, 삶이 더 풍요로워지지 않을까? 안경이나 자동차 열쇠를 놔둔 곳이나 자동차를 주차한 곳을 망각하는 일도 없다면, 우리가 주목한 모든 사건을 기억한다면, 삶이 더 나아지지 않을까? 그러나 모든 것을 쉽게 기억할 수 있다면 우리의 삶이 더 나아질지 여부는 전혀 불분명하다. 탁월하다 못해 초인적인 기억력을 소유한 어느 예외적인 개인에 관한 아래 이야기를 보라.

러시아 신경심리학자 알렉산더 루리아Alexander Luria는 D.C. 셰레셉스키D.C. Shereshevskii라는 신문 기자에 대한 상세한 연구를 수행했다. 셰레셉스키는 결국 무대 위에서 기억 묘기를 펼치는 기억술사가 되었다. 1920년대 중반부터 약 30년 동안 루리아는 이 인물의 놀라운 기억력에 관한 논문들을 썼다. 셰레셉스키의 기억 용량은 어린 시절부터 사실상 무제한이었다. 그는 단어, 숫자, 심지어 무의미한 음절들로 이루어진 긴 목록을 듣고 나서 그 목록 전체를 오류 없이 재현할 수 있었다. 그가 목록을 학습할 때 각 항목을 시각화할 시간을 3~4초씩만 주면, 그것으로 충분했다. 한번은 그에게 약 30개의 철자와 숫자로 이루어진 수학 공식이 과제로 주어졌다. 그는 그 공식을 즉석에서 옳게 재현했고 15년 뒤에도 옳게 재현했다.

루리아는 셰레셉스키가 강력한 이미지를 이용하여 그런 놀라운 기억력을 발휘한다는 것을 발견했다. 그에게는 모든 감각 인상에 대한 반응으로 그의 의지와 상관없이 그런 이미지가 떠올랐다. 예컨대 단어는 시각적 인상을 자아냈고 때로는 미각이나 촉각도 일으켰다. 셰레셉스키가 목록 속의 항목을 누락하는 드문 일이 발생할 경우, 문제는 지각이나 주의집중에 있는 것이지 기억에 있는 것이 아니었다. 한 예로 그는 "연필"과 "달걀"을 누락한 뒤에 그 이유를 스스로 설명한 적이 있다. 그가 일반적으로 쓰는 기법은 상상 속에서 이미지 각각을 자신이 잘 아는 거리에 늘어놓은 다음에 그 거리를 걸으면서 그 이미지들을 되살리는 것이었다.

> 나는 연필의 이미지를 울타리 옆에 놓았다… 그런데 그만 그 이미지가 울타리의 이미지와 융합되었고, 나는 그 이미지를 지나쳐버렸다… 달걀이라는 단어에서도 똑같은 일이 벌어졌다. 나는 달걀의 이미지를 흰 벽에 붙여놓았는데, 그 이미지가 벽과 뒤섞여버렸다… 흰 벽에 붙어 있는 흰 달걀을 내가 어떻게 알아채겠는가?
> 나는 지금 나의 이미지들을 확대하는 중이다. 달걀이라는 단어를 더 큰 이미지로 만들어 건물의 벽 앞에 놓으니, 이제 근처의 가로등 불빛이 그 자리에 드리우는 것이 보인다.

셰레셉스키의 엄청난 기억력은 이롭기도 했지만 여러 모로 심각한 단점이기도 했다. 모든 감각적 사건 각각에 대한 그의 인상은 너무나 생생하고 풍부했기 때문에, 그는 사건들의 공통점을 추출하고 일반 개념을 포착하여 더 큰 그림을 형성하는 데 어려움을 겪었다. 그에게 꽤 빠른 속도로 이야기책을 읽어주면, 그는 발생하는 이미지들을 억누르고 의미를 판단하기 위해 애쓰곤 했다. 맥락에 따라 의미가 다른 단어와 표현은 특히 난감해했다. 은유와 시적 표현은 그의 해독 능력을 벗어나기 일쑤였다. 그의 기억은 세부사항들로 가득 차고 낱낱의 이미지들로 뒤덮여 있기 때문에, 그는 관련된 여러 경험들 사이에서 규칙성을 포착하는 식의 조직화

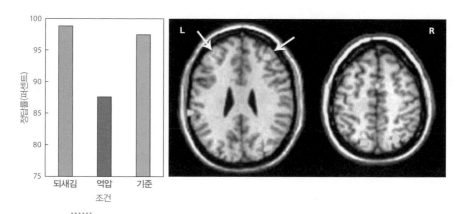

인간은 기존 학습 내용이 의식에 진입하는 것을 막음으로써 기억을 약화할 수 있다.
왼쪽 피실험자들은 최근에 학습한 항목을 시사하는 큐를 보면서 그 항목을 회상하고 되새기거나, 아니면 그 항목이 의식에 떠오르는 것을 억압했다. 나중에 기억 검사를 해보니, 피실험자들은 억압한 항목들을 아예 시사되지 않은 기준 항목들보다도 더 빈약하게 기억했다.
오른쪽 인간의 뇌를 위에서 내려다본 이 사진들에서 색깔이 있는 구역들은 활동이 증가한 구역들인데, 이 구역들의 활동 증가는 기억 억압이 성공적으로 이루어지고 있다는 것을 의미한다. 오른쪽 사진은 왼쪽 사진보다 더 높은 위치의 단면을 보여준다. 흰색 화살표들은 등쪽-가쪽 앞이마엽 피질을 가리킨다.

능력을 발휘할 수 없었다.

어떤 사람의 목소리는 하루 동안에도 이삼십 번 바뀐다. 나는 그런 사람의 목소리를 전화로 듣고 누구인지 알 수 없어 애를 먹을 때가 많다.

평범한 사람의 기억력은 전혀 다르다. 우리는 일반화, 추상화, 일반적인 지식의 구성에 능하지, 특수한 사건들의 기록을 곧이곧대로 보유하는 데 능하지 않다. 우리는 특수한 사항들을 망각함으로써 추상화하고 핵심을 기억할 가능성을 확보한다. 평범한 사람의 기억은 매순간 경험을 채우는 개별적·파편적 세부사항에 압도되지 않는다. 우리는 세부사항을 망각할 수 있고, 따라서 개념을 형성하고 다양한 경험에서 얻은 교훈을 누적하여 점차 지식을 얻을 수 있다. 알츠하이머병과 같은 신경퇴행성 질환에 걸렸을 때 나타나는 망각 증세는 실제로 심각한 장애의 수준이다. 그러나 건강한 사람에서 일어나는 어느 정도의 망각은 정상적인 기억 기능의 중요하고 필수적인 한 요소다.

우리는 학습 내용에 의식적인 통제를 가함으로써 그 내용이 얼마나 잘 기억될지에 영향을 미칠 수 있다. 학습 내용을 자주 되새김으로써 망각의 양을 줄일 수 있을 뿐 아니라, 의도적으로 되새기지 않음으로써 학습된 정보를 억누를 수도 있다. 마이클 앤더슨과 동료들은 자원한 피실험자들에게 단어 36쌍(예컨대 시련-바퀴벌레, 증기-열차)을 외우라고 요구한 다음에 그들이 다음 두 과제 중 하나를 수행하는 동안에 그들의 뇌를 기능성 자기공명영상법(fMRI)으로 촬영했다. 첫째 과제는 연구진이 큐 단어(예컨대 시련)를 4초 동안 제시하면, 그 시간 동안 피실험자가 그 단어와 연결된 단어(바퀴벌레)를 생각하는 것이었다. 둘째 과제는 큐 단어(예컨대 증기)를 제시하면, 피실험자가 관련 단어(열차)가 떠오르지 않도록 억누르는 것이었다. 이어서 기억 검사를 해보니, 피실험자들은 과제를 수행할 때 생각했던 단어들은 아주 잘 기억한 반면(정답률 약 99퍼센트), 의도적으로 억누른 단어들은 덜 잘 기억했다(정답률 약 88퍼센트). 중요한 것은 억압된 단어가 과제 수행 중에 아예 제시되지 않은 단어(기준 단어)보다 더 빈약하게 기억되었다는 점이다. 기준 단어들은 잘 기억되었다(정답률 약 98퍼센트). 요컨대 원치 않는 기억이 능동적이고 의식적인 억압에 의해 약화된 것이다.

뇌 영상에서는 기억 억압에 관여하는 신경 시스템들이 포착되었다. 등쪽–가쪽dorsolateral 앞이마엽 피질과 배쪽–가쪽ventrolateral 앞이마엽 피질의 활동 증가는 원치 않는 기억이 성공적으로 억압되고 있다는 것을 알려주었다. 다른 구역들, 특히 이마엽에 속한 구역들의 활동도 마찬가지였다. 뿐만 아니라 기억 억압은 양쪽 해마의 활동 감소와도 관련이 있었다. 해마는 기억 형성에 중요한 구조물이다. 억압이 망각에 미치는 효과가 때로는 이 실험에서 드러난 정도보다 더 강력할 수도 있는지, 혹은 그 효과가 오래 지속되는지 여부는 밝혀지지 않았다.

망각이란 정확히 어떤 현상인가에 대한 논란은 오래전부터 진행되어 왔다. 무언가를 망각할 때 우리는 기억을 정말로 잃는 것일까, 아니면 뇌에는 기억이 여전히 존재하지만 그것을 인출하는 능력만 상실하는 것일까? 후자라면 우리는 망각한 기억에 다시 접근할 수도 있을 것이다. 1960년대 후반에 워싱턴 대학의 심리학자 엘리자베스 로프터스Elizabeth Loftus와 제프리 로프터스Geoffrey Loftus는 일반인과 심리학 전공 대학졸업자 총 169명에게 기억에 관한 두 진술 가운데 하나를 선택할 것을 요구했다. 그 진술들은 아래와 같다.

1. 학습된 것은 무엇이든 정신에 영원히 저장된다. 비록 일부 세부사항들은 평범한 상황에서 인출 불가능할 수 있지만, 그것들도 최면술이나 기타 특수한 기법을 통해 되살릴 수 있다.

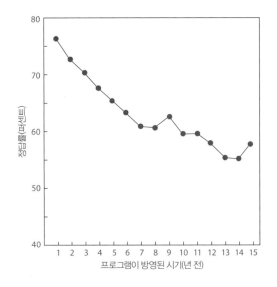

‥‥‥
9년에 걸쳐(1978년부터 1986년까지) 매년 한 번씩 피실험자들을 새로 모집하여 지난 15년 동안 단 한 시즌만 방영된 텔레비전 프로그램들에 대한 기억을 검사했다. 피실험자들은 작년이나 재작년에 방영된 프로그램을 더 잘 기억했지만, 15년 전의 프로그램도 60퍼센트에 가까운 확률로 맞혔다. 검사에서 순전히 운으로 정답을 맞힐 확률은 25퍼센트였다.

2. 학습된 세부사항의 일부는 기억에서 영구적으로 사라질 수도 있다. 그런 정보는 뇌에 아예 없기 때문에 최면술을 비롯한 특수한 기법을 동원하더라도 되살릴 수 없다.

당시에는 심리학 전공 대학졸업자의 84퍼센트와 일반인의 69퍼센트가 첫째 진술을 선택했다. 1996년, 스튜어트 졸라Stuart Zola와 래리 스콰이어는 기억에 관한 연구회에 참석한 보건의료계 전문직 종사자(간호사, 사회복지사, 임상심리사) 645명에게 똑같은 진술들을 제시하고 선택을 요구했다. 이번에는 62퍼센트가 첫째 진술을 지지했다. 기억이 영구적이라는 통념은 아마도 최면술과 심리학에 대한 대중적인 생각에서도 비롯되고 망각한 듯했던 세부사항을 인출하는 데 성공해본 경험이 흔하고 익숙하다는 점에서도 비롯되는 듯하다. 더 나아가 이 통념은 억압이 기억 소실의 흔한 원인이라는 프로이트의 주장과도 맥을 같이 한다. 대부분의 망각이 심리적 동기에서 비롯된다는 것이 프로이트의 입장인 것은 맞지만, 다른 한편으로 그는 말 그대로의 망각, 즉 생물학적 망각의 가능성도 인정했다.

> 심지어 정신에서도 과거의 것이 정상적이거나 예외적인 과정의 결과로 삭제되거나 증발할 가능성은 언제든지 존재한다. 그 과거의 것을 어떤 수단으로도 복원하거나 되살릴 수 없는 한에서, 또는 일반적으로 보존이 어떤 적당한 조건에 의존하는 한에서, 그럴 가능성이 존재한다. 그 가능성이 존재하지만, 우리는 그에 대해 아무것도 모른다.

당연한 말이지만, 여론조사와 논쟁으로 망각의 본성을 확정할 수는 없다. 뇌에서 기억을 기록하는 세포 및 시냅스의 변화가 시간이 경과하면 사라지는지 여부를 비롯한 생물학적 사실들이 밝혀져야 한다. 현재 가용한 정보의 대부분은 비교적 단순한 신경계를 가진 동물들에 대한 연구에서 나온 것이다. 그 정보가 시사하는 바로는, 망각은 학습 후 몇 시간 만에 일어나건 아니면 며칠 만에 일어나건 간에 부분적으로는 진정한 정보 상실이며, 학습 당시에 일어난 시냅스 변화의 일부는 실제로 원상 복귀된다. 오늘날의 과학자들은 말 그대로의 망각을 인정하는 듯하다. 1996년, 졸라와 스콰이어는 생물학, 신경과학, 실험심리학 분야에서 석사 이상의 학위를 가진 과학자 67명에게 위의 두 진술 중 하나를 선택하라고 요청했다. 그러자 87퍼센트가 둘째 진술을 선택하여 일부 망각은 진정한 정보 상실이라는 생각을 지지했다.

가장 개연성이 높은 시나리오는 새로운 정보가 저장되는 과정에서 기존 표상이 끊임없이 재조각再彫刻된다는 것이다. 기억의 내용은 새것이 옛것을 삭제하기 때문에, 또한 아마도 시간이 흐르기만 해도 변화한다. 요컨대 망각은 끊임없이 일어나 이미 학습한 바를 약화하고 변형한다. 그러나 특정 사건에 대한 서술기억이 점차 사라진다는 것은 그 사건의 흔적이 뇌에서 완전히 사라짐을 의미하지 않는다. 첫째, 이제는 망각된 어떤 사건의 결과로 형성된 취향과 선호를 비롯한 일부 비서술기억은 존속할 수도 있다. 그러나 이런 기억은 뇌에서 서술기억을 담당하는 부위가 아닌 다른 부위에서 일어나는 시냅스 변화에 의해 지탱된다.

처음에 학습이 잘 이루어지면 망각이 여러 해에 걸쳐 아주 조금씩 일어난다는 것도 참이다. 심지어 수십 년이 지나도 상당량의 기억이 여전히 남아 있을 수 있다. 고등학교 때 같은 반 친구들의 이름과 같은 중요하고 의미 깊은 정보에 대한 기억이 최소한 수십 년, 심지어 평생 유지된 사례들이 보고되어 있다. 심지어 과거에 딱 한 시즌 동안만 방영된 텔레비전 프로그램의 제목처럼 중요성이 떨어지는 정보가 그렇게 오래 기억된 사례들도 있다.

서술기억의 결함

우리는 흔히 원하는 만큼 잘 기억하지 못한다. 기억의 덧없음은 누구나 경험하는 보편적인 현상이다. 때때로 우리는 어떤 사건을 기억하려는 의지에도 불구하고 깡그리 망각한다. 혹은 사건을 부정확하게 기억하기도 한다. 우리가 처음에 그 사건을 옳게 지각하고 잘 이해했다고 확신하는 데도 말이다. 시간이 지나면 과거 사건에 대한 우리의 기억은 어스름하고 불확실해질 수 있다. 이 같은 기억의 결함을 이해하는 가장 좋은 방법은 기억이 어떻게 작동하고 어떤 업무에 가장 적합한지 고찰하는 것이다. 기억은 테이프 녹음기나 비디오카메라처럼 작동하지 않는다. 즉, 기억의 기능은 사건들을 나중에 살피기 위해 붙잡아두는 것이 아니다. 오히려 이미 언급한 대로 회상은 가용한 조각들을 모아 일관된 전체를 구성하는 작업이다. 예컨대 어떤 이야기를 회상하려 애쓸 때 사람들은 때때로 창조적 오류를 범한다. 이야기의 일부를 삭제하고 다른 부분을 꾸며내며 정보를 이치에 맞게 재구성하려 애쓴다. 일반적으로 기억은 우리가 마주치는 것을 곧이곧대로 기록하여 보존하는 방식이 아니라 그것에서 의미를 추출하는 방식으로 작동한다. 존 브랜스퍼드John Bransford와 제프리 프랭크스Jeffrey Franks가 미네소타 대학에서 수행한 실험에서 피실험자들은 아래 문장들을 비롯한 여러 문장을 외웠다.

1. 개미들이 테이블 위의 달콤한 젤리를 먹었다.
2. 바위가 산에서 굴러내려 아주 작은 오두막을 부쉈다.

3. 부엌의 개미들이 젤리를 먹었다.

4. 바위가 산에서 굴러내려 숲가의 오두막을 부쉈다.

5. 부엌의 개미들이 테이블 위의 젤리를 먹었다.

6. 아주 작은 오두막이 숲가에 있었다.

7. 젤리가 달콤했다.

이어서 피실험자들은 여러 시험 문장을 읽으면서 각 문장이 앞서 외운 문장들 중 하나와 정확히 일치하는지 여부를 판단했다. 예컨대 이런 시험 문장들이 제시되었다.

1. 부엌의 개미들이 젤리를 먹었다.

2. 개미들이 달콤한 젤리를 먹었다.

3. 개미들이 숲가의 젤리를 먹었다.

피실험자들은 셋째 문장이 새로운 문장임을 쉽게 알아챘다. 그러나 나머지 두 문장은 똑같이 익숙하다고 판단했다. 실은 첫째 문장만 앞서 학습한 문장인데도 말이다. 이 결과는 피실험자들이 문장의 의미를 추상화하기 때문에 나중에는 학습한 바를 똑같이 옳게 표현하는 두 문장을 구별하지 못함을 시사한다.

일단 기억이 최초로 정착하고 사건의 의미가 감각적 세부사항보다 더 충실하게 기록된 다음에도 기억의 내용이 변화할 가능성은 열려 있다. 기억에 저장된 것은 새로운 관련 정보의 획득에 의해, 또한 나중의 되새김과 인출에 의해 변형될 수 있다. 심지어 인출 시험에서 기억을 어떻게 검사하느냐에 따라서도 기억의 변형이나 왜곡이 일어날 수 있다.

엘리자베스 로프터스와 동료들이 수행한 연구에서 피실험자들은 자동차 충돌을 보여주는 짧은 동영상들을 보았다. 나중에 일부 피실험자는 이런 질문을 받았다. "자동차들이 마주칠 때 얼마나 빠르게 달리고 있었습니까?" 다른 피실험자들은 취지는 동일하지만 핵심 단어가 "마주침hit"에서 "박살남smash", "충돌collide", "부딪힘bump", 또는 "접촉contact"으로 바뀐 질문을 받았다. 피실험자들의 대답을 분석해보니, 그들이 추정한 속력은 그들이 받은 질문과 관련이 있었다. "박살남"이 포함된 질문을 받은 피실험자들이 추정한 속력은 평균 시속 65.7킬로미터, "충돌" 질문에 대한 추정 속력은 시속 63.2킬로미터, "부딪힘" 질문은 시속 61.3킬로미터, "마주침" 질문은 시속 54.7킬로미터, "접촉" 질문은 시속 51.2킬로미터였다.

실제로 오류는 기억에 언제든지 끼어들 수 있다. 코드화 도중, 저장 도중뿐 아니라 인출 도중에도 오류가 끼어들 수 있다. 라이스 대학의 헨리 뢰디거와 캐슬린 맥더모트Kathleen McDermott는 자발적인 피실험자들에게 다음과 같은 단어 목록을 들려주었다. 사탕, 시다, 설탕, 이빨, 심장, 맛, 디저트, 소금, 스낵, 시럽, 먹다, 맛깔flavor. 몇 분 뒤에 피실험자들은 기억나는 대로 최대한 많은 단어를 적어냈다. 더 나중에 연구진은 피실험자들에게 더 긴 단어 목록을 들려주면서 그들이 아까 들었던 단어들을 골라내고 그 단어 각각을 이미 들었다는 것을 얼마나 확신하는지 표시하게 했다. 첫 번째 과제에서 피실험자의 40퍼센트는 "달다"를 적어냈다. 이 단어는 목록에 들어 있지 않았는데도 말이다. 어쩌면 더욱 놀라운 것은 원래 단어들을 다른 단어들과 함께 들려주었을 때, 피실험자의 84퍼센트가 "달다"를 이미 들은 단어로 "알아챘고" 그들의 대부분은 그 단어가 원래 목록에 들어 있었다는 것을 강하게 확신했다는 점이다. 참고로 피실험자들은 원래 목록에 들어 있는 단어들을 86퍼센트의 확률로 알아맞혔다. 요컨대 피실험자들은 제시된 단어들을 그것들과 관련이 있지만 제시되지 않은 단어("달다")와 구별해내지 못한 것이다. 이 실험은 실제로 일어나지 않은 일을 기억하는 경우가 있을 수 있다는 것을 보여준다. 추측건대 원래 목록에 포함된 단어들(다수가 "달다"와 관련이 있는 단어다)이 학습 중이나 기억 시험 중에 "달다"라는 단어를 연상시켰고, 피실험자들은 그 단어를 단지 생각한 것과 실제로 들은 것을 혼동한 듯하다. 이 실험의 주목할 만한 결론은 단지 상상한 내용과 실제 사건에 대한 기억을 구별하기가 때로는 어렵다는 점이다.

아동은 이런 유형의 영향력에 특히 취약하다. 코넬 대학의 스티븐 세시Stephen Ceci와 동료들이 만 3세에서 6세의 취학 전 아동을 대상으로 수행한 중요한 연속 실험에서 아동들은 매주 한 번 성인 연구자와 면담했다. 실험이 시작되기 전에 아동의 부모는 아동이 과거에 겪은 긍정적인 사건들과 부정적인 사건들(이를테면 휴가 여행, 새 집으로 이사한 일, 다쳐서 상처를 꿰맨 일)을 이야기해주었다. 면담에서 연구자는 아동에게 실제 사건들과 더불어 부모의 말에 따르면 결코 일어나지 않은 사건들에 대해서도 생각해보라고 요구했다. 특히 각 사건이 거론될 때마다 아동은 "이런 일이 정말 있었는지 기억을 되살려보라"는 요구를 받았다. 10주가 지

실험에서 아동들은 과거에 일어났을 수도 있는 사건들에 관한 질문을 받았다. 아동의 기억은 왜곡되거나 부정확해지기 쉽다. 이런 일은 특히 아동이 유도성 질문과 거짓 암시를 받을 때 잘 일어난다.

난 후, 아동들은 다른 성인 연구자와 면담했다. 새로운 면담자는 실제 사건과 허구적 사건 각각을 거론하면서 "이 일이 실제로 일어났는지 말해보라"고 요구했다. 그리고 아동의 대꾸에 따라 세부적인 질문을 추가로 던졌다. 이 실험의 주요 결과는 과반수의 아동이 적어도 하나의 허구적 사건에 관해서 거짓 이야기를 지어냈다는 것이다. 예컨대 자신이 "학교 친구들과 열기구를 탔던" 일이나 "쥐덫에 손가락이 끼어 병원에 가서 손가락을 뺐던" 일을 이야기했다. 전반적으로 아동들은 허구적인 사건이 거론될 때 약 35퍼센트의 확률로 그 사건이 실제로 일어났다는 것에 동의했다. 그들의 반응은 단지 특정 사건이 실제로 일어났음을 긍정하는 수준이 아니었다. 오히려 아동들은 포괄적인 맥락에 대한 서술을 포함한 이야기를 늘어놓았고, 아동들의 표정과 감정은 그 이야기에 적합했다.

아래 예는 한 4세 아동이 늘어놓은 거짓 이야기다.

형 콜린이 내가 가진 블로우토치Blow-torch(캐릭터 인형)를 가져가려 했고 나는 주지 않으려 했어요. 그래서 콜린이 나를 장작더미로 떠밀 었는데, 거기에 쥐덫이 있었어요. 내 손가락이 쥐덫에 끼었죠. 그 다음에 우리는 병원으로 갔어요. 엄마, 아빠, 콜린이 나를 우리 밴에 태 워서 갔죠. 병원이 멀었거든요. 의사 선생님이 (손가락을 가리키며) 이 손가락에 밴드를 감아줬어요.

이런 이야기를 늘어놓는 아동을 비디오로 촬영해서 아동 전문가들에 게 보여주면, 그들은 실제 이야기와 허구적인 이야기를 구별해내지 못한 다. 아동 자신이 어떤 허구적 사건을 실제로 겪었다고 믿게 되었기 때문 에, 아동의 이야기가 그토록 정말처럼 들리는 것인 듯하다. 실험이 끝난 후 한 아동의 어머니는 아동의 손가락이 쥐덫에 낀 적이 없다고 말했다. 그러자 아동은 이렇게 대꾸했다. "그런 적이 분명히 있어. 내가 기억한다 니까!" 이것이 전형적인 경우라면, 실험에 참가한 아동들은 남을 속이기 위해 거짓말을 한 것이 아니다. 그들은 단지 자신이 생각한 사건을 실제 로 일어난 사건으로 여긴 것이다.

같은 연구진이 수행한 또 다른 연구에서는 '샘 스톤Sam Stone'이라고 소 개된 낯선 인물이 2분 동안 유치원 교실을 방문했다. 그는 교실 안을 돌 아다니며 아이들과 인사하고 떠났다. 첫째 실험에서 아동들은 샘 스톤의 방문 전에 그에 관한 부정적이고 상투적인 이야기를 들었다. 그 이야기는 그를 아주 성가신 인물로 암시했다. 게다가 샘 스톤의 방문 후, 아동들은 네 차례의 면담에서 두 가지 허구적 사건에 관한 암시적인 질문들을 받았다. 이를테면 이런 질문이었다. "샘 스톤이 곰 인형을 더럽힐 때, 곰 인형에 무엇을 발랐지?" "샘 스톤이 책을 찢을 때, 화가 나서 찢었니, 아니면 실수로 찢었니?" 마지막으로 새로운 면담자가 아이들에게 질문한 결과, 3세와 4세 아동의 72퍼센트는 샘 스톤이 두 가지 나쁜 짓 가운데 적어도 하나를 했다고 주장했고, 이들 중 44퍼센트는 샘 스톤이 그 짓들을 하는 것을 실제로 보았다고 말했다. 그 아동들이 그 나쁜 짓들의 발생을 정말로 믿었는지, 혹은 그들 스스로 판단하기에 면담자가 듣고 싶어 하는 말을 한 것인지 판별하기는 어렵다. 아무튼 아동들의 이야기는 정교하고 자발적이고 상세했다. 이번에도 최종 면담 장면을 비디오로 촬영하여 전문가들에게 보여주니, 그들은 어떤 아동이 샘 스톤의 방문을 정확하게 묘사하는지 알아내지 못했다.

지금까지의 예들이 보여주는 기억의 왜곡과 부정확성은 분명 기억의 작동 방식에 실제로 내재하는 특징이지만, 기억은 또한 대단히 정확할 수 있다. 예컨대 샘 스톤 실험에서, 아동들에게 미리 상투적인 이야기를 들려주지 않고, 면담자들도 오류를 유도하는 대신에 중립적인 태도를 취하자, 최종 면담에서 대부분의 아동(90퍼센트)은 샘 스톤이 책을 찢거나 곰 인형을 더럽히지 않았다고 진술했다. 기억하는 당사자가 유도적인 질문이나 거짓 암시에 휘말리지 않을 때, 그리고 일어난 일의 세부사항이 아니라 주요 개념 혹은 요점을 물을 때, 기억은 가장 정확하다. 먼 과거에 대한 자서전적 회상을 다룬 연구들 역시 대개의 사람들이 과거 경험의 일반적인 의미와 맥락을 정확하게 기억한다는 것을 보여준다.

엄밀한 실험들은 의미 있는 시각적 자료에 대한 기억이 특히 정확함을 보여준다. 한 유명한 실험에서 캐나다 비숍스 대학의 라이오널 스탠딩 Lionel Standing은 자발적인 피실험자들에게 다양한 장면과 대상을 촬영한 컬러 사진 1만 장을 슬라이드로 보여주었다. 각각의 사진을 5초 동안 단 한 번만 보여주었고, 200백 장을 보여준 다음에는 휴식시간을 가졌다. 피실험자들은 그렇게 매일 2000장씩 5일 동안 사진을 보고 나서 마지막 날에 1만 장 가운데 무작위로 고른 160장을 가지고 기억 시험을 치렀다. 연구진은 이미 본 사진 한 장과 새로운 사진 한 장을 쌍으로 제시했고, 피실험자들은 두 사진 중 어느 것이 이미 본 사진인지 맞혀야 했다. 놀랍게도 피실험자들은 정답률 73퍼센트를 기록했다. 일부 정답은 운 좋게 찍어서 맞힌 것일 수 있다는 점을 고려하여 통계를 보정하더라도, 피실험자들이 1만 장의 사진 중에 거의 4600장을 기억했다는 결론이 나온다. 그 모든 기억이 얼마나 오래 유지되었는지는 알려져 있지 않다.

이 장에서 우리는 서술기억의 코드화, 저장, 인출, 망각에 대해서 알아보았다. 서술기억은 불완전하며 부정확성과 왜곡에 노출되어 있지만 또한 믿을 만할 수도 있다. 특히 일반적인 지식을 축적하고 일반적인 의미, 요점, 취지를 기록하는 기능에서 서술기억은 신뢰할 만하다. 다음 장에서는 어떻게 뇌가 서술기억을 성취하는가에 대한 논의를 시작할 것이다. 기억이 단기적으로 저장되는 곳과 장기적으로 저장되는 곳은 어디일까? 서술기억의 코드화, 저장, 인출에 어떤 뇌 시스템들이 관여하여 무슨 역할을 할까?

5

서술기억을 담당하는
뇌 시스템

....

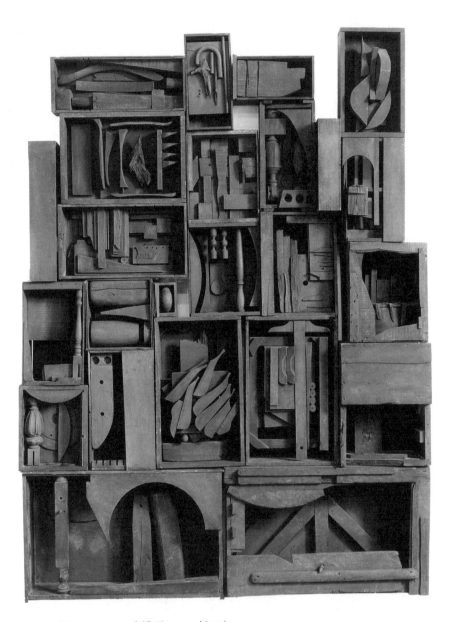

루이즈 니벨슨 Louise Nevelson, **〈검은 벽**Black Wall〉**(1960)**
이 작품에서 니벨슨(1899~1988)은 각각 하나의 단위인 상자들을 쌓아놓고 그 안에 들어 있는 온전하거나 조각난
대상들을 보여준다. 별개의 모듈들이 협력하여 서술기억을 성취하는 뇌의 구조를 연상시키는 작품이다.

　　　　　4장에서는 인지의 관점에서 서술기억을 고찰했으므로, 이제 서술기억의 바탕에 놓인 뇌 시스템들로 눈을 돌리자. 이 분석 수준에서는 인지심리학과 시스템 생물학systems biology의 협력이 특히 두드러진다. 예컨대 멋진 정원에 대한 기억은 피질에 분산된 표상으로 존재한다. 적어도 그 표상이 기억에 머무는 한에서는 그렇게 분산된 상태로 잠깐 동안 또는 여러 해 동안 존속한다. 존속 기간이 짧든 길든 상관없이, 동일한 피질 구역들이 그 표상의 저장소 구실을 하는 것으로 보인다. 그러나 비서술기억에서와 달리 단기 서술기억이 장기 서술기억으로 바뀌는 변환은 그 뇌 구역들에서 시냅스 연결이 더 강해지는 것만으로 성취되지 않는다. 이 변환에서는 이제껏 언급되지 않은 새로운 뇌 시스템, 곧 안쪽 관자엽medial temporal lobe 시스템이 중요한 구실을 한다. 이 시스템은 서술기억의 장기 저장에 필수적이다. 이 시스템은 학습 시기에도 필요하고 장기적인 표상이 재조직화와 안정화를 거쳐 결국 피질에 정착하기까지의 긴 기간에도 결정적으로 중요하다.

단기기억, 즉각기억, 작업기억

가장 넓은 의미의 단기기억은 정보를 일시적으로만 보유하는 기억 작용을 가리킨다. 그렇게 보유된 정보는 결국 망각되거나 아니면 더 안정되고 잠재적으로 영구적인 장기기억에 통합된다. 인지심리학에서는 일반적으로 '단기기억'이라는 용어가 다른 두 핵심용어인 '즉각기억immediate memory'과 '작업기억working memory'으로 대체되었다. 즉각기억이란 정보가 수용되는 순간부터 그 정보를 능동적으로 의식에 보유하는 작용을 가리킨다. 즉, 현재 관심의 초점에 놓여 있으며 생각의 흐름을 점유하고 있는 정보가 즉각기억의 내용이다. 즉각기억은 용량이 무척 제한적이며(대략 일곱 개의 항목을 보유할 수 있다) 그 내용을 되새기지 않으면 보통 30초 내에 망각된다. 윌리엄 제임스는 즉각기억(그의 용어로는 '1차 기억primary memory')의 핵심 특징을 다음과 같이 정확하게 포착했다.

> (이 유형의 기억은) 절대로 상실되지 않았다. 의식 안에서 이 기억의 시기는 현재 순간과 절대로 분리되지 않았다. 실제로 우리는 이 기억이 진정한 과거에 속하지 않고 현재의 뒷부분에 속한다고 느낀다.

이 장에서 우리는 윌리엄 제임스가 생각한 즉각기억의 개념이 뇌가 서술기억을 지탱하는 방식을 이해하는 데 중요하다는 것을 보게 될 것이다. 일반적으로 즉각기억에 포착된 정보는 몇 초 내에 의식에서 빠져나가지만, 즉각기억의 내용을 능동적으로 되새긴다면, 즉각기억을 시간적으로

윌리엄 제임스(1841~1910)
미국 심리학자

W i l l i a m
J a m e s

확장하여 그 내용을 몇 분 동안 보유할 수 있다. 이렇게 확장된 즉각기억을 일컬어 '작업기억'이라고 한다. 이 용어는 앨런 배들리가 고안했다.

대상이나 사실은 우선 즉각기억으로 표상될 수 있고, 그 표상은 작업기억으로 유지될 수 있고 결국 장기기억으로 존속할 수 있다.

이 장에서는 더 광범위하고 덜 정확한 용어인 '단기기억' 대신에 '즉각기억'과 '작업기억'을 사용할 것이다. 실제로 '단기기억'이라는 용어는 용량이 제한된 즉각기억과 작업기억 되새김 시스템들만 가리킬 수 있는 것이 아니다. 시냅스 변화를 가져오는 세포적·분자적 사건들을 거론할 때 언급되는 '단기기억'은 기억 과정의 더 나중 성분들을 가리키기도 한다. 이런 의미의 단기기억은 몇 분 동안, 어쩌면 한 시간 이상, 정보를 능동적으로 의식에 간직한 기간보다 훨씬 더 오래 존속할 수 있다. 단기기억이 안정적인 장기기억으로 바뀔 때 일어나는 세포적·분자적 사건들은 7장에서 다룰 것이다.

배들리가 강조한 대로, 모든 정보가 장기기억에 도달하기 전에 거치는 단일한 임시 기억 저장소는 존재하지 않는다. 즉각기억과 작업기억을 생각하는 최선의 방법은 병렬로 작동하는 임시기억 능력들의 집합을 생각하는 것이다. 작업기억의 일종인 음운 고리phonological loop는 언어를 다루며, 발화된 단어들과 유의미한 소리들을 일시적으로 저장한다. 이 시스템은 예컨대 전화를 걸기 위한 준비 과정에서 전화번호를 의식에 보유하는 능력과 평범한 문장을 말하거나 알아들을 때 단어들을 의식에 보유하는 능력을 떠받친다. 또 다른 유형의 작업기억인 시공간 메모장visuospatial sketch pad은 얼굴이나 공간 구조 같은 시각적 이미지를 저장한다. 음운 고리와 시공간 메모장은 일시적으로 사용할 정보를 보존하는 시스템들로 여겨진다.

특정한 작업기억에 대한 검사는 다목적 기억에 대한 의식의 폭이나 저장 용량을 평가하지 않는다. 예컨대 얼마나 많은 숫자를 듣고 정신에 간직했다가 다시 읊을 수 있는지 보는 검사는 한 가지 유형의 작업기억(음운고리)의 폭만 측정한다. 다른 정보 처리 시스템들은 각각 고유한 작업 능력 용량을 가진다. 작업기억은 꽤 많은 개수의 일시적 능력들로 구성되며 이 능력들 각각은 뇌의 특화된 정보 처리 시스템 하나의 속성이라고 여겨진다.

생물학자들은 어떻게 뇌가 일시적인 기억 기능들을 조직화하는지를 원숭이에 대한 신경생리학적 연구를 통해 밝혀내기 시작했다. 가장 이른 편에 속하는 한 연구에서 로스앤젤레스 소재 캘리포니아 대학의 호아킨 푸스터Joaquin Fuster와 동료들은 원숭이를 훈련시켜 색깔 하나(표본 색깔)를 약 16초의 지체 시간 동안 기억하게 했다. 지체 시간이 끝나면 두 개 이상의 색깔들이 나타났고, 원숭이가 원래의 표본 색깔을 골라내면 과일즙을 상으로 받았다. 이 과제를 '지체 후 표본 맞히기'라고 한다. 실험이 진행되는 동안, 푸스터는 TE 구역에 속한 개별 뉴런들의 활동을 측정했다. TE는 관자엽에 속한 상위higher-order 시각 담당 구역으로 시각적 대상의 지각에 중요하다고 여겨진다. 푸스터는 표본 색깔을 처음 제시했을 때 TE 구역의 많은 뉴런들이 반응하는 것을 발견했다. 이 발견은 시각 지각에 대한 분석에서 TE 구역이 하는 역할과 맞아떨어진다. 그러나 매우 흥미롭게도 많은 뉴런들은 16초 동안의 지체 시간에도 계속 반응했다. 마치 원래의 자극을 기억하기라도 하듯이 말이다. 원숭이가 감각 정보를 일시적 기억에 보유하는 동안 활동을 유지하는 뉴런들은 시각 피질, 청각 피질, 감각운동sensorimotor 피질에서도 발견되었다. 이 구역들의 일부 뉴런은 원숭이가 각각 시각 자극, 소리, 능동적 접촉과 관련된 지체 후 표본 맞히기 과제를 수행하는 동안 계속 활동했다.

이 피질 구역들 중 어디에서 활동이 일어나건 간에, 이런 지속적 신경활동은 해당 구역이 더 큰 네트워크에 참여함을 알려준다고 여겨진다. 이런 기억 과제들 중 다수를 수행하는 동안 활동하는 중요한 구역은 이마엽이다. 푸스터는 임박한 행동을 위해 (또한 어떤 반응을 할 목적으로 기억을 재구성할 때 정보를 인출하기 위해) 정보를 정신에 보유할 것을 요구하는 과제를 수행하는 데 이마엽이 필수적이라고 주장했다. 예일 대학의 퍼트리샤 골드먼-래킥Patricia Goldman-Rakic은 이마엽의 이런 보유 기능이 인지심리학자들이 말하는 '작업기억'과 관련이 있는 듯하다는 통찰에 이르렀다. 그녀는 이마엽이 진행 중인 행동과 인지를 지휘하기 위해 정보를 작업기억에 보유한다고 주장했다.

이마엽 피질은 TE를 비롯한 뇌의 상위 감각 처리 구역들 대부분과 해부학적으로 연결되어 있다. 원숭이를 대상으로 한 실험들에서 드러났듯이, 동물이 TE 구역의 뉴런 활동을 유발하는 지체 후 표본 맞히기 과제를 수행할 때, 지체 시간 동안에 이마엽의 한 구역에서 뉴런들이 계속 활동한다. 더 나아가 현재 매사추세츠 공대에서 일하는 로버트 데시몬Robert Desimone은 이마엽 피질에서 관찰되는 지연 활동과 관자엽의 지연 활동 사이에서 중요한 차이를 포착했다. 그는 지체 시간에 시각 자극을

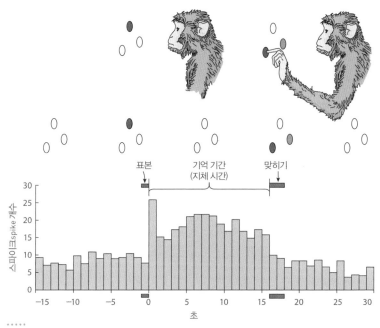

표본　기억 기간　맞히기
　　　（지체 시간）

뉴런 활동과 작업기억. 지체 후 표본 맞히기 과제를 수행할 때 원숭이는 표본 색깔(이 예에서는 빨강)을 지체 시간('기억 기간') 동안 기억했다가 마지막에 옳게 골라내야 한다. 그래프는 기억 기간 16초 동안 피질의 TE 구역에 속한 한 세포의 전기 활동이 어떻게 활발해지는지 보여준다. 기억 기간이 끝나면 두 가지 색깔(빨강과 녹색)이 제시되고, 원숭이는 둘 중 하나를 선택한다. 선택을 마친 원숭이는 빨강을 기억에 담아둘 필요가 없고, 세포의 활동은 과제 수행 전의 기본 수준으로 떨어진다.

추가로 제공함으로써 관자엽의 지연 활동을 방해할 수 있었다. 그러나 이마엽의 지연 활동은 아랑곳없이 계속되었다. 요컨대 이마엽의 지연 활동은 방해에 아랑곳없이 정보를 작업기억에 보유하기 위해 특히 중요할 가능성이 있다. 실제로 이마엽 피질이 손상되면 원숭이의 작업기억 과제 수행에 지장이 생긴다. 한편, TE나 기타 감각 담당 구역들에서의 뉴런 활동은 특정 순간에 수용되고 있는 감각 정보를 나타낸다고 여겨진다. 또

뒤이은 이마엽 피질로부터의 '하향top-down'되먹임feedback은 지체 시간 동안 그 감각 구역들에서 뉴런 활동을 유지시키고 그 구역들을, 진행 중인 행동에 중요하고 작업기억에 보유할 필요가 있는 자극들을 향해 편향시킨다고 여겨진다. 이런 식으로 이마엽과 감각 피질들이 함께 하나의 뉴런 시스템으로 작동하여 정보를 지각하고 이어서 일시적인 사용을 위해 그 정보를 작업기억에 보유한다.

앞이마엽 피질은 행동 지휘에서 작업기억의 개념이 함축하는 것보다 더 큰 역할을 한다. 등쪽-가쪽 앞이마엽과 배쪽-가쪽 앞이마엽은 본인의 행위들을 미래의 목표로 이끄는 능력(때때로 '집행 기능executive function'으로 불림)을 담당한다. 이 인지 통제 능력은 기억에 전략적으로 접속할 수 있게 해주며 행동 지휘 규칙들을 적절히 사용하여 현재의 목표에 중요한 지식을 의식으로 가져와 융통성 있게 활용할 수 있게 해준다. 이 앞이마엽 구역들이 온전하지 않은 사람은 자극에 구속되며 오직 즉각적인 감각 환경에만 반응할 수 있다.

장기기억

어떤 대상을 보고 그것을 장기기억에 저장하는 과정을 살펴보자. 영장류 시각 시스템의 구조적 특징에 따라, 망막에서 온 정보는 뇌의 뒤쪽에 위치한 V1 구역에 도달한다. 미국 국립정신보건원의 레슬리 웅거라이더Leslie Ungerleider와 모티머 미슈킨Mortimer Mishkin이 맨 처음 개략적으로 기술한 대로, 그 다음 시각 처리는 V1 구역에서부터 앞쪽으로 뻗은 두 개의 주요 경로를 따라 이루어진다. 뇌의 아랫부분을 통과하는 '배쪽 ventral' 흐름과 윗부분을 통과하는 '등쪽dorsal' 흐름이 그것이다. 배쪽 경로는 관자엽으로 이어지며 결국 아래 관자엽 피질(TE 구역)에 도달한다. 이 구역은 상위 시각 담당 구역의 하나로 특히 대상의 시각적 형태와 질 quality의 분석을 담당한다. 시각 정보 처리의 둘째 흐름은 V1 구역에서 등쪽 경로를 따라 마루엽 피질(PG 구역)로 나아간다. PG 구역은 대상의 공간적 위치, 대상들 사이의 공간적 관계, 공간상의 특정 위치에 도달하는 데 필요한 계산을 다룬다. 배쪽 흐름과 등쪽 흐름을 구성하는 단계들은 제각각 특화된 방식으로 시각 지각에 필요한 정보 처리에 기여한다고 여겨진다. 어떤 구역들은 색깔을 분석하고, 다른 구역들은 운동 방향을, 또 다른 구역들은 깊이(시선 방향 거리)나 방향성orientation을 분석한다. 더 앞쪽의 구역들은 전체적인 지각 대상(이를테면 물체)의 분석에 더 많이 관여하는 경향이 있다. 이처럼 우리가 공간상의 대상을 지각할 때는, 배쪽 흐름과 등쪽 흐름 전체에 분포하는 구역들이 동시에 활성화된다. 그 구역들에서 신경 활동이 지속되고 이에 부응하여 이마엽 피질에서도 활동이 일어나면, 지각된 내용은 작업기억으로 존속할 수 있다.

그 내용은 또한 장기기억에 진입할 수 있다. 이 과정은 안쪽 관자엽에 위치한 구조물들에 결정적으로 의존한다. 그러나 안쪽 관자엽이 장기기억의 최종 저장소인 것은 아니다. 장기기억은 기억할 내용을 지각하고 처리하고 분석하는 일을 담당한 바로 그 분산된 구조물들에 저장된다.

따라서 최근에 마주친 대상에 대한 기억은 관자엽의 TE, 마루엽의

PG, 그리고 기타 구역들에 분산되어 있으리라고 예상해야 한다. 학습이 이루어지면 이 구역들 각각에서 뉴런 간 연결의 세기에 영속적인 변화가 일어나고 그 결과로 뉴런들이 다르게 반응한다고 여겨진다. 이 뉴런들이 겪은 그 변화의 총합이 바로 지각된 내용에 대한 장기기억이다.

시각 지각과 즉각기억에 쓰이는 뇌 구역들이 장기기억에도 쓰인다는 생각을 예증하는, 원숭이를 대상으로 한 흥미로운 연구가 있다. 이 연구에서 도쿄 대학의 사카이 구니요시Kuniyosi Sakai와 미야시타 야스시Yasushi Miyashita는 원숭이들을 훈련시켜 색깔이 있는 패턴 12쌍을 학습하게 했다. 훈련을 시작할 때 연구자들은 24개의 패턴들을 무작위로 짝지어 12쌍을 만들었고, 원숭이들은 어느 패턴이 어느 패턴과 짝을 이루는지 학습해야 했다. 즉, 패턴1이 패턴1′과, 패턴2가 패턴2′와… 패턴12가 패턴12′와 짝을 이룸을 외워야 했다. 원숭이들이 모든 패턴 쌍들을 외운 후, 연구진은 24개의 패턴 가운데 하나(예컨대 패턴2나 패턴10′)를 큐로 제시했다. 그리고 몇 초 뒤에 원숭이들은 추가로 제시된 두 패턴 중에서 큐와 짝을 이루는 패턴(패턴2′이나 패턴10)을 골라내야 했다. 원숭이들이 이 과제를 수행하는 동안, 연구진은 원숭이의 아래 관자엽 피질에 속한 뉴런들의 활동을 기록했다. 그 활동은 많은 원숭이들이 패턴 쌍들을 "기억한다"는 것을 시사했다.

이 뉴런들이 기억 저장에 관여할 가능성이 있다는 증거는 훈련 뒤에 개별 뉴런이 큐로 제시된 패턴 각각에 어떻게 반응하는지 관찰한 결과에서 나왔다. 훈련을 받은 원숭이와 받지 않은 원숭이 모두에서 뉴런들은 대개 한두 개의 패턴을 "선호한다." 즉, 그 패턴들이 나타날 때 가장 잘 반

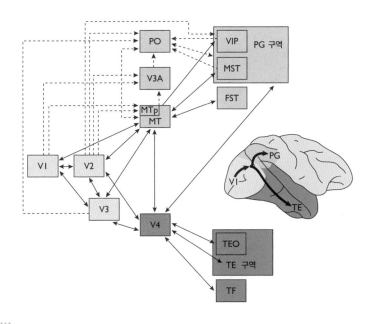

이 그림은 시각 피질 구역들과 그것들 사이의 연결을 요약해서 보여준다. V1 구역에서 주요 경로 두 개가 뻗어나간다. 대상의 시각적 형태와 질을 분석하는 처리 흐름은 배쪽 경로를 따라 V4를 거쳐 관자엽으로 진행하고, 대상의 위치를 분석하는 처리 흐름은 등쪽 경로를 따라 MT를 거쳐 마루엽으로 진행한다. 실선은 중심시야 표상과 주변시야 표상 둘 다에서 비롯된 연결을 나타내고 점선은 주변시야 표상에 국한된 연결을 나타낸다. 새로운 약자들의 의미는 다음과 같다. FST = 위 관자엽 바닥 구역fundus of superior temporal area, MST = 위 관자엽 안쪽 구역medial superior temporal area, MT = 중간 관자엽 구역middle temporal area, PO = 마루−뒤통수엽 구역parieto-occipital area, VIP = 배쪽 마루엽 내부 구역ventral intraparietal area, TF = 안쪽 관자엽의 해마 주변 피질의 일부

응한다. 그러나 많은 뉴런들은 훈련 전에는 쌍을 이룬 두 패턴 중 하나에만 반응했지만 훈련 뒤에는 쌍을 이룬 두 패턴 모두에 반응했다.

솔크 연구소의 애덤 메싱어Adam Messinger와 톰 올브라이트Tom Albright가 수행한 관련 연구들은 뉴런 반응의 이 같은 변화가 훈련 중에 행동 학습의 진척과 나란히 일어남을 보여주었다. 요컨대 일부 뉴런들은 새로운

안정적 반응 속성들을 획득하는데, 그 속성들은 패턴 쌍들이 장기기억에 저장되었다는 것을 반영한다. 그 뉴런들은 하나의 집단으로서 훈련을 통해 변화를 겪은 것이다. 이제부터 그 뉴런들은 어느 패턴과 어느 패턴이 짝을 이루는가에 대한 장기기억을 보유한다.

뇌 손상 환자에 대한 연구들은 이런 장기기억이 어디에 저장되는지 알려준다. 그 연구들은 대뇌피질이 놀랄 만큼 세밀하게 특화되어 있음을 보여주었으며, 기억의 유형에 따라 다양한 (범주에 따라 특화된) 뇌 구역이 기억 저장에 관여한다는 생각을 뒷받침한다. 런던 퀸스 스퀘어 병원Queens Square Hospital의 엘리자베스 워링턴과 로절린 매카시Rosaleen McCarthy는 인간 뇌의 왼쪽 관자-마루엽 구역이나 왼쪽 이마-마루엽 구역이 손상된 결과로 특정 범주의 지식이 대단히 선별적으로 상실될 수 있음을 처음으로 관찰했다. 예컨대 환자는 한 범주—작은 무생물(빗자루, 숟가락, 의자)—에 대한 지식은 상실하면서도 다른 범주—생물과 큰 무생물(강아지, 자동차, 구름)—에 대한 지식은 보유할 수 있다. 배쪽 관자엽과 앞쪽anterior 관자엽이 손상되면서 마루엽 피질은 온전하면, 정반대의 패턴(특정 범주의 지식만 남고 나머지는 상실되는 상황)이 발생할 수 있다.

이런 발견들에 고무된 워링턴과 매카시는 세계에 관한 학습에 어떤 감각 시스템들과 운동 시스템들이 쓰였느냐가 학습된 정보가 최종적으로 어디에 저장될지에 영향을 미친다는 주장을 제기했다. 이들의 생각은 이들이 뇌 손상 환자들에서 발견한 놀라운 현상들을 설명해준다. 예컨대 사람들은 생물과 실외의 큰 대상들에 대한 학습을 주로 시각을 통해서 하는데, 모양, 색깔, 시각 인지를 처리하는 뇌 시스템들 중 다수는 관자엽

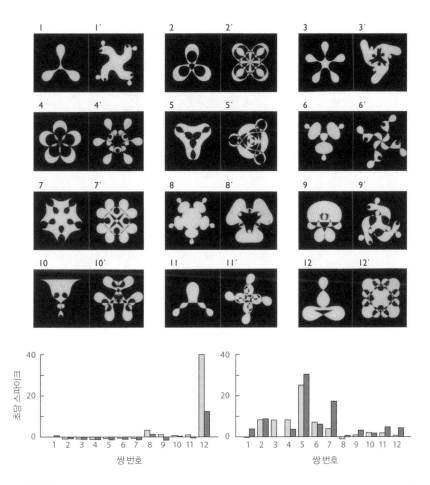

.....

뉴런 활동과 장기기억

위　원숭이 실험에서 장기기억 검사를 위한 짝짓기 과제에 사용된 시각적 패턴 쌍(1과 1′, 2와 2′ 등) 12개. 원숭이들은 제시된 큐 패턴과 짝을 이루는 패턴을 골라내는 과제를 수행한다.

아래　두 그래프는 한 뉴런이 학습 전과 후에 24개의 패턴들에 어떻게 반응했는지 보여준다. 밝은 색 막대는 뉴런이 큐 패턴 12개(1부터 12까지)에 반응하여 점화한 빈도를, 어두운 색 막대는 큐 패턴과 짝을 이루는 패턴들(1′부터 12′까지)에 반응하여 점화한 빈도를 나타낸다. 왼쪽 그래프에서 뉴런은 12와 12′에 반응하여 점화한다. 오른쪽 그래프에서 뉴런은 5와 5′에 반응하여 점화한다. 패턴들은 무작위하게 짝지어졌으므로, 이 결과들은 뉴런이 짝짓기를 '학습'할 수 있다는 것을 보여준다.

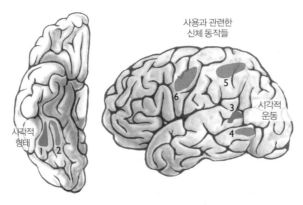

살아 있는 대상에 강하게 반응하는 구역들(빨간색)과 도구들에 강하게 반응하는 구역들(파란색)을 개략적으로 나타낸 그림. 어떤 구역들이 강하게 반응하느냐는 자극의 물리적 현전이 아니라 자극이 어떻게 해석되느냐(동물로 해석되느냐, 혹은 도구로 해석되느냐)에 따라 결정된다. 왼쪽 그림은 우뇌 반구를 배쪽에서 본 모습. 오른쪽 그림은 좌뇌 반구를 측면에서 본 모습이다. (1)은 가쪽 방추형 이랑lateral fusiform gyrus, (2)는 안쪽 방추형 이랑medial fusiform gyrus, (3)은 뒤쪽 위 관자이랑posterior superior temporal gyrus, (4)는 뒤쪽 중간 관자이랑posterior middle temporal gyrus, (5)는 뒤쪽 마루엽 피질posterior parietal cortex, (6)은 배쪽 전운동 피질ventral premotor cortex이다.

에 위치한다. 반대로 사람들은 도구나 가구 같은 무생물에 대한 학습을 손동작과 기능 이해를 담당하는 뇌 시스템들을 통해서 하는데, 그 시스템들은 마루엽 내부와 이마엽에 위치한다.

미국 국립정신보건원의 알렉스 마틴Alex Martin과 동료들은 기능성 자기공명영상법(fMRI)을 이용하여 특정 범주의 지식이 뇌 속 어디에 저장되는지 연구했다. 이들은 도구들의 이름을 들을 때보다 동물들의 이름을 들을 때 더 활발하게 활동하는 특정 피질 구역들과 반대로 도구들의 이름을 들을 때 더 활발하게 활동하는 피질 구역들을 발견했다. 동물의 이름에 더 강하게 반응하는 구역들은 관자엽, 특히 우뇌 관자엽 중에서 색깔과 질감을 비롯한 시각적 정보와 유동적인 운동 패턴(생물학적 운동이라고도 함)에 관한 정보를 표상하는 영역들이다. 도구들의 이름에는 좌뇌 반구의 구역들, 특히 관자엽, 마루엽 피질, 배쪽 전운동 피질이 강하게 반응한다. 이 구역들은 시각적 형태와 강체의 운동 패턴에 관한 정보를 표상하는데, 강체의 운동은 대개 조작 가능한 물체와 관련이 있다. 또한 이 구역들은 그런 물체의 쓰임새에 관한 정보도 표상한다. 워링턴과 매카시가 뇌 손상 환자들에서 발견한 바와 일치하는 이 결과들은 대상이 어떻게 지각되고 사용되느냐와 더불어 대상의 속성들이 그 대상의 정체에 관한 장기 표상이 어느 뇌 구역에 저장되느냐에 영향을 미침을 보여준다.

펜실베이니아 대학과 프린스턴 대학의 션 폴린Sean Polyn, 켄 노먼Ken Norman 등은 이 특화된 피질 구역들이 피실험자가 대상을 지각할 때만 활동하는 것이 아님을 발견했다. 이 구역들은 피실험자가 특정 범주에 속한 항목들(예컨대 유명인의 얼굴 사진들, 평범한 물체들, 유명한 장소들)을 학습할 때도 활동한다. 흥미로운 점은 나중에 피실험자가 그 항목들을 회상할 때도 다시 그 구역들이 활동한다는 점이다. 요컨대 피실험자가 최근에 학습한 특정 범주의 항목들을 떠올리기 위해 기억을 더듬으면, 피실험자의 뇌 활동은 그 항목들을 학습할 때 뇌가 보인 활동을 점차 닮아간다.

즉각기억에서 장기기억으로 옮겨가기

장기기억이 어떻게 정착하는지 고찰하기 위해 다시 203쪽의 그림으로 돌아가 영장류 뇌의 시각 처리 경로들을 살펴보자. 시각 피질의 처리 경로들은 이마엽 피질, 안쪽 관자엽의 구조물들을 비롯한 여러 목표지점으로 수렴한다. 만일 시각 처리 구역들 가운데 단 하나라도 손상되면, 시각 지각에 특정한 결함이 발생한다. 예컨대 한 손상은 운동 지각 능력을 떨어뜨리고 다른 손상은 얼굴 지각 능력을 떨어뜨릴 수 있다. 그런데 시각 처리 구역(예컨대 가쪽 관자엽)의 손상과 달리 안쪽 관자엽의 손상은 시각 지각을 전혀 해치지 않는다. 그러나 안쪽 관자엽의 손상은 훨씬 더 광범위한 다른 결함을 가져온다. 즉, 모든 서술기억에 해를 끼친다. 이 사실의 발견은 기억의 신경학에 관한 중요한 깨달음으로 이어졌다. 이미 보았듯 이 기억은 지각에 정상적으로 뒤따르는 귀결이다. 안쪽 관자엽은 우리가 기억이라고 부르는, 지각의 장기적 효과를 가능케 한다.

시각 지각과 즉각기억을 영속적인 장기 서술기억으로 변환하려면 뇌의 안쪽 관자엽은 우선 발생하는 기억의 여러 측면을 저장해야 한다. 이어서 그 구역은 지각과 즉각기억을 담당하는 피질 구역들과 상호작용해야 한다. 안쪽 관자엽이 하는 역할을 알아내는 한 방법은 이 구역이 손상되면 기억에 어떤 문제가 생기는지 관찰하는 것이다. 결정적인 관찰 결과는 양쪽 대뇌반구의 안쪽 관자엽이 손상되면 서술기억에 심각하고 선별적인 결함이 생긴다는 것이다. 이 결함의 임상 증상을 일컬어 기억상실증amnesia 이라고 한다.

기억상실

안쪽 관자엽(혹은 이 구역과 해부학적으로 연결된 다른 구역들)이 어떤 원인으로든 손상되면 기억상실증이 발생할 수 있다. 뇌 수술, 머리 부상, 뇌졸중, 혈류 부족, 산소 결핍, 병에 의한 안쪽 관자엽 손상의 결과로 발생하는 인지 결함은 모두 유사하다. 그리고 그 결함이 얼마나 심하냐는 손상 범위가 얼마나 크냐와 관련이 있다. 알츠하이머병의 일반적인 초기 증상이 기억 결함인 이유는 그 병의 특징인 뇌의 퇴행성 변화가 안쪽 관자엽에서 맨 먼저 나타나기 때문이다. 만성 알코올 의존도 기억상실증을 불러올 수 있다. 왜냐하면 여러 해에 걸쳐 알코올을 남용하면 안쪽 관자엽과 해부학적으로 연결된 안쪽 시상과 시상하부가 손상되기 때문이다.

1장에서 보았듯이 안쪽 관자엽이 기억에 중요하다는 최초의 통찰은 기억상실증 환자 H.M.에 대한 관찰에서 비롯되었다. H.M.의 사례가 1957년에 처음 보고된 이래로 대뇌 양반구의 안쪽 관자엽이 손상된 다른 환자들에서 동일한 임상 증상이 거듭 발견되었다. 이 기억 결함 증상의 핵심 특징은 보편적 망각이다. 학습할 정보가 이름에 관한 것인지, 장소, 얼굴, 이야기, 그림, 냄새, 물체, 멜로디에 관한 것인지는 중요하지 않다. 또 학습할 내용을 말로 전달하는지, 환자가 스스로 읽게 하는지, 또는 환자가 촉각이나 후각으로 경험하게 하는지도 중요하지 않다. 이 모든 경우에 환자는 학습할 내용을 정상적으로 지각하고 즉각기억에 만족스럽게 보유한다. 그러나 그 내용은 장기기억으로 존속하지 못한다. 이처럼 주요 증상은 새로운 기억을 획득하지 못하는 것이지만, 경우에 따라서는 이미 형성된 기억들도 훼손될 수 있다. 이에 대해서는 이 장의 후반부에 논할 것이다.

새로운 자료가 제시될 경우, 그 자료는 환자가 그것을 보거나 다른 감각들로 포착하는 동안 만큼은 가용한 상태를 유지한다. 더 나아가 그 자료는 되새겨질 수 있고 작업기억에 머물 수 있는 동안 만큼은 가용한 상태를 유지한다. 그러나 기억상실증 환자가 한 번이라도 주의를 다른 대상으로 돌리면, 그 자료는 기억에서 사라진다. 환자는 그 자료를 인출할 수 없고 시각적으로 떠올릴 수 없다. 그 자료는 망각되는 것이다.

안쪽 관자엽의 손상은 작업기억에 해를 끼치지 않는다. 왜냐하면 기억의 초기 형태들은 안쪽 관자엽을 벗어난 피질 구역들에 의존하기 때문이다. 이런 사정 때문에 안쪽 관자엽의 필수적인 역할은 정보가 제시된 후 어느 정도 시간이 지나야 비로소 드러난다. 그러나 언젠가는 기억의 결함이 드러나는데, 때로는 그 시점이 겨우 몇 초 후일 수도 있다(예컨대 얼굴에 대한 기억은 효과적으로 되새기기가 항상 어렵기 때문에 그 결함이 신속하게 드러난다). 학습 내용을 되새김을 통해 유지하는 것이 더는 불가능한 때가 오면, 안쪽 관자엽이 기억의 저장 및 인출에 필수적이게 된다.

1950년대에 안쪽 관자엽 손상의 효과가 처음 보고되었을 때, 많은 과학자들은 다른 인지 기능들과 별개로 기억만 해를 입을 수 있다는 것을 의심했다. 기억의 결함은 다른 인지 문제—이를테면 우울증, 주의력 결핍, 심지어 지적 기능 전반의 결함—의 귀결이라고 보는 편이 더 자연스러웠다. 그러나 브렌다 밀너의 연구와 후속 실험들은 기억이 격리 가능한 별개의 뇌 기능이라는 사실을 결국 설득력 있게 입증했다. 기억 결함을 가진 환자도 새로운 학습을 필요로 하지 않는 인지 기능은 사실상 무엇이든 수행할 수 있다는 것이 여러 실험에서 밝혀졌다. 예컨대 그런 기억 결함 환자들은 지각 능력을 많이 요구하는 시험에서 좋은 성적을 낸다. 한 연구에서 야엘 슈레거Yael Shrager와 스콰이어 등은 해마에 불연속적인 손상이 있거나 안쪽 관자엽에 큰 손상이 있는 환자들이 시각적 분별력을 평가하는 난해한 시험 네 건에서 대조군과 대등한 성적을 냄을 보여주었다. 그 환자들은 심지어 자극이 이른바 고도의 특징 애매성(주요 특징의 중첩)을 지닌 경우에도 훌륭한 시각적 분별력을 발휘했다. 한 시험에서는 변형 이미지 100개가 쓰였다. 그 이미지들은 또렷한 이미지 하나를 또 다른 또렷한 이미지로(예컨대 레몬의 이미지를 테니스공의 이미지로) 100단계에 걸쳐 변형하는 작업을 통해 만들어냈다. 시험 참가자들은 과제 수행을 45회 했다. 매회에 컴퓨터 스크린의 상단에는 목표 이미지(레몬과 테니스공의 중간쯤 되는 모양)가 나타났다. 하단에는 또 다른 이미지가 나타났는데, 과제는 하단의 이미지를 변형하여 목표 이미지와 똑같게 만드는 것이었다. 다양한 얼굴, 광경, 물체의 이미지를 제시하면서 시험을 실시한 결과, 대조군은 평균 12.2±1.1 단계의 변형을 거쳐 과제를 완수했다. 환자들의 성적은 오히려 조금 더 나아서 겨우 10.0±1.6단계 만에 두 이미지를 일치시켰다.

또 다른 시험에서 캐럴린 케이브Carolyn Cave와 스콰이어는 즉각기억 용량을 평가했다. 기억상실증 환자이거나 정상인인 피실험자들은 시험관이 불러주는 숫자들(예컨대 5, 7, 4, 1)을 듣고 곧바로 따라 읊어야 했다. 피실험자가 숫자들을 성공적으로 따라 읊으면, 다음 시험에서는 숫자가 하나 더 늘어났다(예컨대 "6, 8, 2, 4, 7"이 과제로 제시되었다). 케이브와 스콰이어는 피실험자가 같은 길이의 숫자 열에서 두 번 실패할 때까지 시험을 진행하면서 그가 성공적으로 따라 읊은 숫자의 개수를 기록하고 이를 '숫자 범위digit span'로 명명했다. 시험을 반복한 결과 거의 소수점 아래한 자리까지 정확한 측정값이 나왔다. 기억상실증 환자들과 대조군 피실험자들은 양쪽 다 평균 6.8개의 숫자를 따라 읊었다.

이렇게 온전한 지각 능력 및 즉각기억과 확연히 대조적으로 기억상실증 환자의 장기기억 결함은 심각할 수 있다. 흘러가는 하루하루와 매시간의 사건들을 잘 기억하지 못한다고 설명하면 기억상실증 환자의 문제를 가장 잘 이해할 수 있을 것이다. 기억상실증 환자는 대화의 주제를 의식에 붙들어두기 어렵고 이번 만남과 지난번 만남을 연결하기 어려우므로 사회생활이 제한된다. 복잡한 활동은 무엇이든 해내기 어렵다. 왜냐하면 여러 단계를 옳은 순서로 밟으려면 상당한 기억력이 필요하기 때문이다. 기억 결함은 실험실에서 측정 가능하다. 피실험자에게 최근에 마주친 사실이나 사건을 회상하거나 알아맞히라고 요구하는 통상적인 기억 검사를 실시하면 된다. 피실험자에게 어떤 내용을 학습하라고 요구하고 얼마 후에 그가 기억하는 바를 묻는 식의 노골적인 기억 검사를 꼭 실시할 필요는 없다. 그냥 피실험자에게 어떤 사실(예컨대 "앙헬 폭포는 베네주엘라에 있어요.")을 제시하고 얼마 후에 방금 전의 학습에 대한 언급 없이 그 사실에 관한 질문("앙헬 폭포는 어디에 있죠?")을 슬쩍 던져보기만 해도 기억 결함은 확연히 드러난다.

신경학적 부상이나 병에서 비롯된 이런 유형의 기억상실증은 기능성

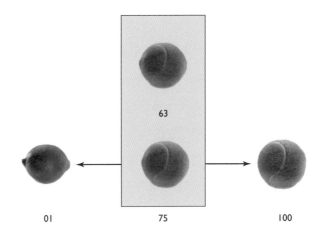

63

01　　　　　　　75　　　　　　　100

..···
기억상실증 환자가 정상인에 못지않게 수행하는 난해한 시각 지각 과제. 매회의 시도에서 목표 이미지가
제시되고 그 아래에 다른 이미지가 제시된다(그림 가운데 직사각형 부분). 이 그림에서 두 이미지는 레몬
(왼쪽)을 테니스공(오른쪽)으로 100단계에 걸쳐 변형함으로써 얻은 100개의 이미지 중에서 골라낸 것들이
다. 목표 이미지는 변형 이미지 계열에서 63번에 해당하고 아래 이미지는 75번에 해당한다. 시험 참가자들
은 아래 이미지를 한 번에 한 단계씩 두 방향 중 한쪽으로 변형할 수 있다. 그런 변형을 거쳐 목표 이미지와
가장 잘 일치하는 이미지를 얻는 것이 과제다.

(혹은 심인성psychogenic) 기억상실증과 구별할 필요가 있다. 기능성 기억상
실증은 흔히 개인 정체성 상실로 묘사된다. 이 유형의 기억상실증은 문학
과 영화(예컨대 히치콕의 〈스펠바운드Spellbound〉)를 통해 대중에게 널리 알
려졌지만 뇌 손상에서 비롯된 기억상실증보다 훨씬 드물며 이 기억상실
증과 쉽게 구별된다. 기능성 기억상실증은 대개 새로운 학습을 하는 능
력을 해치지 않는다. 환자는 처음 의사를 찾아온 순간 이후에 끊임없이
일어나는 사건들을 기억에 저장할 수 있다.

　기능성 기억상실증의 주요 증상은 과거에 대한 기억의 상실이지만, 이
증상이 어떻게 나타나느냐는 환자에 따라 무척 다르다. 마르크 크리체프

스키_{Mark Kritchevsky}, 주디 창_{Judy Chang}, 스콰이어는 기능성 기억상실증 환자 10명을 여러 해에 걸쳐 연구했다. 일부 환자들은 개인적(곧 자서전적) 기억을 상실했지만 과거 뉴스들과 기타 세상사들에 대한 기억은 보유했다. 다른 환자들은 개인적 기억과 더불어 지명, 유명인, 사실들에 관한 일부 정보를 상실했다. 일부 환자들은 과거 삶의 대부분을 망각한 반면, 다른 환자들은 특정 기간에 대한 기억만 상실했다. 기능성 기억상실증에서는 어떤 기억이 상실될지를 감정적 요인들이 결정하는 듯하다. 일부 사례에서 기능성 기억상실증은 일시적이고 상실되었던 기억은 되살아난다. 그러나 상실된 기억이 복구되지 않는 경우도 있다. 이 경우에 환자는 과거의 중요한 부분을 상실한 채로 살아간다.

기억상실증의 해부학

안쪽 관자엽은 뇌에서 큰 부분을 차지한다. 이 구역은 편도체, 해마, 그리고 이들 주변의 피질을 아우른다. H.M.이 수술로 입은 뇌 손상은 이 구역의 대부분에 미쳤고, 수술 당시에는 그의 증상 만큼 심각한 기억 결함이 발생하려면 이 구역 전체가 손상되어야 하는지 아니면 비교적 작은 부위의 손상이 그런 기억 결함의 원인인지가 불분명했다. H.M.의 사례가 처음 보고된 이후 다른 환자 몇 명에 대한 연구가 성공적으로 이루어졌다. 물론 연구된 환자의 수는 많지 않다. 왜냐하면 개인의 기억 기능에 관한 상세한 정보를 여러 해에 걸쳐 얻을 수 있고 또한 사후 부검을 통해

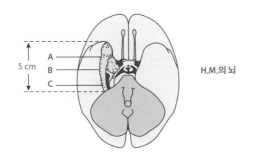

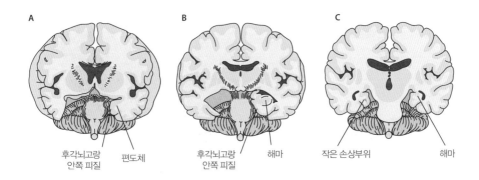

H.M.의 뇌

유명한 기억상실증 환자 H.M.의 뇌에서 수술로 제거된 부분의 범위가 자기공명영상에서 드러 났다. 맨 위 그림은 인간의 뇌를 아래에서 올려 다본 모습이며, H.M.의 뇌에서 제거된 부분의 앞뒤 방향 범위를 보여준다. 그림 A부터 C까지 는 뇌의 단면들인데, A가 가장 앞쪽 단면이고 C 가 가장 뒷쪽 단면이다. 이 그림들에서 손상부 위의 크기를 볼 수 있다. 실제 손상은 양쪽 반구 모두에 일어났지만, 제거된 구조물들을 보여주 기 위해 그림에서는 오른쪽 반구를 온전하게 표 현했다.

A

후각뇌고랑   편도체
안쪽 피질

B

후각뇌고랑   해마
안쪽 피질

C

작은 손상부위   해마

그 개인의 뇌 손상에 관한 상세한 정보까지 얻을 수 있는 경우는 드물기 때문이다. 그럼에도 이 환자들에 대한 연구 덕분에 기억의 해부학에 관한 중요한 사실 몇 가지가 밝혀졌다.

스튜어트 졸라, 스콰이어, 데이비드 아마랄David Amaral 등이 연구한 두 환자(G.D.와 R.B.)는 허혈ischemia(뇌에 공급되는 혈액이 일시적으로 부족 해지는 현상으로, 심장마비에 흔히 동반된다)로 인한 기억상실증에 걸려 있 었는데, 조사해보니 양쪽 해마의 CA1 구역만 손상된 상태였다. 해마의

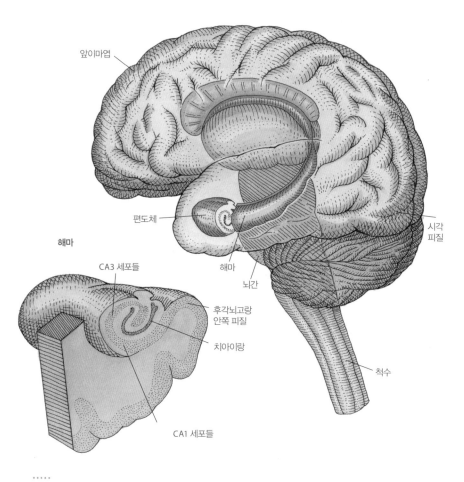

앞이마엽

편도체

해마

CA3 세포들

해마

시각
피질

뇌간

후각뇌고랑
안쪽 피질

치아이랑

척수

CA1 세포들

• • • • •
왼쪽 확대 그림은 장기 서술기억의 형성에 중요하게 관여하는 해마와 그 근처의 구조를 보여준다. CA1 세
포들과 CA3 세포들은 해마의 일부다.

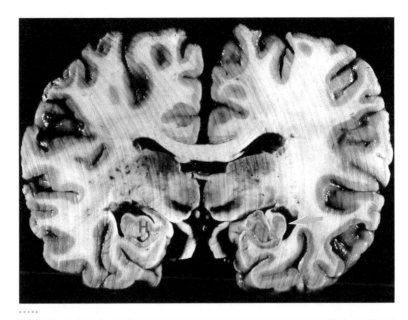

배선도에 관한 지식에 의거하면, CA1 구역의 손상은 기억 기능에서 해마가 하는 역할들을 모조리 방해할 것으로 예상되었다.

요컨대 해마에 속한 작지만 해부학적으로 결정적인 부분 하나만 손상되어도, 쉽게 드러나고 임상적으로 유의미한 기억 결함이 충분히 발생할 수 있다. 이 두 사례에서 기억 결함은 H.M.의 사례에서보다 훨씬 덜 심각했다. 따라서 이 사례들은 안쪽 관자엽에서 해마의 CA1 구역 이외의 다른 구역들도 기억 기능에 중요하게 관여한다는 것을 시사했다. 역시 졸라, 스콰이어, 아마랄이 낸시 렘펠-클라워Nancy Rempel-Clower와 함께 연구한 다른 두 환자(L.M.과 W.H.)의 해마는 G.D.와 R.B.의 해마보다 더 많이 손상되어 있었다. 이들의 손상 부위는 CA1 구역을 포함한 해마 전체를 아울렀다. 뿐만 아니라 (W.H.의 경우에는) 해마와 밀접하게 연결된 '치아이랑', 해마의 바깥쪽 경계와 맞닿은 '해마이행부subiculum'까지 손상된 상태였다. 또 '후각뇌고랑 안쪽 피질'이라는 인근 구역의 일부 세포들도 사멸한 상태였다. 이렇게 넓은 손상 부위에 걸맞게 이 두 환자의 기억 결함은 G.D.와 R.B.보다 더 심각했지만 그래도 H.M.보다는 덜 심각했다. 결론적으로, 가용한 사례들이 시사하는 바에 따르면, 기억 결함은 안쪽 관자엽의 손상이 크면 클수록 더 심각해진다. 그러나 환자들에서 얻은 제한된 증거는 여러 구조물 가운데 어느 것이 더 중요한지, H.M.의 심각한 기억 결함은 정확히 어느 부위의 손상에서 비롯되는지에 대해서 아무것도 말해주지 않았다. 실제로 H.M.의 사례가 보고된 직후에 이미 과학자들은 기억에 중요한 안쪽 관자엽의 구조물들과 연결들을 확실히 파악하려면 실험동물에서 인간 기억상실증의 모형을 구현하는 것이 필수적임을 깨달았다.

해부학적으로 특정 구역에 국한된 손상이 기억과 인지에 미치는 영향을 체계적으로 연구하려면 실험동물이 필수적이다.

인간 기억상실증의 동물 모형

1970년대 후반, 미국 국립정신보건원의 모티머 미슈킨은 원숭이를 이용하여 인간 기억 결함의 동물 모형을 만드는 데 최초로 성공했다. 처음에 그는 기억상실증 환자 H.M.과 유사하게 대뇌 양반구의 안쪽 관자엽에 큰 손상을 지닌 원숭이들을 준비했다. 그 큰 손상들은 원숭이들에서 인간 서술기억 결함의 여러 중요한 특징들을 재현하는 것으로 밝혀졌다. 그 특징들을 나열한 표를 220쪽에서 볼 수 있다. 그렇게 동물 모형을 손에 넣은 후, 서술기억에 필수적인 안쪽 관자엽의 구조물들을 파악하기까지 약 10년이 걸렸다. 동물 모형에서 얻은 정보는 인간 환자들에서 얻은 지식을 확증하고 대폭 확장했다.

인간에서 서술기억은 의식적인 회상으로 표출된다. 사람들은 자신이 학습한 바를 의식적으로 안다. 그러나 원숭이에서는 의식적인 회상을 연구할 수 없다. 그렇다면 인간의 서술기억과 유사한 유형의 기억을 원숭이

<hr />

원숭이가 인지 기억 검사의 하나인 지연 비표본대응 과제delayed nonmatching-to-sample task를 수행하고 있다.
왼쪽　원숭이에게 빨간색과 노란색이 섞인 물체를 표본으로 제시한다.
오른쪽　잠시(이를테면 몇 분) 후, 원숭이에게 표본과 새로운 물체를 동시에 제시한다. 원숭이는 검사자의 바람대로 새 물체를 선택하여 자신이 표본을 알아보았다는 것을 보여준다.

에서 어떻게 연구할 수 있을까? 대답은 서술기억이 의식적인 회상 외에도 여러 속성을 지녔고 그 속성들 중 다수를 연구할 수 있다는 것이다. 실제로 한 기억 시스템이 다른 기억 시스템들과 구별된다면, 그 구별은 여러 기준에 따라 이루어질 수 있어야 한다. 예컨대 서술기억과 비서술기억의 구별은 작동 방식의 특징, 처리되는 정보의 유형, 작동하는 목적에 따라 이루어질 수 있어야 한다.

원숭이의 서술기억을 연구하기

원숭이에서 재현된 인간 기억상실증의 특징들

1. 인간 기억상실증 환자들이 실패하는 과제들을 비롯한 여러 과제에서 기억 결함이 나타난다.
2. 학습과 기억 검사 사이의 시간 간격이나 학습량을 늘리면 기억 결함이 심해진다.
3. 동물의 주의를 흩뜨리면 기억 결함이 심해진다.
4. 기억 결함이 한 감각을 통해 지각된 정보에만 국한되지 않는다.
5. 기억 결함이 영속적일 수 있다.
6. 기억상실증 발병 이전의 사건들에 대한 기억이 손상될 수도 있다(역행성 기억상실증).
7. 솜씨에 기초를 둔 기억은 온전하다.
8. 즉각기억은 온전하다.

위해 많은 기억 과제들이 사용되어왔지만, 여기에서 우리는 대표적인 예로 두 가지 과제만 서술하려 한다. 이 두 과제를 원숭이에게 낼 때와 똑같은 방식으로 인간 기억상실증 환자에게 내면, 인간 환자는 과제 수행에 실패한다. 첫째 과제는 이른바 '지연 비표본대응delayed nonmatching-to-sample'인데, 최근에 접한 대상을 익숙한 대상으로 알아보는 능력을 검사하는 데 쓰인다. 과제 수행의 첫 단계는 연구자가 원숭이에게 이른바 '표본'으로 물체 하나—예컨대 특정 색깔의 플라스틱 상자나 금속 조각—를 제시하는 것이다. 동물은 그 물체를 옮겨놓고 그 아래에 숨어 있던 건포도를 찾아 먹을 수 있다. 동물의 이 같은 행동은 동물이 한동안 그 물

시각 지각으로 물체를 식별하는 능력을 평가하는 이 간단한 검사
에서 원숭이는 두 물체 중 어느 것이 정답인지 기억한다.

체에 주의를 기울였음을 보증한
다. 몇 초 후에 연구자는 동물 앞
에 원래 물체와 새로운 물체를
제시하고 둘 중 하나를 선택하게
한다. 건포도를 상으로 받으려면,
원숭이는 새 물체를 선택해야 한
다. (원리적으로는 원숭이가 새 물
체를 선택할 때 상을 줄 수도 있고
옛 물체를 선택할 때 상을 줄 수도

있다.) 연구자는 표본 제시와 선택 요구 사이의 지연 간격을 짧게는 몇 초
부터 길게는 몇 십 분까지 바꿔가면서 원숭이가 새로 얻은 지식을 보유
하는 능력을 검사할 수 있다. 각각의 지연 간격에서 똑같은 절차를 반복
하면 원숭이의 기억 능력을 신뢰할 만하게 측정할 수 있다. 사용하는 물
체들은 매번 달라야 한다.

둘째 과제는 원숭이가 간단한 물체 두 개 중에 어느 것이 정답인지 학
습하고 기억할 것을 요구한다. 이 과제에서 동물은 매번 쉽게 구별되는
물체 두 개를 접한다. 한 물체는 동물의 왼쪽에, 다른 물체는 오른 쪽에
놓인다. 두 물체 중 하나는 정답으로 지정되어 있다. 즉, 원숭이가 그 물
체를 선택하면 상으로 건포도를 받는다.

정답 물체의 위치는 무작위로 바뀐다. 따라서 원숭이는 두 물체 자체
를 알아보고 정답을 선택하는 법을 학습한다. 물체들의 위치는 중요하지
않다. 정상적인 원숭이가 정답 물체를 학습하는 데는 열 번에서 스무 번

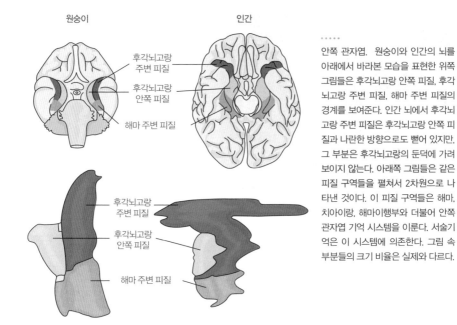

의 시도가 필요하다.

졸라와 스콰이어가 원숭이를 대상으로 수행한 연구는 안쪽 관자엽과 기억에 관한 세 가지 중요한 결론으로 이어졌다. 첫째, 해마에 국한된 손 상이라도 양쪽 해마 모두에 손상이 있으면, 기억 결함이 발생한다. 그런 데 검사 과제가 단순히 최근에 제시된 대상을 익숙한 대상으로 알아보는 것이라면, 기억 결함은 비교적 미미할 수 있다. 요컨대 원숭이 연구는 해 마가 서술기억 시스템의 일부임을 보여준다는 점에서 인간 연구를 뒷받침 한다. 둘째, 편도체는 서술기억 시스템의 일부가 아니다. 편도체는 감정 및 감정적 기억의 여러 측면을 위해 중요하지만(이 내용은 8장에서 다룰 것이다) 서술기억에 필수적이지는 않다. 셋째 해마와 편도체 주변의 피질은 서술기억을 위해 중요하다.

이 주변 피질의 경계와 다른 구역들과의 연결은 시간이 지나면서 차츰 밝혀졌다. 이 피질은 세 구역, 즉 후각뇌고랑 안쪽 피질, 후각뇌고랑 주변 피질, 해마 주변 피질로 이루어졌다. 해마 자체로 이어진 주요 돌기들은 후각뇌고랑 안쪽 피질에서 발원한다. 한편, 후각뇌고랑 안쪽 피질은 대뇌 피질의 다른 곳에서 정보를 받는데, 대략 3분의 2는 바로 인접한 후각뇌고랑 주변 피질과 해마 주변 피질에서 받는다. 이 세 피질 구역들 모두는 대뇌피질의 광범위한 부분과 정보를 주고받는다. 따라서 이 구역들은 다른 피질 구역들에서 일어나는 정보 처리의 대부분에 접속할 수 있다. 그러나 해마와 인접한 이 피질 구역들은 다른 피질 구역들에서 오는 정보를 해마로 집중시키는 통로에 불과하지 않다. 후각뇌고랑 주변 피질과 해마 주변 피질이 직접 손상되면 해마 자체가 손상될 때보다 더 심한 기억 결함이 발생한다. 요컨대 이 피질 구역들 자체가 서술기억을 담당하며, 정보가 꼭 해마에 도달해야만 기억이 저장되는 것은 아니다. 일반적으로 안쪽 관자엽 시스템의 손상이 크면 클수록, 기억 결함은 더 심해진다. 하지만 이런 단순한 비례관계는 안쪽 관자엽 구조물들 전부가 단일한 기능을 하고 손상 범위가 증가함에 따라 그 기능이 점차 저하됨을 의미하지 않는다. 안쪽 관자엽의 다양한 구조물들은 다양한 하부기능을 할 가능성이 높다. 손상 범위가 증가하면, 가용한 기억 저장 전략의 개수가 줄어든다고 보는 것이 옳다.

서술기억의 속성들

많이 연구된 포유류 종들 전체, 곧 쥐, 원숭이, 인간에서 발견된 바들은 서로 잘 일치한다. 어느 종에서나 해마나 해마와 해부학적으로 연결된 구조물들이 손상된 개체는 방금 언급한 대로 서술기억 획득 능력에 결함이 생긴다. 인간과 실험동물에서 서술기억을 어떻게 특징지을 수 있는지도 과거보다 더 명확해졌다. 서술기억은 임의의 두 자극을 접속conjunction(혹은 연결 association)하는 작업에 알맞게 적응했다. 일부 형태의 서술기억은 신속하게, 흔히 단 한 번의 시도로 획득될 수 있다. 예컨대 사람은 서로 무관한 두 단어(예컨대 "정원"– "도약" 또는 "놀람"–"종소리")의 연결을 신속하게 학습할 수 있다. 반면에 점차 획득되는 형태의 서술기억도 있다. 예컨대 사람이 긴 목록을 학습하거나 쥐가 공간적 위치

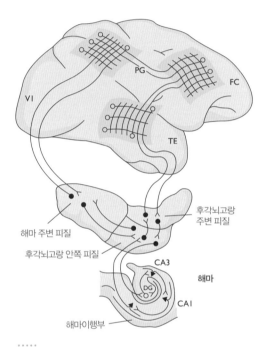

후각뇌고랑 주변 피질

해마 주변 피질
후각뇌고랑 안쪽 피질

CA3
DG
CA1
해마
해마이행부

.....
이 그림은 원숭이 뇌에서 안쪽 관자엽 기억 시스템으로 들어오고 나가는 경로들을 보여준다. 이 경로들은 지각을 기억으로 옮기는 작업에 중요하다고 여겨진다. TE 구역과 PG 구역에서의 활동 (이 활동은 이마엽 피질(FC)에서 일어나는 활동의 영향을 받는다)이 안정적인 장기기억으로 발전하려면 학습 시기에 이 구역들에서 안쪽 관자엽으로 뻗은(우선 해마 주변 피질, 후각뇌고랑 주변 피질, 후각뇌고랑 안쪽 피질에 도달하고, 이어서 여러 단계를 거쳐 해마를 통과하는) 돌기들을 따라서 신경 활동이 일어나야 한다. 이 활동으로 해마에 입력된 정보는 완전히 처리된 뒤에 해마이행부와 후각뇌고랑 안쪽 피질을 거치면서 이 회로를 벗어나 다시 TE 구역과 PG 구역으로 돌아간다.

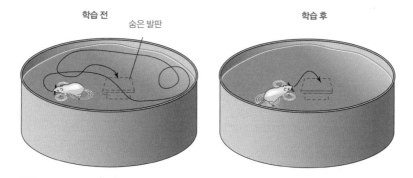

학습 전　숨은 발판　　　　　　학습 후

· · · · ·
모리스 수중 미로.
왼쪽　복잡하게 감긴 곡선은 쥐나 생쥐가 탁한 물이 담긴 풀에 처음 들어갔을 때 숨은 발판을 찾기까지 그릴 만한 궤적을 나타낸다.
오른쪽　훈련을 거친 동물은 발판의 위치를 알고 곧장 거기로 헤엄쳐간다.

를 학습할 때, 서술기억은 점차 획득된다. 하지만 어느 경우에서나 서술기억은 외부 세계의 대상들과 사건들, 그리고 그것들 간의 관계를 표상하도록 되어 있다. 서술기억의 핵심 특징 하나는 산출되는 표상이 융통성을 가진다는 점이다. 동물들은 기억에 저장된 항목들 간의 관계를 학습한 다음에 새로운 상황에서 이 관계 지식을 표현할 수 있다.

　서술기억의 융통성과 비서술기억의 상대적 비융통성은 쥐의 공간 학습 및 기억에 대한 연구에서 멋지게 예증되었다. 보스턴 대학의 하워드 에이헨바움Howard Eichenbaum과 동료들은 온전한 쥐들과 해마 시스템이 손상된 쥐들을 연구했다.

　그 동물들은 탁한 물이 담긴 커다란 원형 풀의 가장자리에서 출발하여 물에 살짝 잠겨 보이지 않는 발판이 있는 곳까지 헤엄쳐 가는 법을 학습했다. 동물이 그 발판 위로 기어오르면 물을 벗어날 수 있으므로, 발판을 발견하는 것은 그 자체로 효과적인 보상이었다. 매번의 학습 시도에서 쥐들은 풀 가장자리의 동일한 지점에서 출발했다. 해마가 정상인 쥐들의 집단과 해마가 손상된 쥐들의 집단은 둘 다 숨은 발판의 위치를 학습했다. 학습 시도가 거듭됨에 따라 수영 시간과 거리가 급격히 감소하는 것에서 학습 효과가 드러났다. 다시 말해 학습이 진행되자 쥐들은 우회로를 거치지 않고 곧장 직선으로 헤엄쳐 발판에 도달하게 되었다. 학습이 완성된 후, 쥐들은 또 다른 검사를 받았다. 쥐들이 발판의 위치에 관해서 어떤 유형의 정보를 획득했는지 알아보기 위해 실시한 이 추가 검사에서 동물들은 매번 풀 가장자리의 새로운 위치에서 출발했다. 정상 쥐들은 어디에서 출발하든지 신속하게 발판을 발견할 수 있었다. 이 결과는 녀석들이 공간에 관해서 융통성 있는 (서술)기억을 획득했다는 것을 의미했다. 구체적으로 정상 쥐들은 발판의 위치와 풀 외부의 벽면에서 기준으로 삼을 만한 다양한 큐들 사이의 공간적 관계를 학습했다. 반면에 해마가 손상된 쥐들은 새 위치에서 출발하면 발판을 곧장 찾지 못하고 다시금 이리저리 돌아다니며 시행착오를 거쳐야 했다.

정상 쥐들은 서술적이며 관계적인 유형의 기억을 획득한 것이다. 그 기억은 새로운 상황에서도 융통성 있게 활용되어 행동의 지침으로 기능할 수 있었다. 반면에 해마가 손상된 쥐들은 동일한 과제를 학습하면서도 특정 큐들과 특정 반응들 사이의 고정적 관계를 학습했다. 즉, 비서술적인 유형의 자극-반응 기억을 획득한 것인데, 이를 습관 학습habit learning이라고도 한다. 우리는 9장에서 습관 학습을 다시 거론할 것이다. 습관 기억에 의지하는 동물은 성공한 시도에서 거친 경로를 그대로 되밟을 줄만 안다.

6장에서 보겠지만, 쥐의 해마와 거기에 인접한 후각뇌고랑 안쪽 피질은 당면한 환경에 대한 풍부한 표상을 구성한다. 이 표상을 '인지 지도 cognitive map'라고도 한다. 이 사실이 밝혀진 후, 쥐의 해마가 (수중 미로 찾기에 필요한 유형의) 공간기억을 위해 특화된 구조물인지 여부를 놓고 광범위한 토론이 진행되어왔다. 이 문제를 탐구하기 위해 엠마 우드Emma Wood, 폴 두드첸코Paul Dudchenko, 에이헨바움은 쥐들을 훈련시켜 개방된 판 위의 여러 위치에서 냄새 알아채기 과제를 수행하게 했다. 쥐들은 모래에서 나는 냄새(예컨대 타임Thyme 향기나 계피 향기)가 최근 시도에서 맡은 냄새와 다르면(비대응 상황) 그 모래를 파헤쳐 묻혀 있는 시리얼을 보상으로 얻고, 모래에서 나는 냄새가 최근 시도에서 맡은 냄새와 같으면(대응 상황) 등을 돌리는 법을 학습했다. 이 과제를 수행하는 동안 해마 뉴런들의 활동을 측정한 결과, 해마가 공간 정보뿐 아니라 과제의 여러 측면과 관련한 신호를 보내는 것이 밝혀졌다. 표본으로 삼은 세포 127개 가운데 91개가 과제의 특정 측면과 관련된 활동을 했는데, 그중 과반수의 활동이 공간과 무관했다. 구체적으로, 전체 세포들 중 14퍼센트는 당면 시도가 일치 상황인지 혹은 불일치 상황인지에 따라 활동했고(즉, 이 세포들은 알아챔recognition 신호를 보냄) 29퍼센트는 자극이 어떤 냄새이고 어디에 있는지와 무관하게 자극이 접근할 때 반응했다. 다른 뉴런들은 특정 냄새에 반응하거나(11퍼센트) 특정 위치와 연계된 대응/비대응 상황에 반응했다(34퍼센트). 이 결과는 해마가 공간 정보를 선별해서 다루는 것이 아니라 현재진행 중인 행동의 거의 모든 측면을 다룸을 보여준다. 다른 연

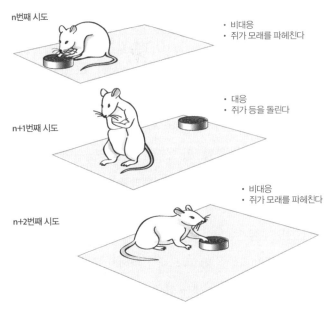

n번째 시도

- 비대응
- 쥐가 모래를 파헤친다

n+1번째 시도

- 대응
- 쥐가 등을 돌린다

n+2번째 시도

- 비대응
- 쥐가 모래를 파헤친다

연속 비표본대응 과제. 위 그림에서 n번째 시도는 비대응 상황이다. 즉, 그릇 속의 냄새가 앞선 시도에서 제시된 냄새와 다르다. 이 경우에 쥐는 모래를 파헤쳐 숨겨진 보상을 찾아낸다. 다음번(n+1번째) 시도에서는 동일한 냄새가 다른 위치에서 풍긴다(대응 상황). 이 경우에는 보상이 없으므로 쥐는 등을 돌린다. 그 다음번(n+2번째) 시도에서 제공된 냄새는 앞선 시도에서와 다르다(비대응 상황). 따라서 쥐는 모래를 파헤쳐 보상을 찾아낸다.

구들에서는 쥐와 인간 모두에서 해마의 손상이 익숙한 냄새나 새로운 냄새를 알아채는 능력을 저해한다는 것이 밝혀졌다. 단, 학습과 검사 사이의 시간 간격이 충분히 길 때만 이런 결과가 나온다. 냄새 알아채기는 본질적으로 비공간적인 기억 과제다. 따라서 이 연구 결과들은 해마가 기억 기능 일반에 기여한다는 생각에 힘을 실어준다.

　공간 인지에서 해마의 역할에 관한 논의와 설치류 연구에서 나온 또 다른 생각은 해마와 후각뇌고랑 안쪽 피질이 경로 통합path integration에서 중요한 역할을 할 가능성이 있다는 것이다. 경로 통합이란 운동 중에 내재적인 큐(예컨대 자기운동 큐self-motion cue)를 이용하여 기준 위치를 계속 파악하는 능력을 말한다.

한편으로 이 구조물들이 서술기억에서 하는 역할을 생각할 때, 이 구조물들은 냄새와 대상에 대한 기억에 필요한 것과 마찬가지로 장소에 대한 기억에도 필요할 것으로 예상된다. 또한 이 구조물들이 손상되어도 작업기억은 온전하다고 여겨지므로, 이 구조물들이 손상된 피실험자의 장소에 대한 기억은 장기기억을 요구하는 과제에서만 결함을 나타내야 할 것이다. 다른 한편으로, 해마와 후각뇌고랑 안쪽 피질이 경로 통합에 중요하다는 생각은 이 구조물들에 경로 통합 장치가 위치한다는 제안을 함축한다고 볼 수 있다.

만일 이 제안이 옳다면, 과제가 장기기억을 요구하는지 아니면 작업기억을 요구하는지와 상관없이 안쪽 관자엽은 경로 통합에 필수적일 것이다.

이런 생각들은 결국 근본적인 수수께끼로 귀결된다. 한쪽 견해에 따르면, 작업기억의 존속 기간 내에 완수할 수 있는 (경로 통합 과제를 비롯한) 임의의 과제를 수행하는 능력은 안쪽 관자엽과 무관해야 하고 이 부위가 손상된 뒤에도 온전해야 한다. 반면에 다른 쪽 견해에 따르면, 안쪽 관자엽이 손상되면 경로 통합 장치가 기능을 상실하고 따라서 과제를 작업기억의 존속 기간 내에 완수할 수 있느냐와 상관없이 경로 통합 능력에 결함이 생겨야 한다.

야엘 슈레거, 브록 커완Brock Kirwan, 스콰이어는 작업기억의 존속 기간 내에 완수할 수 있는 경로 통합 과제 하나를 고안했다. 이들은 안쪽

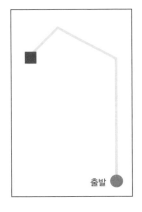

경로 통합 능력을 검사하기 위해, 눈을 가린 피실험자를 이끌어 최장 15미터의 경로를 따라 이동시켰다(왼쪽). 그런 다음에 출발 지점이 어디냐고 물었다(오른쪽). 작업기억을 통해 경로를 의식 안에 능동적으로 간직하라고 미리 지시할 경우, 안쪽 관자엽의 큰 손상으로 기억 결함을 가진 환자들은 대조군의 정상인들과 다름없이 정확하게 출발 지점을 가리켰다.

관자엽이 손상된 환자들을 눈을 가린 채로 이끌어 특정 경로로 이동시킨 다음에 출발 지점을 가리키게 했다. 경로의 길이는 최장 15미터였고 방향이 바뀌는 지점을 최대 세 곳 포함했다. 검사는 실내와 실외 둘 다에서 이루어졌다. 환자들에게 경로를 능동적으로 의식에 간직하라고 지시하기만 하면, 환자들은 모든 조건에서 대조군 못지않게 정확히 출발 지점을 가리켰다. 그러나 장기기억을 더 많이 요구하는 과제에서는 환자들이 기억 결함을 보였다. 예컨대 기억 결함이 가장 심한 두 환자(E.P.와 G.P.)는 검사 후 몇 분이 지나자 방금 전에 자신이 무엇을 했는지조차 기억하지 못했다. 이 실험 결과는 안쪽 관자엽의 구조물들이 장기기억에 필요하다는 생각과 부합한다. 하지만 안쪽 관자엽이 손상된 환자의 즉각기억과 작업기억은 공간적 계산을 요구하는 과제에서도 온전하게 작동한다. 더 나아가 공간기억 과제는 더 큰 범주인 서술기억 과제의 좋은 예로 보는 것이 가장 타당하다. 모든 서술기억 과제는 해마를 필요로 하며 작업기억과 장기기억의 구분을 중시한다.

안쪽 관자엽 시스템의 일시적 역할

서술기억의 주목할 만한 특징 하나는 해마 시스템의 손상이 새로운 학습을 저해할 뿐 아니라 손상이 일어나기 전에 획득된 기억도 망쳐놓을 수 있다는 점이다. 역행성 기억상실증이라고 하는 이 현상은 19세기에 프랑스 심리학자 겸 철학자 테오듈 리보Theodule Ribot에 의해 처음으로 진지하게 연구되었다. 리보는 뇌 부상이나 병으로 기억 결함이 생기면 먼 기억보다 최근 기억이 더 많이 손상되는 것을 관찰했다. 이 관찰 결과는 리보의 법칙Ribot's law으로 명명되었다.

> 내가 역진 혹은 역전의 법칙으로 부르려 하는 이 법칙은 내가 보기에 관찰된 사실들로부터 자연스럽게 나오는 귀결인 듯하다… 수학자들의 어법을 쓰자면, 이 기억 상실은 특정 사건과 사고(부상) 사이에 흘러간 시간에 반비례한다… 새로운 것이 옛 것보다 먼저, 복잡한 것이 간단한 것보다 먼저 소멸한다.

기억은 학습 시점에 고착되는 것이 아니다. 영속적인 기억은 상당한 시간에 걸쳐 형성된다. 이 고착fixation 과정은 여러 단계를 필요로 하며, 그중 한 단계는 안쪽 관자엽의 구조물들에 의존한다. 고착 과정이 완료되기 전의 기억은 쉽게 교란될 수 있다. 고착 과정의 대부분은 학습 후 처음 몇 시간 동안 일어난다. 그러나 기억을 안정화하는 과정은 그후에도 한참 진행되며 조직화된 장기기억이 끊임없이 변화하는 것을 포함한다.

1970년대에 스콰이어가 정신과 환자들을 대상으로 수행한 연구에서 기억의 안정화가 여러 해에 걸쳐 이루어질 수 있다는 것이 처음으로 밝혀졌다. 그 환자들은 모두 우울증을 다스리기 위한 전기경련요법electroconvulsive therapy을 처방받았다. 이 치료를 받기 전과 후에 환자들은 지난 16년 동안 단 한 시즌만 방영된 텔레비전 프로그램들에 대한 기억 검사를 받았다. 전기경련치료 전에 환자들은 최근 프로그램을 오래전 프로그램보다 더 잘 기억했다. 다시 말해 대부분의 사람들과 마찬가지로 그들은 최근에 학습한 내용을 오래전에 학습한 내용보다 더 잘 기억했다. 전기경련치료를 받은 후, 환자들은 특징적인 '시간적 기울기'를 가진 역행성 기억상실증을 나타냈다.

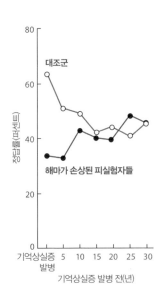

1951년부터 2005년까지 일어난 뉴스 279건에 관한 기억 검사 성적. 해마가 손상된 환자들은 기억상실증 발병 후의 사건들뿐 아니라 발병 직전 몇 년 동안 일어난 사건들도 잘 기억하지 못했다. 그러나 오래전에 일어난 사건들에 대한 환자들의 기억은 건강한 대조군과 마찬가지로 정확했다.

Theodule
Ribot

태오듈 리보(1839~1916)

프랑스 심리학자. 뇌 부상이 먼 기억보다 최근에 획득한 기억을 더 많이 손상시킨다는 원리를 정식화했다.
오하이오 주, 애크런 대학 미국 심리학사 자료실 제공.

. . . .

그들은 먼 과거를 정상적으로(또한 가까운 과거보다 더 잘) 기억한 반면 최근 3년 동안 일어난 사건들은 잘 기억하지 못했다(결국에는 이 최근 기억도 회복되었지만). 그후 생쥐들에게 1회의 학습을 시킨 후 하루에서부터 10주까지 다양한 시간이 지난 다음에 전기경련 자극을 가하는 실험에서도 동일한 결과가 나왔다. 그 쥐들은 전기경련 자극을 받은 후 약 3주 전까지의 일을 기억하지 못하는 역행성 기억상실증에 걸렸다. 요컨대 이 연구들은 기억이 교란에 저항하는 힘을 상당히 긴 기간에 걸쳐 점진적으로 획득한다는 것을 보여준다. 그러나 이런 연구들은 기억의 점진적 안정화를 위해 어떤 뇌 구역들이 중요한지에 대해서는 아무것도 알려주지 못한다.

이 점진적 과정에 대한 해부학적 정보를 얻는 것은 발전된 영상화 기술 덕분에 해마에 국한된 손상으로 기억 결함을 얻은 환자를 식별할 수 있게 됨에 따라 가능해졌다. 조지프 만스Joseph Manns, 스콰이어, 그리고 동료들은 그런 환자들이 몇 년의 기간에 걸친 시간 의존적 역행성 기억상실증을 나타냄을 뉴스 회상 검사를 통해 보여주었다. 역행성 기억상실증의 해부학에 관한 특히 유용한 정보는 실험동물에서 나온다. 인간을 연구할 때는 대개 과거 기억을 되살리는 방법을 쓰지만, 실험동물은 일정한 수준까지 훈련시켜놓은 다음에 적당히 시간이 지나서 조작을 가하여 기억 결함을 유발할 수 있다.

1990년 이후, 생쥐, 쥐, 토끼, 원숭이를 대상으로 한 여러 연구에서 해마나 해마와 해부학적으로 연결된 구조물들이 손상되면 시간 의존적 역행성 기억상실증이 발생한다는 것이 밝혀졌다. 졸라와 스콰이어가 수행한 연구(다음 페이지의 네 그래프 중에 왼쪽 위 그래프 참조)에서 원숭이들

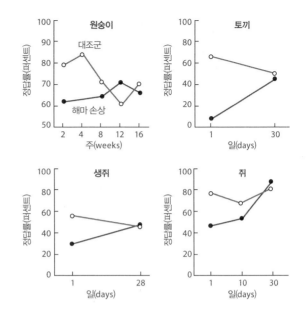

·····
동물을 학습시킨 후 다양한 시간이
지나서 해마를 제거하고 기억을 검사
하는 실험들이 네 가지 동물을 대상
으로 실시되었다. 어느 실험에서나 최
근에 획득한 기억은 손상되었지만 더
오래전에 획득한 기억은 온전했다. 가
로축은 학습과 해마 제거 수술 사이의
시간 간격, 수직축은 행동 수행 성적
을 나타낸다.

원숭이

대조군

해마 손상

정답률(퍼센트)

주(weeks)

토끼

정답률(퍼센트)

일(days)

생쥐

정답률(퍼센트)

일(days)

쥐

정답률(퍼센트)

일(days)

은 양쪽 해마와 그 아래의 피질을 절제하는 수술을 받기 전에 두 대상으
로 이루어진 쌍 100개를 학습했다. 각 쌍에서 한 대상이 정답으로 정해
졌고, 원숭이들은 그 정답 대상을 찾아내어 보상으로 건포도를 얻는 법
을 학습했다. 학습은 대상들을 20쌍씩 다섯 차례로 나눠서 수술을 앞
둔 여러 시기에(정확히 수술 전 16주, 12주, 8주, 4주, 2주에) 실시되었다. 수
술 후, 대상들의 쌍 100개를 한꺼번에 무작위한 순서로 제시하고 원숭이
들로 하여금 자신이 기억하는 정답을 고르게 하는 방식으로 기억 검사를
실시했다. 원숭이 각각에게 주어진 기회는 단 한 번이었다. 왜냐하면 그
래야만 재학습 능력의 저하가 미치는 영향을 차단하고 옛 기억의 손상만
정확히 측정할 수 있기 때문이었다. 시험 결과, 수술을 받지 않은 원숭이

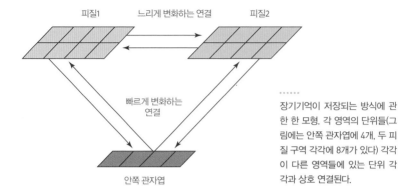

피질1　　느리게 변화하는 연결　　피질2

빠르게 변화하는
연결

안쪽 관자엽

······
장기기억이 저장되는 방식에 관한 한 모형. 각 영역의 단위들(그림에는 안쪽 관자엽에 4개, 두 피질 구역 각각에 8개가 있다) 각각이 다른 영역들에 있는 단위 각각과 상호 연결된다.

들은 여러 주 전에 학습한 대상들보다 최근에 학습한 대상들을 더 잘 기억했다. 이는 기억 기능이 정상일 때 나오리라 예상되는 결과였다. 그러나 양쪽 해마체hippocampal formation(해마와 그 주변—옮긴이)가 손상된 원숭이들은 정반대였다. 녀석들은 먼 과거에 학습한 대상들에 대한 기억은 정상인 반면, 최근에 학습한 대상들은 잘 기억하지 못했다.

　이런 결과는 대상과 사실에 대한 기억뿐 아니라 과거의 자서전적 세부 사항에 대한 회상에도 적용된다. 해마가 손상된 환자와 안쪽 관자엽이 비교적 크게 손상된 환자도 어린 시절의 자서전적 일화들을 상세하게 이야기할 수 있다. 브룩 커완, 피터 베일리Peter Bayley, 스콰이어는 환자가 기억하는 일화 하나에서 50개 이상의 세부사항을 끌어내는 세밀한 검사법을 적용했다. 검사 결과, 환자들의 자서전적 회상은 가까운 과거의 기억에 대해서는 결함을 보였지만 먼 과거의 기억에 대해서는 온전했다. 아주 먼 과거의 자서전적 기억은 시간과 장소에 관한 구체적인 정보와 세부사항으로 가득 찬 기억이라 하더라도 신피질에 자리 잡으며 안쪽 관자엽

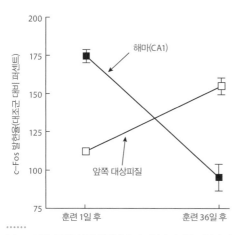

y축: c-Fos 발현율(대조군 대비 퍼센트)

해마(CA1)

앞쪽 대상피질

훈련 1일 후　　　　　　　훈련 36일 후

공포 조건화 훈련을 받은 생쥐에게 먼 기억과 가까운 기억에 대한 검사를 실시한 후 활동 의존성 유전자 c-Fos의 발현을 측정한 결과. c-Fos의 발현 정도를 훈련받지 않은 대조군을 기준으로 삼아 퍼센트로 나타냈다.

에는 의존하지 않는 것으로 보인다. 이 생각은 가쪽 관자엽 피질이나 앞이마엽 피질이 손상된 환자가 먼 과거의 자서전적 기억을 상실한다는, 여러 연구에서 발견된 사실과 맥을 같이 한다.

해마는 한정된 기간 동안만 필수적인 듯하다. 그 기간은 종에 따라 또한 기억할 내용에 따라 며칠부터 몇 년까지 다양할 수 있다. 학습 후 시간이 지나면 기억은 재조직화되고 안정화된다. 이 재조직화 기간에 해마의 역할은 점차 감소하고 추측건대 해마체로부터 독립적인 다른 피질 영역들에서 더 영속적인 기억이 형성된다. 한 가지 흥미로운 생각은 이 고착 과정이 그 다른 피질 영역들의 점진적 변화를 허용하고, 이 변화의 와중에 그 피질 영역들은 세계에 관한 사실들과 기타 환경의 규칙성들을 기존 표상들 속으로 천천히 통합한다는 것이다. 요컨대 피질의 표상들은 신속하게 교정되지 않고 따라서 불안정해지거나 간섭당하지 않는다는 것이다.

토론토 대학과 보르도 대학의 폴 프랭클랜드Paul Frankland, 브루노 본템피Bruno Bontempi 등은 생쥐가 최근 기억이나 먼 기억을 인출한 후에 활동-관련 유전자 '씨포스c-Fos'의 발현이 어떻게 변화하는지 추적했다.

해마의 CA1 구역에서는 하루 묵은(최근) 기억을 인출한 후에는 많은 활동이 포착된 반면 36일 묵은(먼) 기억을 인출한 후에는 활동이 대폭 줄어들었다. 반면에 여러 피질 구역들(앞이마엽 피질, 관자엽 피질, 앞쪽 대상 피질)은 정반대의 패턴을 나타냈다. 이 피질 구역들의 활동은 하루 묵은 기억을 인출한 후에는 적고 36일 묵은 기억을 인출한 후에는 많은 것으로 나타났다. 이 결과는 학습 후에 시간이 지날수록 피질 구역들이 점점 더 중요진다는 점을 알려준다. 물론 기억이 말 그대로 해마에서 신피질로 옮겨간다는 뜻은 아니다. 오히려 신피질에서 점진적으로 일어나는 (새로운 시냅스들의 형성을 포함한) 변화가 기억 저장의 복잡성과 분산성뿐 아니라 여러 피질 구역들의 연결성도 높인다는 뜻이다.

모든 서술기억이 이런 점진적 고착 과정을 거칠까? 이미 언급했듯이 공간기억은 지위가 특별할 가능성이 있다는 주장이 한때 제기되었다. 해마가 공간기억에 중요하다는 견해를 가진 과학자들은 (오래전에 학습한 장소까지 포함한) 장소 학습 및 기억에서 해마가 하는 역할을 강조했다. 공간기억은 아무리 오래전에 획득한 기억이더라도 항상 해마에 의존한다고 그들은 생각했다. 그러나 공간기억도 다른 서술기억들과 마찬가지라는 것이 밝혀졌다. 에드먼드 텡Edmond Teng과 스콰이어는 해마가 심지어 완전히 손상되더라도 오래전에 학습한 장소들에 대한 기억은 온전하게 유지된다는 것을 발견했다. 이들은 E.P.라는 환자의 기억을 검사했다. 1장에서도 언급한대로 E.P.는 대뇌 양반구 안쪽 관자엽이 크게 손상되어 새로운 사실과 사건을 학습할 능력이 없다는 진단을 받은 환자였다. 텡과 스콰이어는 E.P.에게 그가 성장기에 살다가 50여 년 전에 떠난 지역의 공간적 배치를 회상해보라고 요청했다. 각각 다른 네 차례의 공간기억 검사에

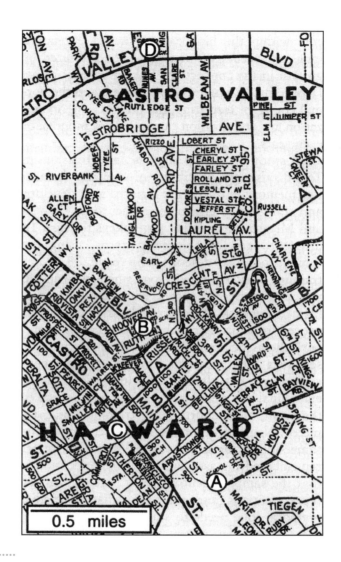

기억상실증 환자 E.P.가 성장기에 살았던 샌프란시스코 근처 하워드 카스트로 밸리의 한 지역을 보여주는 1940년대의 지도. E.P.는 50여 년 전에 이곳을 떠났지만 이곳에서 성장한 다른 사람들 못지않게 이 지역의 공간 배치를 회상할 수 있었다. 동그라미 속 알파벳들은 기억 검사에 쓰인 표지물을 나타낸다. Ⓐ 브레트 하트 학교, Ⓑ 하워드 유니언 고등학교, Ⓒ 하워드 극장, Ⓓ 카스트로 밸리 문법학교서 E.P.는 같은 지역에서 살다가 떠난 같은 나이의 대조군 다섯 명과 대등하거나 더 나은 성적을 냈다. 반면에 E.P.는 그가 기억상실증에 걸린 후에 이사 와서 현재 사는 지역에 대해서는 아무것도 몰랐다. 이 연구 결과는 안쪽 관자엽이 공간 지도의 영구 저장소가 아님을 보여준다. 안쪽 관자엽에 있는 해마를 비롯한 구조물들은 공간기억이든 아니든 상관없이 장기 서술기억의 형성에 필수적이지만 아주 먼 기억의 인출에는 필수적이지 않다.

기억의 점진적 안정화 과정의 바탕에 깔린 신경학적 사건들은 잘 밝혀져 있지 않다. 그러나 6장에서 보겠지만, 이른 단계 하나는 해마 내부에서 일어난다. 어쨌든 장기기억은 피질 구역들 사이의 연결이 성장함에 따라 안정화된다고 여겨진다. 학습 내용에 따라서, 또 정상적인 망각 과정의 영향으로, 장기기억을 재조직화하고 안정화하는 과정은 며칠이나 몇 달, 심지어 몇 년까지도 걸릴 수 있다.

최근 연구는 이 긴 과정의 바탕에 깔린 신경학적 사건들의 일부가 수면 도중에 일어날 수도 있다는 매혹적인 가능성을 제기한다. 매사추세츠 공대에서 연구한 다오윤 지Daoyun Ji와 매트 윌슨Matt Wilson은 능동적인 미로 통과 도중에 순차적으로 점화하는 경향이 있는 해마 CA1 구역의 뉴런들이 뒤이은 서파수면slow-wave sleep 도중에도 같은 순서로 점화하는 경향이 있다는 것을 발견했다. 최근에 깨어 있는 상태에서 경험한 바가 수면 중에 생리학적으로 재생되는 이 현상은 신피질에서 일어나는 재생과 짝을 이뤘다. 이 발견은 훈련 경험 후에 해마와 신피질 사이에서 대화가 일어남을 시사한다. 이 상호작용을 통해 해마가 신피질을 지휘하여 최근 기억이 영속성과 안정성을 얻을 수 있게 하는 것인지도 모른다. 이 점진적 과정에서 서파수면이 중요하다는 생각은 독일 뤼벡 대학의 얀 보른 Jan Born과 동료들에 의해서도 제기되었다. 예컨대 한 실험에서 연구진은 자발적으로 참여한 인간 피실험자들이 이른 밤 시간에 겪는 서파수면의 양을 두개골 통과 진동 전류(진동수는 서파수면 시 뇌파의 진동수와 같은 0.75헤르츠)를 적용하여 인위적으로 늘렸다. 그러자 전날 학습한 단어목록을 기억하는 능력이 향상되었다. 중요한 것은 서파수면이 기억에 미치는 이 긍정적 효과가 기억을 적극적으로 늘리는 것이 아니라 밤새 일어나는 망각을 줄이는 것이라는 점이다. 도쿄 대학의 히구치 세이이치Sei-ichi Higuchi와 미야시타가 수행한 연구는 피질에서 뉴런들의 집단이 형성되고 안정화되는 것을 관찰함으로써 서술기억을 피질에서 직접 탐구하는 것도 가능함을 보여준다.

이들은 우선 원숭이 두 마리를 205쪽에서 서술한 것과 같은 방법으로 훈련시켜 컬러 패턴 12쌍을 학습하게 했다. 학습을 완료한 원숭이들은 패턴 하나를 큐로 제시하면 그와 짝을 이루는 정답 패턴을 골라낼 수 있었다. 훈련을 마친 후, 연구진은 원숭이들이 과제를 수행하는 동안 아래쪽 관자엽inferotemporal 피질에 위치한 개별 뉴런들의 활동을 측정했다. 앞서 언급했듯이, 이런 측정을 하면 뉴런들이 패턴들의 연관성을 '기억하는지' 여부를 알아낼 수 있다. 이어서 히구치와 미야시타는 대뇌반구 한쪽의 후각뇌고랑 안쪽 피질과 후각뇌고랑 주변 피질을 손상시킨 다음에 동일한 뉴런들의 활동을 다시 측정했다. 그러자 손상된 반구의 아래쪽 관자엽 피질 뉴런들은 패턴들의 연관성을 더는 기억하지 못했다. 이 결과는

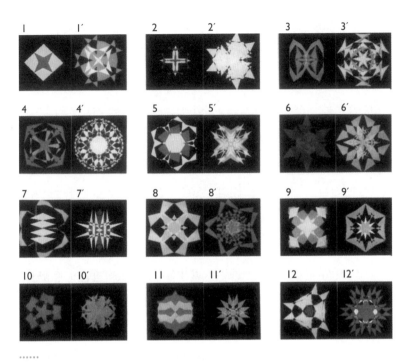

히구치 세이이치와 미야시타 야스시가 서술기억을 원숭이의 피질에서 직접 연구하기 위해 개발한 짝짓기 과제에 사용된 컬러 패턴 12쌍.

그 뉴런들이 기억의 뇌 속 표상의 일부였음을 의미한다. 또한 최근에 획득한 표상들을 기억에 보유하기 위해서는 인근의 안쪽 관자엽이 아래쪽 관자엽 피질의 여러 구역에 입력을 제공할 필요가 있음을 알려준다. 이 연구 방법은 안쪽 관자엽이 다른 피질 구역들에 영향을 미치는 과정을 직접 탐구할 길을 열어줄지도 모른다. 더 나아가 이 연구는 기억에 관한 유서 깊고 근본적인 한 질문의 답을 최초로 짐작하게 해준다. 기억상실증으로 기억을 잃으면, 기억이 뇌에서 정말로 사라지는 것일까, 아니면 잃은 기억을 되살릴 수도 있을까? 기억은 여전히 존재하는데 다만 접근할 수 없는 상태가 되는 것이 아닐까? 만일 히루치와 미야시타가 관찰한 뉴런 반응들이 실제로 서술기억의 표상을 반영한다면, 기억상실증 환자의 기억 상실은 정보가 저장소에서 실제로 사라지는 것을 의미한다.

일화기억과 의미기억

지금까지 우리는 주로 사실에 대한 서술기억을 다뤘다. 즉, 대상, 장소, 냄새 따위에 관한 사실적 지식을 주로 거론했다. 일찍이 1972년에 심리학자 엔델 털빙은 세계에 대한 조직화된 지식을 위한 이런 유형의 서술기억을 '의미기억semantic memory'으로 칭했다. 이 유형의 정보를 회상하는 동물이나 인간은 어떤 특정한 과거 사건을 되새길 필요가 없다. 다만, 이를테면 특정 대상들이나 냄새들이 익숙하다는 것만 확인하면 된다. 의미기억과 대비되는 것은 일화기억이다. 털빙이 규정한 대로 일화기억은 자신의 삶에서 일어난 사건들에 대한 자서전적 기억이다. 의미기억과 달리 일화기억은 사건이 일어난 시간과 장소를 알려주는 공간적·시간적 표지를 저장한다. 예컨대 일화기억은 어느 날 저녁에 어떤 친구와 특정한 식당에서 저녁을 먹었다는 내용을 포함할 수 있다. 일화기억과 의미기억은 둘다 서술기억이다. 정보는 의식적으로 되새겨지고, 되새기는 주체는 자신이 저장된 정보에 접근하고 있음을 안다.

일화기억(특정 시간과 장소에 대한 기억)과 의미기억(사실에 대한 기억)의 구분은 유용하다. 의미 지식은 단순히 경험과 안쪽 관자엽이 제공한 도움의 결과로서 피질의 저장소들에 축적된다고 여겨진다. 대조적으로 일화기억은 이 피질 저장소들과 안쪽 관자엽과 이마엽의 협동을 필요로 한다고 여겨진다. 이 모든 구역이 협동해야 과거 경험이 발생한 때와 장소를 저장할 수 있다는 것이다.

일화기억의 본성을 더 자세히 살펴보면, 이 유형의 기억에서 이마엽이 하는 역할을 이해할 수 있다. 일화기억의 본질은 '출처기억source memory' 또는 '회상recollection'이라는 용어에서 잘 드러난다. 즉, 일화기억은 특정 정보를 언제 어디에서 획득했는지를 회상하는 기능이다. 출처기억의 결함은 이마엽 기능 결함의 한 귀결이다. 이를 보여주는 두 가지 증거가 있다. 첫째 출처기억 오류는 아동과 노인에서 꽤 흔하게 발생한다. 이 사실은 이마엽이 출처기억을 위해 중요하다는 것을 시사한다. 왜냐하면 이마엽은 개인의 발달 과정에서 더디게 성숙하고 정상적인 노화 과정에서도 어느 정도 기능이 저하되기 때문이다. 둘째 이마엽이 손상된 환자는 자신이 아는 바를 학습한 때와 장소를 혼동하는 경향이 있다. 그런 환자는 피노키오 이야기에 나오는 금붕어의 이름이 "클레오"라는 것을 최근 학습 시간에 배워서 알면서도 이 이름을 어린 시절에 배웠다거나 최근에 어느 친구에게 들었다고 단언하기도 한다. 출처를 기억해내는 일은 자신의 과거 일화에 대한 회상에서 핵심적으로 중요하다.

이마엽은 출처 정보를 보유하고 일화기억의 일관성을 유지하는 데 결정적인 구실을 한다. 피노키오 이야기 속 금붕어의 이름을 어디에서 배웠는지 망각할 때처럼 과거 사건의 내용이 그것의 원래 출처와 분리되면,

그 내용은 다른 출처와 연결되거나 다른 출처에서 나온 내용과 재조합될 수도 있다. 출처 정보 기억에서 이마엽이 결정적인 역할을 한다는 점은 서술기억이 연약하고 불완전한 생물학적 이유들 중 하나다. 정상인들에서도 서술기억의 효율이 개인마다 다른 것은 이마엽 신경 장치의 개인적 차이 때문일 수 있다.

이마엽이 일화기억에 관여한다는 사실은 인간이 아닌 동물의 학습 및 기억의 본성과 관련해서 흥미로운 함의를 가진다. 원숭이, 쥐 등의 동물은 확실히 많은 내용을 학습하고 기억할 수 있다. 예컨대 빨간 대상을 선택하면 보상으로 먹이를 받는다는 것과 같은 '사실들'을 기억할 수 있다. 그러나 인간이 아닌 동물이 빨간 대상을 선택하고 보상으로 먹이를 받은 때를 기억하는 능력과 같은 일화기억 능력을 얼마나 가졌는지는 알려져 있지 않다. 이 질문에 만족스럽게 답하기 위한 실험을 고안하는 작업은 예나 지금이나 어렵다. 요컨대 동물들이 과거 사건에 대한 기억을 인간의 방식으로, 즉 과거 사건에 대한 의식적·자서전적 회상으로 표현하는 일을 얼마나 잘할 수 있는지는 확실히 밝혀지지 않았다. 동물들은 기억의 대부분을 현재 가용한 사실 지식으로 표현할지도 모른다. 인간과 동물의 이 같은 차이를 뇌 조직의 차이를 통해 이해해볼 수 있을 것이다. 인간의 뇌와 인간이 아닌 동물의 뇌 사이의 두드러진 차이는 이마엽을 포함한 연합 피질association cortex이 인간의 뇌에서 훨씬 더 크고 복잡하다는 점이다.

단일한 사건, 이를테면 특정한 방의 바닥에서 장난감 비행기를 가지고 노는 아이를 본 일을 기억해내는 과제를 생각해보자. 이마엽 피질은 '하향' 통제력을 발휘하여 감각 피질에서의 신경 활동이 중요한 감각 정보를 향해 치우치게 만든다. 이 '하향' 영향력이 이마엽 피질과 해부학적으로 연결된 모든 감각 피질 구역들에 미친다면, 이 영향력은 회상할 사건에서 무엇이 중요한지를 사실상 결정할 것이다. 서던 캘리포니아 대학의 안토니오 다마지오는 회상의 대부분이 이런 식으로 작동한다고 주장했다. 즉, 상위 중추들의 '하향' 활동이 정보를 올려보내는 피질 구역들에 영향을 미쳐 이미지나 관념의 특정 측면들이 재환기되는 되먹임(피드백)이 일어난다는 것이다. 다음 장에서는 안쪽 관자엽에서 작동하는 세포 및 시냅스 수준의 메커니즘들을 살펴볼 것이다. 바로 그 메커니즘들이 장기 서술기억을 저장한다고 여겨진다.

6

서술기억의
시냅스 저장 메커니즘

····

피에르 보나르 Pierre Bonnard, **〈열린 창**The Open Window〉**(1935)**

프랑스 화단의 프루스트로 불리는 보나르(1867~1947)는 물체에서 반사하는 빛을 포착하기 위해 실외에서 작업한 인상파 및 후기인상파 화가들의 영향을 강하게 받았다. 그는 실내와 실외가 섞여 있는 이 광경을 여러 해 동안 기억에 간직해두었다가 재창조했다. 그는 자신이 기억하는 신혼 시절 아내의 모습을 작품 속에 집어넣었다.

　　　　　　　　잠깐 독서를 멈추고 당신이 지난번 저녁 외식 때 식당에서 무엇을 먹었는지 또 무슨 음료를 곁들였는지 회상해보라. 이런 식으로 요리에 대한 기억을 되살리려면 서술기억을 의식적으로 회상해야 한다. 반면에 당신이 지난 일요일 아침 테니스 시합에서 상대방이 공을 높이 띄우자 쏜살같이 네트로 달려가 스매싱을 날렸다면, 당신은 이 연속동작을 무의식적으로 했다. 즉, 미리 생각해두지 않은 채로, 저장된 비서술 지식에 의지하여 해낸 것이다.

　　이미 언급한 대로 서술기억이란 장소, 대상, 사람에 관한 정보의 의식적 회상과 관련이 있는 반면, 비서술기억은 지각 솜씨, 운동 솜씨, 인지 솜씨 및 습관에 관한 정보의 무의식적 활용과 관련이 있다. 이 두 기억 유형 모두가 처음에 정보를 처리하는 감각 및 운동 시스템들에 기초를 둔다. 그러나 비서술기억의 학습은 그 시스템들에 위치한 뉴런들의 효율을 직접 변화시키는 반면, 서술기억의 장기 저장은 다른 시스템 하나를 추가로 필요로 한다. 그 시스템은 안쪽 관자엽의 해마와 기타 구조물들이다.

이처럼 사뭇 다른 두 가지 기억 시스템이 존재한다는 점을 생각할 때, 이런 흥미로운 질문이 제기된다. 기초 저장 메커니즘들은 어떻게 다를까? 의식적인 회상을 필요로 하는 서술기억은 시냅스와 분자 수준에서도 특별한 저장 메커니즘들을 필요로 할까? 이 장과 다음 장에서 우리는 이 질문을 탐구할 것이다.

서술기억의 저장

5장에서 보았듯이 인간에서 해마가 손상되면 새 기억을 저장하는 데 문제가 생긴다. 이 기억 결함을 더 심층적이고 물질적인 수준에서 탐구하려면 실험동물로 관심을 돌릴 필요가 있다. 비교적 간단하면서도 서술기억 능력을 나타내는 실험동물이 있다면 연구 대상으로 더없이 좋을 것이다. 실험동물은 자신이 기억하는 바를 말로 표현할 수 없지만, 5장에서 보았듯이 인간과 원숭이의 서술기억 시스템에 대응하는 저장 시스템들이 생쥐를 비롯한 설치류 동물들에도 있다고 믿을 근거가 충분히 있다. 생쥐와 쥐는 인간에서 명백히 드러나는 서술기억의 많은 특징들을 나타낼 수 있다. 녀석들은 환경에 있는 다양한 큐들 사이의 복잡한 관계를 기억할 수 있으며 대상들의 차이를 기억할 수 있다. 특히 중요한 것은 설치동물들이 해마 안에 상세한 내적 공간 표상—인지 지도—을 구성해놓는다는 점이다. 곧 보겠지만 해마의 개별 뉴런들은 점화 패턴을 통해 공간을 코드화한다. 해마 뉴런들의 특징적인 점화 패턴들이 동물에게 특정 공간을 기억하는 능력을 선사한다고 여겨진다. 설치동물은 공간기억, 대상기억, 기타 서술기억을 요구하는 과제를 수행할 때는 해마를 필요로 한다. 그러나 비서술기억에 의존하는 과제에서는 해마가 필요하지 않다.

역시 5장에서 언급한 바지만, 인간에서 해마나 기타 안쪽 관자엽 구조물의 손상은 오래전에 저장된 기억에 해를 끼치지 않는다. H.M.이나 E.P. 같은 환자들은 어린 시절의 사건들을 여전히 잘 기억한다. 실험동물들에서도 비슷한 상황이 관찰된다. 따라서 해마는 장기기억의 일시적 저장소에 불과하다. 저장 기간은 며칠에서 몇 달 정도다.

해마를 비롯한 안쪽 관자엽 구조물들의 역할에 대한 한 견해는 정보가 처음 처리될 때 피질 구역들에서 형성된 초기 표상을 조절하는 modulate 일을 이 구조물들이 한다는 것이다. 이 견해에 따르면 해마의 기능은 결합이다. 해마는 여러 피질 구역들에 독립적으로 형성된 저장소들을 결합하여 결국 이 저장소들이 서로 밀접하게 연결되도록 만든다. 따라서 우리는 꽤 길지만 한정된 기간 동안 안쪽 관자엽 시스템을 필요로 한다. 장기기억의 최종 저장소는 처음에 사람, 장소, 대상에 관한 정보를 처리한 대뇌피질의 다양한 구역들이라고 여겨진다. 서술기억의 장기 저장 메커니즘에 대해서 우리가 지금까지 알아낸 바의 대부분은 안쪽 관자엽 시스템에 속한 한 구역에 대한 연구에서 나왔다. 그 구역은 해마다.

시냅스를 인위적으로 조절하기

1973년, 노르웨이 오슬로에 위치한 페르 안데르센 연구소의 팀 블리스 Tim Bliss와 테리에 로모Terje Lomo는 주목할 만한 발견을 했다. 기억 저장에서 해마와 안쪽 관자엽이 하는 역할에 관한 브렌다 밀너의 통찰을 알고 있던 그들은 해마 뉴런들 사이의 시냅스가 정보 저장 능력을 지녔는지 여부를 확인하려 애썼다. 이 탐구를 위해 그들은 일부러 매우 인위적인 실험을 수행했다. 그들은 토끼의 해마에 있는 특정 신경 경로를 자극하면서 이런 질문에 답하고자 했다. 신경 활동이 해마 시냅스의 세기에 영향을 미칠까? 그들은 단기간의 고주파 전기 활동(이른바 '경련tetanus')을 마취된 동물의 해마에 위치한 한 신경 경로에 인위적으로 적용했다. 그러자 시냅스 세기의 증가가 일어나 몇 시간 동안 지속되었다. 또 전기 활동을 반복해서 적용하자, 각성 상태에서 자유롭게 움직이는 동물에서는 시냅스 세기의 증가가 며칠, 심지어 몇 주 동안 지속되었다. 오늘날 우리는 이런 유형의 강화를 단일한 과정이 아니라 여러 유사한 과정들의 집합으로 이해한다. 그 과정들 각각은 조금씩 다른 2차 전달자 분자들을 사용한다.

그 2차 전달자 분자들 중 일부는 시냅스후 뉴런에 작용하고, 다른 일부는 시냅스전 뉴런에 작용하며, 또 다른 일부는 양쪽 시냅스 모두에 작용한다. 이 유사한 과정들을 통틀어 장기 강화라고 한다. 또는 더 자주 쓰는 용어로, 장기 증강long-term potentiation, LTP이라고 한다.

장기 증강은 여러 특징을 가지고 있어서 저장 메커니즘으로 적합하다.

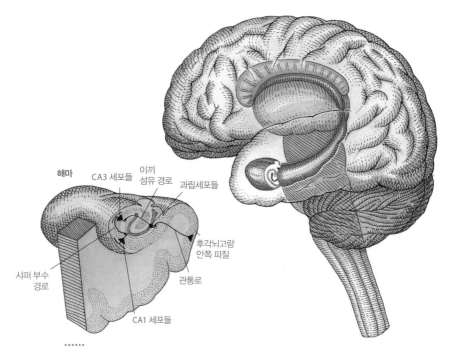

해마 CA3 세포들 이끼 섬유 경로 과립세포들

후각뇌고랑 안쪽 피질

샤퍼 부수 경로

관통로

CA1 세포들

‥‥‥‥‥
인간의 해마는 크기가 아동의 엄지손가락 정도인 작은 구조물이며 안쪽 관자엽 깊숙한 곳에 위치한다. 해마로 흘러들고 또 통과하는 정보는 왼쪽 단면도에 표시된 주요 경로 3개를 거친다. 관통로perforant pathway는 후각뇌고랑 안쪽 피질부터 치아이랑의 과립세포들까지 이어진다. 이끼 섬유 경로mossy fiber pathway는 치아이랑의 과립세포들부터 해마 CA3 구역의 추체세포들까지 이어진다. 마지막으로 샤퍼 부수 경로Schaffer collateral pathway는 CA3 구역부터 CA1구역까지 이어진다.

첫째, 장기 증강은 정보가 해마로 흘러들 때 거치는 주요 경로 두 개 모두에서 일어난다. 즉, 후각뇌고랑 안쪽 피질부터 CA1 구역의 추체세포들까지 직접 이어진 템포로암모닉 경로temporo-ammonic pathway에서도 일어나고, 간접 경로의 세 구간, 곧 관통로, 이끼 섬유 경로, 샤퍼 부수 경로에서도 일어난다. 둘째, 장기 증강은 신속하게 일어난다. 고주파 전기 자극의 연쇄를 단 한 번만 가해도 시냅스 연결의 세기가 두 배로 증가할 수 있다.

셋째, 장기 증강이 일단 일어나면 한 시간 이상 안정적으로 유지된다. 7장에서 보겠지만, 경련tetanus을 반복하는 횟수에 따라서 심지어 며칠 동안 장기 증강이 유지되기도 한다. 요컨대 3장에서 다룬 군소에서의 장기 강화와 마찬가지로, 장기 증강은 기억 과정의 특징들을 지녔다. 장기 증강은 적당한 시냅스들에서 신속하게 일어날 수 있고 오랫동안 지속한다.

물론 이상적인 기억 과정의 특징들을 지녔다는 이유만으로 장기 증강이 살아 있는 동물에서 기억 저장을 위해 사용되는 메커니즘이라고 단정할 수는 없다. 그러나 장기 증강이 기억에서 실질적이고 인과적인 역할을 한다는 것을 보여줄 수 있다면, 서술기억의 저장 메커니즘을 연구할 기회가 크게 확장될 것이다. 일상적인 상황에서 서술기억의 산출에 관여하는 신경 활동을 연구하기는 어려운 반면, 장기 증강은 실험실의 통제된 상황에서 산출된다. 그런 통제된 상황은 기억의 분자적 메커니즘을 밝혀내는 작업을 한결 쉽게 해준다.

장기 증강은 해마와 여러 대뇌피질 구역의 시냅스들에서 일어나지만, 장기 증강을 유발하는 메커니즘이 모든 곳에서 동일하지는 않다. 오히려 장기 증강 메커니즘은 시냅스마다 다를 뿐 아니라 심지어 자극의 패턴이나 주파수가 다르면 동일한 시냅스에서도 다를 수 있다. 그 메커니즘들은 적어도 두 가지 주요 유형으로 분류된다는 것이 상세한 연구들에서 드러났다. 즉, 비연결성nonassociative 장기 증강과 연결성associative 장기 증강이 있다.

이끼 섬유 경로에서의 장기 증강

치아이랑은 후각뇌고랑 안쪽 피질에서 정보를 받아 과립세포들을 통해 해마에 전달한다. 이 세포들의 축삭돌기는 이끼 섬유 경로라는 섬유 다발을 이뤄 해마 CA3 구역의 추체 뉴런들까지 뻗어 있다. 이끼 섬유들은 신경전달물질로 글루타메이트를 방출한다.

이끼 섬유들에서의 장기 증강은 군소의 감각뉴런들이 민감화를 겪을 때 일어나는 강화 현상과 여러 특징을 공유한다. 민감화에 기여하는 장기 강화와 마찬가지로, 이끼 섬유 장기 증강은 비연결적이다. 즉, 시냅스후 활동이나 거의 같은 때에 도착하는 다른 신호들에 의존하지 않는다. 이 형태의 장기 증강은 오직 시냅스전 뉴런에서의 폭발적이고 단기적인 고주파 신경 활동과 그에 따른 칼슘 유입에만 의존한다. 이렇게 시냅스전 뉴런으로 칼슘이 유입되면, 잘 알려진 단계들을 거치는 과정이 시작된다. 구체적으로, 우선 칼슘이 칼슘-칼모듈린 의존 (1형) 아데닐시클라아제를 활성화한다. 이 효소는 환상AMP의 농도를 높이는 작용을 한다. 또 환상AMP는 환상AMP 의존 단백질 키나아제(PKA)를 활성화한다. 앞서 언급했듯이 환상AMP 의존 단백질 키나아제는 단백질에 인산기를 붙임으로써 일부 단백질을 활성화하고 다른 일부를 억제한다.

군소에서는 중간뉴런이 방출한 세로토닌이 뉴런 활동을 조절하여 장기 강화를 일으킬 수 있다. 이와 유사하게 이끼 섬유 장기 증강도 조절성 입력의 영향을 받는다. 그러나 이 경우에는 노르에피네프린(노르아드레날린)이 신경전달물질로 쓰인다. 이 입력 물질은 자신과 결합하는 수용체를

과정에 끌어들이고, 이 수용체는
아데닐시클라아제를 활성화한다.
이는 군소에서 세로토닌이 아데닐
시클라아제를 활성화하는 것과 마
찬가지다.

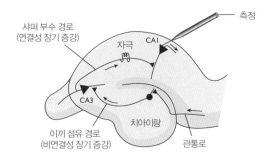

다양한 활성화 패턴들이 다양
한 형태의 장기 증강을 산출한다
는 정설에 어긋나지 않게, 뉴욕 알
베르트 아인슈타인 의과대학의 권
형배Hyung-Bae Kwon와 파블로 카
스티요Pablo Castillo, 그리고 포르
투갈 코임브라 대학의 넬슨 레볼
라Nelson Rebola와 동료들은 짧은
자극 연쇄를 반복해서 가하면(이는
이끼 섬유 장기 증강을 산출할 때 통
상적으로 쓰는 자극 방법과 다르다)
NMDA 수용체의 활성화에 의해

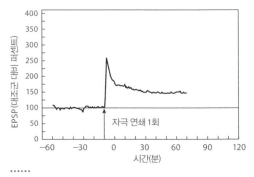

......
장기 증강(LTP)을 CA3 구역에서 CA1 구역으로 이어진 샤퍼 부
수 경로에서 측정하는 실험이다. 위: 실험의 개요. 전기 자극 연
쇄를 샤퍼 부수 경로에 1초 동안 100헤르츠로 단 한 번 가하
고, CA1 세포들이 산출하는 흥분성 시냅스후 전위excitatory
postsynaptic potential(EPSP)를 측정한다. 아래: 화살표로 표시
한 시점에 자극 연쇄를 단 한 번 가하자 CA3 뉴런들과 CA1뉴런
들 간 시냅스 연결의 세기가 증가한다. EPSP를 기준으로 측정한
이 세기 증가는 한 시간 넘게 유지된다.

매개되며 시냅스전 메커니즘이 아니라 시냅스후 메커니즘에 의해 유발되
는 다른 형태의 장기 증강이 산출된다는 것을 발견했다.

이끼 섬유 경로가 해마에서 결정적인 위치를 차지한다는 것을 감안할
때, CA3 구역 추체세포들의 점화에 영향을 끼치는 그 경로에서의 장기
증강을 차단하면 공간기억 형성에 지장이 생기리라고 예상할 만하다. 그

러나 놀랍게도, 공간기억에서 이끼 섬유 경로가 하는 역할에 대한 연구들은 그 경로가 기껏해야 부차적인 역할을 한다는 것을 시사한다. 시애틀 소재 워싱턴 대학의 유진 브랜던Eugene Brandon과 스탠 맥나이트Stan McKnight, 그리고 루시코 부르츌라즈Rusiko Bourtchouladze, 황얀유Yan-You Huang, 캔델은 환상AMP 의존 단백질 키나아제가 관여하는 이끼 섬유 장기 증강에 결함을 가진 돌연변이 생쥐들이 공간 및 맥락 관련 과제를 정상적으로 학습한다는 것을 발견했다. 관련 연구에서 매사추세츠 공대의 나카자와 가츠토시Kazutoshi Nakazawa, 토네가와 스스무Susumu Tonegawa 등은 CA3 뉴런들에 NMDA 수용체가 없는 돌연변이 생쥐들도 정상적인 공간 학습 능력을 나타냄을 발견했다. 비록 연구진이 기억 검사를 위해 제시하는 큐의 개수를 줄이자, 그 생쥐들은 공간기억의 인출에서 결함을 보였지만 말이다. 요컨대 이끼 섬유 회로는 몇몇 조건 아래에서만 기억 인출을 위해 중요한 것으로 보인다.

이처럼 이끼 섬유 장기 증강의 정확한 역할은 아직 불분명하지만, 다른 해마 경로들인 샤퍼 부수 경로와 템포로암모닉 경로에서의 장기 증강과 서술기억 사이의 관계는 더 잘 밝혀져 있다.

샤퍼 부수 경로에서의 장기 증강

해마 CA3 구역의 추체세포들은 CA1 구역의 세포들을 향해 축삭돌기를 뻗어 샤퍼 부수 경로를 형성한다. 샤퍼 부수 경로의 말단들도 글루타메이트를 신경전달물질로 방출하지만, 이끼 섬유 시스템과 달리, 샤퍼 부수 경로에서의 장기 증강은 시냅스후 세포에서 NMDA 형type 글루타메이트 수용체가 활성화되어야만 유발된다. 즉, 이 형태의 장기 증강은 연결적이다. 시냅스전 세포와 시냅스후 세포가 함께 활동해야만 일어난다. 장기 증강의 메커니즘을 자세히 이해하려면 우선 장기 증강이 어떻게 일어나는지 이해해야 하고, 또한 일단 일어난 장기 증강이 어떻게 유지되는지 이해해야 한다.

영국 브리스틀에서 연구한 제프 왓킨스Jeff Watkins와 그레이엄 콜링리지Graham Collingridge의 노력을 통해 곧 밝혀졌듯이, 샤퍼 부수 경로에서 쓰이는 신경전달물질 글루타메이트는 한 가지 유형의 글루타메이트 수용체가 아니라 최소한 두 가지 유형의 글루타메이트 수용체에 작용한다. 그것들은 NMDA 수용체와 비-NMDA 수용체(다른 이름은 AMPA 수용체)다. NMDA 수용체 통로는 평소에는 기능하지 않는다. 그 이유는 파리 고등사범학교의 필리프 아셔Phillippe Ascher와 미국 국립보건원의 마크 메이어Mark Mayer, 개리 웨스트브룩Gary Westbrook에 의해 처음 밝혀졌다. 이들은 그 통로의 입구가 평소에는 마그네슘이온(Mg^{2+})으로 막혀 있으며 시냅스후 세포에서 특별히 강한 신호가 발생하여 안정막전위가 대폭 감소해야만(즉, 탈분극화가 일어나야만) 그 마개가 제거될 수 있다는 것을 발견했다. 인위적인 방법으로 시냅스전 세포를 고주파로 점화시키면, 시냅스후 세포에서 그런 강한 탈분극화 신호를 일으킬 수 있다. 그리고 그와 유사한 폭발적인 고주파 활동이 학습 경험 중에 자연적으로 일어날 수 있다고 여겨진다. 이 강렬한 점화 활동의 결과로 시냅스후 세포의 막전위

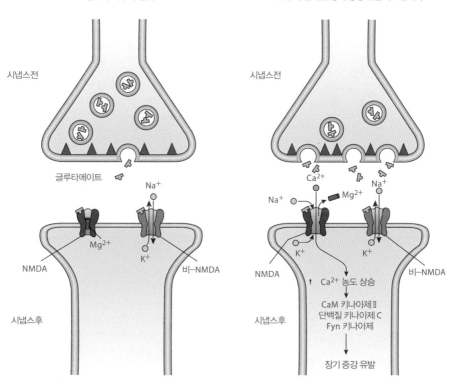

평소의 저주파 점화

고주파 점화는 장기 증강 유발의 조건이다

시냅스전

글루타메이트

Na⁺

Mg²⁺

K⁺

NMDA

비-NMDA

시냅스후

시냅스전

Ca²⁺

Na⁺

Mg²⁺

Na⁺

K⁺

K⁺

NMDA

비-NMDA

↑ Ca²⁺ 농도 상승

CaM 키나아제 II
단백질 키나아제 C
Fyn 키나아제

장기 증강 유발

시냅스후

......
장기 증강의 유발에서 NMDA 수용체의 역할.
왼쪽 평범한 시냅스 전달에서는 시냅스전 뉴런이 저주파로 점화하고, NMDA 수용체 통로는 마그네슘이
온(Mg^{2+})으로 막혀 있다. 그러나 나트륨이온(Na^+)과 칼륨이온(K^+)은 비-NMDA(AMPA) 수용체 통로로
시냅스후 뉴런에 진입함으로써 평범한 시냅스 전달을 매개할 수 있다.
오른쪽 장기 증강이 유발되려면, 시냅스전 뉴런이 고주파로 점화하여(경련하여) 시냅스후 세포의 막이
충분히 탈분극화되고 그 결과로 NMDA 수용체 통로가 뚫려 칼슘의 유입이 가능해져야 한다.

가 충분히 감소하면, NMDA 수용체 입구에서 마그네슘이온 마개가 떨어져 나가고 칼슘이온이 NMDA 수용체 통로로 시냅스후 세포에 유입될 수 있게 된다.

스웨덴 예테보리의 홀게르 빅스트룀Holger Wigström과 벵트 구스타프손Bengt Gustaffson은 명쾌한 연속 실험들을 통해, NMDA 수용체의 속성에 관한 이 같은 발견을 장기 증강의 맥락 안에 집어넣었다. 그들은 장기 증강이 시냅스전 뉴런의 점화를 요구할 뿐더러, 더 정확히는 그 점화가 반복적으로 일어나 시냅스후 뉴런을 대폭 탈

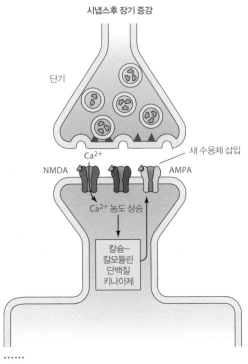

시냅스후 장기 증강

단기

Ca²⁺

NMDA

AMPA

새 수용체 삽입

Ca²⁺ 농도 상승

칼슘—칼모듈린 단백질 키나아제

⋯⋯⋯
샤퍼 부수 시냅스에서 통상적인 장기 증강 유지 메커니즘. 칼슘이 유입되면, 칼슘—칼모듈린 의존 단백질 키나아제가 활성화되고, 그 결과로 새로운 AMPA 수용체들이 시냅스후 세포의 막에 삽입된다.

분극화하고 그럼으로써 NMDA 수용체 통로 입구의 마그네슘이온 마개를 제거할 것을 요구한다는 것을 발견했다. 오직 그럴 때만 칼슘이온이 NMDA 수용체 통로들로 충분히 유입되고, 이에 따라 시냅스 전달을 영속적으로 향상시키는 일련의 단계들이 개시된다고 빅스트룀과 구스타프손은 주장했다. 이 발견은 1949년에 헵이 제기한 추측을 최초로 직접 입증했다는 점에서 흥미로웠다. 그 추측은 이것이다. "세포 A의 축삭돌기

가… 세포 B를 흥분시키고 반복적으로 혹은 끊임없이 B의 점화에 관여한다면, 한쪽 세포나 양쪽 세포 모두에서 어떤 성장 과정이나 대사적 변화가 일어나, B를 점화시키는 세포들 중 하나로서 A의 효율성이 증가한다." 이 속성을 나타내는 시냅스는 오늘날 '헵 시냅스Hebb synapse'로 불린다.

홀게르 빅스트룀과 벵트 구스타프손의 발견 후 얼마 지나지 않아, 어바인 소재 캘리포니아 대학의 개리 린치Gary Lynch와 샌프란시스코 소재 캘리포니아 대학의 로저 니콜Roger Nicoll은 칼슘이온의 NMDA 수용체를 통한 유입이 장기 증강 유발의 결정적 개시 신호라는 직접 증거를 각자 독립적으로 제시했다.

시냅스후 세포로 유입된 칼슘이온은 적어도 세 가지 단백질 키나아제를 활성화한다. 칼슘-칼모듈린 의존 단백질 키나아제 II(줄여서 CaM 키나아제 II), 단백질 키나아제 C, 티로신 키나아제 Fyn이 그것들이다. 이 키나아제들은 우리가 3장에서 본 환상AMP 의존 단백질 키나아제와 다르지만 유사한 기능을 하는 것으로 보인다. 즉, 이 키나아제들도 표적 단백질에 인산기를 붙이는 인산화 작용을 한다. 그 결과로 표적 단백질은 켜지기도(활성화되기도) 하고 꺼지기도(억제되기도) 한다. CaM 키나아제 II는 장기 증강의 개시를 위해 특히 중요하다. 오리건 주 볼룸 연구소Vollum Institute의 톰 소덜링Tom Soderling은 활성화된 CaM 키나아제 II가 시냅스후 세포에 있는 비-NMDA 수용체를 인산화하고, 그러면 이 수용체가 시냅스전 뉴런이 방출한 글루타메이트에 반응하는 능력이 향상된다는 것을 발견했다.

뿐만 아니라, 콜드 스프링 하버 연구소의 로베르토 말리노우Roberto

Malinow, 그리고 니콜 말렌카Nicoll Malenka와 로버트 말렌카Robert Malenka
는 CaM 키나아제 II의 작용이 AMPA 수용체들의 시냅스하 위치 제한
subsynaptic localization에도 영향을 끼쳐, 새 AMPA 수용체들이 이동해 와
서 시냅스후 세포의 시냅스 막에 삽입되는 결과를 가져옴을 발견했다. 말
리노우도 발견하고 니콜과 로버트도 발견했듯이, 극단적인 사례에 해당
하는 일부 시냅스에서는 시냅스후 막에 AMPA 수용체는 없고 NAMD
수용체들만 있을 수도 있다. NMDA 수용체는 일상적인 시냅스 전달
에는 관여하지 않으므로, 이런 극단적인 시냅스들은 장기 증강 이전에
는 고요하고 비효율적이다. 그러나 장기 증강이 일어나 시냅스후 막에 새
AMPA 수용체들이 삽입되면, 이 시냅스들은 일상적인 시냅스 전달에 기
여한다. 이 새로운 메커니즘은 시냅스후 세포에서 일어나는 변화가 어떻
게 장기 증강을 안정화하고 유지할 수 있는지 설명해주었다.

에든버러 대학의 리처드 모리스Richard Morris와 라이프니츠 신경생물
학 연구소의 율리에타 우타 프라이Julietta Uta Frey는 샤퍼 부수 경로에서
의 장기 증강이 지닌 특징 하나가 '시냅스 특정성synapse-specificity'임을 보
여주었다. 그러나 곧이어 콜드 스프링 하버 연구소의 카를 스보보다Karl
Svoboda와 크리스토퍼 하비Christopher Harvey는 특정 시냅스에서의 장기
증강이 다른 시냅스들에서 장기 증강의 발현을 가져오지 않는 것은 사실
이지만, 한 시냅스에서의 장기 증강이 그 시냅스에서 10마이크로미터 이
내에 위치한 시냅스후 가시spine들에서 장기 증강이 일어나는 데 필요한
문턱을 낮춤을 발견했다.

또한 이 단일한 시냅스 집합에서도 두 가지 이상의 장기 증강 메커니

즘이 존재한다고 믿을 근거가 있다. 무슨 말이냐면, 장기 증강이 통상적인 방식대로 100헤르츠에서 일어나면 오직 시냅스후 뉴런에서만 강화가 일어나는 반면, 200헤르츠에서 일어나는 장기 증강은 시냅스전 뉴런의 신경전달물질 방출도 강화한다.

이 두 상황에서 장기 증강의 유발은 시냅스후 사건(칼슘이온의 유입)을 필요로 하고, 장기 증강의 유지는 시냅스후 세포의 막에 AMPA 수용체가 삽입되는 것뿐 아니라 시냅스전 사건(신경전달물질 방출 확률의 증가)과도 관련이 있는 듯하므로, 시냅스후 뉴런에서 시냅스전 뉴런으로 역행retrograde 메시지가 전달되어야 한다는 생각을 해봄직하다. 이것은 전혀 새로운 생각이다. 라몬 이 카할이 20세기 초에 역동적 분극화dynamic polarization의 원리를 선언한 이래로 지금까지 연구된 모든 화학적 시냅스에서 정보가 한 방향으로만, 즉 시냅스전 세포에서 시냅스후 세포로만 흐른다는 것이 입증되었다. 그러나 샤퍼 부수 경로에서의 고주파 장기 증강은 추가 메커니즘을 필요로 하고 그 메커니즘은 신경세포의 소통에 관한 새로운 원리를 반영할 가능성이 있다. 칼슘 유입을 통해 활성화된 2차 전달자 경로들에 반응하여 시냅스후 세포가 어떤 신호를 방출하고 그 신호가 시냅스전 말단들로 역확산하여 활동전위가 신경전달물질 방출을 유발할 확률을 높일 가능성이 있다.

이 역행 신호가 정말로 존재한다면, 그 정체는 무엇일까? 그 신호는 어떻게 작동할까? 시냅스후 돌기에는 시냅스전 말단에 있는 방출 장치가 없다. 시냅스 소포도 없고 활성역도 없다. 따라서 역행 전달자는 소포 안에 저장된 물질이 아니라 필요할 때마다 합성되는 물질이며 일단 합성되

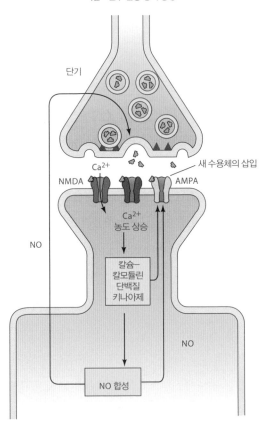

시냅스전후 협동 장기 증강

단기

Ca²⁺

새 수용체의 삽입

NMDA   AMPA

Ca²⁺
농도 상승

NO

칼슘—
칼모듈린
단백질
키나아제

NO

NO 합성

......

몇몇 특정한 패턴의 자극이 해마의 CA1 구역에서 유발하는 장기 증강의 유지는 시냅스후 뉴런의 막에 AMPA 수용체가 추가로 삽입되는 것뿐 아니라 시냅스전 뉴런의 신경전달물질 방출이 증가하는 것에도 의존한다. 이 증가는 칼슘 유입을 통해 '산화질소 합성효소NO synthase'라는 효소가 활성화되어 기체 전달자인 산화질소를 생산함에 따라 일어난다. 산화질소의 기능은 두 가지인 것으로 보인다. 시냅스후 뉴런에서 산화질소는 새로운 AMPA 수용체의 삽입을 촉진한다. 뿐만 아니라 산화질소는 시냅스후 뉴런에서 시냅스전 말단으로 확산하여 신경전달물질 방출을 촉진한다.

면 쉽게 시냅스후 세포 바깥으로 확산하여 시냅스 틈새 너머의 시냅스전 말단에 도달한다고 생각해봄직하다.

그런 물질의 가능한 후보 하나는 산화질소(NO)다. 산화질소는 새로운 전달자 유형의 훌륭한 예다.

산화질소는 '산화질소 합성효소NO synthase'라는 효소가 아미노산의 일종인 'ℓ-아르기닌L-arginine'을 재료로 삼아 생산하는 기체다. 산화질소의 확산 가능 거리는 세포 지름의 두세 배에 불과하다. 따라서 산화질소는 자유롭게 움직이지만 작용 거리가 한정되어 있다. 실제로 시냅스후 세포에서 산화질소가 방출될 경우, 그 산화질소가 늦지 않게 시냅스전 뉴런에 도착하여 그 뉴런의 활동과 동시에 작용할 때, 그리고 오직 그럴 때만 신경전달물질의 방출이 촉진된다. 이 특징은 군소에서 고전적 조건화에 기여하는 활동 의존성 시냅스전 강화의 특징과 유사하다. 에드 지프Ed Ziff와 뉴욕 대학 동료들, 그리고 컬럼비아 대학의 로버트 호킨스가 수행한 최근 연구들은 산화질소가 이중 기능을 하여 시냅스전 뉴런과 시냅스후 뉴런 모두의 가소성을 조절할 가능성을 흥미진진하게 시사한다. 시냅스후 세포에서 생산되는 산화질소는 거기에서는 새로운 AMPA 수용체들이 시냅스후 세포의 막에 삽입되는 것을 촉진하는 듯하다. 그러나 그뿐만 아니라 산화질소는 역방향으로 확산(역행 확산)하여 시냅스틈을 건너서 시냅스전 세포의 신경전달물질 방출을 촉진할 수 있다. 이 견해가 옳다면, 단일한 조절 메커니즘—산화질소—이 시냅스 전과 후에 모두 작용하여 양쪽 시냅스 성분을 조화롭게 강화한다는 결론을 얻을 수 있을 것이다.

장기 증강과 서술기억

우리가 지금까지 논한 장기 증강은 실험실에서 철저히 인위적인 방식으로 유발되는 현상이다. 따라서 우리는 장기 증강이 실제 기억의 저장 과정을 반드시 반영한다고 단언할 수 없다. 그러므로 우리는 두 가지 질문을 더 고려해야 한다. 기억 저장은 장기 증강을 이용할까? 만일 그렇다면, 장기 증강이 정확히 어떤 역할을 할까? 이 절에서 우리는 첫째 질문을 다루고 둘째 질문은 다음 절에서 다룰 것이다.

만일 장기 증강이 해마에서의 기억 저장을 위한 메커니즘의 하나라면, 장기 증강의 결함은 서술기억에 해를 끼쳐야 한다. 인간에서와 마찬가지로 쥐에서 해마의 손상은 새로운 공간기억, 즉 서술기억의 일종인 장소 기억의 형성에 해를 끼친다. 따라서 이런 질문을 제기할 수 있다. 장기 증강은 공간기억의 저장에 필수적일까? 장기 증강이 작동하지 않아도 공간기억이 저장될 수 있을까?

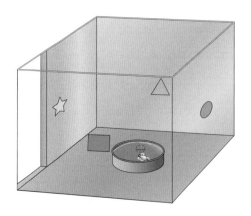

......
225쪽에서 보았듯이, 모리스 수중 미로 검사에서 생쥐는 탁한 액체 속에 숨어 있는 발판에 도달해야 한다. 정상 생쥐는 미로가 놓인 방의 벽에 표시된 공간적인 큐들을 이용하여 발판의 위치를 기억할 수 있다.

이 질문에 답하기 위한 첫 연구는 스코틀랜드 에든버러 대학의 리처드 모리스와 그의 동료들에 의해 이루어졌다. 5장에서 보았듯이 모리스는 쥐 (또는 생쥐)로 하여금 탁한 액체가 담긴 원형 풀에서 헤엄치면서 액체 속에 숨은 발판을 찾아내게 하는 공간기억 검사법을 개발했다. 실험자는 쥐를 풀 가장자리 임의의 지점에서 놓아준다. 첫 시도에서 쥐는 결국 우연히 발판을 발견한다. 다음 시도들에서 발판의 위치를 기억해내려면 쥐는 풀이 놓인 방의 네 벽에 표시된 공간적 큐들을 이용해야 한다. 이 큐들을 이용하려면 쥐는 서술기억을 형성하고 해마를 사용해야 한다. 대조적으로 이 검사의 단순한 비공간적(비서술적) 버전에서는 발판에 깃발을 설치하여 발판의 위치를 직접 노출시킨다. 이 검사에서 생쥐는 간단히 깃발을 향해 헤엄침으로써 발판에 도달할 수 있다.

NMDA 의존형 장기 증강이 공간기억에 필수적인지 검사하기 위해 모리스는 쥐의 해마에 NMDA 수용체를 무력화하는 억제제를 주입했다. 이런 식으로 장기 증강을 봉쇄하면, 쥐는 발판에 깃발을 설치하는 비공간적 버전에서는 발판을 찾아낼 수 있지만 공간적 버전에서는 과제 수행에 실패한다. 이 실험 결과는 해마에서 NMDA에 의존하는 모종의 시냅스 가소성 메커니즘이(어쩌면 장기 증강이) 공간 학습과 서술기억에 관여한다는 것을 시사한다.

그러나 행동이나 생화학적 경로를 분석하기 위해 억제제를 사용하는 연구 방법은 근본적인 문제를 안고 있다. 왜냐하면 억제제의 작용이 완전히 밝혀져 있지 않은 경우가 많기 때문이다. 예컨대 NMDA 수용체 억제제가 다른 수용체들도 봉쇄하거나 다른 분자들에도 영향을 미치고 이런 부수 작용이 실험 결과를 일으키는 것일 수도 있다. 이런 이유로 난관에 봉착했던 기억 연구는 1990년에 유전자 녹아웃 기법이 개발되면서 전환점을 맞이했다. 이 기법 덕분에 연구자들은 생쥐의 게놈에 속한 임의의 유전자를 조작할 수 있게 되었다. 따라서 특정 유전자를 조작하면 장기 증강과 기억에 어떤 영향이 미치는지 탐구할 수 있게 되었다.

DNA로 이루어진 유전자들에는 유기체가 생산할 수 있는 모든 단백질의 설계도가 들어 있다. 또한 유전자들은 복제 과정을 통해 이 정보를 한 세대에서 다음 세대로 전달한다. 유전자 각각은 (생쥐와 인간의) 다음 세대에게 자신의 복제본을 제공한다. 특정 유전자는 특정 단백질의 생산을 지휘하며, 그 단백질은 자신을 생산하는 세포 각각의 구조, 기능, 기타 생물학적 특징이 결정되는 데 관여한다.

유전자 조작 생쥐는 크게 두 부류, 곧 '녹아웃' 생쥐와 '유전자 이식 transgenic' 생쥐로 구분된다. 녹아웃 생쥐에서는 특정 유전자가 몸의 모든 세포에서 평생 동안 제거된다. 따라서 통상적인 녹아웃 생쥐를 이용한 실험은 경우에 따라 융통성과 정확성이 떨어진다. 왜냐하면 실험자가 특정 세포들에서만, 또는 특정 시간 동안만 표적 유전자의 활동을 제거하는 선택권을 가질 수 없기 때문이다.

유전자 이식 생쥐에서는 생쥐의 게놈에 추가 유전자—이식 유전자 transgene—가 (수정란에 DNA를 미량 주사하는 방법으로) 덧붙여진다. 이식 유전자는 특정 유전자의 야생형(자연형) 버전일 수도 있다. 이 경우에는 그 유전자의 산물이 과발현된다overexpressed. 또는 이식 유전자가 특정 유전자의 돌연변이 버전일 수도 있다. 이 돌연변이 버전은 그 유전자의 자연적 기능을 강화하거나 억제한다. 이식 유전자에는 적절한 촉진요소promoter element가 포함되어 있다. 이 요소는 그 유전자가 (시간적으로) 언제 (몸이나 뇌의) 어디에서 발현할지를 지시하는 DNA 서열이다. 적절한 촉진 요소를 포함시킴으로써 과학자는 유전자 조작의 효과가 예컨대 뇌의 나머지 부분이 아니라 일차적으로 해마에서 어떻게 나타나는지 연구할 수 있다.

1992년, 매사추세츠 공대와 솔크 연구소의 알사이노 실바Alcino Silva, 찰스 스티븐스Charles Stevens, 토네가와 스스무와 동료들, 그리고 컬럼비아 대학과 베일러 대학의 세스 그랜트Seth Grant, 톰 오델Tom O'Dell, 폴 스타인Paul Stein, 필립 소리아노Philip Soriano, 캔델과 동료들은 생쥐에서 장기 증강과 공간 학습을 연구하기 위해 녹아웃 기법을 적용했다. 이들은 (약학적 실험의 결과로 장기 증강에 중요하다고 추정된) 두 가지 2차 전달자 키나아제 중 하나나 다른 하나가 없는 생쥐가 장기 증강 기능의 감소도 나타냄을 발견했다. 그 키나아제들을 생산하는 유전자들을 녹아웃시키자 생쥐의 정상적인 행동에서는 눈에 띄는 악영향이 나타나지 않았다. 따라서 생쥐의 학습 및 기입 능력을 검사하는 것이 가능했다. 이런 식으로 연구한 결과, 그 두 가지 키나아제를 방해하면 공간기억도 방해된다는 것이 발견되었다. 생쥐는 훈련을 여러 번 거듭한 뒤에도 공간 미로에서 길을 잃었다.

장기 증강이 공간기억에서 중요한 역할을 한다는 더 직접적인 증거는 더 제한적인 방식으로 장기 증강에 해를 끼치는 유전자 손상을 가진 생쥐에 대한 연구에서 나왔다. 한 연구에서 매사추세츠 공대의 조 치엔Joe

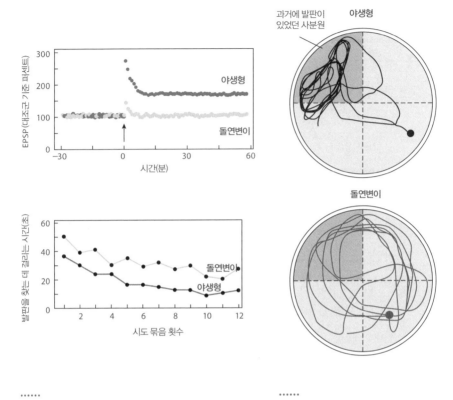

조 치엔과 토네가와 스스무가 생산한 생쥐들은 오직 해마의 CA1구역에 속한 NMDA 수용체들에만 결함이 있다. 구체적으로 그 수용체들에는 하부단위 하나가 빠져 있다. 이 생쥐들은 장기 증강과(위) 공간기억에서(아래) 문제를 보인다.

위 그래프 30분 동안의 기본 측정에 이어 1초 동안 100헤르츠로 고주파 전기 자극을 가한다. 그러자 돌연변이 생쥐의 CA1구역에서는 활동의 변화가 일어나지 않는다. 장기 증강이 봉쇄되어 있기 때문이다. 반면에 야생형 생쥐에서는 장기 증강이 유발된다.

아래 그래프 돌연변이 생쥐는 공간적 큐들을 이용하여 모리스 수중 미로 속 발판을 찾아내는 법을 학습하는 속도가 더 느리다. 돌연변이 생쥐는 훈련이 거듭됨에 따라 약간의 성취도 향상을 나타내지만 대조군 생쥐들이 도달하는 최적의 성취도에는 끝내 도달하지 못한다.

생쥐들에게 모리스 수중 미로 찾기 훈련을 시킨 다음에 발판을 치워버린다. 이 이상화된 그림에서 선은 야생형 생쥐와 돌연변이 생쥐의 전형적인 수영 경로를 나타낸다. 미로 찾기를 학습한 야생형 생쥐는 훨씬 더 많은 시간을 표적 사분원 안에서 보내는 반면, 똑같은 학습을 거친 돌연변이 생쥐는 모든 사분원에서 골고루 시간을 보낸다. 돌연변이 생쥐는 발판의 위치를 기억하는 정상적인 능력을 나타내지 않는다.

Tsien과 토네가와는 CA1 구역의 추체세포들에 있는 NMDA 수용체의 하부단위 하나만 선택적으로 녹아웃시켰다. 이 교란은 오로지 샤퍼 부수 경로에만 가해졌는데도, 생쥐는 CA1 구역에서 장기 증강의 뚜렷한 결함과 공간기억의 결함을 나타냈다. 이 결과는 CA1 구역의 추체세포들에 있는 NMDA 수용체 통로와 거기에서의 장기 증강이 공간기억에 중요하다는 강력한 증거다.

다른 한편으로 이 연구들은 새로운 질문을 야기한다. 이미 언급했듯이, 후각뇌고랑 안쪽 피질entorhinal cortex과 CA1 구역의 추체세포들을 잇는 경로는 두 개다. 즉, 관통로, 이끼 섬유 경로, 샤퍼 부수 경로가 잇달아 이룬 간접적인 3연접 경로trisynaptic pathway 말고도 직접적인 템포로암모닉 경로가 있다. 이 두 경로 중에서 어느 쪽이 더 중요할까? 토네가와의 실험실에서 이루어진 연구들은 샤퍼 부수 경로에서의 시냅스 전달만을 선택적으로 차단당한 생쥐를 검사했다. 놀랍게도 그런 생쥐는 공간적 큐의 개수를 극단적으로 줄이지만 않으면 거의 모든 공간적 과제를 완벽하게 수행했다. 이 결과는 공간기억을 위한 정보의 상당량이 직접적인 템포로암모닉 경로를 통해 헤미로 운반된다는 것을 시사한다. 매트 놀란 Matt Nolan, 스티븐 시겔봄, 캔델도 같은 결과를 얻었다. 이들은 HCN-1이라는, 템포로암모닉 경로가 끝나는 지점인 추체세포들의 정점 수상돌기apical dendrite 끄트머리에 풍부하게 있는 이온 통로를 녹아웃시킨 생쥐를 탐구했다. 그 끄트머리에서 HCN-1은 장기 증강을 억제하는 구실을 한다. 이 억제 요소를 가지지 않은 생쥐는, 샤퍼 부수 경로에서의 시냅스 전달과 장기 증강에 변함이 없더라도, 템포로암모닉 경로에서의 장기 증

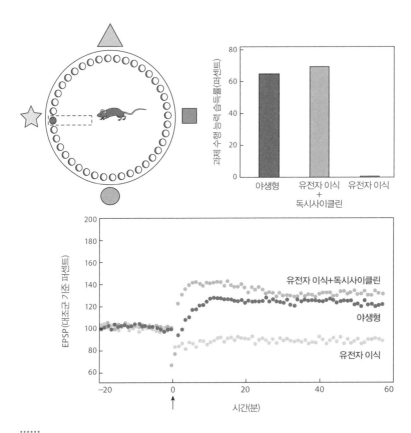

••••••
장기 증강과 공간기억을 방해하는 CaM 키나아제 II 이식 유전자를 지닌 생쥐는, 독시사이클린을 투여하여 그 이식 유전자를 끄면 정상적인 장기 증강과 공간기억을 보인다.

위 왼쪽 구멍 40개가 뚫린 원반 모양의 반즈 미로Barnes maze 한가운데 생쥐를 놓는다. 그 구멍들 중 하나(그림에서는 회색 구멍)는 탈출 통로로 이어진다. 생쥐는 오직 그 구멍으로 들어가야만 현재의 노출되고 밝은 환경에서 벗어날 수 있다. 수중 미로에서와 마찬가지로 생쥐가 그 구멍을 찾는 가장 효율적인 방법은 미로가 놓인 방의 네 벽에 표시된 큐들을 이용하는 것이다. 일반적인 실험에서는 탈출 통로로 이어진 구멍에 따로 표시를 하지는 않는다.

위 오른쪽 독시사이클린을 투여 받은 유전자 이식 생쥐는 야생형 생쥐 못지않게 과제를 수행하는 반면, 독시사이클린을 투여 받지 않은 유전자 이식 생쥐는 과제 수행 능력을 학습하지 못한다.

아래 흥분성 시냅스후 전위(EPSP)를 측정한 결과다. 1.5분 동안 10헤르츠로 자극을 가하면 일시적인 반응 저하에 이어 야생형 생쥐에서는 적당한 정도의 장기 증강이 일어나지만 유전자 이식 생쥐에서는 약간의 저하만 일어난다. 독시사이클린을 주사하면 유전자 이식 생쥐의 결함이 제거된다.

강이 강화되고 공간기억이 향상된다.

유전자 녹아웃은 아무리 제한적이라 하더라도 잠재적인 문제를 안고 있다. 유전자 녹아웃으로 인한 결함은 생애의 초기부터, 대개는 태어날 때부터 시작되기 때문에, 유전자 녹아웃 생쥐는 비정상적으로 발달할 가능성이 있다. 따라서 장기 증강과 공간기억의 결함이 어떤 발달상의 문제, 이를테면 샤퍼 부수 경로의 비정상적 배선에서 기인하는 것일 수도 있다. 이 가능성은 마크 메이퍼드Mark Mayford와 캔델이 생산한 두 번째 유형의 돌연변이 생쥐를 이용한 연구를 통해 감소되었다. 이 유형의 생쥐에서는 특정 약물을 투여함으로써 이식 유전자를 켜고 끌 수 있다. 메이퍼드와 캔델은 이런 생쥐의 해마 전역에서 돌연변이형 칼슘-칼모듈린 의존 키나아제가 과발현되게 만들었다.

이 과발현은 장기 증강의 저해와 공간기억의 결함을 가져왔다. 그러나 이식 유전자를 끄자, 장기 증강이 정상화되고 생쥐의 기억 능력이 회복되었다. 이 실험 결과들은 해마 CA1 구역 추체뉴런들에서의 장기 증강과 공간기억 사이에 모종의 연관성이 있다는 추론에 힘을 실어준다.

이런 여러 발견은 다음 단계의 질문들을 불러왔다. 왜 장기 증강을 방해하면 공간기억의 저장에 문제가 생길까? 어떻게 장기 증강이 공간기억의 저장으로 이어지는 것일까? 최근에야 명백해졌지만, 장기 증강은 해마에서 안정적인 공간 표상이 형성되는 데 필요한 듯하다.

유전자 녹아웃 제한하기

학습을 분석하는 생물학자들은 학습과 특정 분자들의 작용 사이의 인과관계를 밝혀내려 애쓴다. 과거에는 이 관계를 포유동물에서 밝혀내기가 어려웠지만, 지금은 선택적 유전자 녹아웃이나 이식 유전자를 이용하여 이 관계를 생쥐에서 더 효과적으로 탐구할 수 있다. 유전자 녹아웃을 이용하는 연구에서는 '상동재조합homologous recombination'이라는 과정을 통해 배아 줄기세포에서 특정 유전자를 제거한다. 상동재조합이란 유타 대학 소재 하워드 휴스 의학연구소의 마리오 카페키와 캐나다 토론토 대학의 올리버 스미시스가 생쥐 연구에 활용할 목적으로 개발한 유전학 기법이다(1장 참조).

통상적인 유전자 녹아웃 기법에서는 동물을 이루는 모든 유형의 세포에서 유전자가 제거된다. 이런 전면적global 유전자 녹아웃은 산출되는 비정상성의 원인을 뇌에 있는 특정 유형의 세포에 귀속시키는 것을 어렵게 만든다.

유전자 녹아웃 기법의 효용을 향상시키기 위해, 유전자 발현을 특정 구역에 국한하는 방법들이 개발되었다. 한 가지 방법은 Cre/loxP 시스템을 이용한다. 당신이 NMDA 수용체의 하부단위 하나(NMDA R1)의 코드를 보유한 유전자를 녹아웃시키려 하는데, 오직 해마의 CA1 구역에서만 그 녹아웃을 일으키려 한다고 가정해보자. 그렇다면 당신은 생쥐 집단 두 개를 마련해야 한다. 한 집단은 통상적인 기술로 번식시켰으므로 NMDA R1 유전자의 복제본 두 개를 지닌 생쥐들이다. 그 복제본 각각은 'loxP'라는 '인지 서열recognition sequence' 두 개 사이에 끼어 있다. loxP는 짧은 DNA 서열인데, 'Cre재조합효소'라는 효소가 이 서열을 인지한다. 두 번째 집단은 어떤 촉진요소(이 경우에

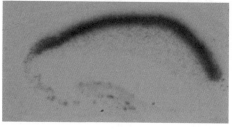

칼슘–칼모듈린 의존 키나아제를 담당하는 촉진요소에 의해 통제되는 Cre 이식 유전자는 CA1 구역에서만 효과를 발휘한다. 이 사실을 생쥐 뇌의 단면을 보여주는 위의 두 사진에서 확인할 수 있다. 베타갈락토시다제(β-galactosidase)를 물들이는 착색제를 써서 촬영한 저배율 현미경사진(위)과 고배율 현미경사진(아래)에서 Cre 재조합효소의 작용이 드러난다. Cre 재조합효소가 착색제를 흡수하여 파란색으로 물든 추체세포 층에서만 효과를 발휘했다는 것을 알 수 있다.

는 CaMKII 촉진요소)의 통제를 받는 Cre 유전자를 이식 유전자로 지닌 생쥐들이다. 아직 밝혀지지 않은 여러 이유 때문에, Cre 유전자가 CaMKII 촉진요소의 통제를 받으면, 이 유전자는 때때로 해마의 CA1 구역에서만 재조합을 일으킨다. 아마도 그 이식 유전자가 CA1 구역에서만 재조합을 일으키기에 충분한 양의 Cre재조합효소를 생산하기 때문일 것이다.

이제 두 집단을 교배시킨다. 그 결과로 태어나는 생쥐들 중 일부는 Cre 이식 유전자와 두 개의 loxP 사이에 낀 NMDA R1 유전자를 모두 가질 것이다. 이런 생쥐들에서는 Cre재조합효소가(이 효소가 다량으로 발현할 경우) loxP 서열들 사이에 낀 DNA를 재조합하여 NMDA R1 유전자를 잘라낼 것이다.

이식 유전자를 켜고 끄는 능력은 연구자에게 추가로 융통성을 제공한다. 뿐만 아니라 성숙한 동물에서 관찰되는 비정상성이 발달상의 문제에서 비롯될 가능성을 배제할 수 있게 해준다. 한 가지 방법은 약물을 적용하여 끌 수 있는 유전자를 구성하는 것이다. 장기 증강을 방해하며 필요에 따라 발현을 허용하거나 봉쇄할 수 있는 형태의 칼슘–칼모듈린 의존 키나아제를 과발현시키

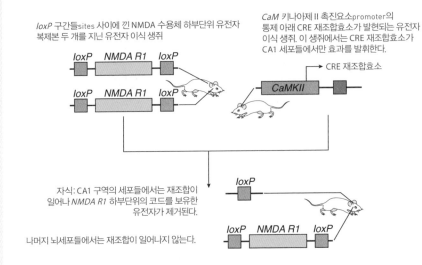

loxP 구간들sites 사이에 낀 NMDA 수용체 하부단위 유전자 복제본 두 개를 지닌 유전자 이식 생쥐

loxP NMDA R1 loxP

loxP NMDA R1 loxP

CaM 키나아제 II 촉진요소promoter의 통제 아래 CRE 재조합효소가 발현되는 유전자 이식 생쥐. 이 생쥐에서는 CRE 재조합효소가 CA1 세포들에서만 효과를 발휘한다.

CRE 재조합효소

CaMKII

자식: CA1 구역의 세포들에서는 재조합이 일어나 NMDA R1 하부단위의 코드를 보유한 유전자가 제거된다.

나머지 뇌세포들에서는 재조합이 일어나지 않는다.

loxP

loxP NMDA R1 loxP

유전자 녹아웃을 위한 Cre/loxP 시스템. 이 그림에서 녹아웃시키려는 표적 유전자는 NMDA 수용체를 담당하는 유전자다. NMDA 수용체는 하부단위 네 개로 이루어졌으므로, R1이라는 하부단위를 담당하는 유전자만 녹아웃시키면 이 수용체를 무력화할 수 있다. 이 그림과 다음 페이지의 그림이 표현하는 기법은 유전자 녹아웃을 아주 제한적인 방식으로 성취한다. 즉, 해마 CA1 구역의 추체세포들에서만 유전자 녹아웃을 일으킨다.

는 연구에서 바로 이 방법이 쓰였다. 이 경우에도 출발점은 두 계통의 생쥐들을 마련하는 것이다. 한 계통은 칼슘-칼모듈린 의존 키나아제(CaMKII)를 담당하는 이식 유전자를 가진 생쥐들인데, 이 이식 유전자는 정상적인 CaMKII 유전자 촉진요소를 포함하는 대신에 일반적으로 박테리아에만 있는 'tet-o'라는 촉진요소를 포함하고 있다. 이 촉진요소는 독자적으로는 CaMKII 유전자를 켤 수 없다. tet-o 촉진요소가 이 유전자를 켜려면 어떤 전사제어인자 transcriptional regulator의 도움이 필요한데, 둘째 계통의 생쥐들이 지닌 이식 유전자가 그 도움을 제공한다. 그 이식 유전자는 '테트라사이클린 트랜스액티베이터tetracycline transactivator, tTA'라는 잡종hybrid 전사제어인자를 담당하는

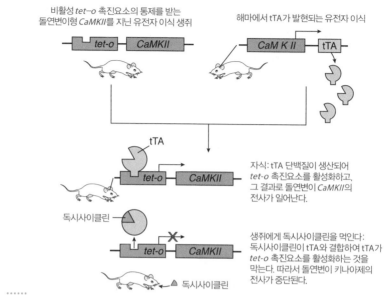

비활성 *tet-o* 촉진요소의 통제를 받는
돌연변이형 *CaMKII*를 지닌 유전자 이식 생쥐

해마에서 tTA가 발현되는 유전자 이식

tet-o   CaMKII

CaM K II   tTA

tTA

자식: tTA 단백질이 생산되어
tet-o 촉진요소를 활성화하고,
그 결과로 돌연변이 *CaMKII*의
전사가 일어난다.

tet-o   CaMKII

독시사이클린

tet-o   CaMKII

생쥐에게 독시사이클린을 먹인다:
독시사이클린이 tTA와 결합하여 tTA가
tet-o 촉진요소를 활성화하는 것을
막는다. 따라서 돌연변이 키나아제의
전사가 중단된다.

독시사이클린

독시사이클린을 적용하여 끌 수 있는 이식 유전자를 만들어내는 방법. 여기에서는 이 방법이 구성적 활성
을 지닌 형태의 칼슘-칼모듈린 의존 키나아제(*CaMKII*)의 발현을 통제하는 데 쓰인다.

유전자다. tTA는 *tet-o* 촉진요소를 인지하고 그것과 결합한다.

tTA의 발현은 어떤 촉진요소, 이 경우에는 *CaMKII* 촉진요소에 의해 통제
된다. 두 계통의 생쥐들을 교배시킬 때 태어나는 새끼들의 일부는 양쪽 이식
유전자를 모두 지닌다. 이런 생쥐에서는 tTA가 *tet-o* 촉진요소와 결합하여 돌
연변이 칼슘-칼모듈린 의존 키나아제 담당 유전자를 활성화하고, 이 돌연변이
키나아제는 장기 증강의 비정상성을 일으킨다. 그러나 생쥐에게 '독시사이클린'
이라는 약물을 투여하면, 이 약물이 tTA와 결합하여 tTA가 모양이 바뀌면서
tet-o 촉진요소에서 떨어지게 만든다. 그러면 세포는 칼슘-칼모듈린 의존 키
나아제의 과발현을 멈추고, 장기 증강이 정상화된다.

안정된 공간 지도의 형성

1971년, 런던 유니버시티 칼리지의 존 오키프John O'keefe와 존 도스트로프스키John Dostrovsky는 해마가 공간적 환경에 대한 내적 표상—인지 지도—을 형성할 수 있다는 것을 이례적으로 발견했다. 특정 공간에서 동물의 위치가 동물의 해마에 있는 추체세포들의 점화 패턴에 코드화encode될 수 있다는 것이다. 그런데 해마의 추체세포들은 장기 증강을 겪는 세포들이기도 하다.

생쥐의 해마에는 추체세포가 약 100만 개 있다. 이 세포들 각각이 환경의 특징들과 그 특징들의 상호관계를 코드화할 수 있다. 추체세포가 효과적으로 코드화하는 특징 하나는 장소다. 장소에 관한 정보를 코드화하는 추체세포를 일컬어 '장소 세포place cell'라고 한다. 동물이 익숙한 환경에서 이리저리 돌아다니면서 다양한 구역들에 진입하면, 해마에 있는 다양한 장소 세포들이 점화한다. 이를테면 일부 세포들은 동물의 머리가 주어진 공간의 특정 위치에 진입할 때만 점화한다. 반면에 다른 세포들은 동물이 같은 공간의 다른 위치에 진입할 때 점화한다. 요컨대 생쥐의 뇌는 생쥐가 돌아다니는 공간을 조금씩 겹치는 다수의 장들fields로 분할하고, 각 장에 해마의 한 지점이 할당된다. 생쥐는 이런 식으로 주변 환경의 공간 지도를 작성한다고 여겨진다. 동물이 새 환경에 들어서면, 새로운 장소 장들이 몇 분 내에 형성된다.

이 연구가 발판이 되어, 해마가 동물의 현재 환경에 관한, 지도와 유사한 표상을 보유하며, 해마 장소 세포들의 점화가 그 환경 안에서 동물의

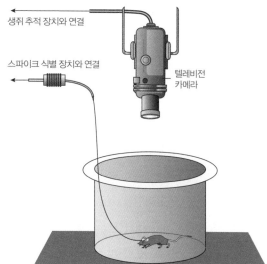

생쥐 추적 장치와 연결

스파이크 식별 장치와 연결

텔레비전
카메라

매순간 위치를 알려준다는 생각이 제기되었다. 이 장소 지도는 뇌 속의
복잡한 내적 표상들 가운데 가장 잘 이해되어 있는 사례이며 진정한 의
미의 인지 지도다. 이 지도는 예컨대 시각 시스템이나 체감각 시스템에서
발견된 고전적인 감각 지도와는 여러 면에서 다르다.

　감각 지도들과 달리 장소 지도는 지형학적이지topographic 않다. 무슨
말이냐면, 해마에서 인접한 세포들은 환경에서 인접한 구역들을 표상하
지 않는다. 뿐만 아니라 장소 세포들의 점화는 적당한 감각 큐들을 제거
한 다음에도, 심지어 어둠 속에서도 아랑곳없이 일어날 수 있다. 다시 말
해 장소 세포의 활동은 감각 입력에 의해 조절될 수 있기는 하지만, 감각
시스템에 속한 뉴런들의 활동처럼 감각 입력에 의해 지배되는 것은 아니
다. 장소 세포들은 현재의 감각 입력을 지도로 표상하는 것이 아니라 동

물의 공간적 위치에 대한 동물 자신의 생각을 지도로 표상하는 것으로 보인다. 서술기억의 결정적인 특징 하나는 회상에 의식적 주의집중이 필요하다는 점이다. 실제로 마이클 로건Michael Rogan, 이사벨 무치오Isabel Muzzio, 캔델이 발견했듯이, 장소 세포 지도의 안정적인 유지를 위해서는 공간에 대한 선택적 주의집중이 필수적이다.

공간에 관한 정보는 어떻게 해마에 도달할까? 후각뇌고랑 안쪽 피질은, 공간 표상의 형성에 필요한 상위 감각 정보—시각, 촉각, 후각, 자기 수용감각proprioceptive sense 정보—를 지닌 연합피질들association cortices 과 해마 사이에서 접속 장치의 구실을 한다. 노르웨이 트론헤임의 에드바드 모저와 메이 브리트 모저May Britt Moser 등은, 후각뇌고랑 안쪽 피질 중심부medial entorhinal cortex가 환경 안에서 동물의 변화하는 위치를 표상하는 2차원 계량 지도metric map를 보유한다는 것을 발견했다. 이 지도는 뇌의 좌표계의 일부로서 동물의 위치를 표상하지만 해마의 장소 세포들이 공간을 표상할 때와는 전혀 다른 방식으로 그렇게 한다.

후각뇌고랑 안쪽 피질 중앙부가 보유한 지도의 핵심 특징 하나는 여러 점화 지점에서 활동전위를 점화하는 신경세포들의 존재다. 모저 부부는 이 신경세포들을 '격자 세포grid cell'로 명명했다. 격자 세포들은 어느 환경에서나 활동하며, 격자 세포들의 고유한 점화 패턴은 환경이 바뀌어도 그대로 유지된다. 이 사실은 격자 세포들이 뇌에 자기 위치를 코드화하기 위한, 지형의 특징에 의존하지 않는 보편적 메커니즘의 일부일 가능성을 시사한다. 격자 세포들은 해마로 축삭돌기를 뻗으며, 해마의 장소 세포들에 주요 피질 입력을 제공한다. 해마의 장소 세포들은 간격과 방향이 다양한 여러 격자 세포들에서 오는 입력들을 종합함으로써 단일한 위치에 국한된 점화 장들을 형성하는 것일지도 모른다. 격자 세포들과 달리 장소 세포들의 점화는 매우 맥락–특정적이다. 이 사실은 격자 세포들에서 온 장소 관련 입력이 다른 출처들에서 온 비공간적 입력과 통합되어 매우 세분화되고 경험–특정적인 표상이 형성된다는 것을 시사한다.

장소 세포들이 실험에서 장기 증강을 겪는 추체세포들이기도 하다는 사실은 여러 흥미로운 질문들을 유발했다. 장소 장들은 몇 분 안에 형성되고, 일단 형성된 장소 장들이 이룬 지도는 여러 주 동안 안정적으로 유지될 수 있다. 장소 장들이 형성되는 메커니즘과 일단 형성된 장소 장들이 보존되는 메커니즘은 무엇일까? 장기 증강은 장소 장들의 형성에 중요할까? 또는 장소 장들의 유지에 중요할까? 장기 증강을 방해하고 공간기억을 망치는 개입들은 장소 세포들과 공간 표상에 해를 끼침으로써 그런 효과를 발휘하는 것일까?

방금 고찰한 두 유형의 돌연변이에 대한 연구들은 이 질문들과 무관하지 않다. 왜냐하면 그 돌연변이들은 각각 다른 방식으로 장기 증강을 방해하기 때문이다. 한 유형에서는 CA1 구역의 추체세포들이 가진 NMDA 수용체가 선택적으로 녹아웃되고, 그 결과로 샤퍼 부수 경로에서의 장기 증강이 완전히 봉쇄되었다. 다른 유형에서는 칼슘–칼모듈린 의존 키나아제 II가 해마 전역에서 과발현하여 장기 증강을 방해했다. 그러나 양쪽 돌연변이 생쥐 모두에서, 생쥐를 새로운 환경에 놓으면, 장소 장들이 정상적으로 형성되었다. 아마도 이 필수적인 공간 정보가 직접적인 템포로암모닉 경로를 통해 해마에 도달하기 때문일 것이다.

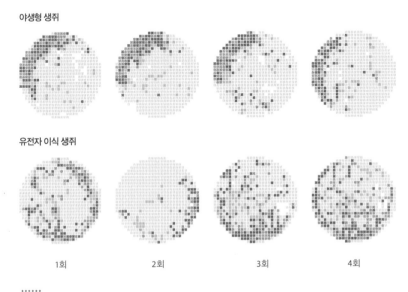

야생형 생쥐

유전자 이식 생쥐

| 1회 | 2회 | 3회 | 4회 |

∴∴∴∴∴∴
장소 세포 하나의 활동을 잇따라 4회 기록하여 얻은 점화율 패턴들. 보라색이나 빨간색 같은 어두운 색들
은 높은 점화율을, 노란색은 점화율이 0임을 의미한다. 매회 기록에 앞서, 동물을 원형 우리에서 꺼냈다가
다시 집어넣는다. 기록 도중에 생쥐는 우리 안의 모든 구역을 골고루 돌아다닌다. 그러나 장소 세포 각각은
생쥐가 특정 위치에 도달할 때만 점화한다. 특정 장소 세포가 점화할 때 동물의 위치는 매회의 기록에서 동
일하다. 야생형 생쥐의 장소 세포가 점화하는 패턴은 일정하다. 반면에 칼슘-칼모듈린 의존 키나아제를
과발현시키는 유전자를 지닌 생쥐의 장소 세포에 대응하는 위치 장은 불안정하다.

장기 증강은 비록 장소 세포의 형성에는 필요하지 않지만 장소 세포의 속성들의 미세 조정에는 필요하며 특히 장소 장이 오랫동안 안정성을 유지하는 데 필요하다. 언급한 돌연변이 생쥐 유형 각각에서, 장기 증강의 결함은 장소 세포의 특정 속성들에 해를 끼쳤다. 정상 생쥐에서는 인접한 장소 장들에 대응하는 세포들이 비교적 동시에 점화한다. 한 세포가 점화하면, 다른 세포도 점화하는 경향이 있다. 매사추세츠 공대의 T. J. 맥휴T. J. McHugh, 매튜 윌슨Matthew Wilson 등은 이 상관 점화가 CA1 구역에 NMDA 수용체가 없는 생쥐에서는 일어나지 않는다는 것을 발견했다. 다운스테이트 의료 센터와 컬럼비아 대학의 알렉스 루텐버그Alex Routenberg, 로버트 멀러Robert Muller 등이 발견했듯이, 칼슘-칼모듈린 의존 단백질 키나아제를 과발현하는 생쥐에서는 장소 장들이 장기적으로 불안정하다. 한 환경에 놓였던 동물을 다른 곳으로 옮겼다가 어느 정도 시간이 지난 뒤에 다시 원래 환경에 놓는 일을 반복하면, 동물이 다시 원래 환경에 놓일 때마다 장소 세포들은 다른 장소 장들을 형성한다. 이 같은 장소 장의 불안정성은 동물의 공간 과제 학습 및 기억 능력에 심각한 악영향을 끼친다고 여겨진다. 한 훈련 회차에서 얻은 정보는 망실되고, 다음 훈련 회차에서 동물은 마치 과제를 처음 접한 것처럼 행동한다. 만일 장소 세포가 인지 지도의 기본 요소라면, 장소 세포들의 불안정성은 지도 전체의 불안정성을 초래할 것이다. 그런 불안정한 지도는 조만간 길 찾기에 이용할 수 없게 될 것이다. 실제로 이 유형의 돌연변이 생쥐가 보이는 행동은 안쪽 관자엽이 손상되어 기억 결함을 얻은 인간 환자의 행동과 매우 유사하다. 환자 H. M.과 E. P.에게 여러 회차로 구성된 학습을 시킬 경우, 이들에게는 매 회차가 첫 회차와 마찬가지다. 이들은 이미 학습을 받은 적이 있다는 것을 기억하지 못한다. 심지어 학습을 시키는 심리학자조차 알아보지 못한다.

이 모든 실험들에서 서술기억을 만들어내는 (분자부터 정신까지 이어진) 인과사슬의 첫 번째 고리에 대한 지식을 얻을 수 있다. 이 실험들은 유전자가 세포들 간 연결에 어떤 영향을 미치는지, 이 영향으로 인한 변화가 동물의 복잡한 행동을 이끄는 내적 표상에 어떤 영향을 미치는지 알려준다. 구체적으로, 해마의 CA1 추체세포들에서의 장기 증강을 방해하면, 장소 장들의 정상 기능—내적인 공간 표상—도 방해 받는다. 더 정확히 말해서 장기 증강의 결함은 공간 지도의 장기적 안정성에 악영향을 끼친다. 그리고 공간 지도의 불안정성은 행동의 수준에서 불안정한 공간기억으로 표출된다.

이 실험들의 대다수는 CA1 구역에 있는 장소 세포들의 장기 증강을 방해하며 이 세포들로 들어오는 두 가지 입력을 명확히 구분하지 않는다. 즉, 후각뇌고랑 안쪽 피질에서 오는 직접 경로와 CA3 세포들에서 오는 간접 경로를 명확히 구분하지 않는다. 그러나 최근 연구들은, 공간기억과 마찬가지로 장소 세포의 기능도 직접 경로에 의존할 가능성이 있다는 것을 시사한다. 예컨대 모저 부부와 동료들은 뇌 손상으로 샤퍼 부수 경로가 차단된 쥐들을 연구했다. 이 동물들에서 장소 세포의 활동은 그런 손상에도 불구하고 정상적이었다.

장기 증강의 향상은 기억 저장의 향상을 가져온다

앞서 보았듯이, 조 치엔과 동료들이 NMDA 수용체의 하부단위 하나를 녹아웃시키자, CA1 구역에서의 장기 증강만 저해된 것이 아니라 공간 기억과 (장소 장 지도에 대한 연구에서 명백히 드러났듯이) 해마가 보유한 공간 지도도 저해되었다. 현재 조지아 의과대학에서 일하는 치엔과 동료들은 역방향의 실험도 실시했다. 이들은 CaM 키나아제 촉진요소를 이용하여 NMDA 수용체의 하부단위 하나를 과발현시킴으로써, 장기 증강을 유발하는 고주파 자극이 가해지는 동안 CA1 추체세포들에 더 많은 칼슘이온이 유입되게 만들었다. 이들의 발견에 따르면, 이렇게 시냅스후 세포로 유입되는 칼슘이온이 증가하면 장기 증강과 공간기억과 해마에 의존하는 기타 형태의 기억들이 향상된다. 우리는 기억 향상이라는 주제를 7장에서 다시 다룰 것이다.

서술기억 저장과 비서술기억 저장 사이의 몇 가지 흥미로운 유사성

한 가지 흥미로운 발견은, 우리가 해마에서 밝혀낸 이끼 섬유 경로 및 샤퍼 부수 경로 장기 증강의 메커니즘들이 서술기억에만 쓰이는 것이 아니라 조금씩 변형된 모습으로 두루 쓰인다는 점이다. 예컨대 이끼 섬유 장기 증강을 위한 메커니즘들은 우리가 3장에서 살펴본 군소에서 민감화에 기여하는 세로토닌 매개 시냅스전 강화를 위한 메커니즘들과 유사하다. 마찬가지로 샤퍼 부수 경로 장기 증강을 위한 NMDA 수용체 메커니즘들은 군소에서 고전적 조건화에 기여하는 활동 의존성 시냅스전 강화를 위한 메커니즘들과 닮았다. 이 메커니즘들은 시각 피질에서도 작동할 가능성이 있다. 거기에서 이 메커니즘들은 정상적인 발달의 후기에 시냅스 연결의 미세 조정에 관여한다고 여겨진다.

이처럼 서술기억과 비서술기억의 논리적 해부학적 차이에도 불구하고, 이 두 기억 시스템이 사용하는 기본적인 단기 저장 메커니즘들은 서로 유사하다. 7장에서 보겠지만, 단기기억을 장기기억으로 변환하는 메커니즘들을 살펴보면, 이 유사성은 더욱 뚜렷해진다.

7

단기기억에서 장기기억으로

....

로이 리히텐슈타인 Loy Lichtenstein, **〈그 멜로디가 내 몽상에서 떠나지 않아요**The Melody Haunts My Reverie〉**(1965)**
팝아티스트 리히텐슈타인(1923~1997)은 만화 속 인물들을 이용하여 당대의 문화를 풍자하는 동시에
만화의 단순성이 연상시키는 더 단순했던 과거를 회상한다. 이 작품에서 그는 호기 카마이클Hoagy Carmichael의
아름다운 노래 '별 먼지Stardust'를 넌지시 언급한다.

1997년 8월 31일 새벽, 웨일즈의 공주 다이애나는 파리 알마 광장 아래의 지하도에서 어처구니없는 자동차 사고로 목숨을 잃었다. 같은 자동차에 탄 그녀의 운전사 헨리 폴과 애인 도디 알 파예드는 현장에서 사망했다. 공주는 몇 시간 후 인근의 '피티에 살페트리에르' 병원에서 숨을 거뒀다. 유일한 생존자는 공주의 경호원 트레버 리스-존스였다. 심하게 다친 그는 턱뼈가 산산조각 났고 뇌진탕으로 의식을 잃었다. 나중에 조사에서 드러났지만, 헨리 폴은 운전 중에 술을 마시고 있었다. 그의 혈중 알코올 농도는 법정 한계치의 네 배에 달했다. 그러나 폴의 음주가 사고의 유일한 원인이라고 단정할 수는 없다. 사고 장면을 가까이에서 목격한 프랑수아 라 비François La Vie는 공주가 탄 검은색 벤츠가 파파라치가 탄 오토바이들에 둘러싸인 채 지하도에 진입했는데 사고 직전에 오토바이 한 대가 벤츠 앞을 가로막았다고 프랑스 경찰에 진술했다. 그 오토바이가 공주의 자동차 앞을 가로막는 순간, 파파라치들 중 한 명이 플래시를 터뜨리는 것을 라 비는 보았다. 그의 증언에 따르면, 그 플래시가 헨리 폴의 시야를 가려 사고를 유발했을 가능성이 있다.

리스-존스는 다이애나와 함께 사고를 당한 사람들 중에서 사고 경위를 증언할 수 있는 유일한 인물이었다. 그러나 그는 뇌진탕의 여파로 며칠 동안 혼수상태에 빠졌다. 마침내 의식을 되찾은 그는 자신이 그 벤츠 차량에 탑승하여 안전벨트를 착용했던 것을 기억했다. 그러나 사고에 대해서는 아무것도 기억하지 못했다. 리스-존스가 사고 순간까지의 모든 일을 경험하고 단기기억에 저장했다는 것은 어느 모로 보나 의심할 수 없는 사실이다. 그런데도 사고 후에 그는 그 모든 일을 전혀 기억하지 못했다. 그 비극적인 사고의 유일한 생존자는 결정적인 기억 결함 때문에 아무것도 증언할 수 없었다. 무엇이 그 기억 결함을 초래했을까? 리스-존스의 기억상실증은 무엇에서 비롯되었을까?

단기기억이 장기기억으로 바뀌려면 어떤 변환 스위치가 작동해야 하며 이 변환 이전의 기억은 (특히 뇌에 부상을 당할 경우) 쉽게 망가진다는 것을 과학자들은 거의 100년 전부터 알았다. 요컨대 리스-존스의 사례에서 사고 직전에 일어난 사건들은, 그 변환 스위치가 작동하지 않았기 때문에, 안정적인 장기기억에 진입하지 못했던 것이다.

이런 기억 결함을 역행성 기억상실증retrograde amnesia이라고 하는데, 덜 심각한 역행성 기억상실증은 흔히 발생한다. 미식축구 경기에서 러닝백running back이나 라인맨lineman이 상대 선수와 유난히 세게 충돌하여 경미한 뇌진탕을 당할 때 자주 역행성 기억상실증이 나타난다. 충돌 직후에 선수에게 방금 그가 수행한 작전에 대해서 물으면, 그는 충격을 받아 상당히 얼떨떨한 상태인데도 흔히 그 작전의 이름과 자신의 역할을 기억해낸다. 그러나 30분 뒤에 물으면, 선수는 이제 뇌진탕에서 더 많이 회복되어 정신이 맑아졌는데도 오히려 그 작전이나 자신의 역할을 기억하지 못하는 경우가 많다. 이는 선수가 애당초 정보를 단기기억에 명료하게 보유했었지만 머리에 충격을 받아서 그 단기기억을 안정적인 장기기억으로 변환하지 못했기 때문이다.

더 흔히 일어나는 세 번째 경험을 살펴보자. 당신이 최근에 어떤 저녁 모임에서 처음 소개 받은 한 인물의 이름을 기억해내려 애쓰는 상황을 생각해보자. 당신이 그 인물의 이름을 얼마나 쉽게 기억해내느냐는 여러 요인들에 달려 있다. 당신이 그 인물에게 얼마나 흥미를 느꼈는가, 당신에게 그 만남이 얼마나 중요했는가, 당신이 그 대화에 얼마나 주의를 집중했는가, 그날 저녁에 당신의 전반적인 정신 상태가 어떠했는가, 등이 그 요인들이다. 일상에서 늘 경험할 수 있듯이, 정보를 단기기억에서 장기기억으로 옮기는 능력은 상황에 따라 변동 폭이 상당히 크다. 왜냐하면 단기기억을 장기기억으로 변환하는 스위치가 아주 많은 요인의 통제를 받기 때문에, 이 변환이 얼마나 쉽게 이루어지느냐 하는 정도가 매우 유동적이기 때문이다. 날에 따라서는 확실히 그렇고, 흔히 똑같은 날에도 어떤 때는 이 변환이 아주 쉽게 이루어지고 또 어떤 때는 아주 어렵게 이루어진다. 이 장에서 우리는 우선 장기기억이 어떻게 저장되는지 살펴보고 이어서 장기기억 저장을 촉발하는 스위치를 다시 논할 것이다.

연습하면 완벽해진다

장기기억에 대한 연구, 그리고 단기기억의 장기기억으로의 변환에 대한 연구는 1880년대에 인간의 기억을 다루는 실험과학을 창시하려는 헤르만 에빙하우스의 노력의 일환으로 시작되었다. 1장에서 언급했듯이, 에빙하우스가 개발한 간단한 기억 측정법들은 지금도 사용된다. 상황을 충분히 단순화하는 것을 받아들인다면, 당시까지 난감한 과제로 여겨졌던 것—인간의 기억에 대한 연구—을 실험적으로 공략할 수 있음을 에빙하우스는 보여주었다.

그의 논리는 간단했다. 그는 새 정보가 어떻게 기억 저장소에 입고되는지 연구하고 싶었다. 그러나 이 연구를 위해서는 피실험자가 학습한 정보가 정말로 새 정보라는 점을 확신할 수 있어야 했다. 따라서 피실험자가 접하는 학습 내용이 그의 기존 지식과 무관하거나 최소한 거의 무관하도록 만들 필요가 있다고 에빙하우스는 추론했다. 피실험자에게 오직 새로운 연결 짓기만을 강제하기 위해 에빙하우스는 새 단어들—말하자면, 새 언어—을 제시하는 방법을 고안했다. 그 단어들은 피실험자가 과거에 생각해보았을 리가 없을 정도로 전혀 낯선 것들이어야 했다. 그리하여 에빙하우스는 무의미한 음절들을 새 단어로 사용하는 방법을 고안했다. 그 음절들은 자음 두 개와 그 사이에 낀 모음 하나로 이루어진다(예컨대 NEX, LAZ, JEK, ZUP, RIF). 이런 음절은 무의미하기 때문에 학습자의 기존 지식을 대체로 벗어난다. 에딩하우스는 이런 음절을 약 2300개 만들고 최소 7개에서 최대 36개를 무작위로 뽑아서 다양한 길이의 음절

목록들을 만들었다. 그런 다음에 분당 150음절의 속도로 음절들을 낭독하는 방법으로 그 목록들을 외웠다.

이 단순한 실험에 기초하여 에빙하우스는 단기기억과 장기기억의 구분을 예견했다. 그는 기억에 강도의 차이가 있다는 점과 단기기억을 장기기억으로 변환하려면 반복이 필요하다는 점을 발견했다. 완벽해지려면 연습이 필요하다. 학습 도중의 반복 횟수를 8회에서 64회까지 바꿔가면서 실험을 거듭한 끝에 에빙하우스는 반복 횟수와 이튿날 기억하는 음절의 개수 사이에 거의 비례 관계가 성립한다는 것을 발견했다. 요컨대 장기기억은 연습에 따라서 다양한 강도로 일어나는 결과인 듯했다.

몇 년 후, 에빙하우스의 생각은 윌리엄 제임스에 의해 더 발전되었다. 우리는 1장과 5장에서 기억에 관한 윌리엄 제임스의 생각도 접한 바 있다. 제임스는 기억 저장에 적어도 상이한 두 단계가 있음이 분명하다는 결론을 내렸다. 그는 1차 기억이라는 단기 과정이 있고 2차 기억secondary memory이라는 장기 과정이 있다고 제안했다. 우리가 방금 획득한 정보는 짧은 기간 동안 1차 기억에 의식적으로 보존된다. 반면에 애초의 학습 사건에 이어 기억이 의식에서 사라지고 어느 정도 시간이 지난 다음에 그 기억을 다시 능동적으로 되살릴 때, 우리가 호출하는 것은 2차 기억이다.

5장에서 보았듯이, 제임스가 말한 1차 기억은 오늘날 '즉각기억'으로 불린다. 이 명칭에는 현재 우리의 생각의 흐름을 점유한 정보를 가리킨다는 의미가 들어 있다. 즉각기억은 '작업기억'이라는 되새김 시스템에 의해 몇 분 혹은 그 이상의 수명으로 연장될 수 있다. 그러나 이 되새김 후에도 정보는 여전히 일시적인 형태로 머문다. 우리가 단기기억이라고 부르는 것은 바로 이 연장된 일시적 기억이다. 단기기억은 무려 한 시간, 혹은 심지어 더 오래 지속할 수 있다. 단기기억은 세 가지 특징을 나타내는데, 이 특징들에서 단기기억 저장의 기본 메커니즘을 엿볼 수 있다. (1) 단기기억은 일시적이다. (2) 단기기억은 해부학적 변화의 유지를 요구하지 않는다. (3) 단기기억은 새 단백질의 합성을 요구하지 않는다. 다른 한편, 제임스가 말한 2차 기억은 결국 '장기기억'이라는 명칭을 부여받았다. 곧 보겠지만, 장기기억은 해부학적 변화에 의해 안정화되며, 이 변화는 새 단백질의 합성을 요구한다.

굳힘 스위치

기억 저장에 여러 단계가 있다는 제임스의 주장은 곧 19세기 말에 게오르크 뮐러와 알폰스 필체커에 의해 더 다듬어졌다. 에빙하우스가 이용한 것과 유사한 무의미한 음절들을 이용하여 뮐러와 필체커는 한 사건이 기억에 진입한 뒤에도 어느 정도 기간이 지나야 그 기억의 흔적이 안정적이고 장기적인 형태에 도달한다는 것을 발견했다. 그들이 **굳힘** 기간consolidation period으로 명명한 이 기간 동안에 기억은 교란에 취약하다. 그들의 핵심 발견은, 첫 번째 목록을 외운 직후에 두 번째 목록을 외우면 나중에 첫 번째 목록을 기억해내는 데 지장이 생긴다는 점이었다. 그들은 이 현상을 **역행 간섭**retroactive interference으로 명명했다. 새로 형성된 기억은 교란에 취약하며 그런 교란이 없으면 차츰 훨씬 더 안정적이게 된다는 뮐러와 필체커의 연구 결과는 실험동물과 인간을 대상으로 한 후속 연구들에서도 입증되었다.

뮐러와 필체커의 발견은 곧바로 임상 신경학자들의 주목을 받았다. 일찍이 신경학자들은 전투 중이나 사고 시에 발생하는 머리 부상과 뇌진탕이 그 외상 직전의 사건들에 대한 기억을 잃는 역행성 기억상실증을 초래할 수 있다는 것을 발견했다. 5장에서 보았듯이 일부 역행성 기억상실증 사례에서는 여러 달 전, 심지어 몇 년 전의 기억이 사라질 수도 있다. 그러나 다이애나의 경호원의 사례에서 보듯이, 부상보다 몇 분 또는 몇 시간 앞선 사건들에 대한 단기기억은 역행성 기억상실증에 특히 취약하다. 예컨대 경기 중에 결정타를 맞고 뇌진탕을 겪은 권투선수는 자신이 그 경기에 출전한 것을 기억하고 심지어 링에 오른 것까지 기억하지만 그후의 모든 일은 까맣게 망각할 수 있다. 그 결정타에 앞선 여러 사건들은 틀림없이 단기기억에 진입했을 것이다. 앞선 라운드들에서 상대방이 보인 움직임, 심지어 상대방이 그 결정타를 날리기까지 취한 동작과 그것을 피하기 위해 자신이 취한 동작까지 모든 것이 그 선수의 단기기억에 진입했을 것이다. 그러나 이 기억 흔적들이 굳어질 겨를도 없이 선수의 머리에 충격이 가해졌을 것이다. 이렇게 되면 기억 흔적들은 사라진다.

이른 시기의 불안정한 기억과 나중 시기의 안정된 기억 사이의 차이를 부각시키는 임상 사례는 머리 부상과 뇌진탕에 국한되지 않았다. 간질 발작도 역행성 기억상실증을 일으킬 수 있다는 것이 널리 알려져 있었다. 간질 환자는 흔히 발작 직전의 사건들을 망각한다. 발작이 앞선 사건들에 대한 기억에 악영향을 미칠 리 없는데도 말이다. 1901년, 영국 심리학자 윌리엄 맥두걸은 뇌진탕과 간질 발작에 동반되는 역행성 기억상실증이 뮐러와 필체커가 도입한 개념인 '굳힘'의 실패에서 비롯될 가능성을 제기했다. 굳힘의 실패를 엄밀하게 연구할 최초의 기회는 1949년에 C. P. 던컨 C.P. Duncan이 실험동물인 쥐를 전기로 자극하여 간질 발작을 일으키는 데 성공하면서 찾아왔다. 던컨은 인간에서와 마찬가지로 실험동물에서도 새로 학습한 과제에 대한 기억은 학습 직후의 굳힘 기간에 간질 발작이 일어날 때 가장 심하게 훼손된다는 것을 발견했다.

장기기억으로의 변환을 위한 새 단백질 합성

1963년 장기기억으로의 변환을 생화학적으로 이해하기 위한 최초 단서가 나왔다. 그해에 루이스 플렉스너Louis Flexner는 (뒤이어 버나드 아그라노프Bernard Agranoff와 그의 동료들과 사무엘 바론데스Samuel Barondes와 래리 스콰이어도) 단기기억의 형성에는 새 단백질의 생산이 필요하지 않은 반면 장기기억의 형성에는 필요하다는 것을 밝혀냈다. 바론데스와 스콰이어가 수행한 실험에서 생쥐는 T자형 미로의 분기점에서 좌회전하거나 우회전하는 법을 학습해야 했다. 훈련 직전에 실험동물들은 단백질 합성을 억제하는 약물(시클로헥사미드cycloheximide나 아니소마이신anisomycin)을 주입받았다. 반면에 대조군 동물들은 소금물을 주입받았다. 양쪽 동물군은 미로 과제를 완벽하게 잘 학습했다. 또한 훈련 후 15분이 지났을 때 검사해보니 양쪽 군 모두 완벽한 단기기억을 나타냈다. 그러나 훈련 후

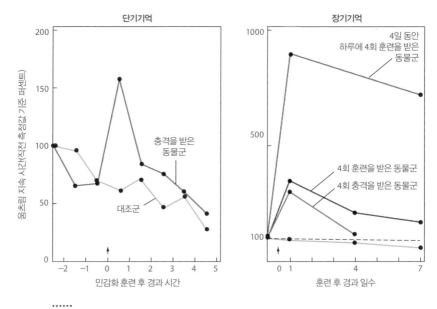

단기기억

장기기억

움직임 지속 시간(직전 측정값 기준 퍼센트)

4일 동안
하루에 4회 훈련을 받은
동물군

충격을 받은
동물군

대조군

4회 훈련을 받은 동물군
4회 충격을 받은 동물군

민감화 훈련 후 경과 시간

훈련 후 경과 일수

•••••
민감화 훈련 이전에 군소는 약한 건드림에 반응하여 수관을 약 10초 동안 움직인다. 군소의 수관을 30분마다 한 번씩 붓으로 살짝 건드리면, 습관화가 일어나 군소가 수관을 움츠리고 있는 시간이 짧아진다. (왼쪽 그래프에 찍힌 점 각각은 잇따른 반응 2회의 평균을 나타낸다.) 그러나 동물에게 꼬리 충격을 가하면, 수관 움츠림 지속시간이 약 두 배로 길어진다. 이런 단기 민감화를 위한 기억은 약 한 시간 지속한다(왼쪽 그래프). 꼬리 충격을 적당한 시간 간격으로 4회 가하면, 수관 움츠림 지속시간이 두 배로 길어지며, 이 기억은 하루 넘게 유지된다(오른쪽 그래프). 이렇게 충격을 4회 받는 것을 1회의 훈련으로 쳤을 때, 4일 동안 하루에 4회 훈련을 받은 동물의 수관 움츠림 지속시간은 거의 여덟 배로 길어지며 기억은 여러 주 넘게 유지된다.

세 시간 이상이 지났을 때 검사해보니, 단백질 합성 억제제를 주입받은 동물들은 심각한 장기기억 결함을 나타냈다. 반면에 대조군 동물들은 장기기억을 완벽하게 보유하고 있었다. 장기기억 형성을 방해하는 다른 많은 조작들과 마찬가지로 단백질 합성 억제제는 짧은 기간 내에 주입할 때만 장기기억을 방해한다. 대개 그 기간은 훈련 도중과 직후의 한두 시간 정도다. 더 나중에, 이를테면 훈련 후 여러 시간이 지나서 주입한 억제제는 방해 효과를 내지 못한다.

이 규칙의 예외 하나는 기억을 인출하는 과정에서 발생할 수 있다. 기억이 회상될 때, 인출 활동은 기억이 재구성되고 새로운 연상들이 기존 기억에 통합될 기회를 제공한다. 여러 연구에서 나온 증거에 따르면, 최근에 저장된 기억을 회상하는 동안, 기억은 다시 일시적으로 단백질 합성 억제제에 취약해진다. 이것은 기억이 재구성될 수 있다는 생각과 맥이 닿는 연구 결과다.

장기기억의 형성을 위해서는 어떤 단백질들이 합성되어야 할까? 1970년대와 1980년대에는 생쥐에서 그 단백질들을 찾아내는 과학적 방법이 없었다. 그 단백질들에 관한 최초의 통찰은 바다 달팽이 군소에 대한 연구에서 나왔다.

우리는 이미 3장에서 군소의 비서술적 장기기억을 접한 바 있다. 군소의 꼬리에 충격을 가하면, 아가미 움츠림 반사의 민감화가 일어난다. 즉, 꼬리에 충격을 가하고 나면, 군소는 수관을 건드리는 자극에 더 활발히 반응하여 아가미와 수관을 더 오랫동안 움츠린다. 꼬리 충격에 대한 기억의 지속시간은 꼬리 충격을 가하는 횟수에 따라 달라진다. 1회의 꼬리 충격은 몇 분 동안 지속하는 단기기억을 산출한다. 이 단기기억은 새 단백질의 합성을 필요로 하지 않는다. 반면에 꼬리 충격을 네다섯 번 반복하면 하루 이상 지속하는 장기기억이 산출되고, 더 많은 훈련을 시키면 여러 주 동안 지속하는 더 영구적인 기억이 형성된다. 이렇게 오래 지속하는 변화들은 새 단백질의 합성을 필요로 한다. 군소 연구에서 곧 드러났지만, 이 동물에서 이런 장기기억 형성의 한 요소는 감각뉴런과 운동뉴런

간 시냅스 연결의 강화다.

온전한 동물에서 장기적인 시냅스 변화의 분자적 메커니즘을 연구하기는 어렵다. 왜냐하면 군소처럼 비교적 단순한 동물에서도 연구자가 기억 저장에 관여하는 세포들을 장기간 추적하는 것은 어려운 일이기 때문이다. 그러나 일단 그 세포들을 식별하고 나면, 그것들을 동물의 신경계에서 도려내어 배양접시에 담을 수 있다. 장기기억 연구에서 주요 진보 하나는 이런 방식으로 성취되었다. 컬럼비아 대학의 사무엘 스캐처Samuel Schacher와 스티븐 레이포트Steven Rayport는 군소에서 낱낱의 수관 감각뉴런들, 아가미 운동뉴런들, 세로토닌을 방출하는 조절 중간뉴런들을 도려내어 배양하는 데 성공했다. 사실상 이들은 아가미 움츠림 반사의 한 요소를 실험실의 배양접시에서 재구성했다. 배양접시에 담긴 이 심하게 단순화된 회로는 온전한 동물에서 관찰된 많은 특징들을 나타냈다. 온전한 동물에서 꼬리 충격은 조절 중간뉴런들을 흥분시켜 세로토닌을 방출하게 한다. 마찬가지로 배양접시에서도 이 조절 중간뉴런들은 시냅스전 말단들을 감각뉴런으로 뻗어 감각뉴런의 신경전달물질 방출을 촉진한다. 심지어 세로토닌 방출 중간뉴런들을 배양접시에서 제거하고 피펫을 사용하여 감각뉴런에 직접 세로토닌을 적용해도 똑같은 결과가 발생했다.

이제 연구자들은 감각뉴런에 세로토닌 펄스를 짧은 시간 동안 반복해서 적용함으로써 거듭된 꼬리 충격의 효과를 시뮬레이션할 수 있었다.

이런 방법으로 피에르기오르기오 몬타롤로Piergiorgio Montarolo, 카스텔루치, 스캐처, 필립 괼레트Philip Goelet, 에릭 캔델은 시냅스 강화의 지속 시간이 세로토닌 적용 횟수에 비례한다는 것을 배양된 조직에서 발견했다. 이는 온전한 동물에서 민감화의 지속 시간과 마찬가지였다. 예컨대 세로토닌 펄스를 한 번 적용하면, 감각뉴런의 글루타메이트 방출이 몇 분 동안 향상된다. 이 단기 강화는 단백질 합성 억제제에 아랑곳없이 일어난다. 따라서 이 단기 강화는 새 단백질의 합성을 필요로 하지 않음을 알 수 있다. 반면에 세로토닌을 20분 간격으로 5회 적용하면, 글루타메이트 방출이 하루 넘게 향상되며, 이 장기 변화는 새 단백질의 합성을 필요로 한다.

온전한 동물의 행동에서 장기적인 변화가 나타나려면 새 단백질의 합성이 필요하다는 사실은 이미 기존 연구에서 밝혀져 있었다. 특히 아가미 움츠림 반사의 장기 민감화에 새 단백질의 합성이 필요하다는 것이 알려져 있었다. 스캐처와 레이포트가 수행한 세포생물학적 연구는 시냅스 수준에서도 장기적인 변화가 새 단백질의 합성을 필요로 한다는 것을 보여주었다. 단순한 뉴런 시스템과 복잡한 뉴런 시스템 모두에서 단백질 합성은 시냅스 연결의 장기적 변화를 위해 필수적이다. 온전한 군소에서 아가미 움츠림 반사의 장기 민감화에 새 단백질의 합성이 필요한 것과 마찬가지로, 감각뉴런과 운동뉴런 간 단일시냅스 연결monosynaptic connection의 장기 강화에도 새 단백질의 합성이 필요하다.

더 나아가 행동 기억에서와 마찬가지로 시냅스 연결의 장기 강화도 오로지 세로토닌 펄스를 5회 적용하는 기간 도중과 직후에 걸친 특정 시간 동안에 새 단백질이 합성되어야만 일어난다. 바꿔 말해 단백질 합성 억제제는 오로지 세로토닌 적용 도중이나 직후 한 시간 내에 적용될 때만 장기 강화를 봉쇄한다. 세로토닌 5회 적용 중 1회가 끝나고 두세 시간 후에

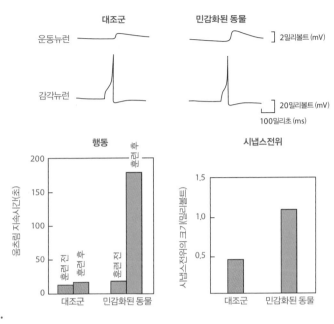

대조군   민감화된 동물

운동뉴런   2밀리볼트 (mV)

감각뉴런   20밀리볼트 (mV)

100밀리초 (ms)

행동   시냅스전위

．．．．．．

장기 민감화가 일어날 때 감각뉴런과 운동뉴런 간 시냅스 연결이 향상된다는 증거.

위 훈련 종료 후 하루가 지났을 때 대조군 동물과 민감화된 동물의 배 신경절을 노출시키고 수관 감각뉴런 하나와 아가미 운동뉴런 하나에서 시냅스전위를 측정했다. 일정한 세기의 시냅스전 활동전위에 반응하여 발생하는 시냅스전위는 대조군 동물에서보다 장기 민감화 훈련을 받은 동물에서 더 크다. 즉, 장기 민감화 훈련을 받은 동물에서 시냅스 연결이 더 강하다.

아래 위 결과를 정량화한 그래프. 행동 변화(왼쪽)와 시냅스전위 변화(오른쪽)가 나란히 일어난다. 훈련 후 하루가 지나 검사하니, 민감화된 동물의 수관 움츠림 지속시간이 대조군 동물의 그것보다 훨씬 더 길었다. 또 감각뉴런과 운동뉴런 간 연결도 민감화된 동물에서 두 배 더 강했다.

단백질 합성 억제제를 적용하면, 봉쇄 효과가 발생하지 않는다.

    일찍이 생물학자들은 발생을 연구하다가 일부 세포들은 특정한 두세 시간 동안에 일시적이면서 신속하게 새 단백질의 합성이 일어나야 제 기능을 할 수 있다는 것을 발견했다. 연구 결과, 어느 맥락에서나 이런 식으로 적기에 단백질 합성이 일어나려면 유전자가 켜져야 한다는 것이 밝혀졌다. 그러므로 지금까지 언급한 장기기억에 관한 발견들은 장기기억이 정착하려면 특정 유전자들이 켜져야 함을 시사했다. 다음 단계의 질문들은 이러했다. 단기기억을 장기기억으로 바꾸는 데 필요한 유전자들과 단백질들은 무엇이며, 그것들은 어떻게 활성화될까?

유전자를 켜고 끄기

생명 과정들을 밝혀내는 생물학의 능력은 어떤 유전자들이 있고 그것들이 어떻게 작동하는가에 관한 지식에서 가장 근본적이고도 명확하게 입증되었다. 이 지식은 분자유전학이라는 분야로 성장했다. 현재 분자유전학은 생물학의 많은 부분을 떠받친다. 실제로 생물학자들이 장기기억에 큰 관심을 기울이는 이유 하나는 장기기억이라는 문제가 기억이라는 정신적 과정을 다루는 인지심리학을 현대생물학의 핵심인 분자유전학과 연결한다는 점에 있다.

유전자는 DNA의 일부 구간이며 특별한 속성 두 개를 지닌 덕에 독특한 이중 기능을 한다. 첫째, 유전자는 자신을 복제할 수 있다. 그 결과, 유전자는 본보기의 역할, 곧 한 세대에서 다음 세대로 전달되는 유전정보가 담긴 그릇의 역할을 할 수 있다. 유전자의 둘째 속성은 생명의 모든 측면이(정신적 측면까지 포함해서) 의존하는 단백질들을 생산하는 데 필요한 정보를 코드화하여 보유하고 있다는 점이다. 이 능력 덕분에 유전자는 세포의 기능을 조절하는 역할을 맡을 수 있다. 여기에서 우리는 주로 이 두 번째 기능에 관심을 기울일 것이다.

드물게 예외가 있긴 하지만, 인체를 이루는 세포는 어느 세포든 상관 없이 똑같은 유전자들(개수는 약 2만 5000개)을 보유하고 있다. 세포들이 제각각 다른—신장세포가 신장세포이고 뉴런이 뉴런인—이유는 각 유형의 세포가 핵에서 다른 유전자들을 발현시키기 때문이다. 이 같은 유전자의 **차별적** 혹은 **선택적** 발현은 모든 세포 특수화의 기반이다. 요컨대 일부 유전자들은 활성화하면서(켜면서) 다른 유전자들은 억제하는(끄는) 메커니즘들이 존재해야 한다. 차별적 유전자 발현은 신경세포의 결정적인 특징들을 발생시킨다. 뇌를 이루는 약 1000억 개의 뉴런들은 어쩌면 1000가지 이상의 유형으로 구분될 것이다. 이 유형들은 뉴런의 모양과 고유한 시냅스 연결에 따라 구별할 수 있는데, 이 두 특징은 모두 각 세포의 내부에서 발현하는 유전자들과 각 세포와 상호작용하는 표적 세포들에서 발현하는 유전자들에 의해 결정된다.

주어진 신경세포가 어떤 유전자들을 발현시킬 것인지가 그 세포의 운명을 결정한다. 즉, 그 세포가 어떤 유형의 세포가 되어 뇌의 기능에 참여할 것인지를 결정한다. 이 결정은 동물의 발생 과정에서 초기에 이루어진다. 발생 과정 중에 세포에서 특정 패턴의 유전자 억제와 활성화가 일어나고, 그 패턴은 대개 그 세포가 성숙한 후에도 유지된다.

한 세포에서 발현하는 유전자들의 대부분은 핵에서 **전령RNA**라는 분자로 전사transcribe된다. 전령RNA 분자는 핵 바깥의 세포질로 운반되고 거기에서 단백질 합성 장치인 리보솜에 의해 단백질로 번역된다. 전령 RNA 각각의 기능은 특정 단백질의 합성에 관한 (해당 유전자의 DNA 서열에 코드화 되어 있는) 정보를 핵 속 유전자에서 세포질 속 리보솜으로 운반하는 것이다.

전형적인 세포에서 유전자의 80퍼센트는 억제되고 20퍼센트만 발현한다(그러니까 한 세포에서 총 5000개 정도의 유전자가 발현한다). 더 나아가 모든 세포는 그 20퍼센트의 활성 유전자들이 생산하는 단백질의 양을 조절하는 메커니즘들도 갖추고 있다. 전사된 유전자들 중 일부는 비교적 활성이 약해서 발현양이 적다. 이런 유전자들은 세

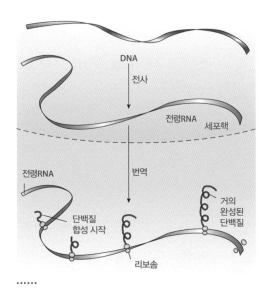

DNA에 있는 단백질 설계도에 따라 단백질을 합성하는 과정은 크게 두 단계, 곧 전사와 번역으로 이루어진다. DNA는 핵 속에서 전령 RNA로 전사되고, 전령RNA는 핵을 벗어난 다음에 리보솜과 만나 단백질로 번역된다.

포가 생산하는 단백질 전체의 0.01퍼센트 미만을 생산할 수도 있다. 반면에 다른 유전자들은 활성이 극도로 강해서 세포 내 단백질 총량의 무려 10퍼센트를 생산할 수도 있다. 뿐만 아니라 특정 유전자의 발현 수준은 흔히 한 세포 내에서도 일정하지 않고 시간에 따라 달라질 수 있다. 유전자 발현율을 조절하는 가장 흔한 방식을 일컬어 **전사 조절**transcriptional control이라고 한다. 전사 조절 메커니즘들은 주어진 유전자가 전사되는 속도, 그 유전자가 켜지는 때와 강도, 그 유전자가 꺼지는 때와 강도를 통제한다.

이 모든 것이 기억과 무슨 상관일까? 유전자를 켜고 *끄는* 메커니즘들은 어떻게 장기기억이 켜지고 꺼지는지를 이해하는 데 결정적으로 중요하다. 예컨대 세로토닌은 군소의 아가미 움츠림 회로에 속한 감각뉴런에서의 유전자 발현을 어떤 식으로든 조절해야 한다. 그래야만 새로운 시냅스 연결이 생겨나니까 말이다. 곧 보겠지만, 실제로 세로토닌은 유전자를 켜고 끌 수 있는 특별한 조절 단백질 분자들을 활성화함으로써 유전자 발현을 조절한다.

유전자가 어떻게 켜지고 꺼지는가 하는 것은 흥미롭고 중요한 연구 주제다. 인간 게놈에 속한 모든 유전자의 무려 5분의 1—약 5000개의 유전자—이 전사 조절 단백질의 코드를 보유하고 있다. 즉, 다른 유전자들의 발현을 활성화하거나 억제하는 단백질의 코드를 보유하고 있다. 유전자들이 조절 가능하다는 발견과 이 조절을 위한 메커니즘의 규명은 현대 생물학의 역사에서 가장 아름다운 챕터의 하나로 꼽힌다. 이 챕터의 첫 대목을 지울 수 없게 쓴 저자는 위대한 프랑스 생물학자들인 자크 모노 Jacques Monod와 프랑수아 자코브였다. 여러 해 뒤에 자코브는 모노와의 공동 연구를 이렇게 회고했다.

여러 해 동안 자크 모노와 나는 매일 그의 연구실에 놓인 칠판 앞에서 반은 대화하고 반은 모형들을 그리며 여러 시간을 보냈다. 차츰… 유전자 발현을 조절하는 단위, 곧 조절 단백질과 그것의 DNA 표적에 대한… 생각이 형성되었다.

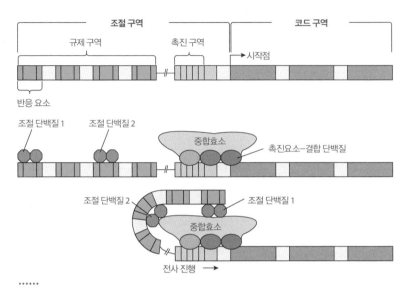

......

유전자의 코드 구역보다 더 상류에 있는 조절 구역과 촉진 구역은 유전자 전사의 개시를 통제한다. DNA를 전령RNA로 전사하는 작업은 중합효소에 의해 이루어지는데, 이 효소는 우선 촉진 구역과 조절 구역에 붙은 조절 단백질들과 결합한다. 조절 구역에 붙은 단백질들은 DNA가 고리 모양으로 휘게 만들 수 있다. 그러면 그 단백질들이 중합효소와 접촉할 수 있게 된다. 조절 구역에 조절 단백질이 붙어 있지 않거나 억제자들이 붙어 있으면, 유전자는 전사될 수 없다.

우선 모노와 자코브가 주목한 표적을 살펴보자. 그것은 DNA의 한 구간site이다. 임의의 유전자를 두 개의 주요 구역, 즉 코드 구역coding region과 조절 구역control region(혹은 표적target 구역)으로 나눌 수 있다. 코드 구역의 DNA는 전령RNA로 전사되고 이어서 단백질로 번역될 수 있다. 주어진 코드 구역이 전사될지 여부는 조절 구역에 결합하는 조절 단백질들의 패턴에 의해 결정된다. 조절 구역은 대개 상류에, 코드 구역의 시작점 직전에 위치하며, 두 개의 하부구역, 곧 촉진promoter 구역과 규제regulatory 구역으로 세분된다. 규제 구역은 다시 6개에서 10개의 더 작은 구역들로 나뉘는데, 이 구역들을 일컬어 'DNA 반응 요소들DNA response elements'이라고 한다. 이 반응 요소들 각각은 특정 조절 단백질들을 인지하고 그것과 결합하려 한다. 이 조절 단백질들을 일컬어 '전사 조절자transcription regulator'라고 하는데, 두 종류의 전사 조절자, 곧 활성자activator와 억제자repressor가 있다. 활성자는 전사를 촉진하고, 억제자는 차단한다. 바로 이 전사 조절자들이 장기기억을 위해 필수적이다.

규제 구역의 이웃인 촉진 구역은 늘 단백질들과 결합하며, 이 결합이 자극이 없는 상태에서의 일정한 전사율을 결정한다. 반면에 다양한 반응 요소들은 대개 조절 단백질들과 간헐적으로만 결합한다. 즉, 활성자들과 억제자들이 반응 요소들과 결합하여 유전자를 활성화하거나 억제하는데, 이 조절 단백질들은 필요가 없어지면 반응 요소들에서 떨어져 나간다. 여기에서 우리는 다시 한 번 2차 전달자 시스템과 마주친다. 무슨 말이냐면, 다름 아니라 2차 전달자 시스템이 특정 반응 요소(모노와 자코브가 말한 'DNA 표적')에 결합하라는 신호를 적절한 전사 조절자에게 보낸다. 요컨대 유전자가 전사될지 여부, 또 주어진 기간에 얼마나 자주 전사될지는 규제 구역의 다양한 반응 요소들에 결합하는 전사 조절자들에 의해 결정된다. 그러므로 세로토닌이 유전자 발현을 유발하고 그 결과로 장기기억이 형성되려면, 우선 세로토닌이 특정한 전사 조절자들을 활성화해야 하고, 이어서 이 조절자들이 장기기억을 위해 중요한 유전자들의 조절 구역에 있는 특정한 반응 요소들과 결합해야 한다.

단기기억의 장기기억으로의 변환을 위해 유전자들이 커져야 한다는 생각은 신생 분야인 기억 저장의 분자생물학을 잘 정립된 분야인 유전자 조절의 생물학과 연결시켰다. 이로써 다음 질문을 실험적으로 탐구하는 것이 가능해졌다. 장기기억을 위해 어떤 유전자들과 단백질들이 필요할까?

새로운 부류의 시냅스 활동들

장기기억을 위해 필요한 유전자들과 단백질들을 찾아내려면, 다시 앞으로 돌아가 환상AMP 의존 단백질 키나아제(PKA)의 속성들을 살펴볼 필요가 있다. 3장에서 보았듯이, 환상AMP 의존 단백질 키나아제는 하부단위 4개로 이루어진 사합체tetramer다. 촉매 하부단위가 두 개 있는데, 이들 각각은 효소 구실을 하고, 나머지 규제 하부단위 두 개는 촉매 하부단위들을 억제한다. 환상AMP와 결합하는 부위는 규제 하부단위들에만 있다. 환상AMP 농도가 상승하면, 규제 하부단위들이 환상AMP와 결합한다. 이 결합의 결과로 규제 하부단위들의 모양이 바뀌고 촉매 하부단위들이 해방된다. 해방된 촉매 하부단위들은 표적 단백질들을 인산화하여 그것들의 기능을 바꿀 수 있다.

샌디에이고 소재 캘리포니아 대학의 로저 치엔Roger Tsien은 기발한 형광 표찰 기술을 개발하여 군소의 단일 감각뉴런 내부에서 PKA의 규제 하부단위들과 촉매 하부단위들의 위치를 추적하는 데 성공했다. 이 기술을 이용하여 브라이언 박스카이Brian Bacskai와 치엔은, 단기 강화를 산출하는 단일 세로토닌 펄스는 일시적인 환상AMP 농도 상승만을 일으킴을 발견했다. 촉매 하부단위들은 몇 분 동안만 해방되고, 이 해방은 주로 시

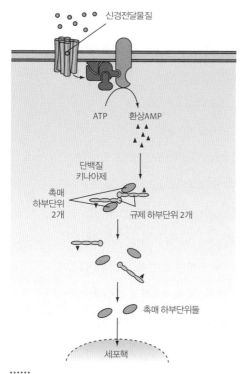

신경전달물질

ATP 환상AMP

단백질
키나아제

촉매
하부단위
2개

규제 하부단위 2개

촉매 하부단위들

세포핵

••••••
PKA 촉매(효소) 하부단위가 신경세포의 세포질에서 세포핵으로 이동하는 결과를 자아내는 연쇄 과정. 신경전달물질이 대사성 수용체에 결합하면 '아데닐시클라아제'라는 효소가 활성화된다. 이 효소는 ATP를 환상AMP로 변환하고, 환상AMP는 단백질 키나아제의 촉매 하부단위에서 (억제성) 규제 하부단위를 떼어내 촉매 하부단위가 세포핵으로 이동할 수 있게 해준다.

냅스전 말단에서 일어난다. 해방된 촉매 하부단위들은 신경전달물질의 방출을 촉진하고, 그 결과로 감각뉴런과 운동뉴런 간 연결이 몇 분 동안 강화된다. 단일 세로토닌 펄스 이후에는, 해방된 촉매 하부단위들이 확산할 시간이 넉넉하지 않기 때문에, 소수의 촉매 하부단위들만이 세포핵에 도달한다. 그러나 세로토닌 펄스가 반복되면, 환상AMP의 농도가 충분히 상승하여 촉매 하부단위들이 충분히 오랫동안 해방되고, 따라서 상당히 많은 촉매 하부단위들이 세포핵으로 이동한다. 세포핵 속에서 촉매 하부단위들은, 새로운 시냅스 연결들의 성장에 결정적으로 관여하는 유전자들을 활성화한다.

새로운 시냅스 연결들의 성장은 장기기억에 필수적이다.

이 발견들은 왜 훈련 혹은 세로토닌 펄스의 반복이 장기기억을 위해 필수적인지를 세포 수준에서 보여준다. 세로토닌 펄스가 반복되면, 단백질 키나아제의 활성 성분(촉매 하부단위)이 세포핵으로 이동하여 장기기억 저장에 필요한 유전자들을 활성화할 수 있게 된다.

　PKA가 세포핵으로 이동한다는 발견은 새로운 세 번째 유형의 시냅스 활동을 드러냄으로써 시냅스 전달에 관한 새로운 관점을 제공했다. 3장에서 보았듯이 버나드 카츠와 폴 패트는 이온성 수용체를 1951년에 처음으로 기술했다. 이 수용체는 이온 통로를 직접 통제한다. 그들은 이온성 수용체들이 통상적이며 빠른 시냅스 활동을 매개한다는 것을 발견했다. 이 활동은 몇 밀리초 동안만 지속하며 매개 행동mediating behavior에 결정적으로 중요하다. 1960년대에 얼 서덜랜드, 폴 그린가드 등은 두 번째 유형의 수용체인 대사성 수용체를 기술했다. 대사성 수용체는 세포 내부의 2차 전달자 경로를 활성화한다. 이 두 번째 유형의 수용체들은 몇 분 동안 지속하는 조절modulatory 활동을 촉발할 수 있다. 이 유형의 활동은 예컨대 기존 시냅스 연결의 세기를 조절할 수 있다.

　지금 우리가 보다시피, 민감화 자극(이를테면 꼬리 충격)의 반복이나 세로토닌 적용의 반복은 세 번째 유형의 시냅스 활동을 촉발한다. 이 활동은 몇 초나 몇 분이 아니라 며칠, 몇 주 동안 지속한다. 이 지속적인 활동은 자극의 반복 덕분에 PKA가 세포핵으로 이동할 기회를 얻은 결과로 일어난다. 새포핵에서 PKA는 유전자 연쇄 반응을 일으키고, 곧 보겠지만 그 결과로 뉴런 내부에서 안정적이고 독립적인 성장 과정이 시작된다. 요컨대 학습에 중요한 세로토닌 등의 조절 신경전달물질들은 이중 기능을 할 가능성이 있다. 한편으로 이런 신경전달물질에 한 번 노출되면 일시적인 시냅스 세기의 변화가 일어나 몇 분 동안 지속한다. 다른 한편으로 반복적으로 혹은 장기간 노출되면, 뉴런의 구조에 장기적·안정적 변화가 일어난다. 이 변화는 발생 과정에서 성장 요인들이 일으키는 결과들과 유사하다.

굳힘 스위치 작동의 첫 단계들

세로토닌 펄스를 반복 적용하면, 시냅스후 세포에서 연쇄 반응이 일어나며, 그 반응의 목적은 세포핵으로 신호를 보내는 것임을 우리는 보았다. 이제 마침내 우리는 세포핵 안에서 무슨 일이 일어나기에 장기기억이 형성되는지 살펴볼 준비를 갖췄다. 세포핵 안으로 이동한 PKA는 여러 전사 인자들transcription factors을 인산화하지만, 어쩌면 가장 중요한 인자는 CREB-1(환상AMP 반응 요소 결합 단백질-1)일 것이다. 인산화된 CREB-1은 (DNA의 환상AMP 반응 요소[줄여서 *CRE*]에 결합하여) 장기 기억 형성에 필요한 유전자들을 켠다.

CREB-1이 기억 저장에 관여한다는 최초 증거는 1990년에 프라모드 대시Pramod Dash, 비냐민 호크너Binyamin Hochner, 캔델이 다음 질문을 탐구하는 과정에서 나왔다. CREB-1이 유전자들을 활성화하지 못하게 막으면, 군소에서 아가미 움츠림 반사의 장기 강화에 어떤 일이 일어날까? 이 질문에 답하기 위해 대시 등은 *CRE* 서열을 보유한 DNA 토막을 합성했다. *CRE*란 DNA에 들어 있는 반응 요소이며, CREB는 일반적으로 *CRE*에 결합한다. 그런 다음에 그들은 그 DNA 토막을 군소 감각뉴런의 세포핵에 다량으로 주입했다. 이를 통해 그들은 말하자면 CREB-1 단백질에게 유전자들에 붙어 있는 정상적인 *CRE* 표적에 결합하든지 아니면 주입된 다량의 *CRE* 토막들에 결합하든지 둘 중 하나를 선택할 기회를 주었다. 그 결과, 자연적으로 존재하는 *CRE*보다 주입된 *CRE*가 훨씬 더 많았으므로, CREB-1 단백질의 대부분은 주입된 *CRE*에 결합했다. 요컨대 대시와 동료들은 세포가 원래 지닌 토박이 CREB-1 단백질이 토박이 *CRE*에 결합하는 것을 막는 데 성공했다. 이런 식으로 CREB-1을 무력화한 것이다. 그 결과는 시냅스 세기의 단기 향상은 저해되지 않으면서도 장기적인 과정이 봉쇄되는 것이었다.

뒤를 이어 두산 바치Dusan Bartsch, 안드레아 카사디오Andrea Casadio, 캔델은 역방향의 실험을 했다. 이들은 인산화된 CREB-1 단백질을 군소의 감각뉴런에 주입하고 그 결과로 장기 강화가 일어나는 것을 발견했다. 한편, 단기 강화의 특징인 일시적인 신경전달물질 방출의 촉진은 일어나지 않았다. 요컨대 인산화된 CREB-1은 장기 강화의 필요조건일뿐 아니라 충분조건이기도 하다. 이 실험들은 CREB-1이 단기기억이 장기기억으로 변환되는 과정의 첫 단계에서 결정적으로 중요한 성분이라는 직접 증거를 제공했다.

장기기억을 제약하는 요인들

지금까지 살펴본 장기기억 저장의 분자적 과정을 다음과 같이 요약할 수 있다. 활성화된 PKA 촉매 하부단위가 세포핵으로 이동하여

CREB-1 단백질을 인산화한다. 이어서 이 단백질들이 DNA에 결합하여 장기기억 형성에 필요한 유전자들을 켠다. 그러나 실제 상황은 이렇게 간단하지 않다. 어쩌면 유전자 스위치에 관한 연구에서 발견된 가장 놀라운 복잡성은 장기기억이 켜질 수도 있고 꺼질 수도 있다는 점일 것이다. 일반적으로, 장기기억 형성 능력은 억제 과정들에 의해 제약된다. 이 억제성 제약 요인들은 단기기억이 얼마나 쉽거나 어렵게 장기기억으로 변환될지를 결정한다.

가장 극적인 제약 요인은 바치와 캔델이 발견한 CREB-2라는 억제성 전사 조절자(억제자)다. CREB-2는 DNA의 *CRE* 표적과 CREB-1 둘 다에 결합하여 CREB-1의 작용을 억제함으로써 장기 강화를 봉쇄한다고 여겨진다. 따라서 군소에서 장기 강화를 일으키려면, CREB-1을 활성화할 뿐 아니라 CREB-2의 억제 효과를 제거해야 한다.

CREB-2는 CREB-1과는 다른 방식으로 조절된다. CREB-1과 달리, CREB-2는 PKA에 의해 직접 켜지지 않는다. 오히려 CREB-2는 '미투겐 활성화 단백질 키나아제'mitogen-activated protein kinase'(줄여서 MAP 키나아제)라는 또 다른 단백질에 의해 조절된다. 이렇게 CREB-2를 독립적으로 조절하여 다양한 정도로 무력화하는 능력 덕분에 한 가지 흥미로운 가능성이 열린다. 독립적인 CREB-2 조절은 우리가 일상에서 단기기억을 장기기억으로 변환할 때 경험하는 어려움의 수준이 다양한 한 원인일 수도 있다. 만일 이 추측이 옳다면, CREB-2의 억제 효과를 제거하면, 단기기억을 장기기억으로 변환하기 위해 넘어야 하는 문턱이 극적으로 낮아져야 할 것이다. 미렐라 기라르디Mirella Ghirardi, 바치, 캔델은 이 생각을 검증하여 CREB-2를 봉쇄하면 장기기억을 위해 중요한 장기 시냅스 강화가 일어남을 발견했다. 일반적으로 한 번의 세로토닌 노출은 몇 분 동안 지속하는 단기 효과를 산출하지만, CREB-2를 봉쇄한 상태에서 한 번의 세로토닌 노출은 하루 넘게 지속하는 새로운 시냅스 연결들의 성장을 유발했다.

초파리에서 장기기억 형성을 조절하는 것도 이와 유사한 협동 조절 시스템이다. 1장과 3장에서 보았듯이, 시모어 벤저와 그의 제자들은 초파리가 학습할 수 있다는 것과 단일 유전자들에서의 돌연변이가 단기기억을 방해한다는 것을 최초로 보여주었다. 더 최근에 콜드 스프링 하버 연구소의 팀 툴리Tim Tully는 초파리가 장기기억도 가진다는 것과 그 장기기억이 일정한 간격으로 실시한 반복 훈련에 의해 형성되며 새로운 단백질 합성에 의존한다는 것을 발견했다. 제리 인Jerry Yin, 툴리, 칩 퀸Chip Quinn은 한 걸음 더 나아가 유전자 이식 초파리들에서 두 형태의 CREB, 곧 활성자 CREB와 억제자 CREB를 복제했다. 그런 다음에 그들은 억제자 CREB를 과발현시켰고, 그 억제자가 풍부해지면 장기기억 형성이 봉쇄된다는 것을 발견했다. 어쩌면 더욱 놀랍게도, 인과 툴리는 초파리의 활성자 CREB를 과발현시키면 장기기억 형성에 필요한 훈련 횟수가 대폭 줄어듦을 발견했다. 일반적으로 한 번의 훈련은 몇 분 지속하는 단기기억을 산출했지만 활성자 CREB가 과발현된 상황에서는 며칠 지속하는 장기기억을 산출했다. 초파리에서 얻은 데이터와 군소에서 얻은 데이터는 상호보완적이다. 이 데이터들은, 장기기억을 켜는 데 중요한 활성자가 있을 뿐 아니라 정보가 장기기억 저장소로 들어가는 것을 막는 특별한 억제자도 있다는 분자적 증거를 제공한다.

활성자들과 억제자들이 함께 굳힘 스위치를 통제한다는 사실은 건망증부터 비상한 기억력까지 기억의 다양한 측면에 관한 새로운 통찰의 발판이 될 가능성이 있다. 예컨대 10장에서 보겠지만, 일반적으로 나이를 먹으면 장기기억 형성에 지장이 생긴다(노화성 기억 장애). 그래서 이를테면 최근에 처음 만난 사람과 나눈 대화를 기억하지 못할 수 있다. 이 기억장애는 노화에 따른 안쪽 관자엽의 시냅스 감소와 생리학적 변화에서 비롯된다고 여겨진다. 그러나 활성자들의 작용의 약화, 또한 어쩌면 억제자들의 작용을 완화하는 능력의 결여도 추가 원인일 수 있다. 뿐만 아니라 활성자의 작용에 비해 억제자의 작용이 얼마나 강한가 하는 점이 사람마다 선천적으로 다를 가능성이 있다. 요컨대 우리의 유전적 소질은 기억 저장에서 개인적 차이가 나타나고 일부 사람들이 예외적으로 뛰어난 기억력을 소유한 한 원인일 수 있다.

예외적으로 뛰어난 기억력

일반적으로 장기기억은 적당한 간격으로 훈련을 반복해야만 형성되지만, 단 한 번의 노출로 새 정보가 정신에 확고히 자리 잡는 경우도 가끔 있다. 예외적으로 뛰어난 기억력을 소유한 드문 개인들은 이런 단일 시행학습one-trial learning을 특히 잘한다. 예컨대 (4장에서 언급한) 유명한 기억술사 셰레솁스키는 단 한 번 학습한 내용을 십여 년이 지난 뒤에도 모조리 기억하는 듯했다. 더 흔한 기억술사들의 기억력은 더 제한적이다. 예를 들어 폴란드 출신의 〈탈무드〉 기억술사들인 '샤스 폴라크Shass Pollak'들은 〈탈무드〉에 국한해서만 놀라운 기억력을 발휘한다. 그들의 기억력은 엄청나다. 그들은 〈바빌로니아 탈무드Babylonian Talmud〉 12권의 모든 페이지에 실린 모든 단어를 기억해낼 수 있다.

기억술사들의 특징이 두 가지 있다. 첫째, 그들이 특정한 내용을 잘 기억하는 것은 사실이지만, 일반적으로 그들은 그 내용을 깊이 이해하지 못한다. 둘째, 예외적으로 뛰어난 기억력을 소유하는 것은 즐거운 일이 아니다. 이 사실은 루리아가 연구한 셰레셉스키의 사례에서 확인되었으며 아르헨티나 작가 호르헤 루이스 보르헤스가 쓴 단편소설 〈기억의 천재 푸네스Funes the Memorious〉에서도 잘 묘사되었다. 이 작품에서 보르헤스는 한 젊은이가 소유한 완벽한 기억력이 실은 비극적인 멍에라는 것을 보여준다.

우리는 슬쩍 한 번 바라보면 테이블 위의 포도주 잔 세 개를 지각한다. 푸네스는 포도나무의 모든 싹, 모든 포도송이, 모든 포도 알갱이를 보았다. 그는 1882년 4월 30일 새벽 남쪽 하늘에 떠 있던 구름들의 모양을 기억했고, 그 모양을 그가 단 한 번 본 가죽 장정 책의 대리석 무늬와, 또한 케브라초 전투 전날 밤 리오 네그로 강에서 노가 일으킨 물보라 속 선들과 머릿속에서 비교할 수 있었다. 이 기억들은 단순하지 않았다. 각각의 시각적 이미지는 근육 감각, 열 감각 등과 연결되어 있었다. 그는 자신의 모든 꿈과 모든 상상을 재구성할 수 있었다. 그는 하루 전체를 재구성한 적이 두세 번 있었다. 그가 나에게 말했다. 나는 세상이 세상이었던 이래로 모든 사람이 보유한 기억보다 더 많은 기억을 나 혼자 안에 가지고 있습니다…. 선생님, 내 기억은 쓰레기 처리장과 비슷하답니다.

그러나 기억술사들만 예외적인 기억력을 지닌 것은 아니다. 뛰어난 기억력의 더 흔한 유형 하나(이른바 **섬광기억**flashbulb memory을 형성하는 능력)는 대다수의 사람이 생애의 다양한 시기에 발휘한다. 섬광기억이란 어느 시점에 저장되어 평생 유지되는 상세하고 생생한 기억이다. 케네디 대통령이 암살되었을 때 당신이 어디에서 무엇을 하고 있었는지에 대한 기억, 혹은 우주왕복선 챌린저 호가 폭발했다는 기억과 같은 섬광기억들은 특정 사건에 대한 지식을 영속적으로 보존한다. 섬광기억에 대한 최초 연구들은 중요한 역사적 사건들에 초점을 맞췄다. 그러나 우리가 놀랍고 중요한 개인적 사건에 관한 자서전적 정보를 역사적 사건 못지않게 생생하고 명확하게 보유할 수 있다는 증거도 존재한다. 이런 자서전적 기억은 때때로 부정확하지만, 감정적으로 중요한 사건에 의해 형성된 장기기억의 존속력을 뇌가 향상시킬 수 있다는 것은 명확하다.

극적인 개인적 사건과 역사적 사건의 세부사항은 어떻게 저장될까? 이같은 놀랍고 감정적으로 중요한 사건들에 대한 기억은 8장에서 더 자세히 다루게 될 편도체 및 포유류 뇌-조절 시스템들 중에서 주요 각성 시스템들arousal systems에 의존한다고 여겨진다. 포유류 뇌-조절 시스템들은 세로토닌, 노르에피네프린, 도파민, 아세틸콜린을 적절히 방출하여 기분과 경계심alertness을 조절한다. 이 조절 시스템들의 활동에서 비롯되는 결과 하나는 CREB-2에 의한 억제를 완화하는 방식으로 기억 시스템을 준비시켜 단일한 경험으로도 정보가 장기기억에 저장되게 만드는 것일 가능성이 있다. 그러므로 이 조절 신경전달물질들이 군소와 초파리에서, 또한 곧 보겠지만 생쥐에서도 CREB가 연루된 유형의 학습에서 중요한 역할을 할 수 있다는 점은 연구자들의 흥미를 자아낸다.

장기기억에 관여하는 유전자들과 단백질들

억제자(CREB-2)를 제거하고 활성자(CREB-1)를 활성화하면, 장기기억을 위한 스위치는 부분적으로만 켜진다. 이 스위치가 완전히 켜지려면, CREB-1에 의해 활성화된 유전자들이 단백질을 생산해야 한다. 이 단계—CREB-1에 의해 활성화된 유전자들이 보유한 설계도에 따라 단백질들이 합성되는 단계—는 장기기억 형성 과정 중에서 예민한sensitive (굳힘) 기간이라고 여겨진다. 이 단계가 완결되지 않았을 때는 단백질 합성 억제제들이 기억을 봉쇄할 수 있고 머리에 받은 충격 때문에 굳힘 과정 중의 기억이 영구적으로 삭제될 수 있다.

이미 언급했듯이, 뉴런의 세포 본체에서 새로운 단백질이 합성되는 데는 한 시간에서 여러 시간 정도의 짧은 기간만 필요하다. 이 같은 합성 메커니즘의 신속성에 착안한 필립 괼레트와 캔델은 그 단백질들이 짧은 기간 동안만 필요하고 따라서 짧은 기간 동안만 생산되는 것이 틀림없다

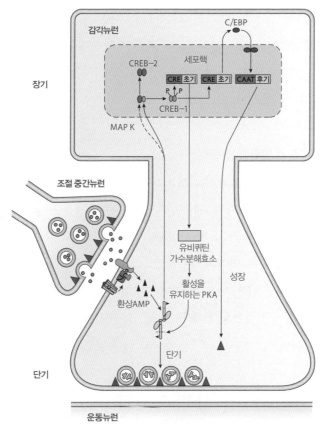

••••••
세로토닌을 방출하는 조절 중간뉴런이 감각뉴런을 반복해서 활성화함에 따라 일어나는 군소 아가미 움츠림 반사의 장기 민감화. 이 민감화의 결과로 감각뉴런에서 유전자에 의해 유발되는 주요 변화 두 가지가 일어난다. 그 변화들은 (1)단백질 키나제 A의 지속적 활동과 (2)새로운 시냅스 연결의 성장이다. 단기 과정(3장 참조)에서는 조절 중간뉴런이 방출한 세로토닌이 촉발하는 연쇄 과정이 환상AMP의 증가와 PKA의 일시적 활성화를 가져온다. 단백질 키나제의 일종인 PKA는 신경전달물질 방출을 촉진한다. 중간뉴런의 세로토닌 방출이 반복되면, PKA의 일부가 세포핵으로 이동하여 장기 과정을 촉발한다. 세포핵에서 PKA는 MAP 키나제를 활성화함으로써 억제자 CREB-2의 억제 작용을 제거한다고 여겨진다. 또한 PKA는 CREB-2 단백질을 활성화한다. 이 단백질은 다양한 유전자의 전사를 촉발하는 전사 조절자다. 이 유전자들 중 하나의 산물인 유비퀴틴 가수분해효소는 PKA의 (억제성) 규제 하부단위에 작용하여 PKA의 활성을 유지시킨다. 이 유전자들의 또 다른 산물로 전사 인자 C/EBP가 있는데, 이 전사 인자는 장기 과정의 나중 단계에 관여하는 유전자들에 작용하여 새로운 시냅스 연결의 성장을 촉발한다.

고 추측했다. 이 추측에 기초하여 그들은, 기억 굳힘 기간은 CREB-1이 '즉각 반응 유전자immediate response gene' 혹은 '즉각 초기 유전자immediate early gene'로 명명된 특별한 유형의 유전자들을 활성화하는 시기라고 제안했다. 이 유전자들은 신속하게 또한 일시적으로 활성화된다는 점이 특징이다.

그리하여 크리스티나 알베리니Christina Alberini, 이노구치 카오루Kaoru Inokuchi, 아쇼크 헤지Ashok Hedge, 제임스 슈워츠, 캔델은 군소에서 즉각 반응 유전자들을 탐색하여 두 개를 발견했다. 그 유전자들은 장기 강화가 확립될 때 신속하게 켜졌으며 환상AMP와 CREB-1로 활성화할 수 있었다. 한 유전자는 '유비퀴틴 가수분해효소ubiquitin hydrolase'라는 효소의 코드를 보유하고 있고, 다른 유전자는 C/EBP라는 전사 조절자다. 이 유전자들 중 한쪽의 발현을 봉쇄하면, 단기 과정에는 지장이 없지만 장기 과정이 봉쇄된다. 연구자들은 이 두 유전자를 탐구하여 대단히 많은 것을 알아냈다.

첫째 유전자에 코드화된 유비퀴틴 가수분해효소는 양의 되먹임positive feedback 과정 하나를 유발한다. 이 효소는 단백질들을 선택적으로 파괴하는 '유비퀴틴 프로테아좀ubiquitin proteasome'이라는 단백질 복합체protein complex의 한 부분이다. 일찍이 슈워츠와 동료들은 감각뉴런에서 유비퀴틴 프로테아좀이 PKA의 촉매 하부단위들을 억제하는 규제 하부단위들을 파괴한다는 것을 보여주었다. 앞서 보았듯이 PKA는 장기기억의 확립에 결정적으로 관여한다. 따라서 유비퀴틴 프로테아좀은 PKA의 규제 하부단위를 파괴함으로써 장기기억의 두 번째 억제 요인을(첫 번째는

CREB-2) 제거하는 셈이다.

PKA의 규제 하부단위들은 일찌감치 환상AMP의 농도가 높아졌을 때 환상AMP와 결합하여 이미 무력화되지 않았느냐고 묻고 싶은 독자도 있을 것이다. 그러나 유비퀴틴 가수분해효소가 활성화될 즈음에는 환상AMP의 농도가 다시 평소 수준으로 복귀하는 중이어서 PKA의 규제 하부단위들이 다시 PKA의 작용을 억제하기 시작한다. 더 큰 문제는 PKA에 의해 인산화된 단백질은 예외 없이 '포스파타아제phosphatase'라는 반대 기능의 효소에 의해 신속하게 탈인산화된다는 점이다. 포스파타아제는 단백질에서 인산기를 제거한다. 그러나 유비퀴틴 프로테아좀이 PKA의 규제 하부단위를 제거하면, PKA는 환상AMP 농도가 평소 수준으로 복귀해도 계속 활성을 유지할 수 있다. 따라서 포스파타아제의 반대 작용은 압도되고, PKA는 계속해서 표적 단백질들을 인산화할 수 있다. 실제로 데이비드 스웨트David Sweatt와 캔델은, 단기적으로 인산화된 많은 단백질들이 환상AMP의 도움이 없어도 장기적으로 인산화된 상태를 유지할 수 있다는 것을 발견했다. 지금 우리가 거론하는 메커니즘은 장기기억을 위한 분자 수준의 양의 되먹임 메커니즘들 중에서 어쩌면 가장 단순할 것이다.

PKA의 활성 유지는 특히 장기기억 저장 과정의 처음 여러 시간 동안에 특히 중요하다. 이 기간은 새로운 시냅스 연결의 성장을 담당하는 분자적 메커니즘들이 처음 동원되는 때다.

장기기억 스위치에 의해 활성화되는 두 번째 즉각 반응 유전자는 군소의 전사 조절자 C/EBP(유전자 활성자임)를 담당하는 유전자다. 군소의

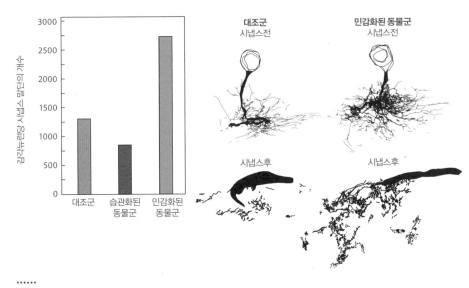

······
군소에서 아가미 움츠림 반사의 민감화를 위한 안정적인 장기기억은 새로운 시냅스 연결들의 성장에 의해 지탱된다.
왼쪽 민감화된 동물들의 감각뉴런은 대조군 동물의 감각뉴런보다 훨씬 더 많은 시냅스전 말단을 가진다. 습관화된 동물의 감각뉴런이 가진 시냅스전 말단의 개수는 대조군 동물보다 더 적다.
오른쪽 민감화 과정에서 감각뉴런들(위)과 운동뉴런들(아래)이 모두 새 가지들을 성장시킨다.

C/EBP 담당 유전자의 발현을 봉쇄하면 새로운 시냅스 연결의 성장이 봉쇄된다. 이 두 유전자는 아마도 빙산의 일각일 것이다. 장기기억으로의 변환이 일어나는 동안에 수많은 유전자들이 발현할 가능성이 높다.

새로운 시냅스들의 성장

군소에서 일단 유발된 장기기억은 훈련량에 따라 며칠이나 몇 주 동안 안정적으로 유지될 수 있다. 장기기억은 왜 그렇게 안정적으로 저장될까?

아가미 움츠림 반사의 장기 민감화를 연구한 크레이그 베일리와 매리 첸은 군소에서 장기기억의 안정적 유지는 세포 해부학의 변화에 의해 지탱된다는 것을 발견했다. 3주 동안 지속하는 민감화를 위한 장기기억을 산출하는 훈련을 거치고 나면, 감각뉴런 한 개당 시냅스 말단의 개수가 두 배로 늘어나 1300개에서 2600개로 된다. 이 변화는 아가미 움츠림 반사에서 나타나는 행동 변화가 존속하는 만큼 유지된다. 3주에 걸쳐 기억이 소멸함에 따라, 시냅스 말단들도 소멸한다. 즉, 시냅스 말단의 소멸과 기억의 소멸이 나란히 일어나는 것이다. 이런 해부학적 변화는 시냅스전 감각뉴런들에만 국한되지 않는다. 민감화된 동물에서는 시냅스후 아가미 운동뉴런의 수상돌기들도 성장하여 새로운 시냅스전 말단들의 성장에 부응한다. 이처럼 장기기억 저장의 핵심 특징은 시냅스전 세포와 시냅스후 세포 양쪽의 협력적인 구조 변화를 필요로 한다는 점이다.

시냅스 연결을 두 배로 많이 가진 감각뉴런은 아가미 운동뉴런을 두 배 효율적으로 흥분시킬 것이다. 따라서 수관을 건드리는 자극이 아가미 움츠림 반사를 유발할 확률이 훨씬 더 높아질 것이고, 이 확률 상승은 새로 형성된 시냅스 연결들이 존속하는 동안 유지될 것이다. 흥미롭게도 장기기억이 항상 추가 시냅스들의 성장을 동반하는 것은 아니다. 2장에서 보았던 장기 습관화에서는 뉴런당 시냅스 말단의 개수가 원래 1300개에서 겨우 800개로 줄어든다.

이 장의 후반부에서 보겠지만, 구조 변화는 서술기억의 안정적 단계에서 나타나는 특징일 수도 있다. 이런 해부학적 변화들은 단기기억과 장기

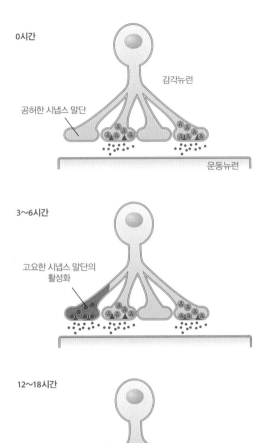

0시간

감각뉴런

공허한 시냅스 말단

운동뉴런

3~6시간

고요한 시냅스 말단의
활성화

12~18시간

새로운 시냅스 형성

......
배양된 감각뉴런과 운동뉴런 간 시냅스에 대한 연구들에서 장기 강화에 동반되는 시냅스전 구조 변화의 두 단계가 밝혀졌다. 기저 상태에서(위) 일부 시냅스 말단들은 공허하다. 즉, 신경전달물질 방출을 위한 장치를 가지고 있지 않다. 장기기억이 형성되면, 과거에 공허했던 (고요했던) 그 시냅스전 말단들 중 일부를 소포들이 신속하게 (3시간에서 6시간 안에) 채운다(중간). 또한 제 기능을 하는 새로운 시냅스 말단들이 12시간에서 18시간에 걸쳐 형성되는 더 느린 두 번째 변화도 일어난다(아래).

기억의 근본적인 차이를 드러낸다. 단기기억을 위한 변화는 세포보다 작은 수준의 소규모 변화에 국한된다. 예컨대 시냅스전 말단 내부에서 시냅스 소포들의 위치가 바뀌어 활성역에 더 접근하거나 반대로 멀어지는 변화가 일어날 뿐이다. 그런 위치 변화가 세포의 신경전달물질 방출 능력의 변화를 가져온다고 여겨진다. 반면에 장기기억은 새로운 시냅스 연결의 형성이나 기존 시냅스 연결의 철회를 동반한다. 요컨대 세포 수준에서 보면 단기 민감화에서 장기 민감화로의 변환은 과정에 기초한 기억에서 구조에 기초한 기억으로의 변환이다.

군소의 감각뉴런과 운동뉴런 간 시냅스를 배양해놓고 진행한 연구들은 기능적 변화와 구조적 변화를 동시에 추적했다. 그 결과, 동일한 특정 시냅스들에서 일어나는 개조와 성장을 장기간 지속적으로 살피고 시냅스전 세포의 구조 변화가 장기 강화의 다양한 단계들에서 어떤 기능적 기여를 하는지 조사할 수 있었다. 이 연구들에서 밝혀졌듯이, 세로토닌 펄스의 반복 적용은 시간적·형태학적·분자적으로 확연히 다른 두 가지 유형의 시냅스전 변화를 유발한다. (1)기존의 공허한 시냅스전 말단들에 시냅스 소포들이 채워짐을 통해 과거에 고요했던 시냅스전 말단들이 신속하게 활성화하는 변화가 3시간에서 6시간 내에 일어난다. 이 과정은 번역은 필요로 하지만 전사는 필요로 하지 않는다. 또한 (2)제 기능을 하는 새로운 시냅스 연결들이 12시간에서 18시간에 걸쳐 생성된다. 이 변화는 더 느리게 일어나며 전사와 번역을 모두 필요로 한다.

장기기억을 위한 시냅스 특정 메커니즘

세포핵은 세포의 시냅스들 모두가 공유한 자원이다. 장기기억이 형성되려면 세포핵에서 유전자들이 전사되어야 한다는 발견은 기억 저장에 관한 중대한 질문 하나를 야기했다. 장기기억에 기여하는 시냅스 변화는 세포 전체에서 두루 일어나야 할까, 아니면 개별 시냅스 연결의 세기가 각각 독립적으로 조절될 수 있을까? 뇌에 있는 약 1000억 개의 뉴런들 각각은 평균 1000개의 시냅스를 통해 표적세포들과 연결되어 있다. 과학자들은 정보 처리의 극대화를 위해서는 시냅스 가소성의 단위가 개별 시냅스여야 한다고 생각해왔다. 만일 이 생각이 옳다면, 장기기억이 형성될 때 세포핵 속의 유전자들은 어떻게 특정한 시냅스 하나를 표적으로 삼을 수 있는 것일까?

이 질문을 탐구하기 위해 켈시 마틴Kelsey Martin, 카사디오, 베일리, 캔델은 두 갈래로 갈라진 축삭돌기 하나를 통해 공간적으로 따로 떨어진 운동뉴런 두 개와 접촉한 군소의 감각뉴런 하나를 배양했다. 한 운동뉴런과 연결된 시냅스들에 세로토닌 펄스를 5회 적용하는 실험을 통해 그들은 그 운동뉴런으로 뻗은 축삭돌기 가지는 장기 강화를 겪는 반면, 다른 축삭돌기 가지는 변화하지 않는 것을 발견했다. 세로토닌 펄스를 적용한 가지에서만 새로운 시냅스 연결들이 성장한다. 따라서 그 시냅스 구역에서 어떤 신호가 나와 세포핵에 도달하는 듯하다. 이어서 그 신호가 유전자들을 활성화하여 여러 산물들이 생산되고, 그 산물들은 모든 시냅스 말단들로 운반되지만, 최근에 단기 변화를 겪은 시냅스 말단들만 그 산물들(전령RNA들과 단백질들)을 이용하여 장기적인 구조 변화를 일으킬 수 있는 듯하다. 마틴과 캔델과 동료들, 그리고 프라이와 모리스가 각각 독립적으로 개발한 이 아이디어를 일컬어 '시냅스 포획synaptic capture' 혹은 '시냅스 표지synaptic tagging'라고 한다.

이 아이디어를 검증하기 위해 마틴과 동료들은 그 감각뉴런이 한쪽 운동뉴런과 형성한 접촉부에 세로토닌 펄스를 5회 가하면서 또한 다른 쪽 운동뉴런과 형성한 접촉부에 세로토닌 펄스를 1회 가했다(원래 세로토닌 펄스 1회만으로는 몇 분 동안 지속하는 단기 시냅스 강화만 일어난다). 그러자 세로토닌 펄스 1회만으로도 두 번째 축삭돌기 가지에서 장기 강화와 새로운 연결들의 성장이 일어났다.

이 결과들은, 특정 시냅스들에서 나온 신호가 세포핵에 도달하여 전사가 일어나고 유전자 산물들(전령RNA들과 단백질들)이 새로 합성되고 나면 이 산물들이 신속한 운반 메커니즘에 의해 애당초 유전자 발현 과정을 촉발한 그 특정 시냅스들로 운반되어야 함을 시사한다. 시냅스 표지 가설은, 단일한 뉴런이 수많은 시냅스들을 형성한 상황에서 이런 특정성이 어떻게 생물학적으로 경제적인 방식으로 성취될 수 있는지 설명하기 위해 개발되었다. 핵심 아이디어는 유전자 발현의 산물들이 세포 전역으로 운반되지만 오직 앞선 시냅스 활동에 의해 표시된 특정 시냅스들에서만 기능을 발휘한다는 것이다.

현재 어바인 소재 캘리포니아 대학에 있는 오스왈드 스튜어드Oswald Steward는 1980년대 초에 세포 본체에서 단백질 합성이 일어날 뿐 아니라 시냅스에 위치한 리보솜도 있음을 발견했다. 리보솜은 단백질 합성 장치

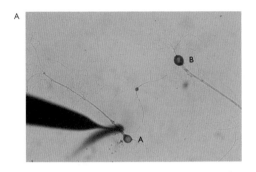

A

시냅스 특정 강화와 시냅스 포획

A 이 현미경 사진은 배양된 군소 세포들의 시스템을 보여준다. 이 시스템을 이용하면 단일한 감각뉴런(사진 중앙의 작은 뉴런)의 축삭돌기 가지 두 개가 감각뉴런 두 개(A와 B)에 각각 어떤 작용을 하는지 연구할 수 있다. 연구자는 세로토닌을 두 가지 중 하나에만 선택적으로 적용할 수 있다.

B

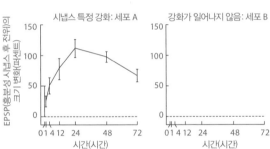

B 그림은 세포 A에 닿은 시냅스 말단들에만 세로토닌 펄스 5회(5×5−HT)를 적용함으로써 장기 과정을 일으키고 그 결과들을 조사하는 실험의 개요를 보여준다. 이 실험을 하면 그 말단들에서는 선택적인 시냅스 특정 강화가 일어나지만 세포 B에 닿은 자극 받지 않은 말단들에서는 아무 변화도 일어나지 않는다.

C

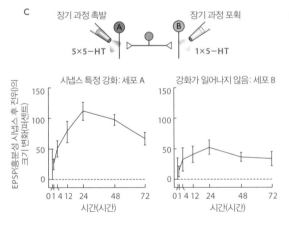

C 그림은 한쪽 말단들에는 세로토닌 펄스 5회(5×5−HT)를 가하고 다른 쪽 말단들에는 세로토닌 펄스 1회(1×5−HT)를 가하는 실험의 개요를 보여준다. 원래 5−HT 펄스 1회는 몇 분 지속하는 단기 강화만 산출한다. 그러나 다른 쪽 말단들에 5×5−HT를 가함과 동시에 1×5−HT를 가하면 비록 축소된 규모로나마 장기 강화의 전 과정이 발생한다.

다. 마틴과 동료들은 시냅스에서의 단백질 합성 조절이 군소에서 감각뉴런과 운동뉴런 간 시냅스 연결의 세기 통제에서 주요 역할을 한다는 것을 발견했다.

아래에서 보겠지만 국지적 단백질 합성은 해마에서 일어나는 장기 증강(LTP)의 나중 단계들에서도 중요하다. 마틴, 카사디오, 캔델은 군소의 감각뉴런 하나가 양 갈래로 축삭돌기를 뻗어 운동뉴런 두 개와 접촉하여 이룬 시스템을 배양해놓고 국지적 단백질 합성의 중요성을 탐구했다. 그 시스템에서 그들은 세로토닌을 적용하여 유발한 장기 시냅스 특정 강화가 학습-유발성 시냅스 성장을 안정적으로 유지하기 위해 국지적 단백질 합성을 필요로 한다는 것을 발견했다. 이와 유사하게 해마에서도 샤퍼 부수 경로에서의 장기 증강 유발은 리보솜들이 CA1 뉴런의 수상돌기 줄기에서 활성 가시들로 이동하는 과정을 동반한다. 이 사실은 장기 증강과 연계된 형태학적 변화에서 국지적 단백질 합성이 결정적인 역할을 한다는 것을 시사한다.

이 발견들은 군소에서 두 가지 성분이 시냅스 표지용 신호로 쓰임을 알려준다. 첫째 성분은 장기 시냅스 가소성과 시냅스 성장을 촉발하며 세포핵에서의 전사와 번역을 필요로 하지만 국지적 단백질 합성은 필요로 하지 않는다. 둘째 성분은 장기 시냅스 변화의 안정적 유지를 가능케 하며 시냅스에서의 국지적 단백질 합성을 필요로 한다. 이 같은 시냅스에서의 국지적 단백질 합성은 어떻게 조절될까?

전령RNA들은 세포 본체에서 만들어지므로, 일부 전령RNA가 특정 시냅스에서 국지적으로 번역되어야 한다면, 그런 전령RNA는 그 활성화

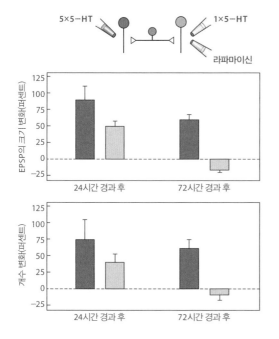

라파마이신rapamycin을 투여하여 단백질 합성을 억제하면 72시간 경과 후 시냅스 성장의 유지가 봉쇄된다. 왼쪽 그림은 시냅스 포획에서 국지적 단백질 합성의 역할을 알아보기 위한 실험의 개요를 보여준다. 위 막대그래프는 5×5-HT가 적용된 촉발 부위(짙은 파란색 막대)와 1×5-HT가 적용된 포획 부위(옅은 파란색 막대)의 기능 변화를, 아래 막대그래프는 구조 변화를 나타낸다. 이 실험에서는 포획 부위에 5-HT 펄스 1회와 함께 국지적 단백질 합성 억제제(라파마이신)가 적용되었다. 5-HT 펄스 5회를 가한 촉발 부위에서는 24시간 경과 후와 72시간 경과 후에 기능 변화와 구조 변화가 뚜렷하게 나타났다. 반면에 단백질 합성 억제제가 적용된 포획 부위에서는 24시간 경과 후에는 기능 변화와 구조 변화가 모두 나타났지만 이 변화들은 72시간 경과 후까지 존속하지 못했다.

된 시냅스에 도달할 때까지 휴지 상태를 유지한다고 생각해볼 수 있다. 만일 이 생각이 옳다면, 그 시냅스에서 단백질 합성을 활성화하는 한 방법은 휴지 상태의 전령RNA들을 활성화할 수 있는 번역 조절자를 동원하는 것일 터이다. 코시크 시Kausik Si와 캔델은 그런 번역 조절 분자를 찾아내기 위한 연구에 착수하여 군소가 지닌 CPEB 동족체homolog에 초점을 맞췄다. CPEBcytoplasmic polyadenylation element-binding protein, 세포질 폴리아데노신화 요소 결합 단백질는 휴지 중인 전령RNA들을 활성화할 수 있는 단백질이다. 군소에는 새로운 CPEB 동형체isoform가 뉴런에만 있다. 이 CPEB 동형체는 감각뉴런에서 일어나는 과정들에 관여한다. 세로토닌으로 시냅스를 자극하면, 그 시냅스에서 CPEB 단백질의 양이 증가한다. CPEB 유발은 전사와 무관하지만 새로운 단백질 합성을 필요로 하고 단백질 합성 억제제 라파마이신에 민감하다. 더 나아가 활성화된 시냅스에서 국지적으로 CPEB를 봉쇄하면 시냅스 강화의 장기 유지는 봉쇄되지만 촉발과 24시간 동안의 유지는 봉쇄되지 않는다. 요컨대 CPEB는 시냅스 변화를 안정적으로 유지해주는, 국지적 단백질 합성에 의존하는 과정을 조절하는 분자가 갖춰야 할 핵심 속성들을 갖췄다. 결론적으로, 장기 시냅스 가소성의 촉발은 그렇지 않지만 유지는 시냅스에 있는 새로운 분자들을 필요로 하고, 그 분자들 중 일부는 CPEB에 의존하는 번역 활성화에 의해 만들어진다.

CPEB는 장기 강화의 나중 단계를 어떻게 안정화하는 것일까? 앞서 간단히 설명했듯이, 장기 강화의 안정성은 감각뉴런 시냅스들에서 일어나는 구조적 변화의 존속에서 비롯되고, 그 변화의 소멸은 행동학적 기억의 소멸을 동반하는 듯하다. 생물학적 분자들의 반감기는 (몇 시간에서 며칠로) 기억의 존속 기간(며칠, 몇 주, 심지어 몇 년)에 비해 상대적으로 짧다. 그렇다면 학습이 한 시냅스에서 유발한 분자 조성의 변화가 어떻게 그리 오래 유지될 수 있을까? 뉴런이 이 근본적인 요구를 어떻게 충족시키는가에 관한 제안의 대부분은 모종의 자족적인self-sustained 메커니즘에 의존한다. 즉, 무언가 자족적인 메커니즘이 어떤 식으로든 시냅스 세기와 구조를 조절할 수 있다고 제안한다.

시와 캔델은, 군소의 뉴런에 있는 CPEB 동형체가 프리온과 유사한 속성들을 지녔다는 사실에 기초한 모형을 제안했다. 프리온은 두 가지 형태로 존재할 수 있는 단백질이며, 그중 한 형태는 자기 영속self-perpetuation 능력을 지녔다. 시와 캔델의 모형은 불안정한 분자들의 집단이 어떻게 시냅스의 형태와 기능에 안정적인 변화를 가져올 수 있는지 설명해준다. CPEB는 두 가지 상태를 가진다. 하나는 활성 상태이며 다른 하나는 불활성 상태인데, 상태가 다르면 형태도 다르다. 순박한 시냅스에서 CPEB 발현의 기저 수준은 낮고 CPEB의 상태는 불활성이다. 그러나 만일 주어진 문턱에 도달하면, CPEB가 프리온과 유사한 상태로 변환되어 휴지 중인 전령RNA들의 번역을 활성화한다. 일단 그 프리온 상태가 활성화된 시냅스 하나에서 확립되면, 세포 본체에서 만들어져 세포 전역으로 분배된 휴지 상태의 전령RNA들이 그 활성화된 시냅스에서만 번역될 것이다. 이때 그 활성화된(프리온과 유사한 상태의) CPEB는 자기 영속 능력이 있으므로, 자족적이고 시냅스-특정적이며 장기적인 분자적 변화를 일으키고, 학습과 연계된 시냅스 성장의 안정화와 기억 저장의 존속을 위한 메커니즘을 제공할 수 있다.

장기 서술기억을 위한 스위치

훈련된 군소는 아가미를 격렬하게 움츠리고, 훈련된 초파리는 부적절한 냄새를 성공적으로 피한다. 양쪽 사례 모두에서 유사한 분자적 메커니즘들이 장기 비서술기억을 창출하기 때문이다. 각 사례에서 2차 전달자인 환상AMP 의존 단백질 키나아제가 특정 뉴런의 세포핵으로 이동하여 유전자들을 활성화하고, 그 유전자들은 새로운 시냅스 연결들의 형성을 촉발한다. 이제 우리의 관심을 서술기억으로 돌리자. 학생이 시를 외우거나 생쥐가 미로 찾기를 학습할 때, 뉴런들에서 일어나는 사건들은 비서술기억이 형성될 때 일어나는 일과 유사할까? 기억의 메커니즘들은 저급한 형태의 기억들로부터 고급한 형태의 기억들이 진화하는 동안 그대로 보존되었을까?

6장에서 보았듯이, 안쪽 관자엽 시스템의 핵심 구조물인 해마의 주요 경로들 각각에서 장기 증강(LTP)이 일어날 수 있다. 시냅스 메커니즘의 하나인 장기 증강은 서술기억 저장을 담당하기에 적합한 듯하다. 장기 증강은 영속적이며 활동 의존적인 시냅스 변형이며, 해마 뉴런들을 단기간 고주파로 자극함으로써 유발할 수 있다. 6장에서 보았듯이, 장기 증강의 초기 단계들을 유전학적으로 방해하면 단기기억과 장기기억이 모두 저해된다. 즉, 애당초 단기 강화를 봉쇄하면, 생쥐는 미로 찾기를 배우지 못하고, 군소의 아가미 움츠림 반사는 민감화되지 않는다. 그렇다면 군소에서 장기 강화가 있는 것과 유사하게 장기 증강의 장기적 성분도 따로 있을까?

이 질문을 염두에 두고 프라이, 황얀유, 캔델은 쥐 해마 절편의 샤퍼 부수 경로에서의 장기 증강을 연구했고 시간적으로 구분되는 단계들을 발견했다. 그 단계들은 군소에서의 단기 강화 및 장기 강화와 매우 유사하다. 우선 경련 자극 직후에 시작되어 한 시간에서 세 시간 동안 지속하는 초기 단계가 있다. 이 단계는 단일한 고주파 자극 연쇄에 의해 유발되며 단백질 합성을 필요로 하지 않는다. 반면에 고주파 자극 연쇄를 세 번

이상 가하면 후기 단계(L-LTP)가 유발되어 적어도 28시간 동안 지속한다. 모든 증거로 볼 때 이 후기 단계는 유전자 활성화를 필요로 한다. 즉, 이 단계는 단백질 합성 억제제, RNA 합성 억제제, PKA 억제제에 의해 봉쇄된다. 뿐만 아니라 이 후기 단계는 환상AMP에 의해 활성화될 수 있다. 환상AMP는 세포핵으로 신호를 보내 유전자 활성화를 유발하는 2차 전달자 시스템에 속한 전달자들 중 하나다.

군소에서의 장기 강화와 마찬가지로, 쥐 해마에서의 장기 증강의 후기 단계는 새로운 단백질이 합성되는 기간(후기 단계 전체의 첫 부분에 해당함)을 포함한다. L-LTP를 경련 자극으로 유발하든 환상AMP를 적용하여 유발하든 상관없이, 경련 자극 직후나 환상AMP 적용 도중에 유전자들의 전사를 봉쇄하면, L-LTP는 유발되지 않는다. 이처럼 LTP의 후기 단계는 경련 자극 직후의 결정적 기간에 유전자가 전사되는 것을 필요로

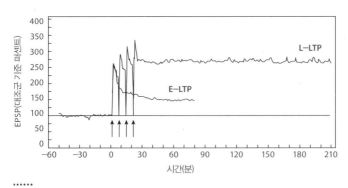

······
256쪽의 실험과 똑같은 실험을 통해 연구자들은 해마 CA1 구역으로 이어진 샤퍼 부수 경로에서의 LTP 초기 단계와 후기 단계를 측정했다. 주파수 100헤르츠로 1초 동안 자극 연쇄를 단 한 번 가하자 LTP 초기 단계(E-LTP)가 유발되었다. 10분 간격으로 자극 연쇄를 4회 가하자 LTP 후기 단계(L-LTP)가 유발되었다. LTP 초기 단계는 2시간 동안, LTP 후기 단계는 24시간 넘게 유지되었다.

한다. 이는 어쩌면 그 기간에 특별한 유전자들이 발현해야 하기 때문일 것이다. 이 가능성을 검증하기 위해 조 치엔, 디트마르 쿨Dietmar Kuhl, 캔델은 생쥐에서 LTP에 의해 활성화되는 즉각 반응 유전자들을 탐색하여 여러 개를 발견했다. 특히 중요한 것은 두 개의 유전자인데, 이 유전자들은 조절 구역에 CRE요소를 가지고 있다.

이 유전자들 중 하나는 조직 플라스미노겐 활성자tissue plasminogen activator, tPA의 코드를 보유하고 있다. tPA는 축삭돌기 말단들과 수상돌기 가시들spine의 성장을 자극하는 효소다. 또 다른 유전자는 군소의 C/EBP와 관련이 있다. 앞서 언급한 바 있는 군소의 C/EBP는 군소에서 장기 강화가 시작되는 데 결정적으로 기여하는 유전자다.

이 같은 LTP 후기 단계는 처음에 많은 세포들의 시냅스 반응을 한꺼번에 측정하는 방식으로 연구되었다. 그런데 개별 세포들 간의 기초 시냅스 연결에서는 이 후기 단계가 어떻게 나타날까? 6장에서 보았듯이, 자극 받지 않은 평소 상태의 시냅스전 CA3 뉴런 하나는 CA1 구역에 속한 표적세포 하나와 단일한 시냅스 연결을 형성한다. 그리고 이 단일한 시냅스 말단은 단 하나의 신경전달물질 소포만을 단일한 방출 부위에서 전부—아니면—전무의 방식으로 방출하는 것으로 보인다. 평소 상태에서는 많은 경우에 방출이 실패로 돌아가고 성공은 드물다. 그러나 LTP 초기 단계를 유발하고 나면, 방출 실패가 훨씬 감소하고 성공이 훨씬 증가한다. 이 결과에 대한 가장 간단한 해석은 LTP 초기 단계가 새로운 방출 부위의 추가 없이 소포 방출 확률이 향상된 결과라는 것이다.

그렇다면 LTP 유발 여러 시간 뒤에 포착된 LTP 후기 단계도 소포 방

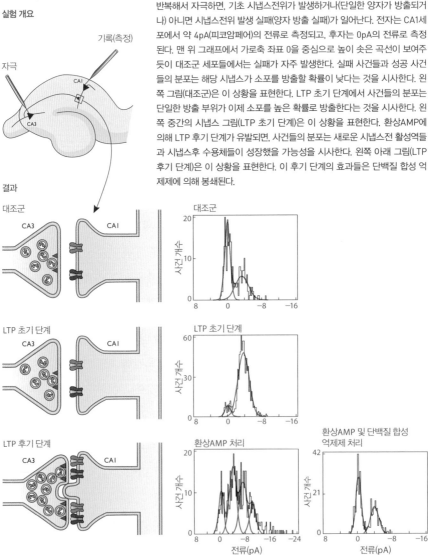

．．．．．．
LTP 초기 단계와 후기 단계는 CA3 세포 하나와 CA1 세포 하나 간 단일 연결의 수준에서도 명백히 구분된다. 실험에서 CA3 세포를 자극하여 CA1 세포에서 단일한 기초 시냅스전위를 일으킨다(왼쪽 위). CA3 세포를 저주파수로 반복해서 자극하면, 기초 시냅스전위가 발생하거나(단일한 양자가 방출되거나) 아니면 시냅스전위 발생 실패(양자 방출 실패)가 일어난다. 전자는 CA1세포에서 약 4pA(피코암페어)의 전류로 측정되고, 후자는 0pA의 전류로 측정된다. 맨 위 그래프에서 가로축 좌표 0을 중심으로 높이 솟은 곡선이 보여주듯이 대조군 세포들에서는 실패가 자주 발생한다. 실패 사건들과 성공 사건들의 분포는 해당 시냅스가 소포를 방출할 확률이 낮다는 것을 시사한다. 왼쪽 그림(대조군)은 이 상황을 표현한다. LTP 초기 단계에서 사건들의 분포는 단일한 방출 부위가 이제 소포를 높은 확률로 방출한다는 것을 시사한다. 왼쪽 중간의 시냅스 그림(LTP 초기 단계)은 이 상황을 표현한다. 환상AMP에 의해 LTP 후기 단계가 유발되면, 사건들의 분포는 새로운 시냅스전 활성역들과 시냅스후 수용체들이 성장했을 가능성을 시사한다. 왼쪽 아래 그림(LTP 후기 단계)은 이 상황을 표현한다. 이 후기 단계의 효과들은 단백질 합성 억제제에 의해 봉쇄된다.

실험 개요

기록(측정)

자극

자극

CA1

CA3

결과

대조군

CA3   CA1

LTP 초기 단계

CA3   CA1

LTP 후기 단계

CA3   CA1

대조군

사건 개수

20

10

8   0   -8   -16

LTP 초기 단계

사건 개수

60

30

0

8   0   -8   -16

환상AMP 처리

사건 개수

20

10

8   0   -8   -16   -24

전류(pA)

환상AMP 및 단백질 합성
억제제 처리

사건 개수

42

21

8   0   -8   -16

전류(pA)

출 확률의 향상이 지속되는 것과 관련이 있을까? 바딤 볼샤코프Vadim Bolshakov, 스티븐 시겔봄, 하바 골란Hava Golan, 캔델은 해마 절편을 환상 AMP로 처리하여 사실상 모든 시냅스들에서 LTP 후기 단계를 유발하고 그 결과를 조사했다. 그들은 성공적인 방출의 비율이 처리 전보다 일관되게 높아지는 것을 발견했다. 이 결과는 LTP 후기 단계에서도 일부 시냅스들에서는 신경전달물질 방출 확률이 계속 높게 유지된다는 것을 시사한다. 뿐만 아니라 그들은 시냅스 반응들을 더는 단일한 (가우스) 곡선 분포로 기술할 수 없음을 발견하고 놀랐다. 단일한 곡선 분포는 단일한 방출 부위를 반영한다. 따라서 한 가지 그럴 듯한 해석은 LTP 후기 단계가 새로운 시냅스 방출 부위들의 성장을 요구한다는 것이다. 정확히 말하면, 시냅스전 말단에 새로운 방출 부위가 추가되고 시냅스후 세포의 수상돌기 가시에 새로운 수용체가 삽입되는 것을 요구한다는 것이다.

LTP 후기 단계에서의 구조 변화

이 발견들은 LTP 후기 단계에서 새로운 방출 부위와 수용 부위의 추가와 더불어 시냅스 연결의 개수가 증가할지도 모른다는 흥미로운 가능성을 시사한다. 그런 증가가 시냅스후 가시의 성장에 의해 기존의 단일 활성역이 둘로 쪼개짐을 통해 일어날 수 있다는 주장이 제기되었다. 실제로 노스웨스턴 대학 의학부의 유리 가이니스먼Yuri Geinisman과 동료들은 LTP 유발 후 정확히 이런 유형의 시냅스 개수 증가가 일어나는 것을 관찰했다. 이 시냅스들에서는 시냅스후 가시에서 돌기 혹은 잔가시가 시냅스전 말단을 향해 돌출하여 활성역을 따로 떨어진 두 구역으로 갈라놓는다. 따라서 한 유형의 시냅스 형태가 다른 유형으로 바뀐 것과 같은 일이 벌어진다.

경험에 반응하여 새로운 해부학적 연결들이 성장하는 경향은 포유류 뇌의 도처에서 나타나는 특징이다. 일찍이 1990년에—각각 개리 린치Gary Lynch, 윌리엄 그리너프William Greenough, 페르 안데르센Per Andersen 이 이끈—세 연구팀은 해마에서 새 시냅스들의 성장이 LTP와 유관하다는 증거를 제시했다. 10장에서 보겠지만, 구조 변화는 많은 유형의 경험에 대한 장기기억의 핵심 특징이다.

LTP 후기 단계의 모형

요컨대 LTP 후기 단계에서는 시냅스의 시냅스전 요소와 시냅스후 요소가 모두 협력적인 장기 변화를 겪는 듯하다. 관련 연구들은 한 가지 분자적 모형의 개요를 시사하고, 그 모형에 따르면 해마에서의 LTP는 군소에서의 강화와 매우 유사한 단계들을 거친다. LTP 초기 단계는 시냅스후 세포에서 PKA와 무관한 여러 단백질 키나아제가 활성화되는 것을 포함한다. 시냅스후 세포에서 일어나는 이 같은 개시 활동은 새로운 AMPA 수용체들의 삽입을 가져오고 따라서 시냅스후 수용체들의 글루타메이트에 대한 민감도 향상을 가져오며 또한 신경전달물질 방출량의 증가를 가

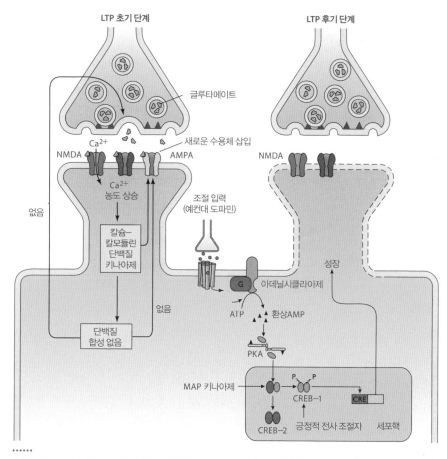

LTP 초기 단계
LTP 후기 단계
글루타메이트
Ca²⁺
새로운 수용체 삽입
NMDA
AMPA
NMDA
없음
Ca²⁺
농도 상승
조절 입력
(예컨대 도파민)
칼슘—
칼모듈린
단백질
키나아제
성장
없음
G
아데닐시클라아제
ATP
환상AMP
단백질
합성 없음
PKA
MAP 키나아제
P P
CRE
CREB–1
CREB–2
긍정적 전사 조절자
세포핵

⋯⋯⋯
LTP 초기 단계와 후기 단계의 모형. 단일한 자극 연쇄는 NMDA 수용체를 활성화하고 시냅스후 세포로 칼슘이온(Ca²⁺)
을 유입시킴으로써 LTP 초기 단계를 유발한다. 칼슘이온은 칼모듈린과 결합하여 일련의 2차 전달자 단백질 키나아제들
을 활성화한다. 이 단백질 키나아제들은 적어도 두 가지 기능을 한다고 여겨진다. 첫째, 이 키나아제들은 더 많은 AMPA
수용체가 시냅스후 막에 삽입되게 만들어 시냅스후 세포의 글루타메이트에 대한 민감도를 향상시킨다. 또한 몇 가지 특
정한 패턴의 자극이 가해질 경우에는, 이 키나아제들이 일련의 효소들을 활성화하고, 이 효소들은 시냅스전 뉴런의 말단
으로 되먹임되는 역행 신호들을 산출하며, 그 신호들이 신경전달물질 방출을 촉진한다고 여겨진다. 자극 연쇄가 반복되
면, 칼슘이온 유입의 결과로 아데닐시클라아제도 활성화된다. 또한 자극 연쇄가 반복되면 도파민성 조절 입력도 활성화
되는데, 이것 또한 아데닐시클라아제의 활성화를 가져온다. 아데닐시클라아제는 PKA를 활성화하고, PKA는 세포핵으로
이동한다. 세포핵에서 PKA는 CREB를 인산화한다고 여겨진다. 그러면 CREB는 표적들을 활성화하는데, 이때 표적들이
란 성장을 담당하여 구조 변화를 가져오는 유전자들이다.

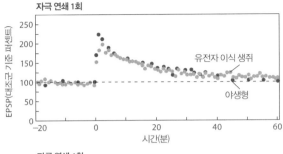

자극 연쇄 1회

유전자 이식 생쥐

야생형

◀ LTP 초기 단계는 야생형 생쥐들과 PKA의 작용을 봉쇄하는 유전자를 발현하는 유전자 이식 생쥐들에서 모두 정상적이다.
▼ 유전자 이식 생쥐들에서는 PKA의 작용이 감소하므로 LTP 후기 단계가 제거된다.

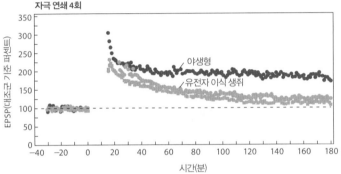

자극 연쇄 4회

야생형

유전자 이식 생쥐

져온다. 이 마지막 증가는 어쩌면 하나나 그 이상의 역행 전달자들의 작용을 통해 일어날지도 모른다. 역행 전달자는 시냅스후 세포에서 시냅스전 세포로 이동한다고 여겨진다.

그러나 해마의 경로들에 자극 연쇄가 반복해서 가해지면, 새로운 일이 벌어지기 시작한다. LTP 후기 단계가 시작되면, 군소와 초파리에서와 마찬가지로 환상AMP의 농도가 상승한다. 그리고 이렇게 해마에서 환상AMP가 증가하면, PKA와 CREB-1이 활성화된다. 마지막으로 군소에서와 유사하게, 해마에서 CREB-1의 작용은 일련의 즉각 반응 유전자들의 활성화를 가져오고, 이 유전자들의 작용으로 새로운 시냅스 부위들

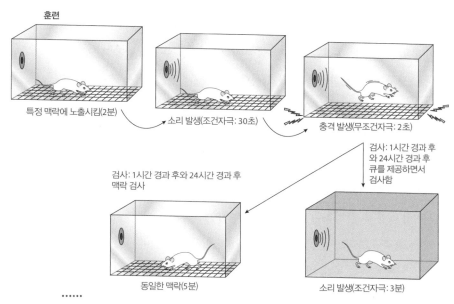

특정 맥락에 노출시킴(2분)

소리 발생(조건자극: 30초)

충격 발생(무조건자극: 2초)

검사: 1시간 경과 후
와 24시간 경과 후
큐를 제공하면서
검사함

검사: 1시간 경과 후와 24시간 경과 후
맥락 검사

동일한 맥락(5분)

소리 발생(조건자극: 3분)

······
단일한 학습 시도로 두 가지 공포 조건화를 산출하는 절차. 학습 시도는 단일한 빌 충격으로 이루어지며
(상자에 대한) 맥락 조건화와 (소리에 대한) 큐 조건화cued conditioning를 산출한다.

의 개조와 성장이 시작되는 것으로 보인다.

지금까지 우리는 약학적 작용 물질들과 생물물리학적biophysical 연구
에 의지하여 LTP의 후기 단계와 초기 단계를 구분하고 후기 단계의 메커
니즘들을 분석하는 연구들을 살펴보았다. 그러나 이 접근법은 LTP 후기
단계와 장기기억 사이의 관계를 (만일 이 관계가 존재한다면) 아직 밝혀내
지 못했다. 뿐만 아니라 이 접근법은 두 가지 면에서 잠재적 한계를 가진
다. 첫째, 약학적 작용 물질의 효과가 완벽하게 특정되는 경우는 드물다.
약학적 작용 물질들은 때때로 의도하지 않은 표적들에도 영향을 미친다.
이런 면에서 훨씬 더 정확한 것은 유전학적 실험이다.

6장에서 언급했듯이, 유전자 조작 생쥐를 생산하는 능력의 중요성은 이미 입증되었다. 우리는 온전한 동물이 가진 개별 유전자들을 선택적으로 조작하고 그 효과가 동물의 행동에서—장기기억 저장 능력에서—어떻게 나타나는지 볼 수 있다. 이를 목표로 두 가지 유형의 연구가 유전자 조작 동물을 대상으로 이루어졌다. 두 연구 모두 LTP의 초기 단계는 봉쇄하지 않으면서 후기 단계를 제거하는 것을 추구한다. 테드 아벨Ted Abel, 마크 배러드Mark Barad, 루시코 부르출라즈, 캔델은 PKA 촉매 하부단위의 작용을 봉쇄하는 유전자를 발현하는 돌연변이 생쥐들을 생산했다. 또한 부르출라즈와 콜드 스프링 하버의 알사이노 실바는 CREB-1의 부분적 녹아웃을 통해 변형된 생쥐들을 연구했다.

양쪽 유전자 이식 동물들은 대략 유사한 LTP 결함을 나타냈다. CA1 구역에서 LTP 초기 단계는 정상이었지만, 후기 단계는 정상 생쥐에서처럼 여러 시간 지속하는 대신에 한두 시간 내에 기준선으로 복귀했다. 이 발견들은 LTP 후기 단계가 PKA에 의존하고 또한 CREB-1에 의해 촉발되는 특별한 유전자들의 작용에 의존한다는 독립적인 증거를 제공했다.

이 동물들은 LTP의 정상적인 초기 단계와 결함 있는 후기 단계를 나타낸다. 그렇다면 이 동물들의 기억 능력은 어떨까? 이 녀석들은 학습을 잘하고 단기기억은 우수하지만 일부 장기기억에서는 결함을 나타내리라 예상해볼 수 있을 것이다. 실제로 이 예상은 적중했다. 이 생쥐들은 장기 공간기억에서 뚜렷한 결함을 나타냈다. 그러나 공간기억을 검사하는 전형적인 미로 과제들은 단기기억 검사에 적합하지 않다. 왜냐하면 그 과제들은 여러 날에 걸친 반복 훈련을 요구하기 때문이다. 따라서 이 과제들은 기억 저장의 초기 단계를 명확히 식별하는 데 필요한 시간적 해상력을 제공하지 못한다. 그리하여 부르츌라즈와 아벨은 단일한 시도에서 확실한 학습을 유발하는 조건화 과제들로 눈을 돌렸다. 이 과제들을 훈련한 동물들은 새로운 환경(맥락)과 예컨대 소리와 같은 중립적인 조건 자극(CS)을 둘 다 두려워하는 법을 학습한다. 왜냐하면 맥락과 소리가 해로운 무조건자극(일반적으로, 발에 가해지는 충격)과 동시에 주어지기 때문이다. 구체적인 실험에서 생쥐는 바닥에 격자 모양의 전선이 깔린 작은 상자 안에 놓인다. 그 전선에 전류를 흘려보내면 생쥐는 발에 그리 심하지 않은 충격을 받는다.

생쥐는 2분 동안 상자 안을 돌아다니며 새 환경에 익숙해진다. 그때 소리가 주어지고, 곧이어 발에 충격이 가해진다. 나중에 생쥐를 다시 동일한 상자 안에 놓으면, 생쥐는 움츠린 채로 동작을 멈춰 공포를 표현한다. 즉, 생쥐는 동결 상태가 된다. 이런 형태의 서술적·맥락적 기억은 편도체뿐 아니라 해마도 필요로 한다. 이런 맥락 조건화와 유사하게 생쥐는 소리를 두려워하는 법도 배워서 나중에 어느 맥락에서든 소리를 들으면 동결 상태가 될 것이다. 이런 형태의 비서술적 공포 조건화는 편도체를 필요로 하지만 해마는 필요로 하지 않는다.

이 과제들에서, 두 가지 유형의 유전자 조작 생쥐들은 모두 정상 생쥐 못지않게 쉽게 동결을 학습했고, 학습 후 한 시간이 지나서도 소리가 들리거나 상자가 보이면 동결 상태가 되었다. 요컨대 녀석들의 단기기억은 정상이었다. 그러나 24시간이 지나자 녀석들은 상자에 더는 반응하지 않았다. 즉, 녀석들은 해마를 필요로 하는, 맥락에 대한 장기기억에 결함

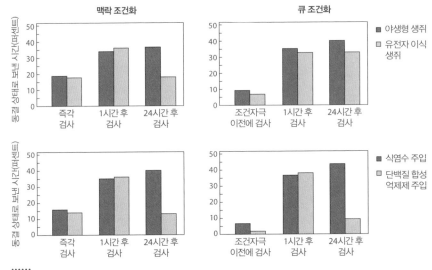

PKA의 작용을 봉쇄하는 유전자를 해마에서 발현하는 돌연변이 생쥐들, 혹은 단백질 합성 억제제를 주입받은 생쥐들을 상자의 모습으로 주어지는 맥락(왼쪽)과 소리로 주어지는 큐(오른쪽) 모두에 조건화되어 동결 상태가 되도록 훈련시켰다. 훈련 후 1시간이 지났을 때 이 생쥐들은 공포에 대한 단기기억이 우수하다. 그러나 훈련 후 24시간이 지나자 녀석들은 더는 상자에 반응하지 않는다. 이 결과에서 해마를 필요로 하는 서술기억 형태의 장기기억에 결함이 있음을 알 수 있다(왼쪽 위). 그러나 이 생쥐들은 훈련 후 24시간이 지나도 여전히 소리에는 반응하여 동결 상태가 된다(오른쪽 위). 왜냐하면 소리 조건화는 편도체를 필요로 하는 비서술적 조건화이고, 이 녀석들의 편도체에서는 문제의 이식 유전자가 발현하지 않기 때문이다. 반면에 단백질 합성 억제제는 큐 조건화에 대한 장기기억과 맥락 조건화에 대한 장기기억을 모두 봉쇄한다. 왜냐하면 단백질 합성 억제제는 해마와 편도체에 유사한 영향을 미치기 때문이다.

을 나타냈다. 대조적으로 녀석들은 24시간이 지나서도 소리에 대해서는 정상적으로 반응했다. 소리에 대한 반응은 편도체에만 의존하고, 녀석들이 지닌 이식 유전자는 편도체에서는 발현하지 않기 때문이다. 한 유형의 유전자 조작 생쥐들은 PKA를 억제하는 유전자를 발현하는 녀석들이므로, 이 실험은 이 단백질 키나아제가 단기기억을 장기기억으로 변환하는 데 결정적으로 중요하다는 것을 보여준다. 이는 어쩌면 PKA가

CREB-1을 비롯한 전사 인자들을 인산화하고, 그러면 이 인자들이 장기적인 LTP에 필요한 단백질들을 활성화하기 때문일 것이다. 이 생각은 부르츌라즈와 실바가 연구한 둘째 유형의 생쥐들에서 얻은 결과에 의해 뒷받침된다. 이 유형의 생쥐들은 CREB-1의 부분적 녹아웃에서 비롯된 기억 결함을 지녔다. 따라서 녀석들의 기억 결함 역시 PKA가 켜는 유전자들 중 하나가 CREB-1임을 시사한다.

아벨, 배러드, 부르츌라즈, 캔델은 혹시 이 생쥐들에서 장기기억 형성을 위한 시간 창time window이 단백질 합성에 의존하는 LTP 후기 단계를 위한 시간 창과 동일할까, 라는 질문을 제기했다. 그들은 생쥐들이 훈련 전에 단백질 합성 억제제를 주입 받더라도 동결 반응을 학습하고 훈련 후 한 시간이 지나도 유지한다는 것을 발견했다. 반면에 24시간이 지나서 검사해보니, 동일한 생쥐들이 공포 반응을 거의 나타내지 않음으로써 극적인 기억 결함을 드러냈다. 단백질 합성 억제제는 훈련 중이나 직후에 주입할 때는 효과를 발휘했지만 훈련 후 한 시간이 지나서 주입하면 효과를 발휘하지 못했다. 여기에서 알 수 있듯이, 단백질 합성 억제제를 주입했을 때 명확하게 나타나는 잔여 공포 기억의 시간적 변화는 유전자 이식 동물에서 관찰되는 잔여 공포 기억의 시간적 변화와 일치한다. 이 사실은 PKA가 장기기억 형성에 필수적임을 시사한다.

어바인 소재 캘리포니아 대학의 제임스 맥고James McGaugh와 이스라엘 바이츠만 연구소의 야딘 두다이가 수행한 연구는 이 결론들을 중요하게 확장했다. 그들은 편도체가 관여하는 감정적 기억뿐 아니라, 독성 먹이를 기피하는 성향인 이른바 '미끼 기피성bait shyness'을 위한 (대뇌피질의 미각 구역이 관여하는) 기억도 장기기억을 위한 CREB 매개 스위치를 필요로 한다는 것을 발견했다.

보존된 분자적 메커니즘들

이미 보았듯이 서술기억과 비서술기억은 행동의 측면에서 전혀 다르게 표출된다. 뿐만 아니라 이 두 가지 기억 형태들은 서로 다른 인지 논리를 (한쪽은 의식적인 회상을, 다른 쪽은 무의식적인 수행을) 사용한다. 그러나 이 모든 차이에도 불구하고, 이 기억들의 기본 저장 메커니즘들뿐 아니라 특히 단기기억을 장기기억으로 전환하기 위한 분자적 스위치에서 놀랄 만한 수준의 유사성을 확인할 수 있다.

우선 서술기억과 비서술기억은 둘 다 저장 과정에서 두 단계를 거치며, 이 단계들은 동물의 행동에 뚜렷하게 반영된다. 불안정한 단기 단계가 있고 안정적이며 자족적인 장기 단계가 있다. 둘째, 반복은 단기 단계가 장기 단계로 변환되는 것을 돕는다. 셋째 서술기억과 비서술기억을 막론하고 이 두 단계는 개별 시냅스들에서 뚜렷한 변화로 포착되며, 이 시냅스 변화들의 지속 기간은 기억 저장의 두 단계의 수명과 대략 일치한다.

또한 분자적 메커니즘들에도 유사성이 있다. 서술기억과 비서술기억을 막론하고 단기기억은 이런저런 단백질 키나아제의 작용을 통해 기존 단백질을 변형하고 기존 연결을 강화함으로써 성취된다. 이런 단기기억은 새 단백질의 합성을 필요로 하지 않는다. 반면에 장기기억은 유전자의 활성화, 새 단백질의 합성, 새 시냅스 연결의 형성을 필요로 한다.

서술기억에서나 비서술기억에서나 장기적인 변화의 능력은 활성화된 시냅스가 세포핵 및 유전자 발현 장치와 특권적으로 통신하기 때문에 발생한다. 실제로 비서술기억과 서술기억은 시냅스에서 세포핵으로 이어지는 통신을 위해 공통의 분자적 신호전달 연쇄 반응을 사용하는 것으로 보인다. 이 연쇄 반응에는 2차 전달자가 최소한 하나(환상AMP), 단백질 키나아제가 두 개(PKA와 MAP 키나아제), 전사 활성자 CREB-1이 참여한다. 서술기억과 비서술기억 모두에서 CREB-1은 새로운 시냅스 연결의 성장에 필수적인 단백질의 코드를 보유한 즉각 반응 유전자들을 켠다.

이 같은 여러 발견은 정신 과정의 분자적 토대가 진화 역사에서 보존되었다는 새로운 통찰을 제공했다. 가장 단순한 기억, 또한 진화 역사에서 가장 먼저 등장했을 법한 기억은 생존, 먹이 활동, 짝짓기, 방어, 탈출과 관련이 있는 비서술기억일 것이다. 다른 유형의 비서술기억이 추가로 진화하고 이어서 서술기억이 진화하는 과정에서, 새로운 기억 과정들은 단지 유전자들과 단백질들만 그대로 유지한 것이 아니라 신호전달 경로들 전체와 시냅스 연결을 켜고 안정화하기 위한 프로그램들도 그대로 유지했다. 뿐만 아니라 이 공통 메커니즘들은 종들의 진화 역사에서도 보존되었다. 이 메커니즘들은 초파리와 군소 같은 단순한 무척추동물과 생쥐 같은 복잡한 포유동물에서 모두 발견된다.

기억에 대한 생물학적 연구의 두 측면

첫 장에서 간략히 설명했듯이, 기억에 대한 생물학적 분석은 두 부분으로 이루어진다. (1) 우선, 기억 저장의 분자적 메커니즘들이 있다. 이 기초 메커니즘들을 통해 세포와 시냅스는 학습에 반응하여 장기적으로 변형된다. (2) 또한 이 기초 메커니즘들이 서술적 정보와 비서술적 정보의 저장과 인출을 위해 어떻게 동원되고 사용될지를 결정하는 기억 저장 시스템들이 있다.

이 장과 앞선 장들에서 보았듯이, 우리는 서술기억과 비서술기억의 기초 저장 메커니즘들에 대한 통찰을 이제 막 얻기 시작했다. 그럼 기억의 시스템 속성들에 대해서는 어떨까? 이 분야에서는 이런 질문들에 답해야 한다. 어떤 구조물들과 연결들이 서술기억과 비서술기억을 위해 중요할까? 이 뇌 시스템들의 어느 위치에 기억이 저장될까?

이제 우리는 이 질문들을 다루려 한다. 우리는 2장과 3장에서 비서술기억을 위한 단순한 무척추동물 시스템들을 고찰했고 5장에서는 서술기억을 위한 뇌 시스템들을 고찰했다. 8장과 9장에서 우리는 비서술기억에도 여러 유형이 있으며 그 유형들이 제각각 특정한 뇌 시스템을 필요로 함을 보게 될 것이다.

8

점화 효과, 지각 학습, 감정 학습

....

앙리 마티스 Henri Matisse, **〈오세아니아의 기억**Memory of Oceania〉(1953)
감정을 불러일으키는 혁명적인 색채 사용법으로 유명한 마티스(1869~1954)는 이 작품에서 유쾌했던 타이티 방문을 회고한다.
기억의 감정적 측면을 일깨우는 작품이다.

1장과 2장에서 보았듯이, 뇌에서 이루어지는 정보 처리의 매혹적인 특징 하나는 처리되는 내용의 많은 부분이 의식적 자각으로는 접근 불가능하다는 점이다. 예컨대 한 대상, 이를테면 연필이 식별되고, 위치가 파악되고, 그 연필을 잡기 위해 손을 뻗는 과정을 생각해보자. 5장에서 우리는 이 시각적 능력들을 두 개 이상의 뇌 시스템들이 담당한다는 것을 배웠다. 배쪽ventral 처리 흐름은 관자엽에 도달하며 연필을 시각적으로 식별하는 일을 담당한다. 등쪽dorsal 처리 흐름은 마루엽 피질에 도달하며 대상의 공간적 위치 파악과 시각을 이용한 길 찾기를 담당한다. 우리는 지각perception을 하나의 통일된 의식적 현상으로 경험하지만, 우리의 지각은 여러 구성 부분들로 이루어져 있다.

　　이 성분들 중 일부만이 의식적 경험으로 접근 가능하다. 의식적인 시각 경험은 배쪽 흐름에서의 처리와 관련이 있는 것으로 보인다. 즉, 우리는 우리의 시각적 세계 안에서 연필을 인지하고 식별할 때 일어나는 신경 활동과 똑같은 신경 활동의 결과로 연필의 모양과 색깔을 알아챈다. 반면에 우리가 **등쪽** 처리 흐름으로부터 얻는 지식의 일부(손을 뻗어 연필을 잡는 데 필요한 운동 프로그램 형태의 지식)는 의식적 자각으로 접근 불가능하다. 어디로 어떻게 손을 뻗어야 연필을 잡을 수 있는지에 관해서 우리가 얻는 지식은 무의식적이다.

이 생각은 캐나다 웨스턴 온타리오 대학의 멜빈 구데일Melvyn Goodale이 수행한 간단한 손 뻗기 실험에서 예증되었다. 연구자들은 자원한 피실험자들에게 두 개의 화면을 보여주었다. 각 화면에는 중앙의 플라스틱 원반 하나와 그것을 둥글게 둘러싼 더 큰(혹은 더 작은) 원반들의 배열이 나타났다. 이런 식으로 원반들을 배열해 놓으면, 헤르만 에빙하우스가 처음 기술한 잘 알려진 착시 현상이 일어난다. 더 큰 원반들에 둘러싸인 원반은 실제 크기보다 더 작게 보이고, 똑같은 원반이라도 더 작은 원반들에 둘러싸이면 실제 크기보다 더 크게 보인다.

실험에서 연구자들은 피실험자에게, 두 화면 중앙의 원반 두 개가 같은 크기로 보이면 오른쪽 화면 중앙의 원반을 집고, 두 화면 중앙의 원반 두 개가 다른 크기로 보이면 왼쪽 화면 중앙의 원반을 집으라고 요청했다. 양쪽 화면에 어떤 원반 배열들이 나타날지는 매 시도마다 무작위로 결정했다. 피실험자는 원반을 집을 때 엄지와 집게손가락을 사용했고, 연구자들은 그때 피실험자의 엄지와 집게손가락 사이의 간격(집기 간격)을 비디오로 촬영했다.

결과는 명백했다. 어느 쪽 원반을 집을지(왼쪽 화면의 원반을 집을지, 아니면 오른쪽 화면의 원반을 집을지)에 대한 선택은 일관되게 착시 현상의 지배를 받았다. 많은 시도에서 피실험자들은 실제로는 물리적으로 동일한 원반들을 물리적으로 다른 것들처럼 취급했고 물리적으로 다른 원반들을 물리적으로 동일한 것들처럼 취급했다. 그러나 피실험자들이 손을 뻗어 원반을 집는 방식에서는 전혀 다른 결과가 나왔다. 구체적으로, 피실험자들의 집기 간격은 착시에 휘둘리지 않고 일관되게 표적 원반의 실제 크기에 의해 결정되었다. 예컨대 피실험자가 지각하기에는 두 원반의 크기가 같지만 실제로는 한 원반이 다른 원반보다 2.5밀리미터 큰 경우에, 집기 간격은 원반들의 실제 크기에 맞게 결정되었다. 즉, 피실험자는 물리적으로 더 큰 원반을 집으려 할 때 집기 간격을 더 크게 벌렸다.

이 실험에서 알 수 있듯이, 의식적인 시각 지각은 배쪽 시각 처리 흐름에 의존하는 인지 및 식별과 연결되어 있는 반면, 시각 정보 처리의 다른 측면들은 무의식적이며 알아챌 수 없다. 시각 지각의 본성에 관한 이 통찰은 기억에도 적용된다. 기억은 단일체가 아니라 다양한 시스템들로 구성된 복합체다. 이 시스템들 중에서 오직 하나만을 알아챌 수 있는데, 그것은 서술기억 시스템이다. 1장에서 우리는 일부 기억 형태들, 이를테면 운동 솜씨 학습은 알아챌 수 없다는 생각을 언급했다. 2장과 3장에서는 몇 가지 단순한 형태의 무의식적 기억(습관화, 민감화, 고전적 조건화)을 지탱하는 세포 수준의 과정들을 비교적 단순한 신경계를 지닌 무척추동물들에서 어떻게 연구할 수 있는지 살펴보았다. 이 장에서는 인간과 기타 척추동물에서 나타나는 비서술기억의 유형 세 가지를 추가로 살펴볼 것이다. 그것들은 점화 효과priming, 지각perceptual 학습, 감정emotional 학습이다. 무척추동물은 비서술기억만 가질 수 있는 것으로 보인다. 인간을 비롯한 고등 척추동물들의 기억에 대한 연구가 특히 매력적인 것은 이 동

•••••••
위쪽 그림이 보여주는 원반 착시의 표준 버전에서 두 배열의 중앙 원반들은 크기가 달라 보이지만 물리적으로 동일하다. 아래쪽 그림에서 더 큰 원반들에 둘러싸인 오른쪽 중앙 원반은 실제로는 왼쪽 중앙 원반보다 약간 더 크다. 그러나 대다수의 피실험자는 이 두 원반을 같은 크기로 지각한다. 그럼에도 이 두 원반 중하나를 집어보라고 요청하면 피실험자는 엄지와 검지 사이의 간격을 원반의 실제 크기에 맞게 조절한다.

물들이 강력한 서술기억 능력(4, 5, 6장의 주제였다)을 발전시켰을 뿐 아니라 비서술기억 능력도 여전히 보유하고 있기 때문이다.

역사를 돌이켜보면, 인간이 비서술적·무의식적 기억을 가질 수 있다는 생각이 호응을 얻기까지는 어느 정도 시간이 걸렸다. 1962년에 브레다 밀너는 기억상실증 환자 H.M.이 거울에 비친 별의 윤곽을 그리는 지각-운동 솜씨를 학습할 수 있다는 것을 발견했다. 그러나 과학자들은 이 운동 솜씨 학습을 예외로 제쳐두고 나머지 기억은 분화되지 않은 단일체라고 보는 경향이 강했다. 기억상실증 환자들이 운동 솜씨 과제 이외의 과제들에서도 예상외로 우수한 학습 및 기억 능력을 나타낸다는 보고가 1960년대 후반과 1970년대에 이어졌지만, 이 연구 결과들은 새로운 유형의 기억에 관한 제안들로 이어지지 못했다. 그 이유는 두 가지였다. 첫째, 기억상실증 환자들의 과제 수행 성적은 꽤 우수하긴 해도 흔히 정상인의 수준에 못 미쳤다. 이런 사례들에 대해서는, 어떤 기억 과제들은 피실험자의 학습 성과를 잘 드러내는 반면 그렇지 않은 과제들도 있다고 전제함으로써 기억상실증 환자의 우수한 성적을 설명할 수 있었다. 요컨대 기억상실증 환자가 특정 과제에서 좋은 성적을 낸 것은 단지 그 과제가 그의 잔여 학습 및 기억 능력을 잘 드러내는 유형의 과제였기 때문일 수도 있었다.

둘째, 기억상실증 환자들이 좋은 성적을 내도록 하려면 어떤 검사 방법을 채택해야 하는지가 불분명했다. 1970년대에 런던 퀸즈 스퀘어 병원의 엘리자베스 워링턴Elizabeth Warrington과 옥스퍼드 대학의 로렌스 바이스크란츠는 기억상실증 환자들이 오늘날 '점화 과제priming task'로 불리는 특정 과제에서 때때로 정상인과 대등한 성적을 낸다는 것을 발견했다. 점화 과제의 예로, 미리 제시된 단어들(예컨대 MOTEL, INCOME)을 철자 세 개로 된 음절(MOT, INC)을 큐로 삼아서 기억해내는 일을 들 수 있다. 기억상실증 환자가 점화 과제를 잘 수행한다는 사실은 또 다른 형태의 기억이 있다는 것을 일찌감치 보여준 또 하나의 증거였다. 그러나 피실험자에게 어떤 지시를 내리느냐가 결정적으로 중요하다는 점이 밝혀지기까지 어느 정도 시간이 걸렸다.

1980년, 닐 코언Neal Cohen과 스콰이어는 기억상실증 환자들이 거울에 반사된 인쇄물을 읽는 솜씨를 일반인 못지않게 학습하고 유지할 수 있다는 것을 보여주었다. 이 발견은 운동 솜씨의 범위를 넘어섬으로써 기억상실증 환자들이 할 수 있는 것의 범위를 확장했으며 기억상실증으로 망가지는 서술기억과 기억상실증에도 불구하고 보존되는 비서술기억의 구분을 시사했다. 즉, 이 발견은 아직 탐구되지 않은 모종의 학습 및 기억 능력들은 기억상실증에 의해 손상되는 안쪽 관자엽 구조물들에 의존하지 않는다는 것을 의미했다. 이 장과 9장은 인간에서 발견된 비서술기억의 유형들과, 어떻게 이 유형들이 뇌에서 조직되는지에 초점을 맞출 것이다.

1980년대 초, 토론토 대학의 엔델 털빙과 대니얼 샥터는 왜 단어를 이용한 기억 검사들 중에서도 일부에서는 기억상실증 환자의 성적이 우수하고 다른 일부에서는 그렇지 않은가 하는, 워링턴과 바이스크란츠가 제기한 질문을 탐구했다. 그들은 최근에 학습한 단어를 철자 토막에 의지하여 재구성하는(예컨대 ASSASSIN을 학습한 뒤에 미완성 단어 _SS_SS_를 완성하는) 능력과 최근에 학습한 단어를 이미 아는 단어로 알아채는 능력이 정상인에서 분리될 수 있다는 것을 보여주었다. 곧이어 페터 그라프 Peter Graf, 조지 만들러George Mandler, 스콰이어는 단어 목록과 세 철자로 된 음절들을 이용하여, 이 유형의 과제에서 피실험자에게 내리는 지시가 얼마나 중요한지 보여주었다. 오로지 한 가지 유형의 지시("이 세 철자 음절을 보고 머리에 가장 먼저 떠오르는 단어를 구성하라.")를 내릴 때만 기억상실증 환자들의 성적이 정상인과 대등하게 나왔다. 기억 과제에서 통상적으로 쓰이는 지시("이 세 철자를 큐로 이용해서 최근에 학습한 단어를 기억해내라.")를 내리면, 기억상실증 환자는 정상인보다 낮은 성적을 냈다. 기억상실증 환자가 정상인 못지않은 성적을 내는 과제들은 '점화 과제'로 명명되었다. 이 연구가 수행된 1984년에는 기억의 유형이 다양할 수 있다는 생각이 이미 두루 퍼져 있었으므로, 점화 효과는 신속하게 기억 연구의 주요 관심사가 되었다.

점화 효과

점화 효과란 최근에 경험한 단어나 대상에 대한 식별이나 처리 능력이 향상되는 현상을 말한다. 이 정의만 보면, 점화 효과는 일상적인 서술기억과 다를 바 없게 보일 수도 있다. 그러나 정교한 실험들에서 밝혀졌듯이, 점화 효과는 서술기억과는 다른 별개의 기억 현상이다. 점화 효과의 핵심 특징은 무의식적이라는 점이다. 점화 효과의 기능은 최근에 마주친 자극을 지각하는 능력이나 그 자극의 의미를 파악하는 능력을 향상시키는 것이다. 그러나 점화 효과가 작동할 때, 우리 자신이 우리의 지각이나 인지 처리의 효율성이 향상되었음을 반드시 알아채는 것은 아니다.

당시에 서던 메소디스트 대학에서 일하던 데이비드 미첼David Mitchell과 앨런 브라운Alan Brown은 대학생들에게 평범한 대상(이를테면 비행기, 망치, 개)을 선으로 묘사한 그림들을 차례로 보여주면서 최대한 빨리 각 대상의 이름을 대라고 요구했다. 그리고 얼마 후에 똑같은 그림들과 새 그림들을 뒤섞어 차례로 보여주면서 똑같은 요구를 했다. 학생들이 새 그림을 보고 이름을 대는 데는 평균 약 0.9초가 걸린 반면, 이미 본 그림을 보고 이름을 대는 데는 약 0.8초가 걸렸다. 거의 0.1초가 단축된 셈이었다. 그림의 이름을 더 빨리 대는 능력과 그 그림이 이미 보았던 것임을 알아채는 능력 사이에는 상관성이 없었다. 이 특수한 점화 효과는 그 본성이 주로 지각적이다perceptual. 처음에는 복엽 비행기를 제시하고 나중에는 제트기를 제시하는 식으로 상이한 두 가지 비행기를 제시하면, 대다수의 피실험자는 처음이나 나중이나 똑같이 "비행기"라고 이름을 대는데도, 점화 효과로 인한 시간 단축 정도가 상당히 감소했다. 요컨대 이 경우에 점화 효과는 피실험자가 앞선 시기에 정확히 동일한 지각 활동을 한 것에 주로 의존하는 듯하다. 피실험자가 앞선 시기에 개의 그림을 처리했다면, 정확히 동일한 개의 그림을 다시 볼 때 그 그림을 처리하기가 더 쉬워진다.

점화 효과의 놀라운 특징 하나는 단 한 번의 경험만으로도 엄청나게 오랫동안 점화 효과가 유지될 수 있다는 점이다. 데이비드 미첼은 피실험자들에게 선으로만 표현한 그림 세 장을 보여주고 여러 해가 지난 후에 다시 그 피실험자들을 불러서 그림의 일부를 보고 전체 그림이 무엇인지 알아맞히는 검사를 실시했다. 그리고 그는 피실험자들이 과거에 보았던 그림들을 알아맞히는 능력이 새로운 그림들을 알아맞히는 능력보다 측정 가능하게 우수하다는 결과를 얻었다. 이 점화 효과는, 일부 피실험자는 과거에 자신이 실험에 참여했다는 사실조차 기억하지 못하는데도 나타났다.

점화 효과가 의식적으로 기억하는 능력에 의존하지 않는다면, 점화 효과는 서술기억에 필수적인 안쪽 관자엽 시스템이 아닌 다른 뇌 시스템들과 관련이 있어야 할 것이다. 또한 서술기억에 결함을 가진 기억상실증 환자들에서도 장기적인 점화 효과가 나타나야 할 것이다. 케이브와 스콰이어는 기억상실증 환자들에게 여러 대상의 그림을 보여주고 일주일 뒤에 이미 본 그림 50장과 새 그림 50장을 섞어서 보여주면서 그림 속 대상의 이름을 대게 했다. 그러면서 환자들이 이름을 대는 데 걸리는 시간을 측정했다. 환자들은 이미 본 그림 50장 속 대상의 이름을 새 그림 속 대상의 이름보다 거의 150밀리초 빨리 댔다. 그들은 어느 그림이 과거에 본 것이고 어느 그림이 새 것인지 구분하는 과제에서는 아주 낮은 성적을 냈는데도 말이다.

심각한 기억상실증을 가진 환자들은 점화 효과와 서술기억이 얼마나 다른지 검사할 기회를 제공한다. 스테판 하만Stephan Hamann과 스콰이어는 환자 E.P.(1장 참조)를 대상으로 단어 점화 효과를 검사하고 이미 본 단어들을 알아채는 능력도 검사했다. 매번의 검사 시도에서 우선 평범한 영어 단어 24개를 보여주어 학습하게 하고 5분이 지난 뒤에 점화 효과나

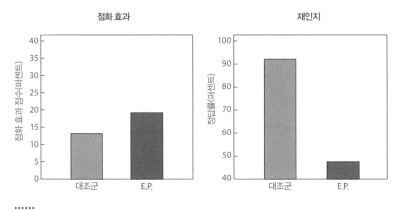

점화 효과   재인지

••••••
기억상실증 환자 E.P.에서의 점화 효과와 재인지

왼쪽 환자 E.P.는 12개의 점화 과제에서 정상인의 평균보다 더 나은 성적을 냈다. 실험에 참가한 정상인은 7명이었다. 점화 효과 점수는 최근에 학습한 단어들 중에서 옳게 읽은 단어의 비율과 학습하지 않은 단어들 중에서 옳게 읽은 단어의 비율을 구하고 전자에서 후자를 빼서 계산했다.

오른쪽 학습한 단어를 골라내라고 요구하는 재인지 검사를 6회 실시한 결과, E.P.는 무작위로 골랐을 때의 성적(정답률 50퍼센트)보다 더 낮은 성적을 냈다.

재인지를 검사했다. 한 번은 점화 효과 검사에서 단어 48개를 차례로 한 개당 약 25밀리초 동안 컴퓨터 스크린에 띄워 보여주었다(단어 24개는 이미 본 것이었고 24개는 새 것이었다). E.P.는 이미 본 단어는 55퍼센트의 확률로 읽어냈지만, 그가 새 단어를 읽어내는 확률은 약 33퍼센트에 불과했다. 요컨대 최근에 본 단어들을 더 쉽게 읽어냈다. 정상인을 대상으로 검사를 해도 똑같은 결과가 나왔다. 반면에 재인지 기억에 대한 검사에서는 E.P.의 결과와 정상인의 결과가 전혀 달랐다. 연구자들은 E.P.에게 우선 단어 24개를 학습시킨 다음에 단어 48개를 하나씩 보여주면서 그 단어가 이미 학습한 단어이면 "예"라고 말하고 그렇지 않으면 "아니요"라고 말하게 했다. E.P.가 동전을 던져서 대답을 결정하는 식으로 무작위로 대답한다면, 정답률은 50퍼센트일 터였다. 실제로 이 검사에서 환자 E.P.가 얻은 정답률은 52퍼센트였다. 정상인들은 이 검사를 꽤 쉽다고 느꼈고 이미 학습한 단어를 약 80퍼센트의 확률로 알아맞혔다. 요컨대 E.P.는 이미 학습한 단어들을 재인지하는 능력이 없었지만, 그 단어들에 대한 점화 효과는 E.P.에서도 완전히 정상적으로 나타났다.

지금까지 소개한 예들은 그림과 단어의 점화 효과에 관한 것들이었다. 하지만 점화 효과는 거의 모든 지각적 자극에 대해서 나타난다. 예컨대 단어가 아닌 발음, 무의미한 철자열, 처음 보는 시각적 대상, 낯선 줄무늬, 귀로 들은 타인의 말에 담긴 내용에 대해서 점화 효과가 발생한다는 것을 입증할 수 있다. 더 나아가 의미 분석을 요구하는 검사들에서도 점화 효과가 발생할 수 있는데, 이를 '개념적 점화 효과conceptual priming'라고 한다. 예컨대 사람들에게 '캔버스canvas'라는 단어를 보여주면서 이 단어가 연상시키는 단어를 자유롭게 대보라고 요청하면, 사람들은 약 10퍼센트의 확률로 '천막'을 댄다('캔버스'의 첫 번째 의미는 천막용 천이다—옮긴이). 그러나 이 검사에 앞서 사람들에게 '천막'이 포함된 단어 목록을 학습시키면, 사람들이 '캔버스'가 연상시키는 단어로 '천막'을 댈 확률이 두 배 넘게(25퍼센트로) 상승한다. E.P.를 비롯한 기억상실증 환자들은 통상적인 기억 검사에서는 '천막'을 알아맞히지 못함에도 불구하고 이렇게 이미 학습한 '천막'을 더 쉽게 연상해내는 능력은 온전히 가지고 있다.

따라서 불가피하게 이런 질문이 제기된다. 왜 E.P.를 비롯한 기억상실증 환자들은 정상적인 점화 효과에도 불구하고 이미 본 대상을 알아채지 못하는 것일까? 최근에 경험한 단어들의 기록을 그들이 뇌 속에 간직하고 있다는 점은 명백하다. 그렇지 않다면 그들은 이미 학습한 단어를 더 빨리 읽어내거나 더 쉽게 연상해내지 못할 테니까 말이다. 그런데도 연구자들이 그들에게 이미 학습한 단어를 골라내라고 요구하면, 왜 그들은 자신들이 그 단어의 발음과 의미에 익숙함을 감지하여 그 단어가 이미 학습한 단어라는 판단을 하지 못하는 것일까? 얼핏 보면 도무지 이해할 수 없는 일인 것 같다. 왜냐하면 온전한 기억력을 가진 사람들은 더 빨리 지각되는 단어를 익숙한 단어로 판정하는 경향이 실제로 있기 때문이다. 하지만 알고 보면 이 효과가 미미하다는 점이 문제다. 매튜 콘로이Matthew Conroy와 스콰이어가 수행한 실험과 계산이 보여주었듯이, 단어 지각 속력이 익숙한 단어 판정의 정확도에 미치는 영향은 너무 작아서 식별해낼 수 없다. 요컨대 사람들은 기억에 관한 판단을 내릴 때 점화 효과를 담당하는 시스템을 참고하지 않는다(어쩌면, 참고할 수 없다). 또한 누군가가 한 단어를 얼마나 쉽게 읽어내느냐 하는 것은 그가 그 단어를 최근에 접했는지 여부를 알려주는 믿을 만한 증거가 아니라는 지적도 옳다. 피실험자가 한 단어를 얼마나 빨리 읽어내느냐는, 그 단어가 해당 언어에서 얼마나 자주 쓰이느냐, 피실험자가 그 단어를 얼마나 좋아하느냐, 피실험자의 각성도와 성취 동기가 얼마나 높으냐 등의 여러 요인에 의해 결정된다. 이런 관점에서 보면, 어쩌면 점화 효과가 서술기억에 큰 영향을 미치지 못하는 것이 바람직할 수도 있다. 추측건대 점화 효과는 유익하다. 왜냐하면 동물들은 한 번 마주친 자극을 다시 마주칠 가능성이 높은 세계에서 살기 때문이다. 점화 효과는 유기체가 익숙한 환경과 상호작용하는 속도와 효율을 향상시킨다.

점화 효과가 서술기억에 의존하지 않는 별개의 기억 형태를 반영한다면, 점화 효과는 뇌의 어느 부위에서 일어날까? 이 질문에 답하기 위해 최초의 뇌 영상화 이용 기억 실험이 이루어졌다. 연구자들은 음절을 가지고 단어를 완성할 때 나타나는 점화 효과를 양전자방출단층촬영법(PET)을 이용하여 탐구했다. 피실험자들은 우선 단어들을 학습한 다음에 세 철자로 된 음절들을 제시받았다. 연구자들은 피실험자들에게 그 음절들 각각을 가장 먼저 떠오르는 단어로 완성할 것을 요구했다. 피실험자들은 점화 효과를 나타냈다. 즉, 음절들을 미리 학습한 단어들로 완성하는 경향을 보였다.

스콰이어, 마크 라이클Marc Raichle, 그리고 라이클의 워싱턴 대학 PET 촬영실 동료들은 피실험자들이 단어들을 완성하는 동안에 뇌 영상을 촬영했다. 한 조건(기저baseline 조건)에서는 이미 학습한 단어로 완성할 수 없는 음절들만 제시되었다. 또 다른 조건(점화 조건)에서는 이미 학습한 단어로 완성할 수 있는 음절들이 많이 제시되었다.

점화 조건에서 촬영한 PET 영상들을 기저 조건에서 촬영한 영상들과 비교해보니, 뇌 뒤쪽의 시각 피질, 정확히는 이른바 '혀이랑lingual gyrus'에서 두드러진 활동 감소가 포착되었다. 이 결과는, 점화 효과가 매우 시각적일 수 있고 시각 처리 경로에서 의미 분석 이전의 초기에 일어난다는 생각과 들어맞았다. 점화 효과란 무엇이냐는 질문에 간단히 대답하는 방법 하나는, 단어나 기타 지각 대상을 접한 후 일정 기간 동안에는 그 단어나 대상을 처리하는 데 필요한 신경 활동이 줄어드는데, 이것이 바로 점화 효과라고 대답하는 것이다. 자극이 반복되면 뇌 반응이 감소한다는

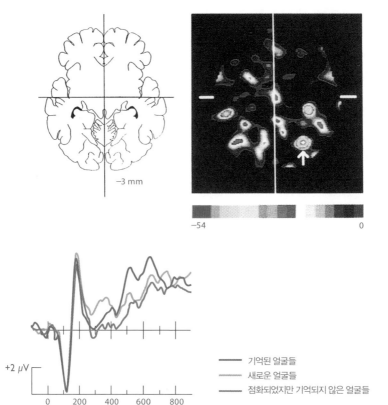

······
정상인들에서의 점화 효과를 PET와 전기 측정을 이용하여 기록한 결과. 위 오른쪽의 PET 영상은 왼쪽의 뇌 수평 단면과 대응하며 피실험자 15명에서 일어난 혈류 변화의 평균을 보여준다. 이 영상은 피실험자들이 기저 과제baseline task를 수행할 때 얻은 평균 영상에서 점화 효과 과제를 수행할 때 얻은 평균 영상을 빼서 만든 것이다. 이 영상에서 오른쪽 뒤쪽 피질에서의 혈류 감소가 드러난다(화살표).

아래 그래프 피실험자 16명을 대상으로 세 가지 유형의 얼굴들에 관한 기억 검사를 실시했다. 세 가지 유형이란, 새로운 얼굴, 최근에 보았고 잘 기억된 얼굴, 보았지만 너무 짧게 보아서 효과적으로 처리하지 못했기 때문에 기억되지 않은 얼굴이었다. 마지막 유형의 얼굴들은 기억 검사에서 재인지되지 않았지만 더 빨리 처리되었다(즉, 점화 효과를 일으켰다). 이 점화된primed 얼굴들이 일으킨, 이마에서 측정한 뇌파는 얼굴 제시 후 200밀리초와 400밀리초 사이에 음의 전위를 포함한다는 점에서 새로운 얼굴들이 일으킨 뇌파와 달랐다. 한편, 기억된 얼굴들은 얼굴 제시 후 약 400밀리초부터 독특한 양의 뇌파를 일으켰다. 요컨대 점화 효과와 관련된 뇌 반응이 의식적인 기억과 관련된 뇌 반응보다 더 먼저 일어났다.

364

('반복 억제repetition suppression'라고도 불리는) 이 기본적인 사실은 광범위한 자극과 과제에서 거듭 관찰되었다. 뇌 영상화 이용 연구들은 행동 점화 효과와 마찬가지로 반복 억제도 상당히 오래, 최소한 며칠 동안 지속할 수 있다는 것을 보여준다. 대개 신경 활동 감소는 평소에 해당 과제를 담당하는 뇌 구역들 중 일부에서 나타난다. 예컨대 자극 내용이 얼굴인지 아니면 대상인지에 따라서, 반복 억제가 관자엽 구역들 중에서도 평소에 얼굴 처리를 담당하는 구역에서 나타날 수도 있고 대상 처리를 담당하는 구역에서 나타날 수도 있다. 행동 점화 효과와 반복 억제 사이의 밀접한 관계를 보여주는 또 다른 구역은 아래쪽 앞이마엽 피질이다. 특히 과제가 지각뿐 아니라 의미 이해도 요구할 때, 이 구역의 활동 감소가 두드러지게 나타난다.

뇌 영상은 점화 효과와 연관된 활동이 뇌의 어디에서 일어나는가에 관한 정보를 제공한다. 그러나 그 활동이 언제 일어나는가에 관한 정보는 충분히 제공하지 못한다. 따라서 점화 효과가 통상적인 기억 효과보다 더 나중에 일어난다는 생각도 배제할 수 없다. 이 문제에 접근하기 위해, 두피에 설치한 전극들로 뇌의 전기 활동을 측정하는 방식으로 점화 효과와 서술기억을 탐구하는 실험들이 이루어졌다. 노스웨스턴 대학의 켄 팔러 Ken Paller와 동료들은 자극 제시 후 200~400밀리초에 벌써 이마엽에서 점화 효과를 반영하는 전기 활동이 일어남을 발견했다. 그 활동은 의식적인 기억을 반영하는 전기 활동보다 훨씬 먼저 일어났다. 이 발견과 뇌 영상 데이터를 종합하여 추정하건대, 점화 효과는 일찍 발생하며, 제시된 내용과 과제에 관한 정보가 점화 효과를 통해 저장된 덕분에 피실험자는 나중에 동일한 작업을 더 신속하고 효율적으로 수행할 수 있다.

점화 효과는 반응하는 뉴런의 개수를 줄이고 배경의 뉴런들이 상대적으로 고요한 상태를 유지하게 만드는 작용을 할 가능성이 있다. 실제로 그렇다면, 과제는 잘 조율된, 과거보다 더 강하게 반응하는 소수의 뉴런들에 의해 처리될 것이다. 그러나 점화 효과가 일으키는 전체적인 결과는 여전히 신경 활동의 감소일 것이다. 신경 활동의 변화는 정보가 안쪽 관자엽의 기억 시스템에 도달하기 한참 전에 일어난다. 그 시스템에 정보가 도달하는 것은 서술기억을 위해 필수적인데 말이다. 이렇게 일찍 일어나는 신경 활동의 변화는 지각 자체나 기타 인지 작업을 향상시키는 변화로 볼 수 있다. 반면에 정보가 안쪽 관자엽에 도달한 후에 일어나는 신경 활동의 변화는 의식적인 서술기억의 형성에 기여하는 변화로 볼 수 있다.

지각 학습

지각적 점화 효과는 단 한 번의 노출 뒤에도 일어나는 반면, 지각 시스템들 안에서 일어나는 다른 유형의 비서술 학습은 더 점진적이어서 때로는 수천 번의 실행을 거쳐 이루어질 수도 있다. 오랫동안 사람들은 감각 처리의 초기 단계들이 고정적이며 불변적이라고 믿었다. 이 견해에 따르면, 외부 세계에 관한 감각 정보를 가장 먼저 수용하는 피질 구역들은 '전처리장치preprocessor'의 구실을 한다. 즉, 더 높은 수준에서 이루어질 더 복잡한 작업을 위해 정보를 신뢰할 수 있고 불변적인 방식으로 준비한다.

직관적으로 생각하면 이 견해는 대단히 합리적인 듯하다. 어쨌거나 우리가 나무를 항상 나무로 보고 한 친구의 얼굴을 항상 그 친구의 얼굴로 보는 것은 중요한 일이지 않은가.

그러나 이 견해는 바뀌기 시작했다. 여러 이유 중에 하나를 지적하자면, 지각 학습에 관한 연구 결과들이 심지어 피질에서 이루어지는 감각 처리의 가장 이른 단계들도 경험에 의해 변화할 수 있다는 것을 시사하기 때문이다. '지각 학습'이란 여러 음높이의 소리나 여러 방향으로 놓인 선과 같은 단순한 감각 자극들을 분별하는 능력이 단지 분별 작업을 반복 수행한 결과로 향상되는 것을 의미한다. 보상이나 오류에 관한 피드백은 필요하지 않다. 점화 효과의 경우에는, 당신이 어떤 자극을 이미 본 결과로 그 자극을 식별하고 알아채는 능력이 향상된다.

지각 학습의 경우에는, 자극의 어떤 특징을 분별하는 능력이 향상된다. 10장에서 보겠지만, 훈련은 외부 세계로부터 정보를 맨 먼저 수용하는 피질에 위치한 감각 장치의 구조를 변화시키는 듯하다. 다시 말해 군소에서 연구된 습관화와 민감화에서와 마찬가지로 경험의 궁극적·장기적 효과는 뇌의 구조를 변화시키는 것이다.

감각 학습 현상은 인간의 시각을 대상으로 가장 광범위하게 연구되었다. 연습을 하면 인간은 결texture, 운동 방향, 선의 방향, 기타 많은 시각적 속성들을 분별하는 능력을 향상시킬 수 있다. 이 학습의 놀라운 특징은 흔히 해당 과제와 특수한 훈련 방식에 강하게 국한된다는 점이다.

지각 학습을 특히 명쾌하게 보여준 한 연구는 배경 패턴으로부터 표적을 분별하는 작업을 과제로 삼았다. 이스라엘 바이츠만 연구소의 아비

카르니Avi Karni와 도브 사기Dov Sagi는 대각선 눈금 세 개로 이루어진 작은 표적을 수평 눈금들로 이루어진 큰 배경 속에 집어넣었다. 일부 시도에서는 그 대각선 눈금 세 개가 수평으로 배열되었고, 다른 시도에서는 수직으로 배열되었다. 자원한 피실험자들은 컴퓨터 화면의 중앙에 시선을 고정한 채로 그 배경 패턴과 표적으로 이루어진 문제 화면이 10밀리초 동안 나타났다 사라지는 것을 보았다. 그런 다음에 표적이 수평으로 배열되어 있었는지 아니면 수직으로 배열되어 있었는지 판정했다. 카르니와 사기는 문제 화면이 사라진 뒤 약간의 시간이 경과하면(이 지연 시간의 길이는 다양하게 정했다) 선들과 각들이 뒤죽박죽된 패턴을 화면에 띄움으로써 피

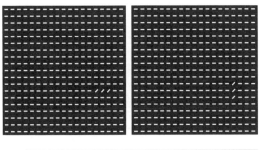

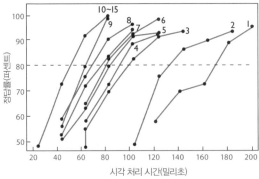

한 지각 학습 검사에서 피실험자들은 컴퓨터로 만든 위 왼쪽 화면이나 오른쪽 화면을 아주 잠깐 본 다음에 화면의 오른쪽 아래 사분면에 있는 대각선 눈금 세 개가 수평으로 배열되어 있었는지 아니면 수직으로 배열되어 있었는지 알아맞혀야 했다. 그래프는 하루에 약 1000번을 15일 동안 이 과제를 수행한 어느 피실험자의 성적을 보여준다. 각각의 선은 특정한 날의 성적을 말해주는데, 선들을 비교해보면 성적이 눈에 띄게 향상된 것을 알 수 있다. 가장 왼쪽의 선은 제 10일부터 15일까지의 평균 성적을 나타낸다.

실험자가 문제 화면(그리고 그것의 잔상after-image)을 처리할 시간 여유를 통제했다. 따라서 가용한 처리 시간은 문제 화면이 제시된 시점부터 뒤죽박죽 패턴이 나타난 시점 사이의 간격으로 제한되었고, 이 간격이 분별 과제의 난이도를 결정했다. 대각선 눈금 세 개의 정확한 위치는 매번 바뀌었지만 항상 화면의 동일한 사분면(예컨대 그림에서처럼 오른쪽 아래 사분면)에 국한되었다. 피실험자들은 매일 약 1000회의 판정을 수행해야 했고 50회의 판정이 끝날 때마다 휴식 시간을 가졌다.

처음 과제 수행을 시작했을 때 피실험자들은 정확한 판정을 위해 꽤 긴 처리 시간을 필요로 했다. 앞 페이지의 그래프에서 보듯이, 훈련 첫날에 어느 참가자는 정확도 90퍼센트에 도달하기 위해 약 180밀리초를 필요로 했다. 처리 시간을 50밀리초만 허용하자 그는 과제를 전혀 수행하지 못했다. 그러나 2주에 걸쳐 열흘 동안 총 1만 회의 훈련을 받고 나자 그는 처리 시간이 50밀리초에 불과하더라도 매우 우수한 성적을 냈다. 그를 비롯한 피실험자들은 훈련을 통해 분별 능력을 일단 획득하면 여러 주 동안 유지했다.

추가 실험들은 지각 학습이 놀랄 만큼 한정적임을 보여준다. 첫째, 표적을 반대쪽 이분면으로 옮기거나 같은 이분면의 다른 사분면으로 옮기면, 향상된 분별력은 거의 완전히 사라지고 피실험자들은 학습을 처음부터 다시 해야 했다. 둘째, 배경의 눈금들을 수평이 아니라 수직으로 놓아도 훈련 효과가 거의 사라져 재학습이 불가피했다. 셋째, 피실험자들이 한쪽 눈만 뜨고 훈련을 하면, 향상된 솜씨가 다른 쪽 눈으로 전이되지 않았다.

이 놀라운 특정성은 지각 학습이 시각 피질에서의 감각 처리의 이른 단계에(뉴런들이 시야에 포함된 선들의 방향과 위치에 가장 민감할 때) 일어남을 시사한다. 더 높은 수준의 시각 처리에서는 뉴런들이 양쪽 눈에서 온 정보를 처리하며 공간적 위치가 바뀌어도 더 한결같이 반응한다. 만일 이런 높은 수준의 처리를 담당하는 상위 시각 구역들이 지각 학습의 장소라면, 지각 학습이 한 눈에서 다른 눈으로, 또 공간적 위치들 사이에서도 더 잘 전이되리라고 예상해야 할 것이다. 그러므로 지각 학습의 장소일 가능성이 높은 곳은 초기 처리를 담당하는 시각 구역들, 예컨대 V1 구역과 V2구역이다. 지각 학습이 일어나는 동안에 이 구역들에서 어쩌면 일부 뉴런의 축삭돌기가 더 길어지고 가지가 무성해져서 시냅스 연결의 개수와 강도가 향상되는 것인지도 모른다. 록펠러 대학의 찰스 길버트 Charles Gilbert와 동료들은 원숭이를 대상으로 삼은 연구에서, V1 구역 뉴런들의 기능적 속성들이 과제 수행 능력의 향상과 관련이 있는 방식으로 변화한다는 것을 보여주었다. 흥미롭게도 그 뉴런들은 단지 훈련된 자극의 속성에 맞게 자신의 반응 속성을 변화시키지 않는다. 그 뉴런들은 현재 어떤 시각 과제가 수행되고 있느냐에 따라 똑같은 시각적 자극에 대해서도 다르게 반응한다. 이 발견은 예상과 맥락이 V1 뉴런들에 미치는 영향을 예증한다. 이 하향식 영향관계는 상위 뇌 구역들에서 기원하여 되먹임 연결들을 거쳐 V1 구역에 도달해야 한다.

요컨대 장기간에 걸친 시각 경험은 강력하고 오래 지속하는 효과들을 일으키며, 그 효과들은 시각적 점화 효과와 마찬가지로 평소에 시각 정보를 수용하는 처리 경로들에서 일어난다. 우리의 시각 경험은 피질에 위치

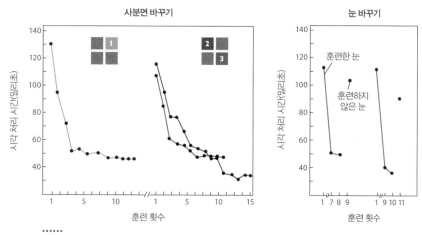

•••••
지각 학습은 매우 한정적이다.

왼쪽 화면의 오른쪽 위 사분면(1)에 위치한 구조를 분별하는 학습을 한 피실험자는 그 구조의 위치를 왼쪽 위 사분면(2)으로 옮기고 이어서 오른쪽 아래 사분면(3)으로 옮기자 학습을 통해 익힌 솜씨를 발휘하지 못했다. 그래프 상의 점들은 정답률 80퍼센트 이상에 도달하기 위해 필요한 처리 시간을 보여준다.

오른쪽 피실험자가 한쪽 눈만 뜨고 훈련한 다음에 다른 쪽 눈으로 검사를 받아보니, 훈련으로 익힌 솜씨가 다른 쪽 눈으로 전이되지 않았다.

한 최초 시각 처리 장소들을 변화시키고 우리가 보는 방식에 영향을 미친다. 이 변화들은 어째서 전문가는 초심자와 다르게 지각할 수 있는가라는 질문에 대한 답을 제공한다. 예컨대 풍경화 전문 화가는 컴퓨터 프로그래머와는 다른 방식으로 나무들을 보고, 초상화 전문 화가는 아마도 일반인과는 다른 방식으로 사람의 얼굴을 볼 것이다. 이 차이의 일부는 유전적인 소질에서 비롯되겠지만, 다른 중요한 일부는 훈련의 결과다. 물론 이를 너무 과장하지는 말아야 할 것이다. 훈련이 지각에 영향을 미친다는 말을 전문가는 전혀 다른 세계를 본다는 뜻으로 이해해서는 안 된다. 이 효과는 특정성을 띤다. 즉, 이 효과는 훈련된 맥락에 한정해서 나타난다. 피훈련자가 다른 자극에 직면하거나 동일한 자극을 가지고 다른 과제를 수행할 때 이 효과는 제한적으로만 나타난다.

요컨대 풍경화가와 초상화가를 포함한 우리 모두는 눈에 보이는 사물들을 기본적으로 동일하게 식별할 것이다. 그러나 화가는 더 빠르게 지각하고 더 섬세하게 비교하고 차이를 더 쉽게 포착할 것이다. 이 능력들은 부분적으로 지각 학습에서 비롯된다. 즉, 오랜 세월에 걸쳐 시각 피질에서 변화가 축적되어 지각 장치가 바뀐 것에서 비롯된다. 이런 변화의 대부분은 의식의 바깥에서 일어나고 의식적인 기억을 남기지 않는다는 의미에서 비서술적이다.

감정 학습

기본적으로 점화 효과와 지각 학습은 앞선 경험의 결과로 지각 처리의 초기 단계가 속력과 효율성의 향상을 겪고 일반적으로 더 전문화되는 방식들이라고 할 수 있다. 그러나 앞선 경험이 단지 처리의 속력과 효율성을 향상시키기만 하는 것은 아니다. 앞선 경험은 그 경험에서 처리된 것에 대한 우리의 감정을 바꿔놓을 수도 있다. 우리가 정보를 어떻게 평가하느냐 —예컨대 주어진 자극에 우리가 긍정적인 감정을 결부시키느냐 혹은 부정적인 감정을 결부시키느냐, 곧 우리의 기본적인 호감과 반감—는 대체로 무의식적(비서술적) 학습의 결과다. 우리가 특정한 유형의 음식, 장소, 또는 중립적이라고 할 만한 자극(이를테면 소리)에 대해 특수한 감정을 가지는 것은 과거에 우리가 그 음식, 장소, 소리와 연관된 경험을 했기 때문이다.

'단순 노출mere exposure' 효과에 관한 한 연구는 호감 및 반감을 낳는 무의식적 학습을 설득력 있게 보여주었다. 스탠퍼드 대학의 로버트 자이언스Robert Zajonc는 대학생들에게 기하학적 도형의 그림을 한 장당 다섯 번씩 보여주었다. 이때 그는 노출 시간을 (약 1밀리초로) 아주 짧게 설정해서 대학생들이 무언가를 보았다는 것을 간신히 알아챌 정도로 만들었다. 실제로 나중에 기억 검사를 해보니 그들은 이미 본 도형들을 알아맞히지 못했다. 그럼에도 연구자들이 어떤 도형을 선호하느냐고 묻자, 대학생들은 처음 보는 도형보다 이미 본 도형을 더 선호한다고 대답했다. 요컨대 피실험자들은 이미 본 대상에 대해서 긍정적인 감정을 품고 있었다. 자신들이 그 대상을 보았다는 것을 의식하지 못하는데도 말이다. 감정이 얽힌 학습은 의식적인 인지에 의존하지 않고 진행될 수 있는 것으로 보인다.

중요하고 잘 연구된 감정 학습의 한 유형으로 공포가 연루된 학습이 있다. 공포를 느끼는 능력은 위험을 알아채고 반응하는, 생존에 필수적인 천성적 능력의 바탕을 이룬다. 인간을 비롯한 모든 동물은 포식자와 먹잇감, 위험한 환경과 안전한 환경을 구분할 필요가 있다. 천성적 공포는 진화 역사 내내 보존되었기 때문에, 달팽이, 파리, 생쥐, 인간 등의 다양한 종에서 천성적 공포를 쉽게 발견하고 연구할 수 있다.

20세기의 벽두에 파블로프와 프로이트는 공포도 학습될 수 있음을 각자 독립적으로 발견했다. 학습된 공포는 개체로 하여금 외적인 위험의 조짐만이라도 있으면 싸움 또는 도주를 준비하게 한다. 소리처럼 본래 중

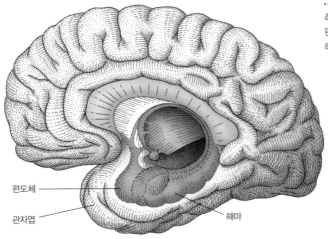

편도체
관자엽
해마

립적인 자극도 충격과 같은 공포—산출 자극과 연결되어 조건화된 공포를
일으킬 수 있다. 프로이트는 이 현상을 '신호 불안signal anxiety'이라고 불렀
다. 프로이트와 파블로프는 천성적 공포뿐 아니라 학습된 공포—위험 신
호에 대한 예기anticipatory 방어 반응—도 생물학적 적응이며 따라서 진
화 과정에서 보존된다는 것을 간파했다. 5장에서 고찰한 서술기억과 달
리 조건화된 공포는 해마 손상에 아랑곳하지 않는다. 대신에, 학습된 공
포 반응은 양쪽 편도체가 모두 손상되면 제거된다. 편도체란 안쪽 관자
엽에서 해마 바로 앞에 위치한 구조물이다.

　　뉴욕 대학의 조지프 르두Joseph LeDoux와 에모리 대학의 마이클 데이비
스Michael Davis는 공포 학습에서 중요한 역할을 하는 편도체로 들어오고
나가는 신경 경로들을 연구했다. 편도체는 10개가 넘는 하부구역(핵)들로
이루어졌으며, 그 하부구역들 중 하나인 중심핵central nucleus은 유기체의

공포 반응에 관여하는 많은 시스템들로 공포 상태를 전달하는 과정에서 결정적인 구실을 한다. 그러면 예컨대 어떤 시스템은 심장박동수를 높이고, 다른 시스템은 신체 동작을 동결시키고, 또 다른 시스템은 소화 과정을 늦춘다.

유기체가 짝을 지은 소리와 충격에 노출되는 일이 반복되면, 소리가 공포 신호로 되는 결과가 발생한다. 그러면 소리에 관한 정보가 시상의 감각 구역들로부터 직통 경로인 피질 아래subcortical 경로를 거쳐 편도체의 가쪽 핵lateral nucleus으로 신속하게 이동한다. 이 이동에 걸리는 시간은 약 12밀리초다. 학습된 공포 신호에 관한 정보는 또한 후각뇌고랑 주변 피질perirhinal cortex을 비롯한 여러 피질 구역을 거치는 더 긴 경로로도 이동한다. 이 경로에서 자극의 정체가 더 섬세하게 식별될 수 있지만, 이 경로를 거치는 정보는 약간 더 늦게(19밀리초 만에) 편도체에 도달한다. 편도체로 이어진 이 경로들은 위험이 닥쳤을 때 공포 시스템을 신속하게 가동할 수 있게 해준다. 신피질이 공포 반응을 조절할 수 있다는 것도 옳은 말이다. 예컨대 상황이 위험하지 않다는 판단이 내려지면 공포 반응이 완화될 수도 있다. 우리가 방안에서 독서에 몰두하고 있을 때 갑자기 어떤 사람이 들어오면, 우리는 그 사람이 친구임을 (거의 즉각적으로) 알아채면서도 때로는 무의식적으로 경악한다. 이 현상을 지금까지 설명한 여러 회로의 작용을 통해 설명할 수 있다. 신피질의 신호 평가가 채 완료되기도 전에 신호는 신속하게 편도체에 도달하여 공포 시스템을 가동시킨다.

편도체를 포함한 공포 학습의 신경 회로는 비록 쥐에서 가장 광범위하게 연구되었지만, 편도체는 인간의 공포 학습에서도 중요한 구실을 한다.

아이오와 대학의 안토니오 다마지오와 동료들은 피실험자들에게 무해한 소리를 들려주고 곧이어 시끄러운 소음을 들려주는 실험을 통해 인간의 공포 학습을 연구했다. 그렇게 두 가지 소리를 짝지어 여러 번 들려주자 피실험자들은 무해한 소리가 들리자마자 감정적 흥분의 징후를 나타냈다. 감정적 흥분은 땀 분비의 변화를 가져오는데, 손가락에 작은 전극을 붙여놓고 피부 전도성skin conductance을 측정하면 이 변화를 포착할 수 있다. 감정적 흥분으로 땀 분비가 변화하면, 피부 전도성이 높아진다. 이 실험에서 편도체가 손상된 환자들은 소리에 감정적 반응을 나타내지 않는다. 나중에 물으면 환자의 대다수는 무해한 소리에 이어 규칙적으로 큰 소음이 났다고 설명하지만, 훈련 상황에 관한 이 같은 서술적 지식은 환자들로 하여금 그 무해한 소리에 공포나 불안으로 반응하게 하기에 불충분하다.

무엇이 학습된 공포 반응을 유발하는 것일까? 편도체의 입력 부위인 가쪽 핵은 조건자극(예컨대 무해한 소리)과 무조건자극(발 충격)에서 유래한 신호들이 모여드는 곳이다. 편도체에 도달하는 발 충격 정보는 시상에서도 오고, 섬 피질insular cortex의 꼬리쪽 측면caudal aspect에서도 온다고 여겨진다. 앞서 설명했듯이, 소리 정보는 시상에서 편도체로 직접 연결된 신속한 경로와 더 느린 간접 경로를 거친다. 공포 학습을 한 쥐가 뇌 손상을 당하면 어떻게 되는지 보는 연구의 결과들은 (시상에서 후각뇌고랑 주변 피질을 거쳐 편도체의 가쪽 핵으로 이어진) 간접 경로가 평소에 학습에 쓰이는 경로임을 시사한다. 피질 아래 직통 경로는 간접 경로가 손상되었을 경우에 학습을 담당할 수 있다.

해부학적 표적	편도체 자극의 효과	행동 검사, 혹은 공포나 불안의 징후
해마	교감신경 활성화	빠른 심장박동, 피부 전도성 향상, 얼굴이 창백해짐, 공동 확대, 혈압 상승
미주신경 등쪽 운동 핵	부교감신경 활성화	궤양ulcer, 배뇨, 배변, 느린 심장박동
부완핵	호흡 증가	헐떡거림, 호흡 곤란
배쪽 피개 구역 청반 등쪽 가쪽 피개 핵	도파민, 노르에피네프린, 아세틸콜린 활성화	행동 및 뇌전도 흥분 경계심 강화
꼬리쪽 뇌교 그물 핵	반사 강화	경악 반사 강화
중심회백질	행동 중지	동결, 조건화된 감정적 반응, 사회적 상호작용
삼차운동신경	입 벌림, 턱 운동	공포에 질린 표정
실방핵(시상하부)	부신피질자극호르몬 (ACTH) 방출	코르티코스테로이드 분비 ('스트레스 반응')

조건 공포 자극

편도체

무조건 공포 자극

••••••
편도체의 중심핵은 뇌에 속한 다양한 표적 구역과 연결되어 있고, 그 구역들은 다양한 공포 징후를 일으킨다.

직접 경로와 간접 경로에 의해 형성된 시냅스들은 거듭된 활동에 반응하여 영속적인 변화를 겪을 수 있다. 이 변화는 '장기 증강(LTP)'으로 불리는, 서로 관련이 있는 여러 형태의 시냅스 가소성들의 집합에 속한다. 우리는 7장에서 서술기억 및 해마와 관련해서 장기 증강을 상세히 살펴본 바 있다. 해마는 장기 증강이 최초로 확인된 장소다.

편도체 가쪽 핵에서의 장기 증강은 강한 시냅스 활동에 반응하여 칼슘이온이 시냅스후 뉴런으로 유입되는 것에서 시작된다. 칼슘이온 유입은 NMDA형 글루타메이트 수용체와 L형 전압 감응성 칼슘이온 통로가 모두 열림에 따라 일어난다. 칼슘이온이 유입되면, 생화학적 연쇄 반응이 일어나 시냅스 전달이 두 가지 방식으로 강화된다. 즉, 첫째, AMPA형 글루타메이트 수용체가 시냅스후 막에 추가로 삽입되는 것을 통해 강화되고, 둘째, 시냅스전 말단에서 방출되는 신경전달물질의 증가를 통해 강화된다. 학습된 공포를 일으키는 기억과 이 기억을 지탱하는 시냅스 변화의 존속을 위해서는 환상AMP 의존 단백질 키나아제(PKA)와, 전사 인자 CREB를 활성화하여 유전자 발현을 촉발하는 MAP 키나아제들이 필요하다. 이는 군소와 초파리의 공포 학습에서 발견된 바와 대체로 일치한다.

실험에서 일으킨 이런 활동 의존성 시냅스 변화들이 공포 학습을 위해 실제로 중요할까? 혹시 이 변화들은 공포 학습과 단지 관련성만 있는 것이 아닐까? LTP와 유사한 메커니즘이 중요하다는 단서 하나를, 공포가 학습된 상황에서는 소리에 대한 가쪽 핵에서의 반응이 강화된다는 발견에서 얻을 수 있다. 이 강화는 소리 정보를 운반하는 신경 경로에서의 시냅스 세기 증가와 맞아떨어진다. 뿐만 아니라, LTP가 학습된 공포를 위한 기억을 지탱하는 메커니즘이라는 생각을 더 직접적으로 뒷받침하는 증거를 두 가지 유형의 유전학적 실험에서 얻을 수 있다. 한 실험에서는 생쥐에서 NMDA형 수용체의 NR2B 하부단위를 유전학적으로 무력화하면 공포 조건화에도 지장이 생기고 조건자극(소리) 신호를 가쪽 편도체로 전달하는 경로들에서의 LTP 유발에도 지장이 생긴다는 것이 밝혀졌다. 게다가 이 돌연변이는 공포 학습에만 지장을 일으켰다. 천성적 공포 반응이나 일상적인 시냅스 전달에는 아무 문제가 없었다. 거꾸로 NR2B 하부단위를 과발현시키면, 공포 학습이 촉진되었다. 더 나아가 칼슘이온 유입에 이은 연쇄 반응의 한 단계인 CREB 신호전달을 방해하면 공포 조건화에 지장이 생기고, CREB의 활동을 강화하면 공포 조건화가 촉진되었다.

LTP가 공포 학습을 위해 중요하다는 증거들 가운데 어쩌면 가장 확실한 것은 또 다른 두 가지 실험에서 얻을 수 있다. 컬럼비아 대학의 바딤 볼샤코프가 수행한 일련의 실험들에서는 공포 훈련의 결과로 편도체로 이어진 직통 청각 경로에서의 신호에 대한 시냅스 반응이 강화되었다. 시냅스가 증강될 수 있는 정도에는 한계가 있다. 따라서 만일 이 실험들에서 공포 학습이 LTP에 의해 매개되었다면, 이제 직접적인 전기 자극을 통해 편도체에서 LTP를 유발하는 것은 불가능해야 한다. 그리고 실제로 이 불가능성이 관찰되었다.

콜드 스프링 하버의 로베르토 말리노우와 동료들이 조 르두와 함께 수행한 실험들의 결과는, 단일한 감정적 사건에 대한 기억이 편도체 가쪽 핵에 있는 추체세포들 전체의 상당 부분을 동원한다는 것을 시사했다. 이 유전학적 실험들에서 연구자들은 어떤 바이러스를 이용하여, 생쥐의 가쪽 핵에 있는 시냅스후 추체 뉴런이 보유한 AMPA형 글루타메이트 수용체에 표지를 붙였다. 공포 조건화는 표지가 붙은 수용체들이 세포막에 더 많이 삽입되는 결과를 가져왔다. 이는 실험에서 유발한 LTP에서 관찰되는 결과와 유사하다.

감정 학습의 신경학적 토대와 관련해서 잘 연구된 또 다른 현상으로 '공포로 증강된fear-potentiated' 경악 반응이 있다. 인간을 포함한 많은 종들은 평온할 때보다 이미 공포 상태나 흥분 상태일 때 큰 소음이 들리면 더 심하게 경악한다. 큰 소음이 들리면 우리는 경우에 따라 약간 도약하기도 한다. 그러나 우리가 어두운 골목에서 혼자 불안을 느끼며 걷고 있을 때 똑같은 소음이 들리면, 우리는 더 많이 도약할 것이다. 이처럼 우리의 경악은 공포에 의해 더 심해질 수 있다. 이 현상을 실험용 쥐에서 연구하기 위해 연구자들은 무해한 큐(예컨대 빛)를 우선 발 충격과 짝짓는다. 이어서 큰 소음을 단독으로 제공하거나 빛 큐와 함께 제공한다. 그러면 생쥐의 경악 반사는 소음이 단독으로 제공될 때보다 빛과 함께 제공될 때 더 크게 나타난다.

데이비스와 동료들은 우선 경악 반사를 담당하는 신경 회로를 탐구하는 방식으로 공포로 증강된 경악을 분석하기 시작했다. 쥐가 큰 소음을 들으면, 8밀리초 이내에 뒷다리 근육에서 변화를 포착할 수 있다. 이는 쥐가 도약을 준비하기 때문이다. 소음에 관한 정보를 귀에서 다리로 전달하는 신경 경로는 중추신경계에서 단 세 개의 시냅스만 통과한다. 귀에서 출발한 신경섬유들은 청각신경을 거쳐 뇌간에 있는 세포들(달팽이관 뿌리 뉴런들cochlear root neurons; 다음 페이지 그림에서 1)에 도달한다. 거기에서부터 경로는 뇌교(꼬리쪽 뇌교 그물 핵; 그림에서 2)로 이어지고 그 다음에는 척수로 이어진 후 근육들로 뻗어나간다. 만일 공포 상태 유발이 경악 반응을 강화한다면, 이 과정에서 편도체는 필수적이다. 편도체의 중심핵이 뻗은 축삭돌기들은 일차primary 경악 회로를 뇌교 수준에서 조절할 수 있다. 바꿔 말해 공포는 심장박동과 혈압을 조절할 수 있을 뿐 아니라 경악 반응도 유사한 방식으로 조절할 수 있다. 왜냐하면 편도체가 경악 회로에 조절적 영향력을 행사하기 때문이다.

공포나 기타 감정에 기초한 기억의 형성을 위해 편도체가 필수적이라는 점은 분명한 사실이지만, 그 기억 자체가 실제로 편도체에 저장되는지

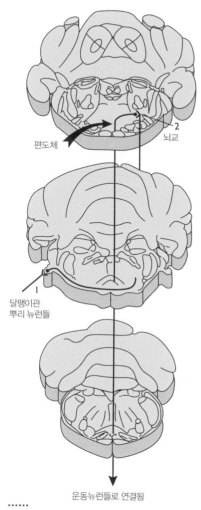

편도체

2
뇌교

달팽이관
뿌리 뉴런들

운동뉴런들로 연결됨

......
쥐에서 일차 경악 회로는 큰 소음에 대한 반응으로 일어나는 신속한 경로를 담당한다. 그 회로는 청각 신경과 연결된 달팽이관 뿌리 뉴런들(1), 뇌교의 한 구역(2), 뇌교에서 척수의 운동신경들로 뻗어나가는 축삭돌기들로 이루어졌다. 편도체는 그 뇌교의 구역에서 경악 회로에 개입한다.

여부는 밝혀지지 않았다. 불확실성은 편도체가 공포를 비롯한 감정 기억의 획득을 위해서뿐 아니라 학습되지 않은 감정의 표출을 위해서도 필수적이라는 사실에서 비롯된다. 편도체를 제거하면 학습된 공포가 사라질 뿐 아니라 공포 감정을 표출하는 기본적인 능력에도 지장이 생긴다. 야생형 동물들은 편도체가 손상되면 더 평온해지고 심지어 겁이 없어진다. 일반적으로 포획 상태의 원숭이는 인간 관람객이 나타나면 우리 뒤쪽으로 물러나 숨는다. 그러나 편도체가 손상된 원숭이는 인간 관람객이 나타나면 우리 앞쪽으로 다가오고 심지어 관람객이 자신의 털을 쓰다듬는 것도 허용할 것이다. 편도체를 전기로 자극하는 방법으로도 공포와 유사한 복잡한 행동 및 자율적 변화의 패턴을 일으킬 수 있다. 인간을 대상으로 한 뇌 영상화 연구들에서 밝혀졌듯이, 사람이 무서운 장면을 보거나 외상 후 스트레스 증후군 환자가 감정적 흥분을 야기하는 과거 사건을 회상하면, 편도체에서 활동의 변화가 탐지된다.

왜 그럴까? 한 가지 가능성은 학습된 공포나 기타 흥분성 감정에 대응하는 신경학적 변화들이 편도체와 연결된 피질 구역들의 뉴런들에서 일어나고, 편도체는 그 변화들을 통합하고 다른 뇌 구역들로 전달하는 구실을 하는 구조물이라는 것이다. 또 다른 가능성은 편도체 자체가 긍정적이거나 부정적인 학습된 감정적 반응에 관한 정보의 저장소라는 것이다. 만일 이것이 사실이라면, 기억의 감정적 성분만 편도체에 저장될 가능성이 높다. 다른 성분들, 예컨대 감정적 자극의 지각적 세부사항들과 그 감정적 상황이 다시 발생하면 어떻게 해야 하는지에 관한 정보는 다른 곳에 저장된다.

공포를 일으키도록 조건화된 소리나 기타 자극이 충격을 동반하지 않은 채로 거듭 제공되면, 공포 반응은 점차 잦아들 것이다. 이 과정을 일컬어 소거라고 하는데, 소거는 그 자체로 학습의 한 형태다. 소거 과정은 편도체에 있는 NMDA 수용체들에 의존하며, NMDA 수용체들을 봉쇄하면 소거도 봉쇄된다는 것이 밝혀졌다. 흥미롭게도 NMDA 수용체들의 기능을 강화하는 약물들은 소거를 촉진한다. 외상 후 스트레스 장애와 기타 불안 장애의 치료는 일반적으로 소거 훈련('둔감화desensitization'라고도 함)을 포함하기 때문에, 이 약물들과 통상적인 둔감화 방법들을 함께 적용하면 좋은 치료 효과를 기대할 수 있다.

요약하자면, 편도체는 (긍정적이거나 부정적인) 감정적 사건에 대한 비서술기억을 담당하는 신경 시스템의 허브에 위치한 것으로 보인다. 이 시스템은 대상이나 상황에 대한 학습된 감정적 반응을 획득하며 어쩌면 저장하기도 한다. 이 반응은 과거 경험에 의해 형성된다. 인간은 진화를 통해 대물림된 호감과 반감을 가지고 있다. 예컨대 인간은 단맛을 좋아하고 불쑥 다가오는 물체를 싫어한다. 그러나 우리는 과거 경험에서 비롯된 호감과 반감도 가지고 있다. 우리는 어린 시절에 큰 개와 부딪혀 넘어진 적이 있기 때문에 개를 무서워할 수도 있다. 혹은 어린 시절에 깊은 숲의 냇가에서 행복한 휴가를 보낸 적이 있기 때문에 그런 냇물의 광경과 소리를 좋아할 수도 있다.

이런 학습된 호감과 반감은 과거에 경험한 특정한 개나 휴가 장소에 대한 우리의 의식적 서술기억과 상관없이 작동한다. 이를 예증하기 위해 아홉 살 소녀가 개 때문에 곤욕을 치렀다고 가정해보자. 훗날 그 소녀가 젊은 성인이 되었을 때, 두 가지 일이 일어날 수 있다. 첫째, 그녀는 개와 얽힌 그 곤욕스러운 사건을 잘 기억할 가능성이 있다. 만일 기억한다면, 이 기억은 서술기억, 곧 해마와 관련 뇌 구조물들에 의존하는 의식적 기억이다. 둘째, 의식적 기억과 상관없이 그녀는 이제 개를 무서워할 가능성이 있다. 그녀는 개가 다가오면 경계심을 품고 멀찌감치 떨어지는 편을 선호할 가능성이 있다. 개에 대한 이 같은 부정적 감정은 편도체의 작용을 반영한다. 이 감정은 확실히 기억이다. 왜냐하면 경험에서 비롯된 것이기 때문이다. 하지만 이 감정은 무의식적이고 비서술적이며, 경우에 따라서는 의식적 회상 능력에 의존하지 않을 수도 있다. 실제로 이 감정은 기억으로 자각되는 것이 아니라 개인적 성격의 한 부분인 호감이나 반감으로 자각된다. 개에 대한 부정적 감정과 과거 사건에 대한 의식적 기억이 서로에 대해 독립적일 수 있기 때문에, 그 부정적 감정의 존재는 그 감정이 어떻게 생겨났는지 설명하기 위한 서술기억이 가용함을 담보하지 않는다. 원천 사건에 대한 의식적 기억은 남아 있을 수도 있고 그렇지 않을 수도 있다. 우리는 공포와 반감을 비롯해서 어떤 정신적 내용이든지 발생하면 피질 구역들을 동원하여 그 내용을 해석할 수 있다. 그러나 그 정신적 내용이 기억과 관련이 있는지, 있다면 그 기억이 정확한지 여부는 또 다른 문제다.

편도체와 해마 시스템은 비서술적 감정적 기억과 서술기억을 각각 독립적으로 담당하지만, 이 두 시스템이 함께 작동할 수도 있다. 예컨대 잘 알려져 있듯이 사람들은 감정적 흥분을 일으키는 사건을 특히 잘 기억한다. 통제된 실험들에서, 감정적 흥분을 일으키는 내용에 대한 서술기억은 중립적인 내용에 대한 기억보다 거의 항상 더 우수하다. 이렇게 서술기억을 강화하는 감정의 능력은 편도체에 의해 매개된다. 어바인 소재 캘리포니아 대학의 제임스 맥고와 동료들은 실험동물들을 대상으로 한 연구에서, 동물이 적당히 자극적인 경험을 하면 다양한 호르몬이 혈류와 뇌로 분비된다는 것을 보여주었다. 연구자들은 그 호르몬들을 모아두었다가 동물이 단순한 과제 수행 훈련을 마친 직후에 동물에게 주입했다. 그러자 동물은 훈련 성과를 더 강하게 유지했다. 이 효과를 특히 잘 보여주는 사례들은 에피네프린(아드레날린), 부신피질자극호르몬ACTH, 코르티솔 등의 스트레스 호르몬을 주입하는 실험에서 나온다. 스트레스 호르몬들은 평소에 돌발 상황이 발생할 때 혈류로 분비된다. 이 호르몬들은 편도체를 활성화함으로써 기억에 영향을 미친다. 편도체가 활성화되면, 편도체에서 피질로 이어진 해부학적 연결들이 (주어진 자극이 무엇이든 간에) 자극의 처리를 촉진할 가능성이 있다. 더 나아가 편도체에서 해마로 이어진 해부학적 연결들은 서술기억에 직접 영향을 미칠 수 있을 것이다.

래리 카힐Larry Cahill과 맥고는 인간에서도 편도체가 기억을 강화한다는 것을 보여주었다. 이들의 실험에 자원한 피실험자들은 슬라이드 쇼를 보면서 이야기를 경청했다. 그 이야기와 슬라이드는 한 소년이 차에 치어 응급수술을 받기 위해 서둘러 병원으로 옮겨지는 내용이었다. 피실험자들은 (상대적으로 밋밋한) 이야기의 첫 부분과 마지막 부분보다 (교통사고와 수술에 관한) 중간 부분에서 더 강한 감정적 흥분을 경험했고 또 그 부분을 더 잘 기억했다. 뿐만 아니라 이 피실험자들과 다른 피실험자군의 중간 부분 기억을 비교하는 실험도 이루어졌다. 다른 피실험자군은 슬라이드는 똑같이 보았지만 그 사진들을 감정과 무관하게 해석하는 다른 이야기(이를테면 '그 소년은 폐차장에서 파괴된 차 몇 대를 보았고 병원에서는 의료용 천공기를 보았다.')를 들었다. 실험 결과, 첫째 피실험자군의 기억이 둘째 피실험자군의 기억보다 우수했다.

편도체에 국한된 뇌 손상을 가진 환자들은 이야기의 비감정적인 부분은 정상 피실험자들 못지않게 기억했지만, 감정적인 부분을 기타 부분들보다 더 잘 기억하는 정상적인 경향은 나타내지 않았다. 대조적으로, 하만과 스콰이어가 보여주었듯이, 해마와 관련 구조물들은 손상되었지만 편도체는 온전한 기억상실증 환자들은 이야기를 전반적으로 빈곤하게 기억했음에도 불구하고 감정적인 부분을 가장 잘 기억하는 정상적인 경향을 나타냈다. 이 결과들은 감정에 의한 기억 강화가 편도체가 서술기억 시스템에 미치는 영향에서 비롯된다는 것을 보여준다.

편도체가 감정 기억을 위해 중요하다는 사실을 특히 잘 보여주는 뇌

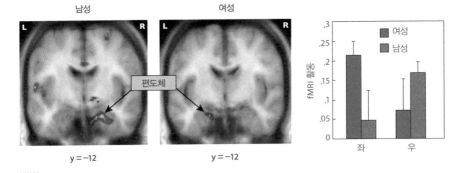

······

편도체와 감정 기억. 자원한 피실험자 15명(남성 8명, 여성 7명)에게 중립적이거나 감정적 흥분을 일으키는 장면들을 보여주면서 기능성 자기공명영상법(fMRI)으로 뇌를 스캔했다. 여성에서는 감정적 흥분을 일으키는 장면을 나중에 기억하는 능력과 왼쪽 편도체의 활동 사이에서 강한 상관성이 발견되었다. 남성에서는 그 능력과 오른쪽 편도체의 활동 사이에서 강한 상관성이 발견되었다.

영상화 연구가 하나 있다. 젊고 건강한 성인들을 대상으로 한 이 연구에서 카힐과 동료들은 자원한 피실험자 15명에게 중립적이거나 감정적으로 괴로운 장면들을 보여주면서 기능성 자기공명영상법으로 신경 활동을 측정했다. 뇌 스캔을 받는 동안 피실험자들은 각 장면이 얼마나 큰 감정적 흥분을 일으키는지를 점수로 기록했다. 그리고 2주 후에 아무 예고 없이 피실험자들은 어떤 장면들을 기억하고 있는지 알아보는 기억 검사를 받았다. 예상할 수 있겠지만, 피실험자들은 더 큰 감정적 흥분을 일으킨 장면을 더 잘 기억하고 있었다. 이 흥미로운 결과는 그 장면들을 처음 볼 당시에 편도체에서 일어난 신경 활동과 관련이 있었다. 정확히 말하면, 편도체에서의 활동 증가는 기억의 정확도 향상과도 관련이 있고 감정적 흥분 점수의 상승과도 관련이 있었다. 요컨대 학습할 때 편도체가 더 많이 활동하면, 감정적 내용을 보유한 서술기억이 더 잘 저장된다. 또 다른 연구 결과는 어쩌면 더 충격적이다. 그 결과에 따르면, 편도체 활동의 기억 강화 효과는 여성의 경우에는 왼쪽 편도체에서, 남성의 경우에는 오른쪽 편도체에서 일어난다. 여러 연구자에 의해 거듭 확인된 이 결과는 기억 연구에서 발견된 성별 의존성 좌우 기능 분화의 사례들 중에서 가장 극적이다. 남성과 여성 사이의 이 같은 뇌 조직화의 차이가 어떤 생물학적 요인들에서 비롯되는지에 대해서는 아직 알려진 바가 거의 없다.

도덕성 발달과 심리치료에서 비서술기억

어린 유아와 부모의 상호작용에 관한 연구들은 유아가 개인적 관계와 자신이 사는 세계에 관한 지식을 상당히 많이 획득하며, 이 획득이 비언어적이고 무의식적인 방식으로 이루어진다는 점을 강조해왔다. 유아와 보육자에 관한 이 연구들에서 나온 통찰들은 최근 들어 심리치료에서 환자와 치료사의 상호작용에 적용되고 있다. 유아─부모 상호작용에서와 마찬가지로 심리치료 과정을 진전시키는 많은 변화들은 언어적 해석이나 의식적 통찰이 아니라 무의식적·비서술적 지식의 수정 덕분에 일어난다. 보스턴 소재 변화 과정 연구 집단Process of Change Study Group의 정신분석가 루이스 샌더Louis Sander, 데이비드 스턴David Stern과 동료들은 환자와 치료사의 상호작용에서 이른바 만남의 순간moment of meeting을 주목하여 서술했다. 그들이 말하는 만남의 순간이란, 무의식적인 방식으로 치료 관계를 발전시키고 새로운 수준으로 상승시키는 암묵적인 이해와 신뢰가 형성되는 중요한 순간이다. 요컨대, 해석과 의식적인 통찰을 심리치료의 진전을 위한 핵심 사건으로 보는 고전적인 정신분석과 대조적으로, 만남의 순간은 무의식적 내용이 의식화되는 것을 요구하지 않는다. 오히려 만남의 순간은, 환자가 행동과 존재와 타인과의 상호작용을 위해 채택하는 전략들의 폭을 넓힘으로써 지속적인 행동 변화를 가져온다고 여겨진다.

뉴욕의 정신분석가 마리안 골드버거Marianne Goldberger는 이 통찰을 확장하여 도덕성 발달에 적용했다. 그녀는 대개 사람들이 자신의 삶을 지배하는 도덕적 원칙들을 어떤 상황에서 습득하고 소화했는지를 의식적으로 기억하지 못한다고 지적했다. 우리의 성격을 구성하는 다른 성향과 취향 역시 마찬가지로 비서술 지식으로 습득된다. 이 원칙들과 성향들은 우리의 모어를 지배하는 문법 규칙들이 습득될 때와 유사하게 점진적으로 또한 거의 자동적으로 습득된다.

점화 효과, 지각 학습, 감정 학습, 심리치료, 도덕성 발달은 비서술기억이 서술기억과 나란히 다양한 방식으로 중요한 기능을 할 수 있다는 것을 예증한다. 이 예들은 지각이 무의식적 기억을 산출할 수 있음을 보여준다. 다음 장에서는 다른 유형의 비서술기억 세 가지를 다룰 것이다. 그것들은 솜씨 학습, 습관 학습, 고전적 조건화다. 일부 사례들은 뇌의 운동 시스템과 관련이 있는데, 이 시스템도 무의식적 기억을 기록할 수 있다. 마지막으로, 일부 사례들은 운동 학습뿐 아니라 상당히 복잡한 지각 및 인지 능력에 기초를 둔다. 그러나 모든 형태의 비서술기억이 그렇듯이, 이 세 유형의 비서술기억은 우리가 무엇을 학습하는지 알아채지 못하더라도 형성될 수 있다.

9

솜씨, 습관, 조건화를 위한 기억

....

에드바르트 뭉크 Edvard Munch, 〈**물가에서 춤추다**Dance on the Shore〉(**1903년경**)
뭉크(1863~1944)는 인간의 감정이나 연약함을 상징하기 위해 왜곡된 윤곽과 따스한 색들을 자주 이용했다.
물가에서 춤추는 이 사람들은 솜씨와 습관으로 저장된 기억을 이용하여 학습된 동작과 생각의 패턴을 표출한다.

1910년, 프랑스 철학자 앙리 베르그손은 오늘날 우리가 비서술기억이라고 부르는 것에 관한 글을 썼다. 그는 특히 습관에 초점을 맞춰 이렇게 지적했다. "근본적으로 다른 기억[이다]… 항상 행동에 나서고, 현재에 앉아 오직 미래만 바라본다… 정말이지 그 기억은 우리에게 우리의 과거를 보여주지 않는다. 그 기억은 우리의 과거를 행동한다. 그럼에도 그것이 기억이라는 이름을 얻을 자격이 있다면, 이는 그 기억이 지나간 이미지들을 보존하기 때문이 아니라 그 이미지들의 유용한 효과를 현재 순간까지 연장하기 때문이다."

손님을 맞이할 때 우리는 악수를 하려고 손을 내민다. 우리는 흐린 날 하늘을 쳐다보고 비가 올 것 같다는 생각을 할 수 있다. 우리가 성인이 되어 글을 읽을 때, 우리는 수천 시간의 실행을 통해 향상된 복잡한 안구 운동 및 문장 이해 솜씨를 발휘한다. 이런 솜씨들을 얼마나 신뢰할 만하게 혹은 정확하게 발휘하느냐는 우리의 과거 경험과 우리에게 주어져온 교육과 실행의 기회에 달려 있다. 그러나 우리는 실제로 학습을 하며, 읽기 과제를 비롯한 무수한 과제들을, 우리가 기억을 사용하고 있음을 자각하지 못하면서 수행하게 된다. 비서술기억에 대한 논의의 마지막 부분인 이 장에서 우리는 솜씨 학습, 습관 학습, 고전적 조건화의 예들을 살펴볼 것이다. 그 예들은 앞선 장들에서 이루어진 비서술기억에 관한 논의를 확장하고 비서술기억이 일상의 모든 곳에 스며들어 있음을 예증할 것이다.

운동 솜씨

1장에서 언급했듯이, 뇌에서 기억이 분리된 여러 시스템에 의해 조직화된다는 최초 단서는 운동 솜씨 학습에 관한 연구들에서 나왔다. 환자 H.M.은 사실과 사건에 대한 기억과 평범한 회상 능력에는 심각한 장애가 있었음에도 거울에 비친 별의 윤곽을 따라 그리는 솜씨를 학습할 수 있었다. 이런 유형의 솜씨 학습은 최근 사건에 대한 평범한 기억과는 다른 무언가 특별한 성취로서 직관적으로 쉽게 이해되어왔다. 예컨대 우리가 테니스에서 포핸드 스트로크를 배울 때, 우리의 동작 향상을 증명하는 것은 테니스 교습 자체를 기억해내거나 우리가 특정한 경기에서 이기기 위해 포핸드를 몇 번 사용했는지 기억해내는 것과 근본적으로 다르다고 봄이 합당한 듯하다.

운동 솜씨와 지각-운동perceptuomotor 솜씨에 관한 우리의 직관들은 충분히 일리가 있다. 학습된 솜씨는 행동 절차에 녹아들고, 그 행동 절

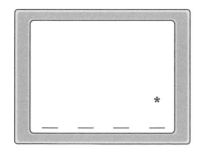

DBCACBDCBA

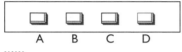

A　B　C　D

컴퓨터를 이용한 순서 학습 과제. 스크린 하단에 항상 있는 밑줄 네 개는 별표가 나타날 수 있는 위치들(A, B, C, D)을 표시한다. 훈련 도중에 별표는 미리 정해놓은 패턴에 따라 위치를 바꿔가면서 네 위치 중 하나에 나타난다. 피실험자는 별표가 나타날 때마다 최대한 신속하게 별표 바로 아래에 있는 단추를 누른다.

차는 실행을 통해 표출될 수 있다. 학습된 솜씨는 서술적이지declarative 않다. 솜씨를 발휘하는 당사자는 아무것도 '서술할declare' 필요가 없으며 꼬치꼬치 사람들에게 자신의 솜씨에 대해서 많은 말을 할 수 없어도 무방하다. 실제로 경험에서 알 수 있듯이, 운동 솜씨를 실행하면서 그 솜씨에 대한 의식적인 지식을 표현하려 애쓰면, 솜씨의 실행에 지장이 생기기 마련이다.

우리는 무엇을 학습하는지 전혀 모르는 채로 운동 솜씨를 학습할 수 있다. 이 기이한 무의식적 학습 과정은 운동 솜씨 학습의 한 형태인 이른바 '순서 학습sequence learning'에 관한 연구들에서 잘 입증되었다. 가장 잘 연구된 순서 학습의 사례는 지각적 성분도 포함하는데, 이 사례에서 피실험자는 스크린의 네 위치(A, B, C, D) 중 하나에 차례로 나타나는 시각적 신호에 반응하여 신속하게 단추를 누른다. 예컨대 훈련 시도가 400회 연속되는 중에 시각적 신호는 DBCACBDCBA의 순서로 나타나기를 40번 반복할 수도 있다.

훈련이 계속되면 피실험자는 변화하는 시각적 신호에 반응하여 손가락을 움직이는 솜씨를 점차 학습한다. 이 솜씨 학습은 피실험자가 시각적 신호가 나타날 위치를 예견하기 시작함에 따라 점차 반응 속력이 향상되는 것으로 표출된다. 그러나 시각적 신호가 나타나는 순서가 갑자기 바뀌면, 반응 속력은 다시 느려진다. 폴 레버Paul Reber와 스콰이어는 기억상실증 환자들이 이 과제를 꽤 잘 학습한다는 것을 발견했다. 직접적인 기억 검사에서는 그 환자들이 시각적 신호의 순서를 전혀 기억하지 못한다는 결과가 나왔는데도 말이다.

기능성 자기공명영상을 이용한 연구들에서, 운동 솜씨 학습 중에 활성화되는 뇌 구역들이 식별되었다. 버지니아 대학의 대니얼 윌링엄Daniel Willingham과 동료들은 순서 학습이 왼쪽 앞이마엽 피질, 왼쪽 아래쪽 마루엽 피질, 오른쪽 조가비핵putamen(조가비핵과 꼬리핵caudate nucleus은 함께 선조체neostriatum를 이룬다)과 관련이 있다는 것을 발견했다. 이 구역들은 피실험자가 순서를 알아채는지 여부와 상관없이 활성화되었다.

피실험자가 순서를 알아채면, 다른 구역들이 추가로 활성화되었다. 요컨대 여러 뇌 구조물이 이룬 시스템이 무의식적 순서 학습을 담당하는 것으로 보이며, 이 구조물들은 순서에 대한 서술적·의식적 지식이 획득되더라도 활동한다(즉, 무의식적 학습이 계속 일어난다).

손가락들을 담당하는 운동 피질 구역도 손가락 운동 솜씨 학습의 와중에 변화를 겪는다. 미국 국립정신보건원의 아비 카르니, 레슬리 웅거라이더와 동료들은 피실험자들에게 엄지 끝과 나머지 손가락들의 끝을 특정한 순서로 접촉하는 훈련을 시켰다. 오랫동안 훈련한 끝에 피실험자들의 과제 수행 속력은 두 배로 빨라졌으며, 흥미롭게도 과제 수행에 관여하는 운동피질 구역은 더 커졌다. 운동 피질의 손 담당 구역에서 일어난

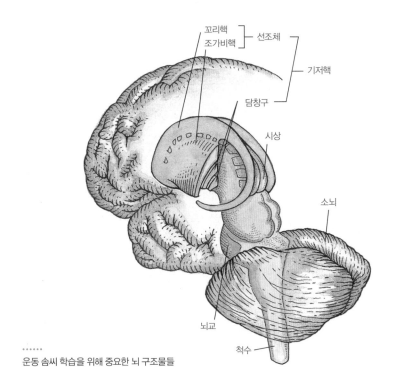

꼬리핵
조가비핵 — 선조체
기저핵
담창구
시상
소뇌
뇌교
척수

······
운동 솜씨 학습을 위해 중요한 뇌 구조물들

이 확대는 향상된 과제 수행 능력과 더불어 여러 주 동안 유지되었다. 훈련으로 인해 운동 피질의 작은 구역 내에서 더 많은 뉴런들이 활동하게 되고 이 활동 증가는 피실험자가 순서대로 수행하는 운동의 민첩성에 비례하는 듯하다.

줄리언 도욘Julien Doyon, 카르니, 웅거라이더의 추가 연구들에서 운동 솜씨 학습을 위해 중요한 피질 아래 구조물들이 식별되었다. 학습의 초기 단계에서는 뇌 뒤쪽의 큰 구조물인 소뇌, 앞이마엽(오른쪽 앞쪽 대상피질right anterior cingulate cortex과 등쪽 전운동 피질dorsal premotor cortex), 아래쪽 마루엽 피질에서 활동이 관찰되었다. 그러나 훈련 시도가 몇 번 반복되어 피실험자들이 높은 수준의 수행 능력을 성취하고 나자, 소뇌와 언급한 피질 구역들의 활동이 대폭 감소했다. 대신에 이제 오른쪽 선조체, 그리고 보조 운동 영역supplementary motor area을 비롯한 다른 피질 구역들에서 활동이 관찰되었다. 우리가 살펴본 (군소의 비서술기억을 비롯한) 다른 비서술기억의 예들과 마찬가지로 운동 솜씨 학습은 아마도 원래 해당 솜씨의 발휘를 담당하는 회로 내에서 변화가 일어나는 방식으로 이루어질 것이다. 한 가지 가능성은 훈련 중에 활동하는 운동 피질 구역들에 기억이 저장되는 것이다. 또 다른 가능성은 피질에서 선조체로 이어진 연결들에서 필수적인 시냅스 변화가 일어나는 것이다.

도욘과 동료들은 학습 도중에 어떤 변경shift이 일어나고 이 변경에서 뇌 시스템들이 중요하다는 것을 발견했다. 우리는 누구나 잘 훈련된 솜씨를 거의 자동적으로 발휘한 경험이 있다. 예컨대 자동차 운전이 그렇다. 익숙한 도로에서 운전할 때, 우리는 방금 몇 분 동안 우리 자신이 의식적인 주의집중 없이 말하자면 자동 주행 장치처럼 아주 능숙하게 운전했음을 문득 깨달을 수도 있다. 이 경험은, 주의집중과 의식에 관여하는 뇌 구역들이 솜씨 학습의 초기에는 필요할지 몰라도 학습이 진척되면 점점 덜 중요해짐을 시사한다.

학습의 초기에는 이마엽이 활동하는 경향이 있다. 이 사실은 이마엽이 일시적으로 이용할 정보를 저장하는 구실을 한다는 기존 지식과 맞아떨어진다. 초기 학습은 또한 시각적 주의집중을 위해 중요하다고 알려진 마루엽 피질에 의존한다. 마지막으로 소뇌도 운동 솜씨 학습의 초기에 활성화되는 경향이 있다. 아마도 능숙한 운동에 필요한 세부 운동들을 조율하는 데 소뇌가 필요하기 때문일 것이다. 요컨대 운동 솜씨 학습의 초기에는 이마엽, 마루엽, 소뇌가 모두 동원되는 것으로 보인다. 이 구역들의 합동 활동은 올바른 동작들이 조화를 이루고 주의집중과 작업기억이 해당 과제에 할애되도록 만든다. 솜씨가 어느 정도 익혀진 다음에는, 이마엽, 마루엽, 소뇌의 활동이 모두 줄어들고, 운동 피질과 그 근처의 보조 운동 피질을 비롯한 다른 구조물들과 선조체의 활동이 증가한다. 이 구조물들은 선조체와 더불어 솜씨에 기초한 정보를 장기기억에 저장하고 능숙한 솜씨 발휘를 가능케 할 가능성이 있다.

운동 솜씨 학습의 흥미로운 특징 하나는 하룻밤 자고 나면 솜씨가 늘지만 같은 시간 동안 깨어 있은 다음에는 늘지 않는다는 점이다. 하버드대학의 매튜 워커Matthew Walker와 동료들은 순서대로 손가락 놀리기를 과제로 선택했다. 이 과제에서 피실험자들은 한 손의 손가락 네 개로 단추들을 누르되 4-1-3-2-4의 순서로 최대한 빠르고 정확하게 눌렀다. 훈련 후 12시간 동안 깨어 있었던 피실험자군에서는 수행 속력이 겨우 3.9퍼센트 향상된 반면, 12시간 동안 잠을 잔 피실험자군에서는 20.9퍼센트의 수행 속력 향상이 일어났다. 이 같은 솜씨 향상과 가장 큰 상관성을 나타낸 것은 2단계 (꿈을 꾸지 않는) 서파수면slow-wave sleep, 특히 깊은 밤의 서파수면이었다. 다른 운동 솜씨 과제와 지각 솜씨 과제를 이용한 연구들에서도 비슷한 결과가 나왔다. 하지만 이 결과들에서는 솜씨 향상이 때로는 더 광범위한 서파수면과 관련이 있거나 서파수면과 꿈꾸는 (렘 REM) 수면('빠른 안구 운동rapid eye movement'이 특징이기 때문에 렘수면으로 명명됨)의 조합과 관련이 있었다. 수면의 생물학의 어떤 측면 때문에 이런 효과가 나타나는지는 아직 밝혀지지 않았다.

습관 학습

운동 솜씨를 학습한다는 것은 세상에서 활동하기 위해 어떤 행동 절차를 습득한다는 것이다. 새로운 습관을 학습한다는 것도 마찬가지다. 성장 과정에서 우리는 "부탁합니다please", "고맙습니다"라고 말하는 법과 밥 먹기 전에 손 씻는 법을 배우고 기타 수많은 행동 혹은 습관을 습득한다. 이것들은 훈련의 결과다. 이 습관들 중 다수는 눈에 띄는 노력도 없고 해당 학습이 이루어진다는 깨달음도 딱히 없이 삶의 초기에 습득된다. 이런 의미에서 습관 학습의 많은 부분은 비서술적이다.

선조체는 운동 솜씨 학습을 위해 중요한 것 못지않게 습관 학습을 위해서도 중요하다. 한 중요한 실험에서 맥길 대학의 마크 패커드Mark Packard, 리처드 허시Richard Hirsh, 노먼 화이트Norman White는 쥐들에게 두 가지 과제를 훈련시켰다. 그 과제들은 습관기억과 서술기억의 핵심적인 차이를 보여주었는데, 한 과제에서 동물들은 방사형으로 뻗은 여덟 갈래의 길로 이루어진 미로에서 먹이를 찾아내야 했다. 여러 날에 걸친 실험에서 연구자들은 매일 동물을 미로 속에 놓고 동물이 여덟 개의 길 각각에서 먹이를 다 모으면 동물을 미로에서 꺼냈다. 동물이 한 번 갔던 길을 다시 가면 연구자들은 1회의 실수를 기록했다. 과제를 효과적으로 수

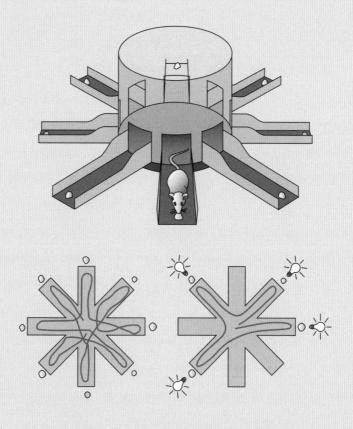

쥐의 서술기억과 습관기억을 비교하는 실험에서 쓰인 여덟 갈래 방사형 미로. 서술기억 과제에서는 먹이가
길 각각의 끝에 놓여 있다(아래 왼쪽). 훈련을 하면, 정상적인 쥐는 길 각각을 예컨대 그림에 표시된 경로를
따라 한 번씩 거치면서 모든 먹이를 모으는 법을 학습한다. 습관기억 과제에서는(아래 오른쪽) 조명이 켜진
길 네 개의 끝에만 먹이가 놓여 있다. 쥐는 그 길들을 거치는 법을 배운다.

행하는 쥐는 자신이 들렀던 길을 기억하고 다시 들르지 않을 것이었다. 해마 시스템이 손상된 쥐는 이 기억 검사에서 나쁜 성적을 냈다. 그러나 꼬리핵의 손상은 성적에 해를 끼치지 않았다. 똑같은 미로를 이용하는 또 다른 과제는 겉보기에는 첫째 과제와 유사했다. 이 둘째 과제에서 동물은 여덟 개의 길 가운데 조명으로 표시된 길 네 개를 들르는 법을 배워야 했다. 이번에는 그 네 개의 길에만 먹이가 놓여 있었다. 약 2주 동안 훈련을 하고 나자, 동물들은 차츰 옳은 길에 진입하는 법을 학습했다. 이 학습 성과는 꼬리핵의 손상에 의해 와해되었지만 해마 시스템의 손상에는 아랑곳하지 않았다. 이처럼 해마 손상의 효과와 꼬리핵 손상의 효과가 상반되게 나타나는 것은 이 두 과제가 얼핏 보면 유사해도 근본적으로 다르기 때문이다. 첫째 과제에서 동물은 개별 사건들에 관한 정보를 획득하고 이용한다. 즉, 동물은 오늘 방금 전에 자신이 들렀던 길들을 기억해야 한다. 따라서 기억해야 할 내용은 날마다, 매 시도마다 다르다. 이런 유형의 학습은 해마를 필요로 한다. 반면에 둘째 과제는 날이 바뀌어도 변함이 없다. 동물은 그 과제의 규칙성을 학습해야 한다. 일부 길들에는 항상 먹이가 있고, 쥐는 이 정보를 반복을 통해 점차 획득한다. 이 **둘째** 과제는 습관 학습의 한 예다.

인간에서 습관 학습을 연구하기는 예나 지금이나 어렵다. 왜냐하면 인간은 쥐나 (심지어) 원숭이가 비서술적으로 학습하고 그 결과로 습관을 얻는 과제에서도 서술기억 전략을 동원할 여지와 의지가 있으면 어김없이 과제의 매 단계를 기억하는 경향이 있기 때문이다. 예컨대 우리는 위의 둘째 과제에서 옳은 길들의 위치를 신속하게 기억함으로써 두세 번의 시도 만에 어느 길들이 옳은지 학습할 수 있을 것이다. 습관을 형성할 필요는 없다. 왜냐하면 우리는 신속한 학습을 위해 특화된 아주 효율적인 서술기억 시스템을 가지고 있기 때문이다. 반면에 쥐는 먹이가 있는 길과 없는 길을 구분하는 법을 점진적으로 학습할 수밖에 없다. 쥐가 미로의 길들을 구분하는 법을 배우는 방식은 어쩌면 인간이 고급 포도주와 보통 포도주를, 또는 진품 회화와 위작을 구분하는 법을 배우는 방식과 같을 것이다. 이런 경우에 학습은 학습자가 문제에서 무엇을 주목해야 하는지 배워감에 따라 점진적으로 진행된다. 요컨대 쥐는 해마에 의존하지 않고 점진적으로 학습한다. 다시 말해, 우리가 솜씨를 터득할 때처럼 쥐는 문제를 기억하지 않으면서 천천히 통달한다.

기억에 저항하는 과제를 특별한 단계들을 거쳐 고안해내면, 인간에서 습관 학습을 연구할 수 있다. 바버라 노울턴Barbara Knowlton과 스콰이어는 러트거스 대학의 마크 글러크Marc Gluck가 고안한 과제를 이용했다. 그 과제는 날씨 예측하기 게임의 형태를 띤다. 매 시도에서 피실험자는 제시

날씨 예측 과제. 매 시도에서 피실험자는 두 가지 결과(비, 또는 맑음) 중 어느 것이 발생할지를 컴퓨터 화면에 나타나는 카드 한 장이나 두 장, 또는 세 장을 보고 판단한다. 나타날 수 있는 카드는 총 네 가지다.

된 카드들에 기초하여 결과가 비인지 맑음인지 예측한다. 카드는 네 장이 쓰이는데, 매 시도에서 카드가 한 장이나 두 장, 또는 세 장 등장할 수 있다. 각각의 카드는 독립적이며 확률적인 방식으로 결과와 연결되어 있고, 두 가지 결과는 같은 빈도로 발생한다. 예컨대 카드 한 장은 75퍼센트의 확률로 맑음과, 25퍼센트의 확률로 비와 연결되어 있다. 또 다른 카드는 57퍼센트의 확률로 맑음을, 43퍼센트의 확률로 비를 예측한다. 이런 식으로 카드 각각과 결과 사이에 대응 관계가 맺어져 있다. 매 시도에서 피실험자는 비나 맑음을 선택하고 즉시 그 선택이 옳은지 여부를 알려주는 되먹임 신호를 받는다. 이 과제의 확률적 성격 때문에, 매번 정답을 선택하기는 불가능하다. 따라서 피실험자가 제시된 카드 집합에 대응하는 정답을 외우려 애쓴다면, 좋은 성적을 낼 가망이 희박하다. 결국 피실험자는 일종의 느낌에 기초하여 정답을 추측하게 된다. 나중에 물어보면, 대다수의 피실험자는 자신이 무언가를 학습한다는 느낌을 거의 갖지 못했다고 보고한다. 그럼에도 정상적인 피실험자는 실제로 카드들의 의미에 대해서 학습을 하고 그 덕분에 정답을 맞히는 능력이 점차 향상된다. 기억상실증 환자도 정상인과 대등한 속도로 학습한다. 50회의 훈련을 거치는 동안, 정상인 집단과 환자 집단의 정답률은 양쪽 다 처음에 50퍼센트였다가 나중에 약 65퍼센트로 향상되었다.

기억상실증 환자들은 예측 성적은 정상 수준임에도 불구하고 과제 훈련에 관한 명시적·사실적 질문에 대답할 때는 뚜렷한 결함을 나타냈다. 헌팅턴병이나 파킨슨병처럼 꼬리핵에 악영향을 끼치는 병을 앓는 환자들은 이 날씨 예측 과제를 학습할 수 없다. 50회의 훈련을 거치는 동안, 이

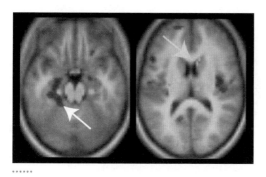

인간 뇌의 수평 단면을 보여주는 이 MRI 영상들에서 노란색 구역들은 외우기를 유도하는 유사 과제를 학습할 때보다 날씨 예측 과제를 학습할 때 활동이 더 많이 증가한 곳이다. 반대로 파란색 구역들은 날씨 예측 과제를 학습할 때보다 외우기 과제를 학습할 때 활동이 더 많이 증가한 곳이다. 노란색 화살표는 꼬리핵을 가리킨다. 흰색 화살표는 안쪽 관자엽을 가리킨다.

환자들의 (10회 훈련의 결과를 종합하여 계산한) 정답률 최고치는 고작 53퍼센트였다. 요컨대 실험 동물들에서와 마찬가지로 인간에서도 일부 유형의 습관 학습을 위해서는 꼬리핵이 중요하다.

로스앤젤레스 소재 캘리포니아 대학의 러셀 폴드랙Russell Poldrack과 동료들은 날씨 예측 과제의 학습에서 꼬리핵이 중요한 구실을 한다는 것을 예증하기 위해 기능성 자기공병영상법(fMRI)을 활용했다. 자원한 피실험자들은 날씨 예측 과제를 학습하거나 유사하지만 다른 과제를 학습했다. 이 둘째 과제에서 피실험자들은 여러 장의 카드로 이루어진 집합 각각에 대응하는 날씨 결과를 외웠다. 뇌 스캔 결과, 꼬리핵은 외우기 과제를 학습할 때보다 날씨 예측 과제를 학습할 때 더 많이 활동했다.

안쪽 관자엽은 반대 패턴으로 활동했다. 더 나아가 어느 피실험자에서나 안쪽 관자엽의 활동과 꼬리핵의 활동은 반비례했다. 이 사실은 피실험자가 학습을 위해 서술적 전략과 비서술적 전략 중에 하나를 채택한다는 생각과 부합한다. 추가 실험들에서 드러났듯이, 피실험자가 날씨 예측 과제를 학습할 때 처음에는 안쪽 관자엽이 활동하고 꼬리핵은 활동하지 않는다. 하지만 시간이 지나면 안쪽 관자엽은 신속하게 활동을 그치고, 나

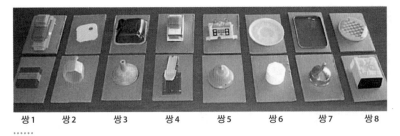

쌍 1　　쌍 2　　쌍 3　　쌍 4　　쌍 5　　쌍 6　　쌍 7　　쌍 8

⋯⋯⋯
8쌍 경쟁 식별 과제. 연구자는 대상 쌍 각각을 한 번에 하나씩 제시하는데, 각 쌍의 한 대상은 일관되게 '정답'이다. 피실험자는 각 쌍에서 어느 대상이 정답인지를 시행착오를 통해 학습하려 애쓴다. 대상 쌍 하나를 보여주는 일을 1회 시도로 칠 때, 1회 훈련은 일반적으로 40회의 시도로 이루어진다. 매 시도에서 피실험자는 한 대상을 선택하고 그것이 정답인지 여부에 따라 보상을 받거나 받지 못한다. 정답의 위치는 매 시도마다 달라진다.

머지 학습 기간 동안 꼬리핵이 활동한다. 이 발견은 피실험자가 처음에는 과제의 구조를 외우려 애쓰다가 결국 비서술기억 전략을 채택한다는 것을 시사한다.

　인간이 꼬리핵에 의지해서 습관 학습을 할 수 있다는 사실은 서술기억에 결함이 있을 때 습관 학습이 서술기억을 대체할 수 있지 않을까 하는 생각을 품게 한다. 만일 그럴 수 있다면, 그 학습은 무의식적으로, 곧 무엇이 학습되는지 알아챔 없이 일어날까? 한 기억 시스템이 다른 기억 시스템을 대체하는 일은 어느 정도까지 가능할까?

　이 질문을 경쟁 식별 학습concurrent discrimination learning을 방편으로 삼아 연구할 수 있다. 경쟁 식별 학습은 50여 년 전부터 포유동물의 기억을 연구하는 데 쓰여온 표준 과제의 하나다. 일반적으로 연구자는 피실험자에게 8쌍의 대상을 하루(한 훈련 회기)에 다섯 번 보여주는데, 한 번에 한 쌍을 보여주는 시도를 총 40번 하는 방식으로 그렇게 한다. 각 쌍에서

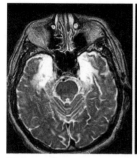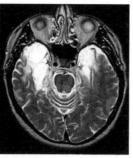

심각한 기억상실증 환자 E.P.(왼쪽)와 G.P.(오른쪽)의 뇌를 MRI로 촬영하여 얻은 수평 단면들. 흰색으로 나타난 구역은 손상된 부위이며 편도체, 해마체, 후각뇌고랑 주변 피질, 해마 주변 피질을 포함한다. 방사선학의 관례에 따라, 각 영상의 왼편은 앞에서 본 뇌의 오른편에 해당한다.

한 대상은 항상 정답이며, 피실험자가 그 정답을 선택하면 보상을 받는다. 인간은 이 과제를 하루나 이틀이면 쉽게 학습한다. 이 과제를 잘 수행하는 피실험자는 대상들을 서술할 수 있고 자신이 무엇을 했는지에 관한 다른 의식적 앎도 가진다는 사실에서 알 수 있듯이, 이 과제의 수행은 일반적으로 서술기억에 의존한다.

뿐만 아니라 서술기억에 결함이 있는 기억상실증 환자는 정상인이 과제를 통달하는 기간 동안 훈련을 해도 학습 성과를 거의 내지 못한다.

피터 베일리, 제니퍼 프래시노Jennifer Frascino, 스콰이어는 심각한 기억상실증 환자 두 명(E.P.와 G.P.)의 경쟁 식별 과제 학습 능력을 검사했다. 두 사람은 단순포진뇌염herpes simplex encephalitis의 여파로 안쪽 관자엽에 큰 손상을 입은 환자들이었다. 이들의 서술기억은 심각하게 망가졌음에도 불구하고, E.P.와 G.P.는 각각 36회기와 28회기에 걸쳐 훈련을 받으면서 차츰 학습 성과를 냈다. 그들의 성공적인 학습은 과제가 무엇인지에 관한, 보고 가능한 지식을 동반하지 않았다. 예컨대 하루 훈련을 시작할 때 그들은 과제나 지시사항들이나 대상들을 서술할 수 없었다.

그들이 습득한 지식이 습관 학습에서 그러하리라 예상되는 대로 융통성 없게 조직되었는지 여부를 검사하기 위해, 연구자들은 공식적인 훈련을 마치면서 두 환자에게 분류 과제를 부여했다. 대상 16개를 테이블 중앙에 모아놓고 그들에게 방금 학습한 식별 과제에서 정답이었던 대상들과 그렇지 않은 대상들을 분류해보라고 요청한 것이다. 대조군은 이 분류 과제를 쉽게 해치웠지만, 기억상실증 환자들인 E.P.와 G.P.는 전혀 수행하지 못했다. 실제로 그들이 두 번의 시도에서 얻은 점수는 무작위하게 분류했을 때 나올 법한 점수보다 나을 것이 없었다.

이 결과는 인간이 습관 학습을 위한 능력을 확실히 가졌으며, 그 능력은 심지어 과제가 서술기억의 사용과 정답 외우기를 유도할 때에도 발휘될 수 있다는 것을 보여준다. 습관 학습 능력이 발휘되는 상황에서 학습되는 것은 서술적으로 학습될 수 있는 것과 사뭇 다르다. 습관 학습으로 습득한 정보는 융통성이 없고 의식 바깥에 놓이며 일반적인 의미의 지식으로 표출되지 않는다. 습관 학습으로 학습된 바는 실행에서, 옳을 수도 있고 그렇지 않을 수도 있는 반응들로 표출된다.

이런 유형의 보상에 기초한 학습Reward-based learning을 세포 수준에서 분석할 수 있다. 영국 케임브리지 대학의 볼프람 슐츠Wolfram Schultz와 동료들은 깨어 있는 원숭이의 중간뇌midbrain에 속한 두 구역(흑질substantia nigra과 배쪽 피개 구역ventral tegmental area)에서 뉴런 반응을 측정했다. 그 구역들에 위치한 뉴런의 상당수는 도파민을 신경전달물질로 사용한다. 흑질은 꼬리핵으로 들어가는 입력의 주요 출처이며, 파킨슨병은 흑질과 꼬리핵 모두에 악영향을 끼친다.

슐츠는 원숭이들을 훈련시켜 녀석들로 하여금 어떤 시각적 패턴이 제시되면 1.5초 후에 쥬스가 보상으로 주어지리라고 기대하게 만들었다.

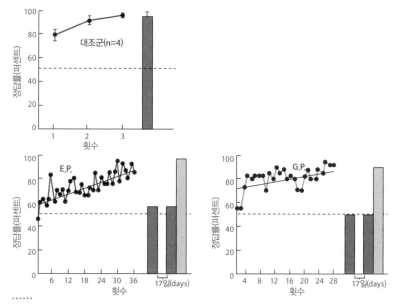

건강한 피실험자들은 8쌍 경쟁 식별 과제를 3회 훈련 이내에 쉽게 통달했다(위 그래프). 3일에서 6일이 지난 뒤에도 그들은 대상 16개를 정답과 비정답으로 분류하는 데 성공함으로써 자신이 학습한 내용에 대해서 융통성 있는 지식을 가지고 있다는 것을 보여주었다(파란색 막대). 환자 E.P.는 18주에 걸쳐 36회의 훈련을 받는 동안 점차 학습 성과를 냈다(아래 왼쪽 그래프). 그리고 5일이 지났을 때 그는 분류 과제를 수행하지 못했다(짙은 파란색 막대). 다시 17일이 지났을 때도 마찬가지였다(두 번째 짙은 파란색 막대). 그러나 대상 쌍 과제를 원래 형태대로 제시하자 그는 과제를 완벽하게 수행했다(옅은 파란색 막대). 환자 G.P.는 14주에 걸쳐 28회의 훈련을 받는 동안 점차 학습 성과를 냈다(오른쪽 그래프). E.P.와 마찬가지로 그는 분류 과제 수행에서 두 번 실패했다(짙은 파란색 막대들). 그러나 과제를 원래 형태대로 다시 제시하자 완벽한 과제 수행 능력을 나타냈다(옅은 파란색 막대). 점선은 무작위로 정답을 골랐을 때 나올 만한 성적을 나타낸다.

원숭이들이 보상을 예상하고 쥬스가 나오는 주둥이를 핥기 시작하는 것을 보면, 학습이 이루어졌음을 확실히 알 수 있었다. 훈련을 시작할 때는 도파민 뉴런의 대다수가 보상이 주어질 때마다 점화했다. 시간이 지나 원숭이들이 과제를 잘 수행하게 되자, 그 뉴런들은 보상과 신뢰할 만하게 연결된 시각적 큐에 반응하여 점화하고 정작 보상 자체에는 반응하지 않았다.

　요컨대 도파민 뉴런들은 보상이 임박했다는 신호를 보낼 수 있다. 흥미롭게도 보상 자체에 대한 뉴런 반응은 보상과 보상에 대한 예측 사이의 불일치(예측 오류)를 반영한다. 예측하지 못한 보상(이를테면 훈련 초기에 주어지는 보상)은 도파민 뉴런들의 강한 반응을 유발한다. 반대로 완전히 예측된 보상은 반응을 유발하지 않는다. 또한 반응의 세기는 보상의 가치에 비례한다. 도파민 신호를 산출하지 못하는 보상은 학습에 도움이 되지 않는다.

　보상 예측 능력은 이 학습 과정에서 결정적으로 중요하며, 도파민 뉴런들은 보상에 의해 추진되고 되먹임에 의해 안내되는 학습을 위한 내적 메커니즘을 제공한다. 꼬리핵과 조가비핵은 감각 피질과 운동 피질에서 오는 입력을 이중으로 수용하는데, 이 이중 입력은 (중간뇌에서 오는 보상 신호와 더불어) 자극과 반응을 연결하고 행동을 선택하기 위한 기초가 될 수 있을 것이다. 보상 신호는 또한 폭넓게 분포한 표적 구조물들로 분산된다. 그 구조물들 중 일부는 주의집중과 활동의 조직화를 위해 중요한 이마엽 피질과 같은 뇌의 상위 구역들이다. 그 상위 구역들 덕분에, 선조체에서 이루어진 행동 선택은 실제 세계에서의 의사결정에 관여하는 주의집중과 기타 요인들에 의해 조절될 수 있을 것이다.

지각 솜씨와 인지 솜씨

솜씨 학습은 대개 운동 솜씨에 관한 것이다. 예컨대 손과 발의 운동을 조화시켜 특정 목적에 부합하는 동작을 이뤄내는 법을 우리가 어떻게 학습하는가 하는 것이 솜씨 학습에 관한 전형적인 질문이다. 그러나 학습된 동작에 기초를 두지 않지만 세계와 능숙하게 상호작용하는 것과 관련이 있는 솜씨의 예들도 있다. 이를테면 모어를 배울 때 우리는 처음에 단어들을 더듬더듬 읽지만 훈련이 되면 시선을 1초에 네 번 정도 새 위치로 옮기고 1분에 300단어 이상의 의미를 파악하면서 빠르게 글을 읽는다. 유사한 예로 컴퓨터 프로그래밍을 학습할 때 우리는 처음에는 한 번에 명령문 하나를 구성하고 타이핑하지만 나중에는 타이핑 속력보다 더 빠르게 정신적인 연산을 해나간다. 이런 솜씨들은 우리 모두가 지각하고 생각하고 문제를 풀 때 사용하는 지각 및 인지 능력이 점차 향상된 결과다.

안쪽 관자엽에 의존하지 않는다고 밝혀진 비운동 솜씨 학습의 첫째 사례는 읽기 솜씨였다. 8장에서 언급했듯이, 닐 코언과 스콰이어는 1980년에 기억상실증 환자들이 거울에 비친 단어들을 읽는 솜씨를 지극히 정상적인 속도로 학습하고 3개월 후에도 정상 수준으로 보유한다는 것을 보여주었다. 일부 환자들은 자신이 학습을 했다는 것조차 망각했고 통상적인 기억 검사에서 과거에 학습한 단어들을 알아맞히지 못했음에도 불구하고, 환자들의 학습 능력은 정상이었다.

솜씨 학습은 우리가 평범한 텍스트를 읽을 때에도 이루어진다. 게일 뮤전Gail Musen과 스콰이어는 사람들이 산문의 한 대목을 반복해서 낭독하면, 낭독에 걸리는 시간이 약간씩 줄어든다는(물론 특정 한계 이상으로 줄어들지는 않지만) 사실을 연구에 이용했다. 읽기를 반복하면, 활자체, 철자와 단어, 심지어 텍스트에 담긴 생각을 더 쉽게 지각하게 된다. 따라서 텍스트가 더 빨리 처리된다. 그러나 이 같은 읽기 속력 향상은 통상적인 의미의 텍스트 외우기에 의존하지 않는다. 기억상실증 환자들도 정상인과 마찬가지로 읽기 속력 향상을 나타낸다. 그들은 텍스트의 내용에 관한 기억 검사에서는 낮은 성적을 내는데도 말이다.

솜씨에 기초한 학습의 다른 예

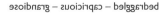

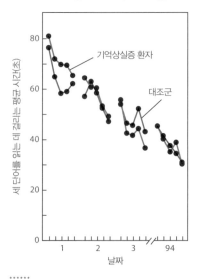

기억상실증 환자들은 거울반사상 읽기 솜씨를 정상적으로 학습했고 3개월 뒤에 검사해보니 정상 수준으로 유지했다. 그들은 그 솜씨를 매일 1회씩 3회의 훈련을 통해 학습했다. 매일 다섯 차례 시도를 했고, 각 시도에서 그래프 위에 있는 것과 같은 세 단어 묶음을 각각 다른 것으로 다섯 개 잇따라 보았다.

들은 읽기 솜씨보다도 더 강하게 인지적인 색채를 띤다. 영국 케임브리지 대학의 다이안 베리Diane Berry와 도널드 브로드벤트Donald Broadbent는 피실험자들에게 과제를 내주고 컴퓨터로 풀게 했다. 피실험자는 자신이 설탕 공장 경영자라고 상상하면서 매 시도에서 얼마나 많은 노동자를 고용해야 할지 판단해야 했다. 목표는 설탕 생산량을 특정한 값(9000톤)으로 맞추는 것이었다. 노동자 수는 100명부터 1200명까지 12단계로 조정 가

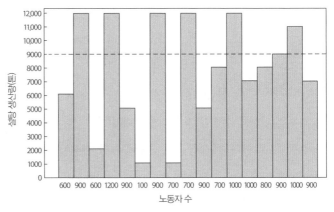

설탕 생산 과제에서 12회의 시도 후에 컴퓨터에 나타난 가상적인 결과. 매 시도에서 피실험자는 목표 생산량 9000톤을 맞추려면 노동자를 몇 명 고용해야 하는지 판단한다. 그 판단에 따른 생산량이 9000 ± 1000톤이면, 정답으로 간주된다. 따라서 이 결과에서는 12회의 시도 가운데 3회가 정답으로 인정되었을 것이다. 실제 과제에서 피실험자는 바로 앞선 시도에서 고용했던 노동자의 수만 볼 수 있다.

능했고, 설탕 생산량도 유사한 방식으로 1000톤부터 1만 2000톤까지 조정 가능했다.

처음에 컴퓨터는 노동자 600명이 설탕 6000톤을 생산했다고 알려주었다.

이어서 피실험자들은 과제 수행을 위해 90회의 시도를 했는데, 매 시도에서 그들은 설탕 생산량 9000톤을 맞추려면 노동자를 얼마나 많이 고용해야 할지 판단했다. 실제로 매 시도에서 설탕 생산량은 노동자 수, 바로 앞선 시도에서의 생산량, 무작위하고 영향력이 작은 요인 하나를 포함한 어떤 공식에 의해 결정되었는데, 피실험자들은 이 사실을 몰랐다.

스콰이어와 매리 프램바흐Mary Frambach는 이 과제에서 기억상실증 환자의 성적이 정상인과 대등하게 향상된다는 것을 발견했다. 양쪽 모두 점차 옳은 전략에 접근했다. 모든 피실험자들은 노동자의 수를 갑자기 변화시키지 않는 법을 배웠다. 왜냐하면 그런 급격한 변화는 설탕 생산량의 급증이나 급감을 가져오기 때문이었다.

설탕 생산 과제 학습에서 피실험자는 인지 솜씨를 배우는데, 이 학습은 과제를 어떻게 수행할 것인지에 대해서 감을 잡는 과정을 적어도 초기 단계에는 포함한다. 피실험자는 과제에 관한 사실들을 외우지 않고 오히려 어떻게 과제를 수행할 것인지에 대해서 일반적인 감 혹은 직관을 발전시킨다. 이 과정은 비서술적이다. 이런 직관 학습은 문제 풀이 방법에 대한 의식적인 앎을 동반하지 않으며 서술기억을 담당하는 뇌 시스템을 필요로 하지 않는다. 이른바 '직관'의 상당수는 아마도 학습의 결과이며 비서술기억에 기초를 둘 것이다.

운동 반응의 고전적 조건화와 비서술기억

3장에서 언급했듯이 고전적 조건화 혹은 파블로프식 조건화Pavlovian conditioning는 가장 기초적이고 단순한 형태의 연결 학습이다. 이 학습은 중립적인 자극이 선행하면서 먹이나 충격과 같은 생물학적으로 중요한 자극을 예고할 때 일어난다. 이런 두 가지 자극이 거듭 짝지어 가해지면, 평소에 생물학적으로 중요한 둘째 자극에 의해 일어나는 반응이 중립적인 첫째 자극에 의해 일어나게 된다. 이런 식으로 동물은 환경의 인과 구조를 학습하고 미래 행동을 환경에 더 잘 적응시킨다. 고전적 조건화가

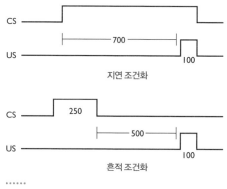

 지연 조건화

흔적 조건화

......
고전적 조건화의 두 가지 형태. 지연 조건화와 흔적 조건화는 조건자극(CS)과 무조건자극(US)의 시간적 관계에서 차이가 난다. 전형적인 지연 조건화 절차에서는 먼저 제공된 소리 조건자극이 그 직후에 눈에 대고 공기 내뿜기(US)가 100밀리초 동안 이루어질 때에도 계속 유지되고, 두 자극이 함께 종료된다. '지연'이라는 단어는 조건자극의 시작과 무조건자극의 시작 사이의 간격(이 예에서는 700밀리초)을 가리킨다. 흔적 조건화에서는 조건자극 제공과 무조건자극 제공 사이에 아무 자극도 제공되지 않는 시간(이 예에서는 500밀리초)이 삽입된다.

근본적으로 중요하다는 점은 이 학습이 동물계에 널리 퍼져 있다는 사실에서 알 수 있다. 초파리와 군소와 같은 무척추동물, 물고기와 같은 하등 척추동물, 토끼, 설치류, 개와 같은 포유동물에서의 고전적 조건화가 풍부하게 보고되어 있을 뿐더러, 인간에서의 고전적 조건화도 광범위하게 연구되어 있다.

고전적 조건화의 흥미로운 특징 하나는 이 학습이 여러 형태를 띨 수 있다는 점이다. 이 페이지의 위 그림은 고전적 조건화를 위한 표준 절차인 '지연 조건화delay conditioning'를 보여준다. 이 유형의 조건화에서는 조건자극이 먼저 제공되고 그 직후에 무조건자극이 제공되는 동안에도 계속 유지된다. 지연 조건화는 비교적 반사적이고 자동적이며 비서술기억의 전형적인 예다. 지연 조건화는 해마가 손상된 기억상실증 환자와 실험동물에서도 온전하게 일어난다. 토끼를 대상으로 삼은 연구에서 밝혀진 바로는, 심지어 전뇌forebrain 전체를 제거해도 지연 조건화는 아랑곳없이 일어난다. 그러나 곧 보겠지만, 훈련 절차에 대수롭지 않은 듯한 변경을 가하면, 고전적 조건화의 또 다른 형태인 이른바 '흔적 조건화trace conditioning'가 일어날 수 있다. 이 조건화는 해마를 필요로 하고 의식에 의존하며 서술기억의 기타 속성들을 가진다.

우선 지연 조건화의 단순한 예로 토끼의 눈 깜박임 반응을 분석해보자. 일반적으로 눈 깜박임 반응을 조건화하기 위해 연구자는 중립적인 조건자극(CS, 대개 소리)과 토끼의 눈 깜박임을 유발하는 무조건자극(US, 눈에 대고 공기 내뿜기)을 짝지어 제공한다. 지연 조건화에서 조건자극은 무조건자극보다 먼저 제공된다. 그리고 조건자극이 지속되는 동안 무조건자극이 제공되고, 두 자극이 함께 종료된다. 조건자극과 무조건자극 사이의 시간적 관계는 결정적으로 중요하다. 눈 깜박임 같은 방어적 조건화가 일어나려면, 조건자극이 무조건자극보다 약간 먼저 제공되어야 한다. 토끼에서 최적의 조건자극─무조건자극 간격은 200에서 400밀리초다.

군소에서도 이와 유사하며(약 500밀리초), 인간에서는 그 간격이 더 길다. 조건자극─무조건자극 간격이 1초 정도보다 더 길거나 조건자극이 무조건자극과 함께 발생하거나 조건자극이 무조건자극보다 더 나중에 발생하면, 조건화는 이루어지지 않는다. 고전적 조건화에서는 두 자극이 연결되어야 하므로, 조건화 과정은 조건자극에 관한 정보와 무조건자극에 관한 정보가 모여드는 뇌 부위에서 일어나야 한다. 3장에서 보았듯이 군소에서 조건자극 경로와 무조건 자극 경로는 아가미 움츠림 회로의 감각뉴런들로 수렴한다.

서던 캘리포니아 대학의 리처드 톰슨과 동료들이 수행한 연구는 척추동물에서 고전적 눈 깜박임 조건화를 위한 기억 흔적이 소뇌(특히 소뇌 피질과, 소뇌피질 아래 깊숙이 위치한 신경세포들의 소규모 집단인 '중간위치핵 interpositus nucleus')에서 형성되고 저장된다는 것을 시사한다.

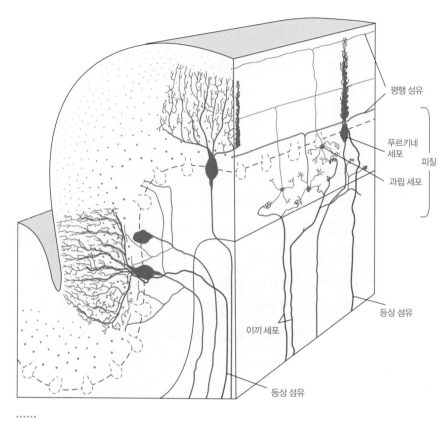

평행 섬유

푸르키네
세포

피질

과립 세포

등상 섬유

이끼 세포

등상 섬유

‥‥‥‥
소뇌피질의 입체도. 등상climbing 섬유들은 푸르키네 뉴런Purkinje neuron들과 직접 시냅스를 형성한다. 이끼 섬유들은 과립 세포들(파란색)과 시냅스를 형성하고, 이 세포들은 평행 섬유들(수평선들과 왼쪽의 점들)을 뻗는데, 이 섬유들 역시 푸르키네 뉴런들과 시냅스를 형성한다.

고전적 조건화가 어떻게 일어나는가를 이해하는 데 유용한 단서를 소뇌의 특이한 해부학과 연결 구조에서 얻을 수 있다. 소뇌는 두 가지 주요 입력을 수용하는데, 두 입력 모두 뇌의 기저부에 위치한 뇌간에서 기원한다. 이 입력들은 이끼 섬유와 등상 섬유를 거치는데, 이끼 섬유 입력은 주로 뇌간의 앞부분에 위치한 뇌교에서 발생하여 소뇌의 과립 세포들로 이동한다. 소뇌 과립 세포들의 축삭돌기는 이른바 '평행 섬유'를 이뤄 역시 소뇌에 위치한 푸르키네 세포들의 수상돌기와 접촉한다. 등상 섬유 입력은 뇌간에 있는 '등쪽부올리브핵dorsal accessory olivary nucleus'이라는 신경 세포 집단에서 발생한다. 이 세포들의 축삭돌기는 직접 푸르키네 세포들과 시냅스를 형성한다. 요컨대 소뇌로 들어오는 두 가지 입력은 결국 푸르키네 세포들로 모여든다. 푸르키네 세포 각각은 수많은 평행 섬유들과 단 하나의 등상 섬유로부터 입력을 수용한다. 푸르키네 뉴런들은 소뇌피질에서 나가는 출력의 유일한 원천이기 때문에 그 자체로 중요하다. 이 뉴런들은 피질 밖으로 축삭돌기를 뻗어 소뇌 깊숙이 자리 잡은, '중간위치핵'을 비롯한 여러 핵과 시냅스를 형성한다. 소뇌가 고전적 조건화를 위해 중요할 뿐더러 기억 흔적이 형성되고 저장되는 장소이기도 하다는 사실이 입증된 것은 이 질서정연하고 잘 이해된 회로 덕분이다.

토끼를 대상으로 삼은 연구에서 톰슨과 동료들은 중간위치핵의 작은 (약 1세제곱밀리미터의 조직에 해를 끼치는) 손상이 눈 깜박임 조건 반응(CR)의 학습을 완전하고도 영구적으로 봉쇄한다는 것을 발견했다. 또한 그 손상은 이미 확립된 조건 반응을 완벽하고도 영구적으로 소멸시켰다. 두 경우 모두에서, 내뿜은 공기에 반응하여 일어나는 무조건 눈 깜박임

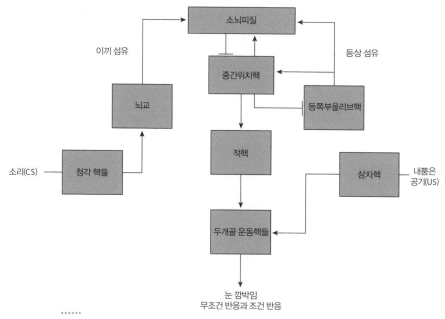

눈 깜박임 조건화에 관여하는 뇌 회로를 단순화하고 도식화한 그림. 조건자극인 소리는 청각 뉴런들을 활성화함으로써 이 회로에 진입한다. 무조건자극인 내뿜은 공기는 얼굴 피부에서 오는 촉각 정보를 수용하는 삼차핵의 뉴런들을 활성화함으로써 회로에 진입한다. 화살표는 흥분성 연결을, T자형 연결선은 억제성 연결을 나타낸다.

은 온전히 유지되었다. 이 발견은 그 손상이 눈 깜박임을 수행하는 능력은 해치지 않고 오직 조건자극에 반응하여 눈을 깜박이는 법을 배우는 능력만 해쳤다는 것을 보여준다.

소뇌로 이어진 주요 입력 경로 두 개를 전기로 자극하면 조건자극과 무조건자극의 효과를 얻을 수 있다는 사실은 소뇌의 중요성을 더 직접적으로 알려준다. 구체적으로, 등상 섬유를 전기로 자극하면 눈 깜박임을 유발할 수 있는데, 이 전기 자극은 눈 깜박임 조건화를 위한 무조건자극의 구실을 할 수 있다. 이와 유사하게 이끼 섬유에 대한 자극은 조건자극의 구실을 할 수 있다. 등상 섬유 자극과 이끼 섬유 자극을 짝지으면, 행동 조건화가 일어난다. 즉, 이끼 섬유 자극만으로도 눈 깜박임이 유발된다.

후속 실험들에서 톰슨, 데이비드 레이번드David Lavond와 동료들은 눈 깜박임 조건화를 위한 기억 흔적의 저장에서 소뇌가 하는 역할을 탐구했다. 이들은 조직을 냉각함으로써 중간위치핵과 그 위의 소뇌피질의 활동을 정지시켰다. 이 처리를 받은 토끼들은 눈 깜박임 조건 반응을 학습할 수 없었다. 냉각장치를 제거하고 나자, 그 토끼들은 다른 토끼들과 대등하게 조건 반응을 학습했다. 이 결과는 소리와 내뿜은 공기를 연결하기 위한 기억 흔적이 소뇌나 그보다 하류에 위치한 구조물들에 저장된다는 것을 보여준다. 소뇌는 정보 흐름에서 소뇌보다 상류에 위치한 구조물들에 의해 학습된 바를 표출하는 데만 필요한 것이 아니다. 만일 소뇌의 필요성이 그렇게 한정적이라면, 냉각장치를 제거하자마자 조건 반응이 표출되었을 것이다.

관련 실험들에서 연구자들은 훈련 기간 동안 약물을 주입하여 중간위치핵에서 나가는 출력 경로('상소뇌각superior cerebellar peduncle')를 마비시키거나 그 경로가 닿는 뇌간의 주요 표적들 중 하나(적핵)를 마비시켰다. 이 실험들에서는 다른 결과가 나왔다. 우선 훈련 도중에는 눈 깜박임 조건 반응이 나타나지 않았다. 왜냐하면 운동 능력이 봉쇄되었기 때문이다. 그러나 마비를 풀자, 첫 검사부터 조건 반응이 명확하게 나타났다. 이 결과는 적핵보다 상류에서는 학습이 일어났다는 것을 의미한다. 기억 흔적은 마비 도중에도 형성된 것이 분명하다. 마비가 제거되자 그 기억 흔적이 행동으로 표출될 수 있었던 것이다. 이 모든 연구들을 종합하면, 눈 깜박임 조건화를 위한 기억 흔적이 소뇌의 작은 구역에서 형성되고 저장된다는 강력한 증거를 얻을 수 있다. 눈 깜박임 조건화에 대한 연구들은 척추동물의 뇌에서 기억의 위치에 관하여 현재 가용한 가장 완전한 정보를 제공한다.

푸르키네 세포는 억제 작용을 한다. 이 세포가 점화하면 소뇌 깊숙이 자리 잡은 중간위치핵을 비롯한 여러 핵의 뉴런들이 억제된다. 다시 말해 푸르키네 세포는 중간위치핵 뉴런의 점화를 감소시킨다. 그러나 만일 조건화가 조건자극에 반응하여 눈 깜박임이 일어나는 빈도가 증가하는 것이라면, 조건화는 중간위치핵 뉴런의 점화를 증가시키리라고 예상해야 할 것이다. 이는 조건화 도중에 푸르키네 뉴런의 점화가 감소해야 한다는 것을 의미한다. 1982년, 당시 도쿄 대학에 있던 이토 마사오Masao Ito는 '장기 저하long-term depression, LTD'라는 현상을 발견함으로써 푸르키네 세포의 점화 감소가 어떻게 일어날 수 있을지 알아냈다.

장기 저하는 눈 깜박임 조건화의 바탕에 깔린 시냅스 메커니즘일 가능성이 높다. 장기 저하는 소뇌로 들어오는 평행 섬유 입력과 등상 섬유 입력이 짧은 시간차를 두고 저주파로(1에서 4 헤르츠로) 활성화될 때 일어난다. 그 결과는 평행 섬유와 푸르키네 뉴런 간 시냅스의 세기 감소다. 단순화된 실험용 표본에서 장기 저하는 실험 시간 내내, 최장 여러 시간 동안 유지된다. 장기 저하는 전적으로 시냅스후 세포, 곧 푸르키네 세포에 의해 매개되는 것으로 보인다. 등상 섬유는 단지 푸르키네 세포를 탈분극화하는 구실만 한다. 탈분극화는 칼슘이온의 유입을 초래한다. 샌디에이고 소재 캘리포니아 대학의 로저 치엔과 동료들은, 평행 섬유에 대한 자극이 장기 저하에 기여한다는 것을 보여주었다. 평행 섬유를 자극하면 기체 전달자인 산화질소가 산출되는데, 그 산화질소는 푸르키네 세포 내 '환상 구아노신일인산cyclic guanosine monophosphate, cGMP'의 농도를 상승시킨다. 더 나아가 cGMP는 단백질 키나아제(PKA)를 활성화한다. 그 결과, 푸르키네 세포는 입력에 덜 반응하게 된다. 이는 아마도 푸르키네 세포가 보유한 비-NMDA 글루타메이트 수용체들의 민감도가 감소하기 때문일 것이다. 그 수용체들의 민감도가 감소하면, 그것들의 점화 빈도가 줄어들고 중간위치핵 뉴런들에 대한 억제성 통제력이 약화된다.

소뇌는 단지 눈 깜박임 조건화를 가능케 하는 구조물에 불과하지 않다. 오히려 눈 깜박임은 불연속 운동 반응discrete motor response의 한 예인데, 소뇌는 모든 불연속 운동 반응의 고전적 조건화에 필요하다고 여겨진다. 뿐만 아니라 소뇌는 복잡한 동작들의 조화를 요구하는 운동 과제의 학습과 수행을 위해 중요하다. 요컨대 소뇌는 운동 학습의 많은 부분에서 결정적인 역할을 한다. 버클리 소재 캘리포니아 대학의 리처드 아이브리Richard Ivry는 소뇌가 운동 통제와 지각 모두에서 중요한 때맞춤timing에 특별한 기여를 한다는 더 일반적인 주장을 내놓았다. 그는 소뇌가 손상된 환자들이 두 소리 사이의 시간 간격을 판정해야 하는 과제들에서 나쁜 성적을 내는 것을 발견했다. 환자들의 지각 능력 자체에는 결함이 없었다. 그들은 두 소리의 상대적 크기를 아무 어려움 없이 판정했다. 오히려 지각된 사건들의 때맞춤과 운동들의 때맞춤 모두에서 소뇌가 중요한 역할을 하는 것으로 보인다. 이토 마사오는 운동 반응들의 협응에서 소뇌가 하는 중요한 역할이 생각의 협응에도 적용될 가능성이 있다고 주장했다. 이런 맥락에서 보면, 조건화된 눈 깜박임은 정확한 때맞춤, 두 사건 사이의 연결, 협응된 행동의 점진적 발전을 요구하는, 척추동물의 학습된 행동들 가운데 가장 잘 이해된 예일 따름이다.

고전적 조건화와 서술기억

지연 눈 깜박임 조건화에 대한 분석에서 아주 기초적이고 비교적 단순한 학습 형태 하나가 규명되었다. 그러나 고전적 조건화는 서술기억의 특징을 지닌 더 복잡한 유형의 학습도 포함한다. 흔적 조건화를 살펴보자. 이 유형의 조건화는 조건자극의 종료와 무조건자극의 시작 사이에 짧은 시간(500에서 1000밀리초)이 삽입된, 변형된 고전적 조건화다. '흔적 조건화'라는 명칭은, 이 조건화에서 조건자극−무조건자극 연결이 확립되기 위해서는 조건자극이 신경 시스템에 무언가 흔적을 남겨야 한다는 사실에서 유래했다. 이 작은 변형은 전혀 새로운 상황을 창출한다. 이를 해마가 손상된 동물은 흔적 조건화에 실패한다는 사실에서 알 수 있다. 문제는 흔적 조건화의 어떤 측면이 해마를 필요로 하는가, 그리고 흔적 조건화가 실제로 서술기억과 관련이 있다면 왜 그러한가 하는 것이다.

이 질문에 답하기 위해 로버트 클라크Robert Clark와 스콰이어는 기억상실증 환자들과 정상인들에게 두 가지 버전의 지연 조건화와 두 가지 버전의 흔적 조건화를 학습시키고 이어서 피실험자들이 조건자극과 무조건자극 사이의 시간적 관계를 얼마나 잘 알아채는지 평가했다. 기억상실증 환자들은 지연 조건화를 정상 수준으로 학습했지만 흔적 조건화를 학습하는 데는 실패했다. 정상인들은 조건자극-무조건자극 관계를 알아채는지와 상관없이 지연 조건화를 학습했지만, 흔적 조건화에서는 이 알아챔이 성공의 전제조건이었다. 후속 실험들에서 흔적 조건화는 훈련에 앞서 피실험자들에게 조건자극과 무조건자극이 어떻게 짝지어질지 알려주면 신뢰할 만하게 일어났다. 거꾸로 피실험자들이 조건자극-무조건자극 관계를 알아챌 수 없게 만들면(예컨대 피실험자들로 하여금 조건화 훈련과 동시에 주의집중을 요하는 다른 과제를 수행하게 하면) 흔적 조건화가 일어나지 않았다.

요컨대 (해마가 손상되면 망가지는) 서술기억을 필요로 하는 다른 과제들과 마찬가지로 흔적 조건화는 피실험자가 의식적인 앎을 획득하고 상당한 시간 동안(이 경우에는 조건화 훈련이 진행되는 20분에서 30분 동안) 보유할 것을 요구한다. 흔적 조건화가 서술적 앎을 요구하는 이유로 그럴 듯한 것 하나는, 조건자극과 무조건자극 사이의 흔적 시간 간격trace interval이 조건자극-무조건자극 관계를 자동적이고 반사적인 방식으로 처리하기 어렵게 만든다는 것이다. 아마도 실은 상황이 매우 복잡해서, 자극들과 그것들의 시간적 관계가 피질에 표상되어야 하는 것 같다. 5장에서 설명했듯이, 이 경우에 해마와 관련 구조물들은 피질과 함께 작동하여 기억으로 영속할 수 있는 표상을 확립할 것이다. 사람들은 학습 중에 해마와 피질이 동원될 경우에는 언제나 과제를 알아챌 가능성이 있다.

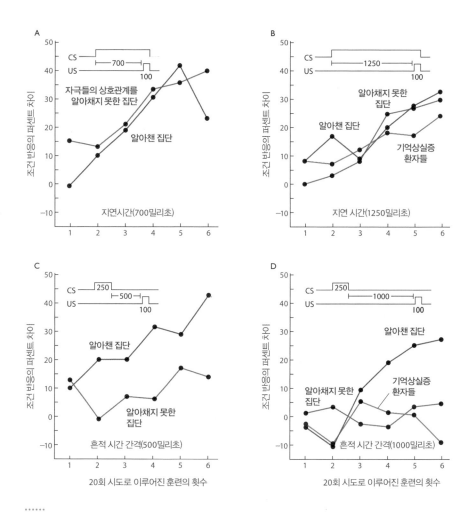

⋯⋯⋯
기억상실증 환자들과 네 집단의 정상인들이 눈 깜박임 반응의 고전적 조건화 학습에서 낸 성적. 총 20회의 시도로 이루어진 1회 훈련은, 소리(백색잡음)와 눈에 대고 공기 내뿜기(무조건자극)가 함께 발생하는 CS⁺ 시도 10회와 소리는 발생하고 US는 발생하지 않는 CS⁻ 시도 10회로 구성되었다. 위 그래프들에서는 매회 훈련에서 얻은 눈 깜박임 조건 반응의 퍼센트 차이, 곧 양의 조건자극(CS⁺)에 대한 조건 반응의 퍼센트에서 음의 조건자극에 대한 조건 반응의 퍼센트를 뺀 값으로 실험 데이터를 나타냈다. 오직 CS⁺, CS⁻, US 사이의 관계에 관한 O/X 시험을 통과한(따라서 그 관계를 알아챘다고 간주된) 집단들만 흔적 조건화를 획득했다(아래 그래프들). 지연 조건화는 알아챔 여부와 관계없이 모든 집단들이 획득했다(위 그래프들).

유추해보면, 해마가 손상된 동물들이 실패하는 학습 및 기억 과제들은 온전한 동물들도 알아채야만 수행할 수 있는 과제들일 가능성이 있다.

흔적 조건화는 해마에 의존한다는 점에서 지연 조건화와 다르다. 그러나 소뇌에 의존한다는 점에서는 흔적 조건화와 지연 조건화가 유사하다. 지연 조건화에서와 마찬가지로 흔적 조건화에서도 적절히 때를 맞춰 조건 반응이 일어나려면 소뇌에 위치한 비서술 학습 회로가 필요하다. 한 가지 가능성은 조건자극–무조건자극 관계의 표상이 대뇌피질에서 형성되고, 그 다음에 조건자극 정보와 무조건자극 정보가 소뇌에 (소뇌가 이용할 수 있는 형태로) 주어지는 것이다.

도쿄 대학의 다케하라 가오리Kaori Takehara와 동료들은 흔적 눈 깜박임 조건화에서 해마와 소뇌와 대뇌피질 사이의 관계를 명확히 밝혀냈다. 그들은 쥐에게 조건 반응(CR)을 학습시킨 후 하루나 한 주, 두 주, 혹은 네 주가 지나서 쥐의 뇌 양반구의 등쪽 해마나 안쪽 앞이마엽 피질, 혹은 소뇌를 손상시켰다. 해마 손상은 최근에 획득한 CR을 망가뜨렸지만 오래전에 획득한 CR은 망가뜨리지 않았다. 소뇌 손상은 최근에 획득한 CR과 오래전에 획득한 CR을 모두 망가뜨렸다. 안쪽 앞이마엽 손상은 최근에 획득한 CR에는 꽤 크긴 해도 그리 심하지 않은 악영향을 미쳤으며 학습과 손상 사이의 시간 간격이 길수록 더 심한 결함을 야기했다.

이 발견에서 알 수 있는 것은, 소뇌는 CR의 산출을 위해 항상 필요하다는 점, 그리고 학습 후 시간이 흐르면 다른 뇌 구역들의 역할이 재설정된다는 점이다. 학습 직후에는 해마가 필수적이며 그보다 덜한 정도로 대뇌피질도 필요하다. 그러나 시간이 지나면 해마는 불필요해지고, 안쪽 앞이마엽 피질이 점점 더 중요해진다. 따라서 안쪽 앞이마엽 피질은 조건자극−무조건자극 관계에 관한 결정적 정보가 표상되고 긴 시간에 걸쳐 다듬어지는 장소일 가능성이 있다. 혹은 안쪽 앞이마엽 피질이 다른 곳에 저장된 정보를 인출할 때 중요할 가능성도 있다. 일반적으로 먼 기억은 가까운 기억보다 인출하기가 더 어렵다. 학습 후 4주가 지나서 대뇌피질을 손상당한 쥐는 특히 심한 기억 결함을 얻었는데, 이 결과를 방금 언급한 일반적 현상에 입각하여 설명할 수 있을 것이다.

8장과 9장에서 우리는 비서술적 학습 및 기억의 광범위한 형태들을 살펴보았고 그 형태들이 다양한 뇌 시스템에 어떻게 의존하는지 알게 되었다. 점화 효과와 지각 학습은 피질의 지각 장치가 본래 지닌 능력의 산물이다. 감정 기억은 편도체를 필요로 한다. 솜씨 및 습관 학습은 선조체에 결정적으로 의존한다. 운동 반응의 고전적 조건화는 소뇌를 필요로 한다. 2장과 3장에서 보았듯이, 비서술기억의 많은 형태들은 척추동물에서도 잘 나타난다. 이 학습 형태들, 예컨대 습관화, 민감화, 고전적 조건화는 진화의 역사 속에서 보존되어 충분히 발달한 신경계를 지닌 모든 동물(군소와 초파리 같은 무척추동물부터 인간을 포함한 척추동물까지)에서 나타난다. 물론 척추동물들은 더 복잡한 지각 및 운동 능력들을 지닌 것에 걸맞게 더 복잡한 형태의 솜씨 및 습관 학습들을 진화시켰다.

이런 다양한 비서술기억들은 안쪽 관자엽 기억 시스템의 관여를 필요로 하지 않는다. 비서술기억은 진화 역사에서 오래전에 등장했고 일관성과 신뢰성이 높으며 무의식적으로 세계에 반응하는 방식을 무수히 많이 제공한다. 인간의 경험에 관한 수수께끼의 상당 부분이 비서술기억에서 비롯되는데, 그 이유들 중 작지 않은 것 하나는 비서술기억이 무의식적이라는 점이다. 의식적인 회상으로 접근할 수 없지만 그럼에도 과거 사건에 의해 형성되어 우리의 행동과 정신에 영향을 미치는 성향, 습관, 선호가 비서술기억에서 유래한다. 이것들은 우리가 누구인지 말해주는 중요한 요소들이다.

10

개성의 생물학적 토대와 기억

....

알베르토 자코메티 Alberto Giacometti, **〈화가의 어머니**The Artist's Mother**〉(1950)**
자코메티(1901~1966)는 강박적으로 회화와 조각에 매달렸다. 매 작품을 더 향상시킬 수 없을 때까지 만들고
부수기를 반복했다. 이런 방식으로 그는 이상적인 인간의 형태를 기억으로부터 재현하려 애썼다.
이 작품에서 그는 자신의 늙은 어머니를 묘사한다.

　　　　　　　　우리가 새 정보를 쉽게 획득하고 보유할 수 있는 것은 기억을 위해 중요한 뇌 시스템들이 쉽게 변형될 수 있기 때문이다. 그 시스템들에 속한 시냅스 연결들은 강해지거나 약해질 수 있고 심지어 영구적인 구조 변화를 겪을 수도 있다. 뇌의 이 같은 대단한 가소성은 우리의 개성과 정신적 삶의 모든 측면을 위해 근본적으로 중요하다. 따라서 노화나 질병으로 뇌의 가소성이 약해지면, 우리의 인지 기능뿐 아니라 자아감 자체에도 근본적인 문제가 발생한다.

　이 마지막 장에서 우리는 뇌의 변화 능력의 귀결들을 짚어가면서 그 능력이 개성―자아감―의 생물학적 토대와 어떤 관련이 있는지, 또 노년까지 자유롭고 독립적인 정신의 삶을 이어가고 유지하는 것과 어떤 관련이 있는지 살펴볼 것이다.

개성의 생물학적 토대

우리가 날마다 새 정보를 획득하고 기억으로 저장할 때 우리의 뇌에서는 새로운 해부학적 변화가 일어난다고 여겨진다. 이 단순한 원리는 중대한 귀결들을 가진다. 우리는 각자 어느 정도 다른 환경에서 성장하고 다소 다른 경험을 하므로, 우리 각자의 뇌 구조는 유일무이하게 변형된다. 심지어 똑같은 유전자들을 공유한 일란성쌍둥이들도 뇌는 다를 것이다. 그들도 살면서 어느 정도 다른 경험을 할 것이 틀림없으니까 말이다.

우리는 인간 종이 공유한 설계도에 기초를 둔 뇌 구조물들과 시냅스 연결 패턴을 똑같이 지녔다. 인간 뇌의 설계도—어느 구역이 어느 구역과 연결되고 각 구역 내에서 어떤 유형의 뉴런들이 어떤 유형의 뉴런들과 연결될지가 이 설계도에 따라 결정된다—는 모든 개인에게서 기본적으로 똑같다. 그러나 그 설계도의 세부사항은 개인마다 다를 것이다. 예컨대 뉴런들 간 연결의 정확한 패턴과 세기는 개인의 유전자 구성에 따라 개인마다 다를 것이다. 뿐만 아니라 시냅스 연결의 패턴과 세기 둘 다가 각 개인의 특수한 경험에 따라 추가로 변형될 것이다.

경험으로 인한 뇌 변형

경험이 뇌에 얼마나 심대한 영향을 미칠 수 있는지 보여주는 극적인 증거를 지각에—어떻게 우리가 외부 세계로부터 정보를 수용하는가에—

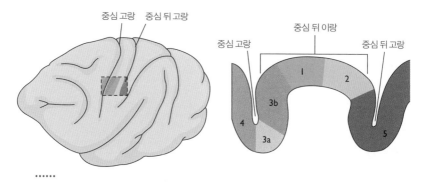

중심 고랑　중심 뒤 고랑

중심 뒤 이랑

중심 고랑　　　　　중심 뒤 고랑

1　2

3b

4

3a

5

......
몸 표면의 지도는 중심 뒤 이랑의 1, 2, 3a, 3b 구역에 들어 있다. 중심 뒤 이랑은 마루엽의 앞쪽 경계를 따라 뻗은 띠 모양의 피질 구역이며 중심 고랑과 중심 뒤 고랑 사이에 위치한다. 왼쪽의 원숭이 뇌 그림 속 사각형은 중심 뒤 이랑에 속한 피질 구역 하나를 나타내며, 오른쪽 그림은 그 구역을 확대한 것이다. 몸의 특정 부분, 이를테면 손이나 발의 피부를 건드리면 중심 뒤 이랑의 특정 위치에서 뉴런 반응이 일어난다.

대한 연구에서 얻을 수 있다. 우리는 다섯 가지 감각, 곧 촉각(또한 피부에서 발생하는 관련 감각들), 시각, 청각, 미각, 후각을 통해 외부 세계를 경험한다. 각각의 감각은 먼저 몸 표면의 해당 수용기들에서 분석된 다음에 이어달리기 방식으로 전달되어 대뇌피질에 도달한다. 대부분의 감각은 대뇌피질에서 의식에 진입한다고 여겨진다.

　감각에서 대뇌피질의 역할에 대한 현대적인 연구는 1936년에 존스 홉킨스 대학의 필립 바드Philip Bard, 클린턴 울시Clinton Woolsey, 웨이드 마셜Wade Marshall이 촉각을 연구하면서 시작되었다. 이들은 원숭이의 몸 표면이 뇌 표면에 감각 지도로 표상된다는 것을 발견했다. 피부에서 오는 신경들은 3개의 시냅스를 통해 중계되어 대뇌피질의 중심 뒤 이랑에 속한 뉴런들과 연결된다. 그 피질 뉴런들이 질서정연하게 무리를 지은 결과로 몸 지도가 형성된다. 피부에서 인접한 구역들은 결국 피질에서 인접한 구역들에 표상된다. 얼마 후에 신경외과의사 와일더 펜필드는 인간의 뇌에도 유사한 감각 지도가 존재한다는 것을 입증했다. 이로써 원숭이뿐 아니라 우리도 뇌에 몸의 표상을 보유한다는 사실이 밝혀졌다. 우리의 뇌에서 이 표상은 사람—호문쿨루스—과 유사하며, 몸의 오른편은 좌뇌에, 왼편은 우뇌에 표상된다.

최근까지도 과학자들은 대뇌피질에 있는 이 표상이 개인차가 없으며 일생 동안 변화하지 않는다고 생각했다. 그러나 샌프란시스코 소재 캘리포니아 대학의 마이클 머제니치 Michael Merzenich와 동료들은 이 생

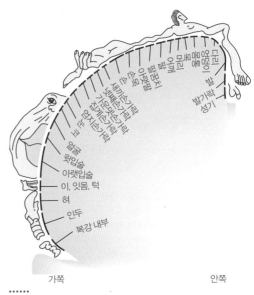

가쪽   안쪽

······
몸 표면에서 오는 감각 정보는 대뇌피질의 중심 뒤 이랑에 의해 수용되고 배열되어 질서정연한 지도를 형성한다. 위 그림은 인간의 중심 뒤 이랑 1구역을 나타낸 고전적인 지도이다. 촉각 식별을 위해 중요한 몸의 부위—예컨대 허끝, 손가락, 손—는 상대적으로 더 큰 표상 구역을 차지한다. 그런 부위에는 더 많은 신경이 분포하기 때문이다.

각을 뒤엎었다. 그들은 놀랍게도 이 표상이 원숭이 개체마다 상당히 다름을 발견했다. 그리하여 이런 질문이 제기되었다. 이 차이는 원숭이들 사이의 유전적 차이에서 비롯될까, 아니면 학습(촉각 경험)의 차이에서 비롯될까?

촉각 경험이 피질에서 손이 표상되는 구역을 변화시킬 수 있는지 알아보기 위해 머제니치와 동료들은 원숭이를 대상으로 지각 학습 실험을 실시했다. 그들은 원숭이에게 두 가지 진동 자극을 구별하는 법을 학습시

컸다. 그 자극들은 원숭이의 손가락 피부의 특정 부위에 가해졌다. 여러 주에 걸쳐 수천 회의 시도를 통해 훈련 받은 원숭이들은 결국 과제를 숙달했다. 이어서 연구자들은 훈련 받은 손가락과 훈련 받지 않은 손가락이 원숭이의 뇌에서 어떻게 표상되는지 검사했다. 그리고 훈련 받은 손가락의 자극 부위가 다른 손가락의 해당 부위보다 두 배 넘게 큰 피질 구역에 표상된다는 것을 발견했다. 흥미롭게도 이 같은 표상 구역들의 재조직화는 자극에 주의를 집중한 원숭이들에서만 일어났다. 일부 원숭이들은 청각 식별을 요구하는 다른 과제를 수행하는 동안 수동적으로 촉각 자극을 받았는데, 녀석들에서는 손가락을 표상하는 피질 지도의 구역이 변화하지 않았다. 결론적으로, 동물의 일생에서 임의의 시점에 촉각을 표상하는 피질 지도의 기능적 조직화는 그 동물이 겪어온 행동적 경험을 반영하는 것으로 보인다.

이 연구들은 몸 표면을 표상하는 피질 지도가 고정적이지 않고 유동적임을 보여준다. 그 지도는 감각 경로들이 장기적으로 어떻게 사용되느냐에 따라 끊임없이 변형된다. 기능적 연결들은 사용의 결과로 확장될 수도 있고 축소될 수도 있다. 우리 각자는 다른 감각적·사회적 환경을 경험하고, 두 사람이 정확히 동일한 환경을 경험하는 경우는 없으므로, 우리의 뇌는 일생동안 저마다 다르게 변형된다. 이런 식으로 점차 형성된 유일무이한 뇌 구조가 개성의 생물학적 토대를 이룬다.

이런 변형은 어떻게 일어날까? 촉각 시스템의 경우, 변화의 메커니즘은 해마에서 연결성 장기 증강(LTP)을 위해 사용되는 메커니즘과 유사한 듯하다(6장 참조). 동시에 활동하는 피부 부위들은 피질 지도에서 함께 표상되는 경향이 있다. 머제니치와 동료들은 한 손의 가운뎃손가락과 넷째 손가락의 피부를 외과 수술로 연결함으로써 이 원리를 입증했다. 연결된 손가락들은 항상 함께 사용되었고, 그 손가락들의 피부에서 오는 입력들은 연결성 LTP에서처럼 항상 짝을 이뤘다. 이 수술은 손이 표상되는 뇌 구역에 극적인 변화를 가져왔다. 가운뎃손가락을 표상하는 구역과 넷째 손가락을 표상하는 구역 사이에는 원래 뚜렷한 경계가 존재하지만, 수술의 결과로 그 경계가 사라졌다. 요컨대 대뇌피질에서 각 손가락을 표상하는 구역은 원래 명확한 경계를 가지지만, 단지 손가락들에서 오는 입력의 시간적 패턴만 변화시켜도 그 경계들은 경험에 의해 변형된다.

솜씨, 재능, 발달하는 뇌

원숭이와 인간이 진화 역사의 대부분을 공유한다는 점을 감안할 때, 원숭이에서 얻은 교훈이 인간에 잘 적용되지 않는다면, 이는 놀라운 일일 것이다. 1990년대에 등장한 뇌 영상화 기술은 원숭이와 인간의 유사성을 직접 입증할 수 있게 해주었다.

한 연구에서 독일 콘스탄츠 대학의 토마스 에버트Thomas Ebert와 동료들은 바이올린을 비롯한 현악기 연주자들의 뇌와 음악가가 아닌 사람들의 뇌를 비교했다. 현악기 연주자들은 경험이 뇌에 어떤 영향을 미치는지 연구하는 과학자들에게 흥미로운 집단이다. 왜냐하면 현악기를 연주하는 동안에는 왼손의 집게손가락부터 새끼손가락까지가 각각 따로 끊임없이 능숙하게 움직이기 때문이다. 대조적으로 활을 쥔 오른손 손가락들은 그토록 정교하고 복잡한 동작을 하지 않는다. 여러 뇌 영상화 연구에서 밝혀졌듯이, 현악기 연주자의 뇌는 비음악가의 뇌와 다르다. 특히 왼손 손가락들을 표상하는 피질 구역이(오른손 손가락들을 표상하는 피질 구역은 그렇지 않지만) 비음악가보다 현악기 연주자에서 더 크다. 이 연구 결과는 이미 동물 연구에서 더 상세하게 밝혀진 바를 인간에서 극적으로 입증한다. 몸의 특정 부위가 피질에서 어떻게 표상되느냐는 개인이 그 부위를 어떻게 사용하고 어떤 경험을 하느냐에 따라 달라진다.

이런 구조적 변화는 생애의 초기에 더 쉽게 성취된다. 대표적인 예로 볼프강 아마데우스 모차르트Wolfgang Amadeus Mozart가 모차르트이고 마이클 조던Michael Jordan이 조던인 것은 단지 그들이 탁월한 유전자들을 지녔기 때문이 아니라(물론 유전자들의 기여가 있기는 하다) 그들의 뇌가 가장 민감해서 경험에 의해 변형되기 쉬웠던 시기에 각자의 솜씨를 훈련하기 시작했기 때문이기도 하다.

마이클 조던의 경우를 생각해보자. 농구선수 경력의 전성기에 조던은 역사상 가장 위대한 농구선수들 중 하나에서 어엿한 메이저리그 야구선수로 변신하려 했다. 때는 조던이 시카고 불스 팀을 3년 연속 NBA 챔피언으로 올려놓은 직후였다. 그 3년(1990년부터 1993년까지) 동안 조던은 리그 득점왕을 차지했고 플레이오프 최우수 선수(MVP)로 뽑혔다. 그러나 31세의 나이에 야구로 전향한 그는 몸과 마음을 다해 노력했지만 메이저리그 수준에 이르는 데 실패했다. 시카고 화이트 삭스 팀이 그와 계약했지만, 봄 훈련 후 그는 메이저리그는 커녕 마이너리그 AAA 등급에

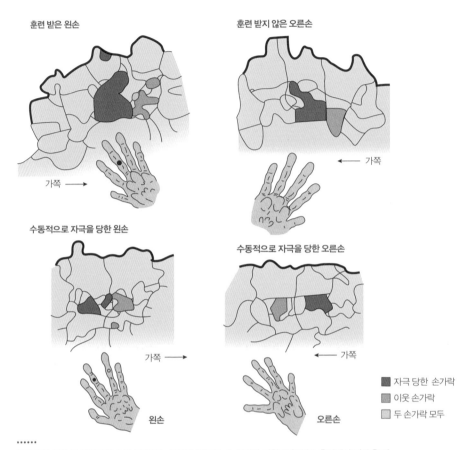

훈련 받은 왼손

훈련 받지 않은 오른손

가쪽 ←

가쪽 →

수동적으로 자극을 당한 왼손

수동적으로 자극을 당한 오른손

가쪽 →

가쪽 ←

왼손

오른손

■ 자극 당한 손가락
■ 이웃 손가락
□ 두 손가락 모두

••••••
원숭이의 중심 뒤 이랑에서 손을 표상하는 구역의 지도들. 손 그림에 찍힌 점은 행동 훈련에서 자극을 당한 피부 부위를 보여준다.

위 왼쪽 이 그림은 촉각 식별 과제를 가지고 훈련 받은 작은 피부 부위와 훈련 받지 않은 이웃 손가락의 해당 부위가 우뇌 중심 뒤 이랑에 어떻게 표상되어 있는지 보여준다. 또한 두 손가락 모두를 표상하는 작은 피질 구역도 표시되어 있다. 화살표는 뇌의 가장자리를 가리킨다. 훈련 받은 손가락을 표상하는 피질 구역이 훈련 받지 않은 손가락을 표상하는 구역보다 확연히 더 크다.

위 오른쪽 자극 당하지 않은 오른손의 해당 부위들을 표상하는 좌뇌 중심 뒤 이랑의 구역들은 크기 차이가 덜 난다.

아래 청각 과제를 수행하는 동안에 수동적으로 자극을 당한 피부 부위를 표상하는 피질 지도(왼쪽). 자극을 당하지 않은 오른손의 해당 부위를 표상하는 피질 지도도 나란히 제시했다(오른쪽). 이 경우에는 자극 당한 손가락을 표상하는 피질 구역이 더 커지지 않았다.

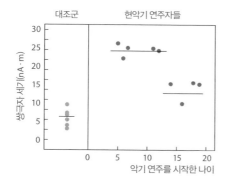

대조군　　　　현악기 연주자들

쌍극자 세기(nA·m)

30
25
20
15
10
5
0

0　　5　　10　　15　　20
악기 연주를 시작한 나이

······
왼손 새끼손가락을 표상하는 피질의 면적은 비음악가보다 현악기 연주자에서 더 크다. 위 그래프는 뇌자도magnetoencephalography 검사로 측정한 쌍극자 세기를 통해 표상 면적의 크기를 보여준다. 쌍극자 세기는 뉴런 활동의 총량을 알려주는 지표로 여겨진다. 현악기 연주자들 중에서도 13세가 되기 전에 악기 연습을 시작한 사람들은 더 나중에 시작한 사람들보다 더 큰 표상 면적을 가진다.

도 못 미친다는 평가를 받았다. 그리하여 화이트 삭스의 AA 등급 팀인 버밍엄 바론스Birmingham Barons로 보내진 조던은 유일하게 처음부터 끝까지 참가한 시즌에서 타율 2할 2리로 정규 선수 가운데 꼴찌에 등극했다. 또한 외야수로서 실책 11개를 범해 이 부문 공동 1위의 영광을 안았다.

이 결과에 놀랄 이유는 없을 것이다. 마이클 조던은 어릴 때 야구를 하긴 했지만 여덟 살 때부터 농구를 시작했고 머지않아 거의 전적으로 농구에 매달렸다. 일류 야구선수가 된다는 것은 새로운 형태의 비서술기억들, 전혀 새로운 운동 및 지각 솜씨들을 학습하고 연마하고 저장한다는 것을 의미했다. 나이가 서른한 살이라면, 제아무리 마이클 조던이라고 해도 이 학습을 몇 년 안에 성취하는 것은 불가능하다. 더 나아가 다른 연구는 그가 계속 노력했더라도 이 학습을 끝내 성취하지 못했으리라는 추측에 힘을 실어준다. 무슨 말이냐면, 현악기 연주자들을 대상으로 한 연구에서 에버트와 동료들은, 12세 이전에 악기를 배운 사람은 더 나중에 시작한 사람보다 왼손 손가락들을 표상하는 뇌 구역이 더 크다는 사실을 발견했다. 뇌는 어릴 때 가장 잘 변형된다.

발달 과정에서 뇌 구조의 미세조정과 학습

일찍이 1960년대에 버클리 소재 캘리포니아 대학의 마크 로젠츠바이크Mark Rosenzweig, 에드워드 베넷Edward Bennett과 동료들은 동물이 성장하는 환경이 뇌 구조에 중대한 영향을 끼칠 수 있다는 것을 보여주었다. 얼마 후에 일리노이 대학의 윌리엄 그리너프는 이 연구를 더 확장했다.

그들은 어린 쥐를 동료 쥐들과 장난감들과 함께 커다란 우리에 넣어 기르면서, 동료 쥐들과 장난감들을 자주 바꿔주었다. 이 풍부한 환경에서 성장한 쥐는 표준 환경에서 성장한 쥐보다 피질의 무게와 두께가 더 커졌다. 또한 피질 뉴런들이 더 커지고, 수상돌기들이 더 길고 무성해지고, 시냅스들이 더 커졌다. 시각 피질에서는 이런 변화의 결과로 뉴런당 시냅스 개수가 20퍼센트 증가했다.

요컨대 복잡한 환경에서 성장한 동물은 표준적인 실험실 환경에서 성장한 쥐보다 더 많은 시냅스를 갖게 된다.

이런 변화가 어떤 식으로든 동물에게 이롭다는 증거가 있을까? 실제로 도움이 된다. 한 예를 들자면, 풍부한 환경에서 성장한 쥐는 복잡한 미로 문제를 더 잘 해결한다. 쥐에게 특정 과제를 학습시키면, 그 학습과 유관한 뇌 구역들에서 구조적 변화가 일어난다. 미로 훈련은 시각 피질을 변화시키고, 운동 협응 훈련은 소뇌를 변화시킨다.

학습 중의 시냅스 세기 변화에 쓰이는 일부 메커니즘들은 발달 과정에서 시냅스 연결의 미세조정에 쓰이는 메커니즘들과 동일할 가능성이 있다.

신경계가 발달할 때 일어나는 시냅스 연결의 미세조정 중 일부는 장기 증강(6장 참조)과 유사한 활동 의존성 메커니즘에 의해 결정된다고 여겨진다. 발달 프로그램이 완결된 후에도 성년기로 확장된 일부 발달 메커니즘들이 학습 능력의 토대를 이루므로 발달 중에 형성된 시냅스 연결들이 성년기에도 강화되거나 약화될 수 있다는 것은 흥미로운 생각이다. 다시 말해 학습과 발달은 둘 다 뉴런 연결의 효율성에 활동 의존성 변화가 일어나는 것을 동반할 가능성이 있다. 그리고 이 변화는 결국 뇌의 해부학적 변화로 이어진다.

일생의 반대쪽 끄트머리—노년—에서는 기억 장애가 꽤 흔하게 나타난다. 일부 사례에서는 기억 상실이 너무 심해서 학습과 기억이 가능하던 시절에 발달된 정체감과 개성마저도 무너진다. 학습과 기억이 뇌의 가소성에 결정적으로 의존한다면, 노년에 발생하는 다양한 기억 장애는 뇌에서 일어나는 어떤 변화와 관련이 있을까?

기억 상실과 개성의 해체

"내가 누구인지 가르쳐줘, 다시!" 린다 그랜트Linda Grant는 다발경색성 치매multi-infarct dementia로 진행성 기억상실을 겪은 어머니에 관한 책을 쓰고 이런 애처로운 제목을 붙였다. 다발경색성 치매는 알츠하이머병과 증상이 유사하다. 이 제목에서 느낄 수 있듯이, 기억은 우리 삶의 경험들을 결합하고 연결하는 접착제와 같다. 새 정보를 저장하거나 과거에 저장한 경험을 불러내는 능력이 없는 사람의 삶은 해체된 삶, 정신적 과거·현재·미래가 없는 삶, 다른 사람이나 사건과 연결되지 않은 삶, 가장 비극적인 점을 지적하자면, 자기 자신과도 연결되지 않은 삶이다. 개인의 정체성—자아감—에서 기억이 응집력으로서 가지는 중요성을 보여주는 가장 강력한 증거는 아마도 치매로 발생하는 정체성 상실일 것이다.

그랜트는 어머니와 나눈 대화를 서술함으로써 이 사실을 생생하게 보여준다.

> 나는 어머니에게 가족의 역사를 추적하기 위해 폴란드에 간다고 말한다. 뿌리를 찾는 일이라고 설명한다.
>
> '내 부모님은 폴란드 출신이야. 너도 알지?' 어머니가 대꾸한다.
> '아니에요. 아버지 집안이 폴란드 출신이죠.'
> '그럼 내 집안은 어디 출신이니?'
> '러시아요. 러시아 키예프.'
> '그래? 기억이 안 나는구나. 밀리 아줌마는 알 거야. 여쭤보렴.'
> '엄마, 밀리 아줌마는 돌아가셨어요.'
> 어머니가 울기 시작한다. '아니 언제? 난 처음 듣는 소식이구나.'
> '벌써 오래 됐어요. 아버지보다 먼저 돌아가셨는걸요.'
> '난 모르겠다. 기억이 안 나.'

이어서 그랜트는 이렇게 해설한다.

아무것도 용서하거나 망각하지 않으려 애쓰는 유대인들이 아무것도 기억하지 못하는 채로 삶을 마감한다면, 그것이 비극인지 아니면 축복인지 나는 모르겠다. 동세대의 마지막 생존자인 나의 어머니는 기억을 상실하는 중이었다. 먼 과거만 남아 가끔 산산이 부서진 채로 떠올랐다… 어머니가 실제로 사는 이 순간은 나타나자마자 시야에서 사라진다. 오래전 기억도 사라지는 중이다. 파편만 남는다. 그렇게 수천 명까지는 아니더라도—브로드웨이 뮤지컬 무대를 채우기에 충분한 규모인—수십 명이 등장하는, 거의 한 세기에 걸친 개인의 역사가 전기 신호들이 통과하는 1~2파운드 무게의 쪼그라드는 고깃덩어리로 몰락한다. 일부 구역들은 영구적으로 꺼졌다.

… 머지않아 어머니는 자신의 딸인 나를 알아보지 못할 것이고, 어머니의 병이 알츠하이머병처럼 진행한다면, 결국 어머니의 근육은 의도하지 않은 노폐물 배출에 맞서 닫힌 상태를 유지하는 법을 망각할 것이다. 어머니는 말하는 법을 망각하고 언젠가는 어머니의 심장도 기억을 상실하고 박동하는 법을 망각하여 어머니는 죽을 것이다. 나는 기억이 전부라는 것을 깨닫는다. 기억은 삶 그 자체다.

알츠하이머병은 노년에 발생하여 가장 심한 쇠약과 파국을 가져오는 기억상실증이다. 그러나 다행히 80세 미만에 알츠하이머병에 걸리는 인구는 소수에 불과하다. 반면에 알츠하이머병과는 뚜렷이 구분되는 경미한 기억 기능 약화는 노년에 아주 흔하게 나타난다. 우리는 첫째, 노화성 기억 결함과, 둘째, 알츠하이머병을 자세히 살펴볼 것이며, 그 결과로 이 두 가지 문제가 모두 뇌에서 일어나는 분자적·세포적 변화에서 비롯된다는 것을 알게 될 것이다. 여기에서 우리는 정신과 분자의 연결을 또 한 번 확인하게 된다.

노화와 기억 감퇴

뉴욕 시 시나이 산 의료센터Mt. Sinai Medical Center의 존 W. 로우John W. Rowe는 미국의 노인 인구를 조사하여 미국인의 수명이 놀랄 만큼 길어졌다는 것을 보여주었다. 1900년에 미국인의 기대수명은 47세였고 인구의 약 4퍼센트만이 65세 이상이었다. 2000년에 이르자 기대수명은 76세를 넘겼고 65세 이상 인구의 비율은 13퍼센트에 이르렀다. 2050년이 되면 기대수명은 83세에 이를 것으로 전망된다. 사람들은 더 오래 살 뿐더러 적어도 미국에서는 더 잘 늙어가고 있다. 65세에서 74세 사이 인구의 거의 90퍼센트가 자신은 어떤 장애도 없다고 주장한다. 더욱 놀라운 것은, 85세 이상 인구의 40퍼센트가 아무 지장 없이 제 역할을 한다는 점이다. 현재 65세인 미국인은 여생의 대부분을 중대한 장애 없이 독립적으로 살게 되리라고 예상할 수 있다.

오늘날 사람들이 100년 전보다 훨씬 더 오래 산다는 사실은 건강에 관한 중요한 의제 하나를 낳았다. 점점 더 증가하는 노인 인구의 삶의 질을 어떻게 보장할 것인가? 정상적인 노화에서 가장 절박한 문제들 중 하나는 기억의 결함이 점차 발생하는 것이다. 운동선수와 음악가의 예에서

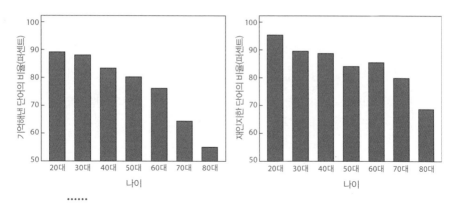

●●●●●●
단어들을 기억해내는 검사와 재인지하는 검사에서 피실험자 469명이 낸 성적. 피실험자들은 단어 학습 후 20분이 지나서 검사를 받았다. 기억해내기 검사에서 70대와 80대의 성적은 더 젊은 사람들의 성적보다 훨씬 낮다. 대조적으로 재인지 검사의 성적은 나이에 따른 차이가 훨씬 더 작다.

보았듯이 뇌 속 연결들을 변형하는 능력은 나이를 먹을수록 약해진다. 노인은 젊은이보다 이 변형을 성취하기가 평균적으로 더 어렵다. 노인들은 자신의 기억력이 예전 같지 않다고 흔히 보고한다. 예컨대 잘 아는 사람인데도 그의 이름이 기억나지 않을 때가 있다고 호소한다. 열쇠나 신문과 같은 익숙한 물건을 어디에 두었는지 잊어버리는 경우도 있다. 또한 노인은 다양한 기억 검사에서 젊은이보다 나쁜 성적을 낸다.

콜로라도 스프링스 소재 콜로라도 대학의 하스커 데이비스Hasker Davis와 켈리 클레베Kelli Klebe는 20세에서 89세 사이의 건강한 피실험자 469명을 대상으로 두 가지 기억 검사를 실시했다. 첫째 검사에서 피실험자들은 평범한 단어 15개를 하나씩 읽어주는 것을 듣고 나서 최대한 많은 단어를 기억해내려 애썼다.

이어서 단어를 듣고 나서 기억해내는 검사를 네 번 더 실시했는데, 단어들의 순서는 매번 바꿨다. 그리고 마지막으로, 최종 검사 후 20분이 지나서 피실험자들은 다시 한 번 단어들을 기억해내려 애썼다. 앞 페이지의 왼쪽 그래프에서 알 수 있듯이, 70대와 80대의 피실험자들은 단어들을 기억해내는 데 어려움을 겪었다. 피실험자들은 다른 단어 목록과 같은 학습 절차를 이용한 재인지 능력 검사도 받았다. 재인지 검사는 학습한 목록에 들어 있는 단어 15개와 그렇지 않은 단어 15개를 섞어놓고 피실험자들이 각 단어의 학습 여부를 판정하는 방식으로 이루어졌다. 재인지는 기억해내기보다 훨씬 더 쉽다. 실제로 피실험자들은 기억해내기 검사에서보다 훨씬 높은 성적을 냈다. 하지만 노인이 젊은이보다 낮은 성적을 내기는 마찬가지였다.

정상적인 노화는 대개 다양한 인지적 변화들을 동반하는데, 그중 하나는 기억력의 변화다. 실제로 노화로 인해 여러 능력들이 각각 독립적으로 약해질 수 있다. 이 때문에 정상적인 노화 과정에서 사람들은 점점 덜 비슷해진다(점점 더 저마다 독특해진다)는 말을 종종 듣게 된다. 흔히 노인들은 주위에 소음이 있으면 남의 말을 듣거나 대화를 나누기 어렵다고 투덜거린다. 노화 과정에서 가장 먼저 나타나는 인지적 변화들 중 하나인 이 현상은 실험실에서 잘 연구되었다. 한 검사에서 피실험자들은 숫자 세 쌍을 차례로 불러주는 목소리를 헤드폰을 통해 들었다. 연구자는 각 쌍을 피실험자의 양쪽 귀에 동시에 불러주었다. 즉, 피실험자는 한 숫자는 한쪽 귀로, 다른 숫자는 반대쪽 귀로 들었다. 얼마 후에 피실험자들은 자신이 들은 숫자들을 보고해야 했다. 이런 과제에서 피실험자가 내는 성적은 이미 30세에서 40세부터 낮아지기 시작한다.

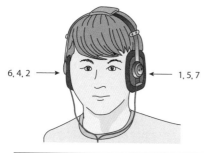

6, 4, 2 →   ← 1, 5, 7

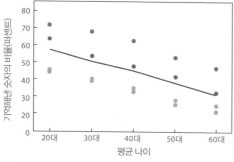

······
피실험자는 양쪽 귀로 숫자들을 듣고 나서, 먼저 한쪽 귀로 들은 숫자들을 기억해내고, 이어서 반대쪽 귀로 들은 숫자들을 기억해 내기 위해 애쓴다. 네 번의 실험에서 얻은 결과를 보면, 이 듣기 과제의 성적이 나이의 증가에 따라 꾸준히 낮아짐을 알 수 있다.

문제는 기억력 자체에 있지 않다. 왜냐하면 대다수의 사람들은 한쪽 귀로 들은 숫자 6개를 쉽게 보고할 수 있기 때문이다. 문제는 양쪽 귀로 동시에 들어온 정보를 처리하는 능력에 있다. 사람이 나이를 먹으면 처리 전략을 신속하게 전환하는 능력을 비롯한 여러 처리 능력이 줄어드는 것으로 보인다. 이 문제, 그리고 노인에서 나타나는 다른 몇 가지 문제의 바탕에는 이마엽의 기능 약화가 있을 가능성이 있다. 그런 문제의 예로 정보를 언제 어디에서 획득했는지 기억하지 못하는 것(출처기억 결함), 두 사건이 일어난 순서를 기억하지 못하는 것(시간적 순서 기억 결함), 계획한 때에 의도한 행동을 하지 못하는 것(깜빡하기) 등이 있다.

양성 노화성 건망증

노인들이 겪는 기억 문제를 때로는 **양성 노화성 건망증**benign senescent

forgetfulness으로 부르지만, 이 문제는 완전히 양성인 것도 아니고 반드시 노년에 시작되는 것도 아니다. 많은 사람들은 30대 중반에 기억력 감퇴를 경험한다. 일반적으로 기억 문제는 노년층으로 올라갈수록 더 많아지고 뚜렷해진다. 그러나 기억 문제가 모든 노인에서 보편적으로 나타나는 것은 아니다. 일부 노인은 비록 예전보다는 못해도 여전히 훌륭한 기억력을 보유한다. 예컨대 443쪽의 기억해내기 검사에서 70대 노인의 거의 20퍼센트는 정보를 학습하고 보유하는 능력에서 30대의 평균을 능가했다.

쉽게 짐작할 수 있듯이, 노화가 진행되면 뇌에서 여러 변화가 일어난다. 그 변화들 중에서 뉴런 개수의 감소는 기능의 쇠퇴를 알려주는 가장 명백한 증거일 것이다. 그러나 안타깝게도 뉴런의 개수를 세는 작업은 지독하게 어려우며 작위성이 개입하기 쉽다. 뇌의 각 구역에 속한 뉴런 수백만 개를 다 센다는 것은 비현실적이라는 점이 문제다.

대신에 연구자들은 작은 표본을 근거로 뉴런의 개수를 추정한다. 어떤 뇌 구역을 대상으로 삼든지, 이 추정 과정에서 조직의 총 부피와 뉴런의 크기를 감안한 보정이 불가피하다. 이 보정이 부적절하면 틀린 추정치가 나오기 마련인데, 인간의 뇌에 관한 뿌리 깊은 신화 하나는 그런 부적절한 보정에서 비롯된 듯하다. 그 신화는 우리가 성인기 내내 매일 엄청난 개수—어쩌면 10만 개—의 뉴런을 잃는다는 것이다. 널리 퍼져 있는 이 생각은 과거에 노인 뇌의 뉴런 밀도를 잘못 측정했던 것에서 유래했다.

뉴런 소실에 대한 우리의 지식은 세포의 개수를 세는 최신 기법들 덕분에 대폭 수정되었다. 심지어 서술기억을 위해 특별히 중요한 뇌 구역들, 이를테면 해마에서도 뉴런의 죽음은 정상적인 노화의 주요 특징이 아니다. 예컨대 설치동물에서 주요 뉴런들(치아이랑의 과립세포들, CA3 구역과 CA1 구역의 추체뉴런들)의 총수는 늙은 해마에서도 그대로 보존된다. 정상적인 노화 과정에서 신뢰할 만하게 개수 감소를 나타내는 유일한 해마 세포는 치아이랑에 속한 입구 뉴런들hilar neurons뿐이다. 곧 보겠지만, 해마에서 일어나는 더 중요한 변화들은 해마 회로에 속한 시냅스들의 개수와 세기의 변화, 그리고 그 시냅스들의 가소성의 변화다. 이 변화들은 정상적인 노화에 따른 건망증의 원인으로 추정할 수 있다.

그러나 노화에 따른 기억력 변화를 포괄적으로 설명하려면 해마 너머로 관심을 넓혀야 한다. 자동차 열쇠를 어디에 두었는지 잊어버리거나 새 이름이나 새 얼굴, 또는 새 사실을 잘 학습하지 못하는 것은 해마 시스템 내부의 기능적 또는 해부학적 변화의 반영일 수 있다. 그러나 단어를 떠올리거나 오래전부터 아는 사람의 이름을 인출하는 데 어려움을 겪는 증상은 해마 손상으로 설명할 수 없다. 해마가 손상된 기억상실증 환자들은 이 능력들에서 별다른 이상이 없다. 노인에서 나타나는 이런 유형의 기억 결함은 다른 변화들에서 비롯되는 것이 분명하다. 예컨대 좌뇌 언어 구역들에서 일어나는 변화는 이름 떠올리기 문제의 원인일 수 있고, 이마엽에서 일어나는 변화는 경쟁하는 정보 원천들에 주의를 할당하는 능력이 감소하는 원인일 수 있다.

빌리 콜린스는 시 「건망증Forgetfulness」에서 기억과 노화를 다소 장난스럽게 다룬다. 그가 언급하는 변화들은 고민거리일 수는 있어도 알츠하이머병의 증상들처럼 파국적이지는 않다.

제일 먼저 저자의 이름이 떠나고
그 뒤를 고분고분 제목, 줄거리,
가슴을 찢는 결말, 소설 전체가 따르지.
갑자기 소설 전체가 당신이 읽은 적 없는 작품,
들어본 적도 없는 작품이 되는 거야.

마치 한때 당신 안에 깃들었던 기억들이
하나씩 차례로 은퇴하여 뇌의 남반구,
전화 없는 작은 어촌에 은둔하기로 결심하기라도 한 것처럼.

벌써 오래전에 당신은 뮤즈 아홉 명의 이름과 작별의 입맞춤을 했고
이차방정식이 등짐을 꾸리는 것을 지켜보았지,
그리고 지금도 당신이 행성들의 순서를 외우는 동안,

다른 무언가가 빠져나가는 중이야, 이를테면 나라 꽃,
삼촌의 주소, 파라과이의 수도 같은 것이.

당신이 기억해내려 애쓰는 것이 무엇이든지
그것은 당신의 혀끝에 올라앉지 않아,
내장 깊숙한 곳, 어느 어두운 구석에 숨어 있지도 않아.

그것은 신화 속 암흑의 강을 따라 떠내려갔지.

당신이 기억해낼 수 있는 건 그 강의 이름이 L로 시작한다는 것이 전부.

아마 당신도 망각 속으로 사라지는 와중에 그 강에서

심지어 수영하는 법과 자전거 타는 법까지 망각한 이들과 합류하겠지.

놀랄 일이 아냐

당신이 한밤중에 깨어나 전쟁에 관한 책에서

유명한 전투의 날짜를 찾아보는 것.

창 너머 달이 당신이 외웠던 연애시에서 뛰어나온 듯한 것.

노화성 기억 상실의 동물 모형들

서술기억 기능의 노화성 결함은 인간이 아닌 영장류와 설치류를 비롯한 다양한 동물 종에서 관찰되었다. 늙은 설치동물은 늙은 인간을 연상시키는 두 가지 특징을 가진다. 첫째, 노인에서와 마찬가지로 늙은 설치동물에서 기억력은 개체마다 상당한 차이가 난다. 존스 홉킨스 대학의 미셸라 갈라어Michela Gallagher가 수행한 일련의 연구들에서, 늙은(생후 24개월에서 27개월인) 쥐들의 약 40퍼센트는 젊은 쥐 만큼 신속하게 공간기억 과제를 학습했다. 나머지 60퍼센트는 젊은 쥐보다 학습 속도가 느렸다. 둘째, 노화가 학습 및 기억에 미치는 영향은 점진적으로 나타났으며 중년(생후 14개월에서 18개월)부터 눈에 띄었다.

설치동물 연구를 통해 신경과학자들은 노화 과정에 대해서 인간 연구에서 성취할 수 있는 수준보다 훨씬 더 상세한 이해에 도달해가는 중이다. 컬럼비아 대학의 스코트 스몰Scott Small과 동료들은 치아이랑이 해마의 하위구역들 중에서 노화의 영향을 가장 많이 받는다는 사실을 밝혀냈다. 또 생쥐와 쥐를 대상으로 삼은 연구들에서, 후각뇌고랑 안쪽 피질에서 해마로 이어진 경로에서, 특히 그 경로의 치아이랑 및 CA3 구역쪽 끄트머리에서 시냅스 소멸이 일어난다는 것이 밝혀졌다. 뿐만 아니라 CA1 구역에서도 시냅스의 개수는 보존되지만 시냅스의 크기가 줄어든다. 또한 해마에 속한, 신경전달물질 아세틸콜린에 대한 수용체를 가진 시냅스들의 반응성이 감소하고, 아세틸콜린 보유 뉴런들로부터 해마로 들어오는 조절성 입력도 감소한다. 이 모든 변화들은 행동 과제들을 잘 수행하는 늙은 동물들에서보다 그 과제들에서 인지 결함을 나타내는 늙은 동물들에서 더 뚜렷하게 나타난다.

시냅스 구조와 기능의 이 같은 변화들은 해마 회로의 가소성에 영향을 미친다. 구체적으로 후각뇌고랑 안쪽 피질에서 해마로 들어가는 경로에서 장기 증강을 일으키고 유지하는 능력이 감소한다. 애리조나 대학의 캐럴 반즈Carol Barnes는 장기 증강이 젊은 쥐에서와 같은 정도로 늙은 쥐에서도 일어날 수 있음을 처음으로 보여주었다. 그러나 늙은 쥐에서의 장기 증강은 경우에 따라 더 느리게 성취된다. 한편, 일단 성취된 장기 증강을 유지하는 능력은 늙은 쥐가 젊은 쥐보다 약하다. 늙은 쥐에서는 장기 증강이 이례적으로 빠르게 소멸한다. 이 같은 장기 증강 유지의 결함은 학습 및 서술기억 과제들을 수행하는 능력에 가장 큰 결함이 있는 쥐들에서 가장 두드러졌다. 컬럼비아 대학의 매리 엘리자베스 바흐 Mary Elizabeth Bach와 동료들은 이 연구를 분자 수준으로 확장했다. 그들은 늙은 생쥐에서 환상AMP 의존 단백질 키나아제 등에 의해 매개되는 장기 증강 후기 단계의 결함을 발견했다. 이 결함은 기억 결함과 상관성이 있다.

노화 과정에서 일어나는 변화들은 대단히 선택적이며 일반적인 퇴화를 반영하지 않는다. 첫째, 앞이마엽 피질의 기능을 검사했을 때의 성적 저하는 서술기억 검사에서의 성적 저하보다 더 이른 시기에 일어나는 경향이 있다. 둘째, 애리조나 대학의 엘리자베스 글리스키Elizabeth Glisky가 보여주었듯이, 건강한 늙은 동물에서 이마엽 기능 검사의 성적은 안쪽 관자엽 기능 검사의 성적과 상관성이 없다. 요컨대 인지 능력의 이 상이한 측면들은 노화 과정에서 각각 독립적으로 쇠퇴할 수 있다.

노화성 기억 결함에 대한 치료

정상적인 노화의 흔한 특징인 기억력 감퇴를 어떻게든 치료할 수 있을까? 특정 약물, 이를테면 암페타민amphetamine이나 카페인이 기억력을 비롯한 인지 능력을 강화할 수 있다는 사실은 수십 년 전부터 알려져 있다. 그러나 이 약물들은 주로 피로를 상쇄하고 각성도를 높임으로써 그런 효과를 낸다. 기억의 생물학에 대한 이해가 더 깊어진 지금, 정상적인 노화를 겪는 사람의 기억 검사 성적을 특정한 처치로 향상시킬 수 있는가 하는 것은 더 이상 중요한 문제가 아니다. 오히려 커피 한 잔으로 할 수 있는 정도보다 더 많이 기억력을 향상시킬 수 있는가 하는 것이 중요한 문제다.

대중은 기억력 향상에 좋다는 각종 약초와 비타민에 많은 관심을 기울이지만, 건강한 사람의 기억력을 향상시키는 처치에 대해서는 아직 공통된 견해가 없다. 중년과 노년의 개인들에서 긍정적인 효과가 있다는 보고가 가끔 나오지만, 그 효과라는 것들이 시원치 않은 수준이다.

최근에 기억의 생물학에서 일어난 발전은 기억 강화 약물을 찾아내려는 노력에 힘을 보태주었다. 6장에서 보았듯이, 해마에서의 장기 증강은 새로 밝혀진 (NMDA 수용체의 활성화를 출발점으로 삼는) 일련의 메커니즘들에 의존하며, 그 메커니즘들은 평범한 시냅스 전달에는 쓰이지 않는다. 이 메커니즘들에 선택적으로 영향을 미쳐서 다른 신경 기능들은 빼고 기억만 향상시키는 것이 혹시 가능할까? 노화성 기억 결함들 가운데 현재의 지식 수준에서 치료를 시도하기에 가장 적합한 것은 최근에 획득한 정보를 쉽게 잊어버리는 건망증인 것으로 보인다. 새로운 기억을 유지하는 능력은 해마와 관련 구조물들에 결정적으로 의존한다. 따라서 그 구조물들, 그리고 특히 장기 증강을 겨냥한 치료는 합리적인 근거가 있다고 할 수 있을 것이다.

기억 강화 약물을 찾아내기 위한 모든 논의에 덧붙여야 할 중요한 경고가 하나 있다. 4장에서 우리는 망각이 기억 과정의 중요한 일부라는 점을 강조했다. 뼈대를 파악하려면 세부를 망각하거나 간과할 필요가 있다. 또 유사성과 은유를 이해하고 일반 개념을 형성하기 위해서도 세부사항을 제쳐둘 필요가 있다. 따라서 적절한 기억 강화 요법을 모색하는 일은 무조건 기억력을 높이는 방법만 찾으면 끝나는 것이 아니다. 기억력을 극

대화하는 것과 최적화하는 것은 다른 문제다. 그러나 다른 면에서는 건강한 노인들 사이에서 아주 흔하게 나타나는 건망증을 역효과 없이 퇴치할 방법을 발견할 수 있다면, 그것은 분명 가치 있는 성취일 것이다.

알츠하이머병으로 인한 치매

치매의 가장 흔한 원인인 알츠하이머병은 극적이고도 냉혹하게 진행하는 신경 퇴행성 질환이다. 65세에서 85세 사이 인구의 약 10퍼센트, 85세를 넘은 인구의 약 40퍼센트가 이 병에 걸린다. 현재 미국에서만 400만 명이 알츠하이머병에 시달리며, 이 환자 수는 앞으로 50년 동안 1400만 명으로 증가할 것으로 예상된다. 요컨대 알츠하이머병은 주요 공중보건 문제다.

알츠하이머병의 첫 번째 표적은 해마로 들어가는 입력 부위인 후각뇌고랑 안쪽 피질이다. 알츠하이머병에 걸리면, 이 부위와 해마의 CA1 구역에서 상당히 많은 세포들이 소멸한다. 알츠하이머병의 첫 증상은 대개 기억 문제이지만, 병이 깊어지면 지적인 기능 전반이 아주 광범위하게 저하된다. 더 많은 피질이 병에 말려들고, 환자는 언어, 문제 해결, 계산, 판단에서 곤란을 겪게 된다. 결국 환자는 세계를 파악하는 능력 자체를 상실한다. 서술기억은 절차기억procedural memory보다 훨씬 더 심하게 망가진다. 이 사실을 특별한 솜씨를 가진 사람들에서 분명하게 알 수 있다. 예컨대 위대한 미국 추상표현주의abstract expressionism 화가 윌렘 드 쿠닝

Willem de Kooning은 알츠하이머병이 상당히 진행한 뒤에도 흥미롭고 독창적인 작품들을 그릴 수 있었다. 물론 그 작품들은 쿠닝이 더 이른 시기에 그린 작품들에 못 미쳤지만, 그래도 심한 치매에 걸린 사람의 성취로서는 대단한 수준이었다.

알츠하이머병이 악화되어 일상생활을 영위할 능력이 점점 더 망가지면 환자는 정상적으로 거동하고 음식을 섭취할 능력마저 잃을 수도 있다. 병은 5년에서 10년에 걸쳐 악화되는데, 환자는 극도로 약해지고 무능력해지기 때문에 대개 폐렴을 비롯한 다른 병으로 사망한다.

해마체는 알츠하이머병의 최초 표적들 중 하나일 뿐더러 정상적인 노화에서 변화를 겪는 부위이기도 하기 때문에, 노화성 기억 상실을 겪는 노인들은 사실상 알츠하이머병의 초기 증상을 보이는 것이라는 생각이 들 수도 있을 것이다. 실제로 노화성 기억상실증 환자의 일부는 알츠하이머병에 걸린다. 그러나 노화성 기억상실증은 알츠하이머병보다 훨씬 더 흔하며 대다수의 사례에서 치매로 발전하지 않는다. 뿐만 아니라 이미 언급했듯이, 노화로 인한 뉴런 변화의 패턴은 알츠하이머병 환자에서 관찰되는 변화의 패턴과 사뭇 다르다. 노화성 기억 감퇴에 특유한 뉴런 변화는 후각뇌고랑 안쪽 피질이 아니라 치아이랑에서 뚜렷하게 일어난다.

반점과 엉킴: 알츠하이머병의 특징

알츠하이머 치매는 1970년에 독일 신경학자 알로이스 알츠하이머Alois

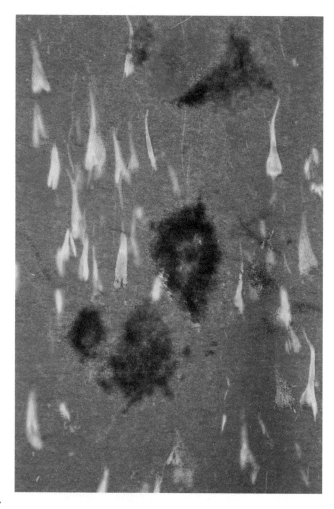

......
알츠하이머병 환자의 대뇌피질 조직 절편을 현미경으로 관찰하면 이 병의 특징인 아밀로이드 반점(사진 속의 크고 검은 얼룩들)과 신경섬유가 엉킨 덩어리(노란색 얼룩들)가 보인다.

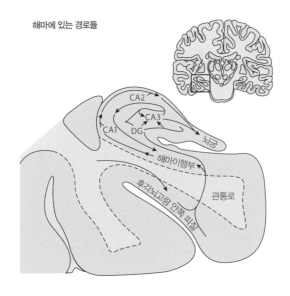

해마에 있는 경로들

CA2
CA3
CA1
DG
뇌궁
해마이행부
후각뇌고랑 안쪽 피질
관통로

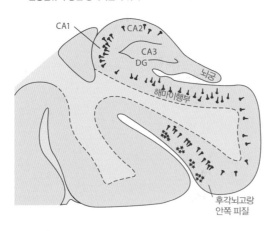

신경섬유가 엉킨 덩어리들의 위치

CA1
CA2
CA3
DG
뇌궁
해마이행부
후각뇌고랑
안쪽 피질

위 화살표로 나타낸 주요 경로들이 해마의 주요 하위구역들을 연결한다.

아래 그 경로들 중 일부는 알츠하이머병 환자에서 신경섬유 엉킴이 발생하는 주요 위치다. 가장 많은 엉킴이 발생하는 곳은 CA1 구역과 후각뇌고랑 안쪽 피질, 그 다음은 해마이행부다.

Alzheimer가 처음 기술했다. 그는 기억 결함이 생긴 52세 여성을 연구했는데, 그 여성의 증상은 진행성 인지 능력 상실을 동반했다. 그녀는 발병 후 5년을 넘기지 못하고 사망했다. 부검을 실시한 알츠하이머는 오늘날 알츠하이머병의 뚜렷한 진단 근거로 인정받는 세 가지 특징을 발견했다. (1) 뇌, 특히 해마와 대뇌피질에 노인성 반점들senile plaques이 있었고 (2) 신경섬유가 엉킨 덩어리들neurofibrillary tangles이 있었으며 (3) 뉴런들의 소멸이 있었다.

노인성 반점은 세포 외부에 쌓인 아밀로이드amyloid라는 단백질성(단백질이 주성분인) 물질로 이루어졌으며 세 가지 세포적 요소들에 둘러싸여 있다. 그 요소들은 (1) 뉴런들의 시냅스전 돌기와 시냅스후 돌기(수상돌기), (2) 뇌에 있는 지지 세포support(교세포glial cell)의 일종인 성상교세포astrocyte, (3) 염증세포inflammatory cell(소교세포microglia)다. 아밀로이드 반점의 주성분은 아미노산 약 40개가 연결된 펩티드—베타(β) 아밀로이드 펩티드('Aβ 펩티드'라고도 함)—이다. 베타 아밀로이드 펩티드는 아밀로이드 선구 단백질amyloid precursor protein이라는 더 큰 선구 단백질에서 떨어져 나온다. 이 단백질의 정상적인 위치는 신경세포의 막이다. 정상적인 상황에서 아밀로이드 선구 단백질은 뉴런의 수상돌기, 세포 본체, 축삭돌기에 존재하지만, 건강한 뇌에서 이 단백질의 기능은 아직 밝혀지지 않았다. 이 단백질의 코드를 보유한 유전자는 인간의 21번 염색체의 긴 팔 가운데 부분에 있다. 이 유전자에 돌연변이가 있으면 이른 나이에 알츠하이머병에 걸리게 되는데, 이런 조발성 알츠하이머병은 유전된다.

신경섬유가 엉킨 덩어리는 세포 내부의 섬유질 함유물이며 세포 본체와 그 근처의 수상돌기에서 발견된다. 이 비정상적 함유물은 일반적으로 수용성인 타우tau라는 세포 단백질의 비수용성 형태로 이루어졌다. 비수용성 타우 단백질은 세포 골격의 일부이다. 세포 골격은 세포의 모양 유지와 세포 내부에서 단백질들과 세포소기관들의 수송에 필수적이다. 알츠하이머병에 걸린 신경세포에서는 세포골격이 흔히 비정상적이다. 추정하건대 세포골격의 이상 때문에 단백질이 축삭돌기를 따라 신경말단으로 이동하는 데 지장이 생기고 따라서 시냅스의 기능과 생존이 위태로워지고 결국 뉴런 전체가 위태로워지는 것으로 보인다. 알츠하이머병에 걸린 신경세포는 결국 죽고, 신경섬유가 엉킨 덩어리가 마치 묘비처럼 남는다. 이런 식으로 뉴런들이 죽어나가면, 정상적인 인지와 기억을 위해 필수적인 뇌 구역들에서 시냅스 입력이 사라진다.

조발성 알츠하이머병과 지발성 알츠하이머병

일부 불운한 사람들은 40대나 50대에 알츠하이머병에 걸린다. 이런 조발성 알츠하이머병은 드물며 가족 중에 환자가 있으면 본인도 환자가 될 가능성이 높아서 유전적 원인이 중요하게 작용한다고 여겨진다. 연구자들은 조발성 알츠하이머병 내력을 가진 가족들을 연구함으로써 이 병에 걸릴 가능성을 높이는 돌연변이들을 세 개의 유전자에서 발견했다. 그것들은 (이미 언급한 바 있는) 21번 염색체에 있는 아밀로이드 선구 단백질 유전자의 돌연변이, 14번 염색체에 있는 프레세닐린 1presenilin 1 유전자

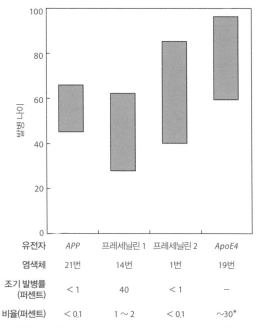

현재 알츠하이머병과 관련이 있다고 밝혀진 유전자는 4개다. 아밀로이드 선구 단백질(APP) 유전자와 프레세닐린 유전자 2개는 조발성 알츠하이머병을 유발하는 돌연변이를 일으킨다. 조발성 알츠하이머병은 대개 40대에 발병하지만 더 일찍 발병하는 경우도 가끔 있다. 조발성 알츠하이머병의 가장 흔한 원인은 프레세닐린 1 유전자의 돌연변이다. 이 병의 사례 전체 중 40퍼센트에서 이 돌연변이가 발견된다. 지발성 알츠하이머병은 조발성 알츠하이머병보다 훨씬 더 흔하다. 이른바 'ApoE4 대립유전자'는 지발성 알츠하이머병 전체의 약 30퍼센트에 관여할 가능성이 있다.

유전자	*APP*	프레세닐린 1	프레세닐린 2	*ApoE4*
염색체	21번	14번	1번	19번
조기 발병률 (퍼센트)	< 1	40	< 1	–
비율(퍼센트)	< 0.1	1 ∼ 2	< 0.1	∼30*

*전체 알츠하이머병 사례들 중에서 해당 대립유전자가 잠재적 위험인자일 수 있는 사례들의 비율

의 돌연변이, 1번 염색체에 있는 프레세닐린 2 유전자의 돌연변이다. 이들 세 가지 돌연변이는 모두 '상염색체 우성 질환autosomal dominant condition'을 일으킨다. 즉, 부모 중 한 명이 병을 가지면, 자식들 중 절반도 병을 가질 것이다.

이 돌연변이들은 모두 아밀로이드 선구 단백질이 비정상적으로 처리되는 상황을 유발한다. 이 발견의 도움으로, 알츠하이머병이 아밀로이드 선구 단백질 처리의 비정상성과 그에 따른 독성 Aβ 펩티드의 축적에서 비롯될 수 있다는 것이 밝혀졌다. 언급한 세 돌연변이 각각은 뇌 속의 독성

아밀로이드 펩티드 축적량을 증가시킨다. 이런 연구 성과들을 근거로, 유전적인 형태의 알츠하이머병을 일으키는 주요 병리학적 메커니즘은 단 하나뿐일 수도 있다는 흥미로운 주장이 제기되었다. 위에 언급한 다양한 돌연변이들은 독성 아밀로이드 펩티드가 뇌 속에 침전되는 속도를 높임으로써 동일한 병을 유발한다.

아밀로이드 침전이 알츠하이머병 발병에서 초기의 결정적인 사건이라는 견해는 다운증후군에 대한 연구들에 의해서도 뒷받침되었다. 가장 흔한 형태의 정신지체인 다운증후군은 21번 염색체의 복제본 하나가 더 있는 것에서 비롯된다. 그런데 이 염색체는 다름 아니라 아밀로이드 선구 단백질의 코드를 보유한 유전자가 있는 곳이기도 하다.

실제로 아밀로이드 선구 단백질 유전자는 21번 염색체의 '최소 다운증후군 구역minimal Down's syndrome region'에 위치하며, 이 구역은 다운증후군의 발생에 결정적으로 중요하다고 알려져 있다. 다운증후군 환자가 30대까지 생존하면 거의 예외 없이 알츠하이머병에 걸리며, 그들의 뇌에서는 이 병 특유의 아밀로이드 반점들이 발견된다.

조발성 알츠하이머병 사례는 알츠하이머병 사례 전체의 2퍼센트에 불과하다. 나머지 약 98퍼센트는 지발성 알츠하이머병이다. 이 병의 임상 증상은 60세를 넘은 후에 비로소 뚜렷해진다. 가족력이 있는 사례와 훨씬 더 흔한 가족력 없는 사례를 막론하고 지발성 알츠하이머병에 걸리기 쉽게 만드는 중요한 위험인자가 하나 있다. 그것은 당단백질glycoprotein ApoE의 코드를 보유한 유전자의 특정 대립유전자들의 존재다. 이 유전자는 콜레스테롤 저장, 운반, 대사에 관여하며 위치는 19번 염색체의 근위 팔

proximal arm이다.

대부분의 유전자와 마찬가지로 ApoE 유전자도 여러 대립유전자, 혹은 변형을 가진다. ApoE의 대립유전자는 3개, 곧 ApoE2, ApoE3, ApoE4다. 인구 전체에서 가장 흔한 대립유전자는 ApoE3다. 반면에 ApoE4는 훨씬 더 드물어서 존재 확률이 ApoE3의 5분의 1 정도에 불과하다. 그러나 듀크 대학의 앨런 로지스Allen Roses와 동료들은 지발성 알츠하이머병 환자는 ApoE4를 가지고 있을 확률이 전체 인구보다 4배나 높다는 것을 발견했다. 실제로 19번 염색체의 복제본 두 개(아버지가 물려준 복제본 한 개와 어머니가 물려준 복제본 한 개)를 모두 살펴보면, ApoE4를 양쪽 복제본에 가진 사람들은 지발성 알츠하이머병에 걸릴 확률이 일반 인구보다 8배나 높다. 반면에 가족 중에 지발성 알츠하이머병 사례가 있다 하더라도, ApoE4를 양쪽 복제본 중 어디에도 가지지 않은 사람은 알츠하이머병에 걸릴 확률이 낮다(일반 인구가 걸릴 확률의 약 5분의 1이다). 이 통계 자료들은 ApoE4를 보유한 복제본 하나나 둘을 물려받은 것은 알츠하이머병에 걸릴 확률을 높이는 위험인자임을 보여준다. 반대로 ApoE4를 보유한 복제본을 가지지 않은 것은 알츠하이머병에 걸릴 확률은 낮추는 보호인자다.

요컨대 현재까지 발견된 유전자 4개—아밀로이드 선구 단백질 유전자의 돌연변이, 프레세닐린 유전자 2개의 돌연변이, ApoE 유전자의 유전적 변형(ApoE4)—는 아밀로이드 펩티드를 생산하거나 청소하는 생화학적 연쇄 반응에 참여한다는 공통점을 지녔을 가능성이 있다. 이 견해에 따르면, 아밀로이드 펩티드를 생산하거나 청소하는 과정에 포함된 여러 단

계 중 어느 것이라도 비정상화되면 독성 아밀로이드 펩티드의 과다 침전
이 일어나고 따라서 알츠하이머병이 발생할 수 있다.

치료법을 찾기 위한 노력

현재 알츠하이머병은 완치가 불가능하지만, 과학자들은 이 병의 진행
을 늦추는 방법을 찾기 위해 어마어마한 노력을 기울여왔다. 최초 연구
들은 특히 뇌 기저부의 콜린성 뉴런들에 초점을 맞췄다. 대뇌피질 곳곳으
로 축삭돌기를 뻗은 그 뉴런들은 알츠하이머병이 초기에 공격하는 표적
이다. 이 뉴런들의 죽음을 늦추는 것은 현재로서는 불가능하지만, 아직
살아 있는 뉴런들의 신경전달물질 방출량을 증가시키는 약들은 존재한
다. 아리셉트Aricept, 엑셀론Excelon, 갈란타민Galantamine 등의 아세틸콜
리네스테라아제acetylcholinesterase 억제제는 알츠하이머병 환자들에서 약
간의(기껏해야 그저 그런) 치료 효과를 발휘한다는 것이 밝혀졌다.

지금은 새로운 치료 전략 여러 개가 연구되고 있다. 한 가지 접근법은
$A\beta$ 펩티드에 대한 백신을 개발하여 그 펩티드의 축적—침전—과 그에
따른 반점 형성을 줄이는 것이다. 또 하나의 접근법은 반점이 형성되기도
전에 $A\beta$ 펩티드의 독성을 줄이는 것이다. 알츠하이머병의 동물 모형을
이용한 연구들에 따르면, $A\beta$ 펩티드의 축적량이 탐지할 수 없는 수준일
경우에도 행동 결함들은 나타난다. 아밀로이드 반점의 주성분이자 신경
독성이 가장 큰 성분인 $A\beta_{1-42}$에 노출시킨 배양 조직에서 유전자 발현을

탐구한 컬럼비아 대학의 마이클 셸란스키Michael Shelanski와 동료들은 Aβ 가 PKA의 활동을 억제하여 CREB의 인산화를 감소시킴으로써 장기 증 강과 인지에 해를 끼친다는 것을 발견했다. 인간에서 알츠하이머병을 유 발하는 아밀로이드 선구 단백질 돌연변이체를 발현하는 유전자 변형 생 쥐에서는 PKA 활동의 감소, 인지 결함, 수상돌기 가시의 감소, 장기 증 강의 감소가 일어난다. 그런 생쥐들에게 세포 내 환상AMP의 농도를 높 이는 약물을 투여하면, PKA 억제, 인지 결함, 해부학적 결함, 장기 증강 결함이 제거된다. 알츠하이머병의 분자적·세포적 토대가 더 잘 이해되면, 이 병의 실제 원인을 표적으로 삼은 합리적인 치료법들이 개발될 수도 있 을 것이다. 그런 날이 온다면, 치료법들이 단지 증상을 완화하는 수준을 넘어서 알츠하이머병을 실제로 예방하거나 진행을 정지시키게 될 날도 내 다볼 수 있을 것이다.

정신부터 분자까지 아우르는 기억의 생물학: 새로운 종합과 새로운 시작

기억의 작동을 해명하려 노력해온 우리는 지금 21세기 과학의 주요 문 제 하나와 공중보건의 최대 문제 하나에 직면하는 중이다. 이미 보았듯이 다행히 생물학과 심리학의 설명력은 대폭 향상되었다. 그 덕분에 이제 기 억을 연구하는 과학자들은 이 도전에 응할 준비를 과거보다 더 잘 갖췄다.

우선 지난 몇 십 년 동안 생물과학들 사이에서 일어난 주목할 만한 통 합의 결과로 우리는 유전자, 세포, 유기체가 어떻게 기능하는지를 더 잘 이해하게 되었다. 예컨대 유전자에 대한 지식이 크게 진보한 덕분에 우리는 지금 유전자의 구조가 어떻게 유전형질을 결정하는지, 유전자들의 조절 기능이 유기체의 발생과 기능을 어떻게 결정하는지 알 수 있다. 이 통찰들은 과거에 독립적이었던 생물학의 여러 하위분야를 단일하고 일관된 체계로 통합했다. 한때 별개의 분야들이었던 생화학, 유전학, 세포생물학, 발생학, 암 연구의 대부분은 지금 **분자생물학**이라는 일관된 과학으로 통합되어 있다. 분자생물학이 성취한 통일성은 유기체의 세포들을 특징짓는 구조와 기능의 연속성을 주목하게 해주었다. 그 연속성은 모든 동물 종들을 비교할 때에도 드러난다. 이 성취들은 자연의 근본적 보편성에 대한 경탄을 자아냈다.

둘째, 정신적 과정들에 대한 연구에서도 신경과학과 인지심리학의 수렴을 통해 독자적이면서 대등하게 심오한 통합이 일어났다. 이 통합은 **인지신경과학**cognitive neuroscience이라는 일관된 과학을 창출했고, 이 과학은 우리가 어떻게 지각하고 행동하고 학습하고 기억하는지에 관한 새로운 관점을 제공했다.

이 책에서 우리는 세 번째 통합—새로운 정신과학의 개발을 목표로 삼은 새로운 종합—곧 분자생물학과 인지신경과학의 종합의 첫 단계를 개관했다. 이 새로운 종합—**인지를 다루는 분자생물학**—은 정신부터 분자까지를 아우르는 통합의 완성을 약속한다. 실제로 기억 연구는 어쩌면 분자생물학적 분석이 가능해진 인지 과정의 첫 번째 사례일 것이다. 분자생물학과 인지신경과학의 통합은 특히 우리가 이 책에서 살펴본 기억의 두 측면을 이해하는 데 도움이 된다. 그 두 측면이란 뇌의 기억 시스템들과 기억 저장의 메커니즘들이다. 겨우 20년 전과 비교해봐도, 이 두 측면에 관한 지식은 엄청나게 증가했다.

뇌의 기억 시스템들에 대한 연구에서 얻은 우리의 현재 지식에서 주춧돌 격인 세 가지 사실을 생각해보자. 첫째, 기억은 단일한 능력이 아니라 두 가지 근본적인 형태, 곧 서술기억과 비서술기억으로 구성되어 있다. 둘째, 이 두 형태 각각은 고유한 논리를 가진다. 한 형태는 의식적으로 회상되는 반면, 다른 형태는 무의식적으로 실행된다. 셋째, 각각의 기억 형태는 고유한 신경 시스템들과 관련되어 있다.

한편, 기억 저장의 메커니즘들에 대한 분자생물학적 연구에서는 서술적 형태의 기억과 비서술적 형태의 기억 사이에 예상외로 유사성이 있다는 것이 드러났다. 양쪽 기억 모두 몇 분 동안 지속하는 단기적 형태와 며칠 이상 지속하는 장기적 형태를 가진다. 또한 단기적 형태와 장기적 형태 모두 시냅스 세기의 변화에 기초를 둔다. 서술기억과 비서술기억을 막론하고 단기적 지장은 단지 시냅스 세기의 일시적 변화만 요구한다. 하지만 서술기억에서나 비서술기억에서나 단기기억을 장기기억으로 변환하려면 유전자와 단백질의 활성화가 필수적이다. 더 나아가 서술기억의 장기 저장과 비서술기억의 장기 저장은 공통된 유전자들과 단백질들의 활성화를 위해 공통된 신호전달 경로를 이용하는 듯하다. 마지막으로, 양쪽 기억 유형 모두 새로운 시냅스들을—시냅스전 말단들과 수상돌기 가시들을—성장시켜 장기기억을 안정화하는 것으로 보인다.

이 새로운 종합의 또 다른 성취는 우리가 뇌의 기억 시스템들을 흔히 함께 사용한다는 사실의 발견이다. 예컨대 우리가 탁자 위에 놓인 꽃병을 바라보는 상황을 생각해보자. 우리가 꽃병을 지각하면, 다양한 무의식적 결과들과 의식적 결과들이 발생하고, 이것들은 기억으로 존속할 수 있다. 무의식적 기억들은 특히 다채롭다. 첫째, 나중에 동일한 꽃병과 마주칠 때 그것을 포착하고 식별하는 능력이 '점화 효과'라는 현상을 통해 강화될 것이다. 둘째, 보상을 통해 새로운 행동 혹은 습관을 점진적으로 학습시키는 과정에서 그 꽃병이 큐의 구실을 할 수 있을 것이다. 즉, 꽃병을 제시하는 것을 특정 행동이 보상받을 것임을 알려주는 신호로 삼을 수 있을 것이다. 셋째, 꽃병이 조건자극으로서 이를테면 큰 소음과 같은 무조건자극 앞에서 일어나는 반응을 일으킬 수 있을 것이다. 넷째, 꽃병과 마주치는 일이 특별히 유쾌하거나 불쾌한 결과로 이어진다면, 꽃병에 대한 강한 호감이나 반감이 생겨날 수도 있다. 습관 학습은 선조체를, 조건자극에 대한 불연속 운동 반응은 소뇌를, 호감이나 반감의 형성은 편도체를 필요로 한다.

꽃병이 유발할 수 있는 이 모든 기억들은 무의식적이다. 이 기억들은 기억 내용에 대한 자각이나 기억을 이용한다는 느낌 없이 표출된다. 더 나아가 이 기억들은 누적된 변화의 결과다. 새로운 경험은 기존 경험에 가산되거나 감산된다. 최종적인 신경학적 변화는 매 경험 순간의 변화가 누적된 결과다. 이런 유형의 기억을 회상하고 다양한 개별 에피소드를 되새기려는 것은 부질없는 짓이다. 각각 나름의 맥락과 시간과 장소에 결부된 그 에피소드들은 하나로 뭉쳐서 누적된 기록을 이룬다. 이런 기억들에서 꽃병은 지각 향상이나 행동의 기초이지만 과거에 마주친 대상으로 기억되지 않는다.

의식적인 서술기억은 전혀 다르다. 서술기억은 과거의 특정 에피소드를 기억 속에서 재생하는 것을 가능케 한다. 꽃병을 바라보는 상황을 예로 들면, 우리는 나중에 그 꽃병을 익숙한 대상으로 알아챔과 동시에 과거에 그것을 보았음을 기억할 수도 있다. 즉, 언제 어디에서 어떤 사건들이 이어진 끝에 이 특정한 꽃병과 마주치게 되었는지 기억할 수도 있다. 꽃병과 마주친 결과로 발생할 수 있는 서술기억과 비서술기억에서 출발점은 동일하다. 즉, 우리의 꽃병 지각에 관여하는, 대뇌피질 곳곳에 분산된 구역들의 집합이 어느 기억에서나 출발점이다. 그러나 유독 서술기억은 그 분산된 피질 구역들 각각에서 오는 입력이, 꽃병과 마주친 시간과 장소에 관한 다른 입력과 더불어, 안쪽 관자엽으로, 또한 결국 해마로 모여드는 것에 의존한다. 그 모여듦(수렴)의 결과로 형성되는 융통성 있는 표상은 꽃병을 익숙한 대상으로 경험할 뿐 아니라 과거 에피소드의 일부로 기억할 수 있게 해준다.

분자생물학과 인지신경과학의 종합에서 비롯된 또 하나의 성취는 특정 학습에 어떤 뇌 시스템이 동원되느냐와 상관없이 최종 기억은 상호연결된 뉴런들의 대규모 집단 안에서 많은 시냅스들의 세기가 변화하는 방식으로 저장된다는 발견이다. 군소의 신경계와 같은 단순한 시스템에 속한 개별 시냅스를 탐구함으로써 과학자들은 학습의 결과로 개별 시냅스가 어떻게 변화하는지를 상세히 들여다보는 데 성공했다. 쥐와 생쥐를 비롯한 더 복잡한 동물들에서는 시냅스 변화의 바탕을 이루는 분자적 과정들의 개략적인 윤곽이 밝혀졌다. 기억의 유형이 여러 가지임에도 불구하고, 시냅스들은 몇 개 안 되는 메커니즘을 다양하게 조합하여 변화를 성취하는 것으로 보인다. 다시 말해 무엇이 기억되느냐를 결정하는 요인은 시냅스에서 어떤 종류의 분자들이 만들어지느냐가 아니라 어디에서 어떤 경로로 시냅스 변화가 일어나느냐 하는 것이다. 당신이 꽃병을 익숙한 꽃병으로 기억하고 어머니가 좋아하는 스카프를 익숙한 스카프로 기억하는 것은 시냅스 변화의 본성 때문이 아니라 신경계에서 그 변화가 일어난 위치 때문이다. 꽃병과 스카프는 뇌에서 다른 위치에 표상될 것이다. 요컨대 저장된 정보의 구체적인 내용은 시냅스 변화의 위치에 의해 결정된다. 반면에 그 정보의 존속은 세포들 간 접촉의 기하학을 바꾸는 구조적 변화들에 의존한다. 경험의 결과를 기록하기 위해 뇌의 구조가 변화하는 것이다.

우리가 많은 것을 알아낸 것은 사실이지만, 현재까지 분자생물학과 인지신경과학에서 이루어진 모든 연구가 우리에게 제공한 것은 단지 출발점일 뿐이다. 기억이 어디에 어떻게 저장되는지에 대해서 우리가 아는 바는 여전히 보잘것없는 수준이다. 우리는 다양한 기억 유형을 위해 어떤 뇌 시스템들이 중요한지를 대략적으로 알지만 기억 저장의 다양한 성분들이 실제로 어디에 위치하고 어떻게 상호작용하는지 모른다. 우리는 안쪽 관자엽 시스템의 다양한 하위구역들이 어떤 기능을 하고 나머지 대뇌피질과 어떻게 상호작용하는지를 이제 막 이해하기 시작하는 중이다. 어떻게 우리가 서술기억을 의식적으로 알아챌 수 있는지도 아직 밝혀지지 않았다. 과거에 꽃병과 마주친 일이 어떻게 기억에서 인출되는지, 그 꽃병이 점차 망각될 때 뇌에서 무슨 일이 일어나는지, 기억과 꿈 혹은 상상이 왜 쉽게 혼동되는지에 대해서도 우리는 거의 아는 바가 없다.

마찬가지로 우리는 단기기억을 장기기억으로 변환하는 과정에 참여하는 유전자와 단백질 몇 개를 발견했지만, 장기기억의 확립을 위해 필요한 분자적 단계들을 완전히 이해하려면 아직 갈 길이 멀다. 이 문제에 관한 일부 단서들은, 인간의 뇌가 학습, 기억, 망각과 관련한 인지 과제를 수행하는 동안 그 뇌를 촬영하는 기술에서 나올 것이다. 그 기술을 이용한 실험들에서 우리는 인지 활동과 기억을 위한 신경 시스템 사이의 상관관계를 알아낼 수 있을 것이다. 인과 메커니즘을 탐구하는 과학자들은 생쥐 뇌의 특정 구역이나 심지어 특정 세포에서 유전자를 발현시키거나 제거하는 유전학 기술을 이용할 수 있다. 그러나 가장 중대한 통찰들은 이 두 접근법, 곧 한편으로 분자생물학적 인지 분석과 다른 한편으로 인지를 담당하는 뇌 시스템들의 기능을 해부학, 생리학, 행동학을 이용하여 분석하는 작업이 지속적으로 어우러진 결과로 나올 것이다.

기억을 다루는 현대적인 생물학에서 얻을 수 있는 것들

기억은 모든 지적 활동에 핵심적으로 중요하므로, 우리가 그 개요를 서술한 기억 연구가 계속되면, 중요한 교훈이 많이 나오리라 예상할 수 있다. 예컨대 기억의 생물학에 대한 통찰들은 다양한 학문 분야에 영향을 미칠 가능성이 높다. 심리철학philosophy of mind을 비롯한 몇몇 분야는 인지 과정에 대한 생물학적 탐구의 영향으로 이미 변화를 겪었다. 소크라테스와 초기 플라톤주의자들의 시대 이래로 모든 세대의 사상가들은 다음 질문들에 대한 답을 얻고 싶어 했다. 경험은 정신의 천성적 구조와 어떻게 상호작용할까? 우리는 어떻게 세계를 지각하고 서로에 대해서 학습하고 경험한 바를 기억할까? 버클리 소재 캘리포니아 대학의 존 설John Searle과 샌디에이고 소재 캘리포니아 대학의 파트리샤 처칠랜드Patricia Churchland를 비롯한 철학자들은 정신과 의식적 경험의 본성에 관한 철학의 고전적인 질문들에 접근하기 위해 생물학을 이용했다. 그들은 반성적인 추측이 아니라 생물학적 인지 연구에서 나온 실험적 관찰에 기초를 둔 새로운 견해들에 도달했다.

기억 연구는 교육학과도 관련이 있다. 왜냐하면 뇌가 지식을 습득하고 저장하는 방식에 기초한 새로운 교육 방법들을 제안하기 때문이다. 예컨대 최근 연구들은 장기기억을 향상시키려면 이미 학습한 내용을 인출하는 연습을 하는 편이 학습을 추가로 하는 편보다 더 유익함을 보여주었다. 또한 학습의 유형—이를테면 세부사항에 집중하느냐 아니면 개념에 집중하느냐—도 학습자가 나중에 시험에서 얻는 성적에 영향을 미친다. 세부사항에 집중하는 학습법은 선다형 시험multiple-choice test을 준비하는 데 유익하고, 개념에 집중하는 학습법은 논술 시험essay test을 준비하는 데 유익하다. 기억 저장에 관한 이런 지식들을 이용하여 학교 교육을 최적화할 수 있을까?

하나 더 보태자면, 일반적으로 훈련을 적당한 시간 간격을 두고 반복하면 한꺼번에 몰아서 훈련할 때보다 장기기억 저장이 더 효과적으로 이루어진다. 이 사실은 여러 질문을 제기하게 만든다. 동일한 내용을 반복해서 학습하려면 학습 시도들 간 시간 간격을 얼마로 해야 할까? 연습을 하고 오류를 범하면서 학습하는 편이 더 좋을까, 아니면 우선 학습하고 오류를 범할 확률이 낮아진 다음에 비로소 연습하는 편이 더 좋을까? 하루에 서로 다른 주제를 몇 가지나 학습하는 것이 좋을까? 언젠가는 새로운 교수법과 교정 프로그램의 성과를 측정하기 위해 뇌의 해부학적 변화를 살피는 날이 올지도 모른다.

기억의 생물학은 기술적 설계에 영향을 미침으로써 산업계에서도 다양하게 응용될 가능성이 높다. 하나만 예를 들자면, 기억의 생물학은 컴퓨터과학에 근본적인 영향을 미쳐야 마땅하다. 인공지능과 컴퓨터의 패턴 인식에 관한 초기 연구들은 뇌가 기존의 어떤 컴퓨터와도 다른 전략으로 운동, 형태, 패턴을 인지한다는 점을 보여주었다. 한 얼굴을 익숙한 얼굴로 알아보기 위해 필요한 계산적 성취는 논리학 문제나 체스에서 탁월한 능력을 발휘하는 컴퓨터로도 이룰 수 없다. 뇌가 패턴을 인지하고 기타 기억 관련 계산 문제를 푸는 방식에 대한 이해는 컴퓨터와 로봇의 설계에 중대한 영향을 미칠 가능성이 높다.

마지막으로 기억을 다루는 현대적인 생물학은 신경학 및 정신의학 분야의 의료 연구와 실행에 혁명을 일으킬 가능성이 높다. 신경학에서 노화성 기억 상실에 대한, 심지어 알츠하이머 치매에 대한 약물 치료는 점점 더 현실적인 목표가 되어가는 중이다. 정신의학에서 기억의 생물학은 임상의들의 생각과 치료 관행에 근본적인 영향을 미칠 가능성이 높다. 정신분열병, 우울증, 외상 후 스트레스 장애, 공포증을 비롯한 많은 정신의학적 병은 기억 장애를 동반한다. 뿐만 아니라 기분, 태도, 행동을 향상시키는 심리치료는 환자의 뇌에서 (학습과 관련이 있으며 오래 존속하는) 구조적 변화가 일어나게 함으로써 그런 효과를 발휘하는 것으로 추측된다. 뇌 영상화 기술 덕분에 지금은 이 변화가 어디에서 어떻게 일어나는지 정확히 지적하는 것이 가능해지는 중이다. 발전이 계속된다면, 다양한 심리 치료를 엄밀한 과학과 조화시킬 수 있게 될 것이다. 더 일반적인 관점에서 보면, 이 노력들과 새로운 사고방식들은 정신의학의 지적 성장에 기여할 것으로 전망된다. 정신의학은 전통적인 인문학적 관점과 새로운 생물학적 통찰을 종합한 효과적인 의료과학으로 진화해갈 것이다.

우리는 이 책에서 이제 막 시작된, 기억을 다루는 분자생물학과 인지신경과학의 종합을 서술했다. 방금 언급한 전망들을 염두에 두고 보면, 이 종합은 미래가 밝은 과학 연구를 대표할 뿐 아니라 인문학적·실용적 학문의 열망도 대표한다. 인간의 생각과 행동을 새롭고 더 복잡한 수준에서 이해한다는 것은 모든 세대의 학자들과 과학자들이 끊임없이 품어온 목표 중 하나다. 이런 의미에서, 기억에 대한 분자적·인지적 연구는 전통적으로 자연과 물리적 세계를 다뤄온 과학과 전통적으로 인간 경험의 본성을 다뤄온 인문학 사이에 다리를 놓고 그 다리를 정신의학적이거나 신경학적인 병에 걸린 환자들의 치유와 보편적인 인류의 복지를 위해 이용하려는 오래된 노력의 최신 사례일 뿐이다.

더 읽을거리

머리말

Damasio, A. R. *Descartes' Error: Emotion, Reason, and the Human Brain.* New York: Putnam Publishing Group, 1994.

Descartes, R. (1637). *The Philosophical Works of Descartes*, translated by Elizabeth S. Haldane and G.R.T. Ross. Vol. 1. New York: Cambridge University Press, 1970.

1장

Kandel, E. *In Search of Memory: The Emergence of a New Science of Mind.* New York: W. W. Norton & Company, 2006.

Scoville, W. B., and B. Milner. Loss of recent memory after bilateral hippocampal lesions. *Journal of Neurology, Neurosurgery and Psychiatry* 20:11–21, 1957.

Squire, L. R. Memory systems of the brain: A brief history and current perspective. *Neurobiology of Learning & Memory* 82:171–177, 2004.

Stefanacci, L., E. A. Buffalo, H. Schmolck, and L.R. Squire. Profound amnesia after damage to the medial temporal lobe: A neuroanatomical and neuropsychological profile of patient E.P. *Journal of Neuroscience* 20:7024–7036, 2000.

2장

Bailey, C. H., and M. Chen. Morphological basis of long-term habituation and sensitization in *Aplysia*. *Science* 220:91–93, 1983.

Thompson, R., and W. A. Spencer. Habituation: A model phenomenon for the study of the neural substrates of behavior. *Psychological Review* 173:16–43, 1966.

Tigh, T. J., and R. N. Leighton, eds. *Habituation: Perspectives from Child Development, Animal Behavior and Neurophysiology.* Hillsdale, NJ: Eribaum, 1976.

3장

Liu, Y., and R. Davis. Insect olfactory memory in time and space. *Current Opinion in Neurobiology* 6:679–685, 2006.

Kandel, E. R. Small systems of neurons. *Scientific American* 241:66–76, 1979.

Kandel, E. R. The molecular biology of memory storage: A dialogue between genes and synapses. *Science* 294:1030–1038, 2001.

4장

Baddeley, A. *Your Memory: A User's Guide.* New York: Firefly Books, 2004.

Dudai, Y. *Memory from A to Z.* New York: Oxford University Press, 2002.

Neisser, U., and I. Hyman. *Memory Observed: Remembering in Natural Contexts.* 2nd ed. New York: Worth Publishers, 2000.

Roediger III, H.L., Y. Dudai, and S. M. Fitzpatrick, eds. *Science of Memory: Concepts.* New York: Oxford University Press, 2007.

Schacter, D. L. *The Seven Sins of Memory: How the Mind Forgets and Remembers.* New York: Houghton-Mifflin, 2001.

5장

Eichenbaum, H., P. Dudchenko, E. Wood, M. Shapiro, and H. Tanila. The hippocampus, memory, and place cells: Is it spatial memory or a memory space? *Neuron* 23:209–226, 1999.

Martin, Alex. The representation of object concepts in the brain. *Annual Review of Psychology* 58:25–45, 2007.

Squire, L. R., and P. J. Bayley. The neuroscience of remote memory. *Current Opinion in Neurobiology* 17:185–196, 2007.

Squire, L. R., C.E.L. Stark, and R. E. Clark. The medial temporal lobe. *Annual Review of Neuroscience* 27:279–306, 2004.

Squire, L. R., J. T. Wixted, and R. E. Clark. Recognition memory and the medial temporal lobe: A new perspective, *Nature Reviews Neuroscience* 8:872–883, 2007.

6장

Bliss, T., G. Collingridge, and R. Morris, eds. *Long-term Potentiation: Enhancing Neuroscience for 30 years.* New York: Oxford University Press, 2004.

Serulle, Y., S. Zhang, I. Ninan, D. Puzzo, M. McCarthy, L. Khatri, O. Arancio, and E. B. Ziff. A novel GluR1-cGKII interaction regulates AMPA receptor trafficking. *Neuron*

56:670–688, 2007.

O'Keefe, J. Place units in the hippocampus of the freely moving rat. *Experimental Neurology* 51:78–109, 1976.

Moser, E. I., E. Kropff, and M-B. Moser. Place cells, grid cells, and the brain's spatial representation system. *Annual Review of Neuroscience* 31:69–89, 2008.

Wang, H-G., F-M. Lu, I. Jin, H. Udo, E. R. Kandel, K. de Vente, U. Walter, S. M. Lohmann, R. D. Hawkins, and I. Antonova. Presynaptic and postsynaptic roles of NO, cGK, and RhoA in long-lasting potentiation and aggregation of synaptic proteins. *Neuron* 45:389–403, 2005.

7장

Abel, T., K. C. Martin, D. Bartsch, and E. R. Kandel. Memory suppressor genes: Inhibitory constraints on the storage of long-term memory. *Science* 279: 338–341, 1998.

Bailey, C. H., E. R. Kandel, and K. Si. The persistence of long-term memory: A molecular approach to self-sustaining changes in learning-induced synaptic growth. *Neuron* 44:49–57, 2004.

Davis, H. P., and L. R. Squire. Protein synthesis and memory: A review. *Psychological Bulletin* 96:518–559, 1984.

Harvey, C. D., and K. Svoboda. Locally dynamic synaptic learning rules in pyramidal neuron dendrites. *Nature* 450:1195–1202, 2007.

Rumpel, S., J. LeDoux, A. Zador, and R. Malinow. Postsynaptic receptor trafficking underlying a form of associative learning. *Science* 308:83–88, 2005.

Tully, T., T. Preat, S. C. Boynton, and M. Del Vecchio. Genetic dissection of consolidated memory in *Drosophila melanogaster*. *Cell* 79:35–47, 1994.

8장

Cahill, L., M. Uncapher, L. Kilpatrick, M. T. Alkire, and J. Turner. Sex-related hemispheric lateralization of amygdala function in emotionally influenced memory: An fMRI investigation. *Learning & Memory* 11:261–266, 2004.

Davis, M. Neural systems involved in fear and anxiety measured with fear-potentiated startle. *American Psychologist* 11:741–756, 2006.

LeDoux, J. *The Emotional Brain.* New York: Simon & Schuster, 1996.

Gilbert, C. D. and M. Sigman. Brain states: Top-down influences in sensory processing. *Neuron* 54:677–696, 2007.

Schacter, D. L., S. W. Gagan, and W. D. Evans. Reductions in cortical activity during priming. *Current Opinion in Neurobiology* 17:171–176, 2007.

The Process of Change Study Group: Stern, D. N., L. W. Sander, J. P. Nahum, A. M. Harrison, K. Lyons-Ruth, A. C. Morgan, N. Bruschweiler-Stern, and E. Z. Tronick. Non-interpretive mechanisms in psychoanalytic therapy: The 'something more' than interpretation. *International Journal of Psycho-Analysis* 79:903–921, 1998.

9장

Bayley, P. J., J. C. Frascino, and L. R. Squire. Robust habit learning in the absence of awareness and independent of the medial temporal lobe. *Nature* 436:550–553, 2005.

Clark, R. E., and L. R. Squire. Classical conditioning and brain systems: A key role for awareness. *Science* 280:77–81, 1998.

Poldrack R. A., J. Clark, E. J. Paré-Blagoev, D. Shohamy, M. J. Creso, C. Myers, M. A. Gluck. Interactive memory systems in the human brain. *Nature* 414:546–550, 2001.

Schultz, W. Multiple dopamine functions at different time courses. *Annual Review of Neuroscience* 30:259–288, 2007.

Stickgold, R. Sleep-dependent memory consolidation. *Nature* 437:1272–1278, 2005.

Takehara, K., S. Kawahara, and Y. Kirino. Time-dependent reorganization of the brain components underlying memory retention in trace eyeblink conditioning. *Journal of Neuroscience* 23:9897–9905, 2003.

10장

Buonomano, D. V., and M. Merzenich. Cortical plasticity: From synapses to maps. *Annual Review of Neuroscience* 21:149–186, 1998.

Cookson, M. R., and J. Hardy. The persistence of memory. *New England Journal of Medicine* 355:2697–2698, 2006.

Gong, B., O. V. Vitolo, F. Trinchese, S. Liu, M. Shelanski, and O. Arancio. Persistent improvement in synaptic and cognitive functions in an

Alzheimer mouse model after rolip-
ram treatment. *Journal of Clinical
Investigation* 114:1624–1634, 2004.

Klawans, H. L. *Why Michael Couldn't
Hit and Other Tales of the Neurology
of Sports.* New York: W. H. Free-
man, 1996.

Merzenich, M. M., and K. Sameshine.
Cortical
plasticity and memory. *Current
Opinion in Neurobiology* 3:187–196,
1993.

Rapp, P. R., and D. G. Amaral. Indi-
vidual differences in the cognitive
and neurobiological consequences of
normal aging. *Trends in Neuroscience*
15:340-345, 1992.

Roses, A. D. Apolipoprotein E and
Alzheimers disease. *Scientific Ameri-
can Science Medicine* 2:16–25, 1995.

Selkoe, D. J. The ups and downs of Aβ.
Nature Medicine 12:758–759, 2006.

Shrestha, B. K., O. V. Vitolo, P. Joshi,
T. Lordkipanidze, M. Shelanski,
and A. Dunaevsky. Amyloid peptide
adversely affects spine number and
motility in hippocampal neurons.
Molecular and Cellular Neuroscience
33:274–282, 2006.

Stevens, M., and A. Swan. *de Kooning:
An American Master.* New York:
Knopf, 2005.

그림 출처

1장

16쪽: Marc Chagall, *Birthday*
(*l'Anniversaire*), 1915, Oil on card-
board, 31¾" × 39¼" (80.6 × 99.7
cm). The Museum of Modern Art,
New York. Acquired through the
Lillie B. Bliss Bequest. Photograph ©
1999 The Museum of Modern Art,
New York. Art © 1999 Artists Rights
Society (ARS),
New York/ADAGP, Paris.

22쪽: Corbis-Bettmann

29쪽: Courtesy of the Department of
Experimental Psychology, Univer-
sity of Cambridge, England.

31쪽: Adapted B. Alberts, et al. *Essential
Cell Biology*. New York: Garland
Science, 2004, Fig. 7-1.

35쪽 위: Harvard University Archives

36쪽: From Karl Lashley, *Brain Mecha-
nisms and Intelligence*. Chicago:
University of Chicago Press, 1929,
Figs. 2 and 28.

35쪽 아래, 41쪽: University Relations
Office, *The McGill Reporter*, McGill
University

44쪽 위: Courtesy of David Amaral,
Ph.D.

44쪽 아래: Adapted from Brenda Milner,
Larry R. Squire, and Eric R.
Kandel. Cognitive neuroscience
and the study of memory. *Neuron*
20:445–468, 1998, Fig. 2.

54쪽 왼쪽: Courtesy of Thomas Teyke

54쪽 오른쪽: Courtesy of Alfred T.
Lamme; from Eric R. Kandel. Small
systems of neurons. *Scientific Ameri-
can* 241:66–76, Sept. 1979.

57쪽 아래: Oliver Meckes/Photo
Researchers

57쪽 위: Institute Archives, California
Institute of Technology

59쪽: Photo by James Prince

2장

64쪽: Robert Rauschenberg, *Reservoir*,
1961, National Museum of Ameri-
can Art, Washington, DC, Art
Resource, NY. Oil and collage on
canvas with objects. 85½" × 62½"
× 14¾". © Robert Rauschenberg/
Licensed by VAGA, New York, NY.

68쪽 위: UPI Corbis-Bettmann

68쪽 아래: The Granger Collection, New York

73쪽: Courtesy of Eric Kandel, M.D.

77쪽: Courtesy of John Dowling, Ph.D.

85쪽: Adapted from T. M. Jessell and E. R. Kandel. Synaptic transmission: A bidirectional and self-modifiable form of cell-cell communication. *Cell* 72 (Jan. 1993 Suppl.): 1–30.

87쪽: Courtesy of Sir Bernard Katz, Department of Biophysics, University College, London

88쪽: Courtesy of Craig Bailey

92쪽: Adapted from R. F. Schmidt. Motor systems. In *Human Physiology* edited by R. F. Schmidt and G. Thews, translated by M. A. Biederman-Thorson. Berlin: Springer, 1983, 81–110.

94쪽, 95쪽, 97쪽: Redrawn from Eric R. Kandel. *Cellular Basis of Behavior: An Introduction to Behavioral Neurobiology.* San Francisco: W. H. Freeman, 1976, Figs. 9-2 and 7-5.

98쪽 위: Redrawn from Eric R. Kandel. A cell-biological approach to learning. Grass Lecture Monograph 1, *Society for Neuroscience,* 1978.

100쪽: From V. Castellucci and E. R. Kandel. A quantal analysis of the synaptic depression underlying habituation of the gill-withdrawal reflex in *Aplysia. Proceedings of the National Academy of Sciences, USA* 71:5004–5008, 1974.

104쪽: Adapted from C. H. Bailey and M. Chen. Morphological basis of short-term habituation in *Aplysia. Journal of Neuroscience* 8: 2452–2459, 1988.

108쪽: top (graph): Based on T. J. Carew, H. M. Pinsker, K. Rubinson, and Eric R. Kandel, Physiological and biochemical properties of neuromuscular transmission between identified motoneurons and gill muscle in *Aplysia. Journal of Neurophysiology* 37:1020–1040, 1974.

3장

112쪽: Jasper Johns, *Zero Through Nine,* 1961, Tate Gallery, London/Art Resource, NY. Charcoal and pastel on paper. 54⅛" × 41⅛" © Jasper Johns/Licensed by VAGA, New York, NY.

118쪽 위: Based on E. R. Kandel, J. H. Schwartz, and T. M. Jessell, *Principles of Neural Science,* 3rd ed. New York: Elsevier, 1991, Fig. 65-3A.

122쪽: Adapted from E. R. Kandel, M. Brunelli, J. Byrne, and V. Castellucci. A common presynaptic locus for the synaptic changes underlying short-term habituation and sensitization of the gill-withdrawal reflex in *Aplysia. Cold Spring Harbor Symp. Quant. Biol.* 40:465–582, 1976.

126쪽 위: After H. Cedar and J. H. Schwartz. Cyclic adenosine monophosphate in the nervous system of *Aplysia californica*: Effect of serotonin and dopamine. *Gen Physiology* 60:570–587, 1972.

126쪽 아래: Adapted from E. R. Kandel, M. Brunelli, J. Byrne, and V. Castellucci. A common presynaptic locus for the synaptic changes underlying short-term habituation and sensitization of the gill-withdrawal reflex in *Aplysia. Cold Spring Harbor Symp. Quant. Biol.* 40:465–582, 1976.

128쪽: Modified from E. R. Kandel et al. Serotonin, cyclic AMP and the modulation of the calcium current during behavioral arousal. In *Serotonin, Neurotransmission, and Behavior* edited by A. Gelperm and B. Jacobs. Cambridge, MA: MIT Press, 1991.

133쪽: Based on E. R. Kandel, J. H. Schwartz, and T. M. Jessell. *Principles of Neural Science.* 3rd ed. New York: Elsevier, 1991, Fig. 65-3B.

137쪽: The Granger Collection, New York

140쪽: From T. J. Carew et al. Classical conditioning in a simple withdrawal reflex in *Aplysia californica. Journal of Neuroscience* 12:1426–1437, 1981.

142쪽: From R. D. Hawkins, T. W. Abrams, T. J. Carew, and E. R. Kandel. A cellular mechanism of classical conditioning in *Aplysia*: Activity-dependent amplification of presynaptic facilitation. *Science* 219:400–405, 1983.

143쪽: Based on E. R. Kandel, J. H. Schwartz, and T. M. Jessell. *Principles of Neural Science,* 3rd ed. New York: Elsevier, 1991, Figs. 65-7A and 65-8.

146쪽: Based on E. R. Kandel, J. H. Schwartz, and T. M. Jessell, Principles of Neural Science, 3d ed., New York: Elsevier, 1991, Figs. 65-7A and 65-8.

147쪽: Based on J. D. Watson et al. *Recombinant DNA*, 2nd ed. New York: Scientific American Books, 1992, Fig. 21-12.

150쪽: From R. D. Hawkins, T. W. Abrams, T. J. Carew, and E. R. Kandel. A cellular mechanism of classical conditioning in *Aplysia*: Activity-dependent amplification of presynaptic facilitation, *Science* 219:400–405, 1983.

4장

156쪽: Milton Avery, *Girl Writing,* 1941,
Phillips Collection, Washington,
DC. Oil on canvas, 48" × 32".
Acquired 1943.

161쪽: Photo by Mary Fox Squire, Ph.D.

164쪽: Based on A. K. Thomas and M. A.
McDaniel. The negative cascade of
incongruent generative study-test
processing in memory and meta-
comprehension. *Memory & Cogni-
tion* 35: 668–678, 2007.

169쪽: Adapted from L. R. Squire.
Memory and Brain. New York:
Oxford University Press, 1987, Fig.
32.

177쪽: Adapted from M. C. Anderson, et
al. Neural systems underlying the
suppression of unwanted memories.
Science 303:232–235,
Figs. 1 and 3.

180쪽: Adapted from L. R. Squire. On
the course of forgetting in very
long-term memory. *Journal of
Experimental Psychology: Learning,
Memory, and Cognition* 15:241–245,
1989, Fig. 1.

187쪽: Photo by Kevin Walsh

5장

192쪽: Louise Nevelson, *Black Wall,*
1959, The Tate Gallery, London/
Art Resource, NY. © 1999 Estate
of Louise Nevelson/Artists Rights
Society (ARS), New York.

195쪽: The Granger Collection, New York

199쪽: Adapted from Joaquin Fuster.
Network memory. *Trends in Neuro-
sciences* 20:451–459, 1997, Fig. 1.

203쪽: From Leslie G. Ungerleider.
Functional brain imaging studies of
cortical mechanisms for memory.
Science 270:769, 1995, Fig. 1.

205쪽: From Kuniyoshi Sakai and Yasushi
Miyashita. Neural organization for
the long-term memory of paired
associates. *Nature* 354:152–155,
1991, Figs. l and 2.

206쪽: Courtesy of Alex Martin, Ph.D.
NIMH

213쪽: Based on Y. Shrager, J. Gold, R.
Hopkins, and L. R. Squire. Intact
visual perception in memory-
impaired patients. *Journal of Neuro-
science*, 26:2235–2240, 2006.

215쪽: From S. Corkin, D. G. Amaral, R.
Gilberto Gonzalez, K. A. Johnson
and B. T. Hyman. H.M.'s medial
temporal lobe lesion: Findings
from magnetic resonance imaging.
Journal of Neuroscience 17:3964–
3979, 1997, Fig. 1.

216쪽: Original drawing from the first
edition produced by W. H. Freeman

217쪽: From S. Zola-Morgan, L. R. Squire, and D. G. Amaral. Human amnesia and the medial temporal region: Enduring memory impairment following a bilateral lesion limited to field CA1 of the hippocampus. *Journal of Neuroscience* 6:2960–2967, 2006, Fig. 7.

219쪽, 221쪽: From S. Zola-Morgan and L. R. Squire. The neuropsychology of memory: Parallel findings in humans and nonhuman primates. In "The Development and Neural Bases of Higher Cognitive Functions," *Annals of the New York Academy of Sciences,* 414–456, December 1990, Fig. 3.

222쪽: From R. D. Burwell, W. A. Suzuki, R. Insausti, and D. G. Amaral. Some observations on the perirhinal and parahippocampal cortices in the rat, monkey, and human brains. In *Perception, Memory and Emotion: Frontiers in Neuroscience.* T. Ono, B. L. McNaughton, S. Molotchnikoff, E. T. Rolls, and H. Hishijo, eds. United Kingdom: Elsevier, 1996, 95–110, Fig. 1.

224쪽: Adapted from L. R. Squire and S. Zola-Morgan. The medial temporal lobe memory system.

Science 253:1380–1386, 1991, Fig. 6.

225쪽: From Mark F. Bear, Barry W. Connors, and Michael A. Paradiso. *Neuroscience: Exploring the Brain.* Baltimore, MD: Williams & Wilkins, 1996, Fig. 20.23.

228쪽: From E. R. Wood, P. A. Dudchenko, and H. Eichenbaum. The global record of memory in hippocampal neuronal activity. *Nature* 397:613–616, 1999, Fig. 1.

230쪽: Courtesy of Yael Shrager, Ph.D.

232쪽: From P. J. Bayley, R. O. Hopkins, and L. R. Squire. The fate of old memories after medial temporal lobe damage. *Journal of Neuroscience* 26:13311–13317, 2006, Fig. 2.

233쪽: Archives of the History of American Psychology, University of Akron, Akron, OH

235쪽: Adapted from L. R. Squire, R. E. Clark, and P. J. Bayley. Medial temporal lobe function and memory. In *The Cognitive Neurosciences III* edited by M. S. Gazzaniga. Cambridge, MA: MIT Press, 2004, Fig. 50.7.

236쪽: From P. Alvarez and L. R. Squire. Memory consolidation and the medial temporal lobe: A simple network model. *Proceedings of the*

National Academy of Sciences, USA 91:7041–7045, 1994, Fig. 1.

237쪽: Adapted from P. W. Frankland, B. Bontempi, L. E. Talton, L. Kaczmarek, and A. J. Silva. The involvement of the anterior cingulate cortex in remote contextual fear memory. *Science* 304:881–883, 2004, Fig. 1.

239쪽: From E. Teng and L.R. Squire. Memory for places learned long ago is intact after hippocampal damage. *Nature*, 400 (1999): 675–677, Fig. 2.

242쪽: Courtesy of Yasushi Miyashita, Ph.D.

6장

248쪽: Pierre Bonnard, *The Open Window,* 1921. Oil on canvas. 46" × 37". Acquired 1930. The Phillips Collection, Washington, DC.

253쪽: Original drawing from the first edition published by W. H. Freeman and Company.

256쪽 위: Based on E. R. Kandel, J. H. Schwartz, and T. M. Jessell. *Principles of Neural Science.* 3rd ed. New York: Elsevier, 1991, Fig. 65-9.

256쪽 아래: Adapted from R. A. Nicoll, J. A. Kauer, and R. C. Malenka. The current excitement in long-term potentiation. *Neuron* 1:97–103, 1988.

259쪽: Adapted from Gustafsson and Wigstrom.Physiological mechanisms underlying long-term potentiation. *Trends in Neurosciences* 11:156–162, 1988.

260쪽: Illustration by Charles Lam.

264쪽: Illustration by Charles Lam.

266쪽: Original drawing from the first edition produced by W. H. Freeman.

270쪽: J. Z. Tsien, P. T. Huerta, and S. Tonegawa. The essential role of hippocampal CA1 NMDA receptor-dependent synaptic plasticity in spatial memory. *Cell* 87:1327–1338, 1996.

272쪽: Based on M. Mayford et al. *Science* 274:1678–1683, 1996.

275쪽: Modified from M. Mayford, I. M. Mansuy, R. U. Muller, and E. R. Kandel. Memory and behavior: A second generation of genetically modified mice. *Current Biology* 7:R580–R589, 1997.

276쪽: From J. Z. Tsien et al. The essential role of hippocampal CA1 NMDA receptor-dependent synaptic plasticity in spatial memory. *Cell* 87:1327–1338, 1996.

279쪽: Based on R. U. Muller, J. L. Kubie, and J. B. Banack, Jr. Spatial firing patterns of hippocampal complex-spike cells in a fixed environment. *Journal of Neuroscience* 7:1935–1950, 1987.

282쪽: From Rotenberg et al. Mice expressing activated CaMKII lack low frequency LTP and do not form stable place cells in the CA1 regions of the hippocampus. *Cell* 87:1351–1361, 1996.

7장

288쪽: Roy Lichtenstein, *The Melody Haunts My Reverie,* 1965. © Estate of Roy Lichtenstein. Licensed by VAGA, New York, NY. Photo by Robert McKeever.

297쪽, 301쪽: Adapted from W. N. Frost, V. F. Castellucci, R. D. Hawkins, and E. R. Kandel, Monosynaptic connections from the sensory neurons of the gill- and siphon-withdrawal reflex in *Aplysia* participate in the storage of long-term memory for sensitization. *Proceedings of the rational Academy of Sciences, USA* 82:8266–8269, 1985.

304쪽, 319쪽: Based on E. R. Kandel, J. H. Schwartz, and T. M. Jessell. *Principles of Neural Science.* 3rd ed. New York: Elsevier, 1991, Figs. 12-14 and 36-5.

322쪽: Adapted from C. H. Bailey and M. Chen. Morphological basis of long-term habituation and sensitization in *Aplysia. Science* 220:91–93, 1983.

324쪽: Adapted from J.-H. Kim, H. Udo, H.-L. Li, T. Y. Youn, M. Chen, E. R. Kandel, and C. H. Bailey. Presynaptic activation of silent synapses and growth of new synapses contribute to intermediate and long-term facilitation in *Aplysia. Neuron* 40:151–165, 2003.

328쪽: Courtesy of Kelsey Martin, M.D., Ph.D.

330쪽: From A. Casadio, K. C. Martin, M. Giustetto, H. Zhu, M. Chen, D. Bartsch, C. H. Bailey, and E. R. Kandel. A transient, neuron-wide form of CREB-mediated long-term facilitation can be stabilized at specific synapses by local protein synthesis. *Cell* 99:221–237, 1999.

334쪽: From R. A. Nicoll, J. A. Kauer, and R. C. Malenka. The current excitement in long-term potentiation. *Neuron* 1:97–103, 1988.

336쪽: Modified from V. Y. Bolchakov, H. Odon, E. R. Kandel, and S. Sigelbaum. Recruitment of new sites of synaptic transmission during cAMP-dependent late phase of LTP at CA3-CA1 synapses in the hipp ocampus. *Cell* 19:635–651, 1997.

339쪽, 340쪽, 341쪽, 344쪽: Ted Abel et al. Genetic demonstration of a role for PKA in the late phase of LTP and in hippocampus-based long-term memory. *Cell* 88:615–626, 1997.

8장

350쪽: Henri Matisse, *Memory of Oceania (Souvenir d'Oceanie)*, Nice, summer 1952–early 1953. Gouache and crayon on cut-and-pasted paper over canvas, 9' 4" × 9' 4 $\frac{7}{8}$" (284.4 × 286.4 cm). The Museum of Modern Art, New York. Mrs. Simon Guggenheim Fund. Photograph © 1999 The Museum of Modern Art, New York. © 1999 Succession H. Matisse, Paris/Artists Rights Society (ARS), New York.

354쪽: Adapted from Salvatore Aglioti, Joseph F. X. DeSouza, and Melvyn A. Goodale. Size-contrast illusions deceive the eye but not hand. *Current Biology* 5:679–685, 1995, Fig. 1.

360쪽: Adapted from Stephan B. Hamann and Larry R. Squire. Intact perceptual memory in the absence of conscious memory. *Behavioral Neuroscience* 111:850–854, 1997, Fig. 2.

364쪽 위: Adapted from Larry R. Squire et al. Activation of the hippocampus in normal humans: A functional anatomical study of memory. *Proceedings of the National Academy of Sciences, USA* 89:1837–1841, 1992, Fig. 2.

364쪽 아래: Adapted from K. A. Paller, C. A. Hutson, B. B. Miller, and S. G. Boehm. Neural manifestations of memory with and without awareness. *Neuron* 38:507–516, 2003, Fig. 4.

368쪽, 371쪽: Adapted from Avi Karni and Dov Sagi. Where practice makes perfect in texture discrimination: Evidence for primary visual cortex plasticity. *Proceedings of the National Academy of Sciences, USA* 88:4966–4970, 1991, Figs. 1, 2, and 4.

377쪽: From Michael Davis. The role of the amygdala in conditioned fear. In *The Amygdala* edited by John P. Aggleton. New York: John Wiley & Sons, 1992, 255–305, Fig. 13.

381쪽: Younglim Lee et al. A primary acoustic startle pathway: Obligatory role of cochlear root neurons and the nucleus reticularis pontis caudalis. *Journal of Neuroscience* 16:3775–3789, 1996, Fig. 12.

386쪽: Adapted from L. Cahill, M. Uncapher, L. Kilpatrick, M. T. Alkire, and J. Turner. Sex-related hemispheric lateralization of the amygdala function in emotionally influenced memory: An fMRI investigation. *Learning & Memory*, 11:261–266, 2004, Fig. 3.

9장

390쪽: Edward Munch, *Dance on the Beach*, Narodni Galerie, Prague. Erich Lessing/Art Resource, NY. © 1999 Artists Rights Society (ARS), New York.

393쪽: Larry R. Squire and Stuart M. Zola. Structure and function of declarative and nondeclarative memory systems. *Proceedings of the National Academy of Sciences, USA* 93:13515–13522, 1996, Fig. 3.

395쪽: Original figure from the first edition produced by W. H. Freeman.

399쪽: Adapted from Mark F. Bear, Barry W. Connors, and Michael A. Paradiso. *Neuroscience: Exploring the Brain*. Baltimore, MD: Williams & Wilkins, 1996, Fig. 19.12.

401쪽: Larry R. Squire and Stuart M. Zola. Structure and function of declarative and nondeclarative

memory systems. *Proceedings of the National Academy of Sciences, USA* 93:13515–13522, 1996, Fig. 2.

403쪽: Adapted from R. A. Poldrack, J. Clark, et al. Interactive memory systems in the brain. *Nature* 414:546–550, 2001, Fig. 2.

404쪽: Photo by Jennifer Frascino, M.A.

405쪽: Adapted from P. J. Bayley, R. O. Hopkins, and L. R. Squire. Successful recollection of remote autobiographical memories by amnesic patients with medial temporal lobe lesions. *Neuron* 37:135–144, 2003, Fig. 2.

407쪽: Adapted from P. J. Bayley, J. C. Frascino, and L. R. Squire. Robust habit learning in the absence of awareness and independent of the medial temporal lobe. *Nature*, 436, 2005, Fig. 2.

410쪽: Adapted from Neal J. Cohen and Larry R. Squire. Preserved learning and retention of pattern-analyzing skill in amnesia: Dissociation of knowing how and knowing that. *Science* 210:207–210, 1980, Fig. 2.

411쪽: From Larry R. Squire and Mary Frambach, Cognitive skill learning in amnesia, *Psychobiology* 18 (1990): 109-117, Fig. 1.

413쪽: Adapted from Robert E. Clark and Larry R. Squire. Classical conditioning and brain systems: The role of awareness. *Science* 280:77–81, 1998, Fig. 1.

415쪽: Adapted from John C. Eccles, Masao Ito, and Janos Szentagothai. *The Cerebellum as a Neuronal Machine.* New York: Springer-Verlag, 1967, Fig. 1.

417쪽: Adapted from Richard F. Thompson and David J. Krupa. Organization of memory traces in the mammalian brain. *Annual Review of Neuroscience* 17:519–550, 1994, Fig. 1.

423쪽: From Robert E. Clark and Larry R. Squire. Classical conditioning and brain systems: The role of awareness. *Science* 280:77–81, 1998, Fig. 3.

10장

428쪽: Alberto Giacometti, *The Artist's Mother,* 1950. Oil on canvas, 35" × 24" (89.9 × 61 cm). The Museum of Modern Art. Acquired through the Lillie P. Bliss Bequest. Photograph © 1999 The Museum of Modem Art, New York. © 1999 Artists Rights Society (ARS), New York/ADAGP, Paris.

431쪽: Adapted from E. R. Kandel, J. H. Schwartz, and T. M. Jessell. *Principles of Neural Science.* New York: Elsevier, 1991, Fig. 26-4.

432쪽: From Wilder Penfield and Theodore Rasmussen. *The Cerebral Cortex of Man: A Clinical Study of Localization of Function.* New York: Macmillan, 1952, Fig. 17.

436쪽: Adapted from Gregg H. Recanzone et al. Topographic reorganization of the hand representation in cortical area 3b of owl monkeys trained in a frequency-discrimination task. *Journal of Neurophysiology* 67:1492, 1992, Figs. 8, 9, and 10.

438쪽: From Thomas Elbert et al. Increased cortical representation of the fingers of the left hand in string players. *Science* 270:305–307, 1995, Fig. l(b).

443쪽: Courtesy of Hasker Davis and Kelli Klebe

445쪽: Adapted from Robin A. Barr. Some remarks on the time-course of aging. In *New Directions in Memory and Aging* edited by Leonard W. Poon, James L. Fozard, Laird S. Cermak, David Arenberg, and Larry W. Thompson. Hillsdale, NJ: Lawrence Erlbaum Associates, 1980, Fig. 9.1.

455쪽: Courtesy of Gary W. Van Hoesen,

Ana Solodkin, and Paul Reimann of the Departments of Anatomy and Neurology at the University of Iowa College of Medicine

456쪽: Based on E. R. Kandel, J. H. Schwartz, and T. M. Jessell. *Prin-* *ciples of Neural Science.* 3rd ed. New York: Elsevier, 1991, Fig. 62-4.

459쪽: Adapted from Jean Marx. New gene tied to common form of Alzheimer's. *Science* 281:507–509, 1998.

인지분자생물학이라는
매혹적인 분야

기억에 대해서 현재 우리가 아는 바를 두루 살피면서 '인지분자생물학'이라는 매혹적인 분야를 개척하는 이 책을 두 저자가 함께 썼다는 사실을 주목할 필요가 있다. 기억의 모든 측면을 '정신부터 분자까지' 통합적으로 설명하는 이 야심 찬 작업에서 '정신' 쪽을 담당한 저자는 래리 스콰이어, '분자' 쪽을 담당한 저자는 에릭 캔델이다. 캔델이 "세포와 분자 수준의 기억 저장 메커니즘에 초점을 맞춘 장들(2, 3, 6, 7장)의 초고를", 스콰이어가 "인지와 뇌 시스템들에 초점을 맞춘 장들(4, 5, 8, 9장)의 초고를" 썼다. 두 사람이 스스로 밝히듯이, "이 책은 우리가 지난 30년 동안 즐겁게 이어온 대화와 거기에서 자라난 우정의 결실이다."

분자가 바닥이고 정신이 지붕이라면, 바닥 공사는 캔델이, 지붕 공사는 스콰이어가 맡은 셈이다. 이 분업/협업의 절묘한 이중주를 두 일꾼 각각이 주로 연구한 대상에서도 엿들을 수 있다. 캔델은 바다 달팽이 군소를 연구하여 노벨상의 영광을 안은 반면, 정신과 의사이자 심리학자인 스콰이어의 주요 연구 대상은 인간이다. 내가 주목하는 것은 바닥과 지붕 사이의 거리, 군소와 인간 사이의 거리, 분자와 정신 사이의 거리, 캔델과 스콰이어 사이의 거리다. 그 거리는 이 책에 내장된 흥미로운 긴장의 출처일 뿐더러 애당초 '인지분자생물학'이라는 기획의 생동을 가능케 하는 터전이기도 하다.

어떤 이들은 그 거리를 강조하는 논평이 이 책을 깎아내리는 것과 다름없다고 여길지도 모르겠다. '정신부터 분자까지'를 어떤 균열도 없이 매끄럽게 연결하여 기억이라는 현상을 분자적 과정들로 완벽하게 환원하는 것이 이 책의 목표라면서 말이다. 하지만 과연 그럴까? '분자만 보면 돼! 그럼 끝이야!'라는 식의 완고한 환원주의가 캔델과 스콰이어의 공통 신념일까? 만약에 정말로 그렇다면, 이 책은 호언장담한 목표에 턱없이 못 미친 졸작일 것이다.

캔델이 맡은 분자생물학 부분을 읽으며 온갖 단백질과 유전자의 이름에 질려갈 때, 웬만한 독자들은—심지어 생물학 전공 대학원생조차도—사막을 걷는 기분일 것이다. 반대로 스콰이어가 맡은 인지신경과학 부분을 읽으며 한편으로 신선한 호기심에 입맛을 다시면서도 다른 한편으로 온갖 추측과 감질나는 단서와 미심쩍은 실험 앞에서 고개를 갸웃거릴 때, 어쩌면 당신은 혼잡한 저잣거리에서 행인들의 어깨에 치이면서 사막을 그리워하는 수행자의 심정을 절감하게 될지도 모른다. 사막과 저잣거리 사이에 명백한 거리가 있다. 적어도 나는 그렇게 느꼈다.

그러나 내가 보기에 그 거리는 이 책의 결함이기는커녕 가장 큰 매력의 출처다. 캔델이 누구인가? 『기억을 찾아서』라는 명저에서 어느 작가와 비교해도 손색이 없는 글솜씨를 뽐낸 저자다. 기억의 수수께끼를 풀겠다고 말 못하는 군소들을 꽤나 들볶으며 세포와 분자에 집중하긴 했어도, 캔델 본인이 원래 정신과의사다. 그런 그가 왜 굳이 스콰이어와 한 팀을 이뤘겠는가? 나는 저자들이 이 책을 "대화와… 우정의 결실"로 규정하는 대목을 주목한다. 나아가 이 규정에서 그들의 개인적 관계를 훨씬 넘어선, '인지분자생물학'의 근본 구조에 관한, '정신부터 분자까지'라는 구호에 관한, 이 책에 인용된 글에서 린다 그랜트가 "삶 그 자체"라고 단언하는 '기억'에 관한 진실을 어렴풋이 감지한다. '대화'라는 단어가 결정적이다. 이 단어가 인지분자생물학이라는 야심 찬 기획에 생기를 불어넣는다고 믿는다.

물리학과 철학을 조금 배운 것이 다인 내가 이런 말을 하기는 좀 뭣하지만, 생물학이야말로 다음과 같은 뉴턴의 유명한 말이 꼭 맞는 분야인 듯하다.

나는 세상 사람들에게 내가 어떻게 보일지 모르겠다. 그러나 내가 보기에 나는 해변에서 놀면서 가끔씩 유난히 매끄러운 조약돌이나 예쁜 조개껍데기를 발견하고 기뻐하는 소년에 불과한 성싶다. 광활한 진리의 바다는 내 앞에 온통 펼쳐져 있는데도 말이다.

캔델은 군소에서 단기기억의 장기기억으로의 변환 메커니즘을 발견한 공로로 노벨상을 받았다. 그런 그가 이 책에서 이렇게 말한다.

이 두 유전자[유비퀴틴 가수분해효소의 코드를 보유한 유전자, 그리고 전사 조절자 C/EBP]는 아마도 빙산의 일각일 것이다. 장기기억으로의 변환이 일어나는 동안에 수많은 유전자들이 발현할 가능성이 높다.

애당초 내가 덧붙일 말은 없다고 생각했는데, 주책없어도 한 마디 더 하련다. 이 책은 교양서와 학술서 사이의 중간쯤에 위치한다. 그러니 배경지식이 없는 사람은 감히 덤벼들지 말라는 뜻이 아니다. 오히려 정반대로, 누구든지 과학의 참맛을 느끼려 한다면, 이 책이 요긴할 수 있다는 얘기다. 실험 결과를 보여주는 그림과 그래프를 꼼꼼히 살펴보라. 실험을 어떻게 설계하고 실행했으며, 그 결과를 어떻게 해석하는지에 대한 설명을 꼼꼼히 읽어보라. 이른바 대중 과학에만 익숙한 독자에게는 잡초를 씹는 맛일지 몰라도, 그것이 과학의 참맛이다. 아! 이 풋풋하고 쌉싸래한 쑥 향기가 많은 독자의 기억에 오래 남았으면 좋겠다. 깊이 있는 교양을 추구하는 독자에게 알맞을 뿐더러 학생들의 교재로도 손색이 없으며 '인지분자생물학'이라는 새로운 분야를 개척하기까지 하는 이 책을 모두에게 권한다.

전대호

옮긴이 **전대호**

서울대학교 물리학과와 동 대학원 철학과에서 박사과정을 수료했다. 독일 퀼른대학교에서 철학을 공부했다. 1993년 조선일보 신춘문예 시 부문에 당선되어 등단했으며, 현재는 과학 및 철학 분야의 전문번역가로 활동 중이다. 저서로는 『가끔 중세를 꿈꾼다』 『성찰』 『철학은 뿔이다』 등이 있으며, 번역서로는 『로지코믹스』 『위대한 설계』 『스티븐 호킹의 청소년을 위한 시간의 역사』 『기억을 찾아서』 『생명이란 무엇인가』 『수학의 언어』 『산을 오른 조개껍질』 『아인슈타인의 베일』 『푸앵카레의 추측』 『초월적 관념론 체계』 『동물 상식을 뒤집는 책』 『수학 시트콤』 『물리학 시트콤』 『뇌의 가장 깊숙한 곳』 등이 있다.

기억의 비밀

1판 1쇄   2016년 4월 11일
1판 4쇄   2022년 2월 10일

지은이   에릭 캔델, 래리 스콰이어
옮긴이   전대호
펴낸이   김정순
편 집   허영수
디자인   이혜령
마케팅   이보민 양혜림 이다영

펴낸곳 (주)북하우스 퍼블리셔스
출판등록 1997년 9월 23일 제406-2003-055호
주소 04043 서울시 마포구 양화로 12길 16-9(서교동 북앤빌딩)
전자우편 henamu@hotmail.com
홈페이지 www.bookhouse.co.kr
전화번호 02-3144-3123
팩스 02-3144-3121

ISBN 978-89-5605-702-6   93470

해나무는 (주)북하우스 퍼블리셔스의 과학 브랜드입니다.